阿姆山自然保护区是藤条江（左）与红河（右）的分水岭

阿姆山主峰 阿姆山主峰海拔高2534m。在哈尼语中，"阿姆A mu"即母亲之意，"阿姆山"是"阿姆豁台"（汉语意思是"母亲山"）与汉语的互融，红河县哈尼人视其为养育生命的母亲山。每年"昂玛突"节时村中的"贝玛"（哈尼族祭师）必须到山顶祭祀，祈求保护，无疑阿姆山是当地哈尼族的圣山神林，不容侵犯与破坏。这种乡土保护体系通过代继相传，维护着这一方山水的生态安全，并孕育着丰富的生物多样性

阿姆山山顶的寒温性灌丛

1

山顶苔藓矮林

山地苔藓常绿阔叶林

中山湿性常绿阔叶林　主要分布于阿姆山海拔2000~2350m的地带，是分布面积最大、保留最完好的植被（因地形和海拔差异而呈现的四个群系充分体现了该类型的多样性和明显的水平分布特点），也是阿姆山最为重要的水源涵养林

中山湿性常绿阔叶林林内结构，树干上附生植物极其发达

季风常绿阔叶林

保护区分布较多的石英砂岩

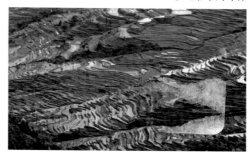

保护区周边的哈尼梯田景观

水源完全来自于保护区的俄垤水库。俄垤水靠近保护区，是红河县最大的水库，总库容3010×10⁴m³，是一座集农业灌溉、饮用、发电、防洪等综合利用为一体的中型水库

坐落于保护区中的红星水库，位于勐甸河上游的乐育乡坝美村，属中山河源水库，库区径流面积13.1km²，年平均降水量1377.3mm，多年平均来水量937.8×10⁴m³，总库容为450×10⁴m³，设计年城镇供水100×10⁴m³，设计农业灌溉供水600×10⁴m³

保护区周边浪堤乡虾里大寨（彝族）的传统信仰保护林（龙树林）

保护区周边瑶族村社的传统信仰保护林（龙树林）

保护区丰富的非木材林产品

红河阿姆山自然保护区周边社区　乐育乡坝美村寨神林（哈尼族）（昂玛阿姿Ang ma a zhi）保存的红花木莲*Manglietia insignis*，胸径达2m

保护区丰富的非木材林产品，是当地社区民众收入来源之一

雷公藤*Tripterygium wilfordii*

齿唇兰*Odontochilus lanceolatus*（CITES附录II）

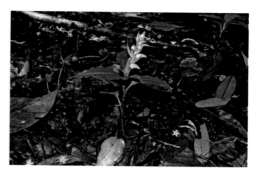

翠柏*Calocedrus macrolepis*（国家Ⅱ级）　　多叶斑叶兰*Goodyera foliosa*（CITES附录Ⅱ）

红椿*Toona ciliata*（国家Ⅱ级）　　见血青*Liparis nervosa*（CITES附录Ⅱ）

镰萼虾脊兰*Calanthe puberula*（CITES附录Ⅱ）

金荞麦*Fagopyrum dibotrys*（国家Ⅱ级）　　瑞丽蓝果树*Nyssa shweliensis*（省2级）

十齿花*Dipentodon sinicus*（国家Ⅱ级）

梳唇石斛*Dendrobium strongylanthum*（CITES附录Ⅱ）

水青树*Tetracentron sinense*（国家Ⅱ级）

苏铁蕨*Brainea insignis*（国家Ⅱ级）

筒瓣兰*Anthogonium gracile*（CITES附录Ⅱ）

喜树*Camptotheca acuminata*（国家Ⅱ级）

艳丽菱兰 *Rhomboda moulmeinensis*（CITES附录Ⅱ）

长叶兰*Cymbidium erythraeum*（CITES附录II）

羽唇叉柱兰*Cheirostylis octodactyla*（CITES附录II）

异腺草*Anisadenia pubescens*（省3级）

云南对叶兰*Neottia yunnanensis*（CITES附录II）

中华桫椤*Alsophila costularia*（国家II级）

伯乐树Bretschneidera sinensis（国家Ⅰ级）　　　白肋线柱兰Zeuxine goodyeroides（CITES附录Ⅱ）

紫金龙Dactylicapnos scandens（省3级）　　　蚌西树蜥Calotes kakhienensis

哀牢髭蟾Leptobrachium ailaonicum（雌）　　　哀牢髭蟾Leptobrachium ailaonicum（雄）

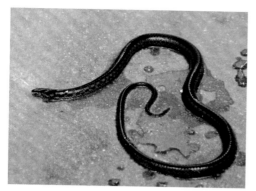

棕网腹链蛇*Amphiesma johannis*

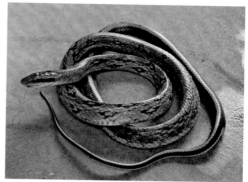

黑眉锦蛇*Elaphe taeniura*

红瘰疣螈*Tylototriton verrucosus*（国家Ⅱ级）

无棘溪蟾*Torrentophryne aspinia*（雌、雄）

双团棘胸蛙*Rana yunnanensis*

斜鳞蛇*Pseudoxenodon macrop*

云南攀蜥*Japalura yunnanensis*

云南竹叶青*Trimeresurus yunnanensis*

楔尾绿鸠*Treron sphenura*（国家Ⅱ级）

原鸡*Gallus gallus*（国家Ⅱ级）

褐翅鸦鹃*Centropus sinensis*（国家Ⅱ级）

斑头鸺鹠*Glaucidium cuculoides*（国家Ⅱ级）

猕猴*Macaca mulatta*（国家Ⅱ级）

北树鼩*Tupaia belanger*

赤腹松鼠*Callosciurus erythraeus*

印支灰叶猴*Trachypithecus crepusculus*（国家Ⅰ级）

巨松鼠*Ratufa bicolor*（国家Ⅱ级）

方案讨论会

野外调查

保护区周边的村寨——作夫村　　　　集市民族植物学调查

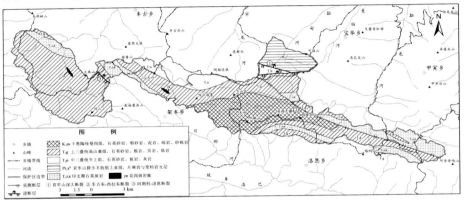

图2-1　保护区地质简图　依据《1:20万元阳幅-大鹿马幅区域地质图》编制，有改动

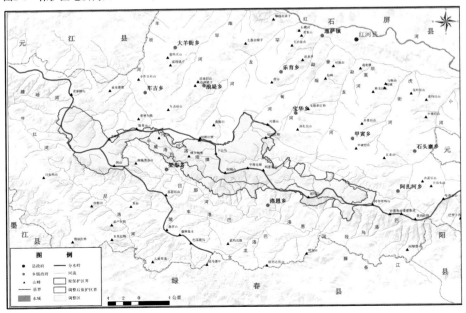

图2-2　保护区水系图

Research on Conservation of Biodiversity in
Amu Mountain Nature Reserve, Honghe, Yunnan

云南 红河阿姆山自然保护区
生物多样性 保护研究

张国学 主 编

孙鸿雁　尹志坚　张红良 副主编

中国林业出版社

图书在版编目(CIP)数据

云南红河阿姆山自然保护区生物多样性保护研究 / 张国学主编. —北京：中国林业出版社，2017.5

ISBN 978-7-5038-9020-8

Ⅰ.①云…　Ⅱ.①张…　Ⅲ.①自然保护区－生物多样性－研究－红河县　Ⅳ.①S759.992.744②Q16

中国版本图书馆 CIP 数据核字(2017)第 088514 号

中国林业出版社·生态保护出版中心

责任编辑：肖静

出　　版：中国林业出版社(100009 北京市西城区德内大街刘海胡同 7 号)

网　　址：http://lycb.forestry.gov.cn　电话：(010)83143577

印　　刷：北京卡乐富印刷有限公司

版　　次：2017 年 7 月第 1 版

印　　次：2017 年 7 月第 1 次印刷

开　　本：700mm×1000mm　1/16

印　　张：26.25

彩　　插：20 面

字　　数：630 千字

定　　价：98.00 元

《云南红河阿姆山自然保护区生物多样性保护研究》

编委会

主　编：张国学

副主编：孙鸿雁　尹志坚　张红良

参编人员(按姓氏笔画排序)：

王丹彤	王　平	王恒颖	王　倩	王　涛
王继山	王梦君	白　帆	白批福	邓章文
闫　颜	孙国政	邹亚萍	张天星	陈　飞
杨文杰	罗伟雄	岩　道	和　霞	赵明旭
高正林	唐芳林	董洪进	韩联宪	黎国强

云南红河阿姆山自然保护区综合科学考察队

人员名单

主持单位
国家林业局昆明勘察设计院

参与单位
西南林业大学
云南师范大学
云南省红河县林业局
云南红河阿姆山自然保护区管护局

考察队队长
唐芳林　　国家林业局昆明勘察设计院院长、教授级高级工程师

副队长
李　元　　红河县人民政府原副县长
张国学　　国家林业局昆明勘察设计院博士、副研究员

咨询专家
杨宇明　　云南省林业科学研究院教授
彭　华　　中国科学院昆明植物研究所研究员
朱　华　　中国科学院西双版纳植物园研究员
税玉民　　中国科学院西双版纳植物园研究员
王应祥　　中国科学院昆明动物研究所研究员
蒋学龙　　中国科学院昆明动物研究所研究员

各专题组成员

1. 综合组

国家林业局昆明勘察设计院　唐芳林　孙鸿雁　张国学　尹志坚

2. 自然地理组

云南师范大学　王平　王倩　邹亚萍　王涛

云南红河阿姆山自然保护区管护局　张红良　高正林　白帆

云南省红河县林业局　白批福

3. 植物区系组

国家林业局昆明勘察设计院　尹志坚　张国学　王恒颖　和霞　黎国强

4. 经济植物组

国家林业局昆明勘察设计院　尹志坚　张国学　王恒颖　和霞

云南红河阿姆山自然保护区管护局　张红良　高正林　白帆

5. 植被组

国家林业局昆明勘察设计院　张国学　尹志坚　王恒颖　和霞　杨文杰

云南红河阿姆山自然保护区管护局　张红良　高正林　白帆

6. 森林资源组

国家林业局昆明勘察设计院　杨文杰　张国学　尹志坚　王恒颖

云南红河阿姆山自然保护区管护局　张红良　高正林　白帆

7. 鸟类组

西南林业大学　韩联宪　邓章文　岩道

8. 两栖爬行动物及哺乳动物组

国家林业局昆明勘察设计院　孙国政　罗伟雄　王继山

云南红河阿姆山自然保护区管护局　张红良　高正林　白帆

9. 社会经济组

国家林业局昆明勘察设计院　和霞　王梦君　张天星　陈飞

云南红河阿姆山自然保护区管护局　张红良　高正林　白帆

10. 生态旅游组

国家林业局昆明勘察设计院　王丹彤　王梦君　张天星　陈飞

11. 民族文化与生物多样性组

国家林业局昆明勘察设计院　张国学　和霞　尹志坚

云南红河阿姆山自然保护区管护局　张红良　高正林　白帆

12. 边界勘定与制图组

国家林业局昆明勘察设计院　杨文杰　张国学

云南红河阿姆山自然保护区管护局　张红良　高正林　白帆

13. 保护区有效管理与可持续发展组

国家林业局昆明勘察设计院　黎国强　张国学　王恒颖

云南红河阿姆山自然保护区管护局　张红良　高正林　白帆

摄影

尹志坚　张国学　孙国政　罗伟雄　王恒颖　王继山

翻译

张天星　张国学

序

生物多样性是人类可持续发展的基础和保障，起到涵养水源、净化空气、固碳释氧、保持水土、防风固沙的重要生态服务功能。生物多样性使我们生存的空间天更蓝、山更绿、水更清、人民生活更加幸福美满。由于人口压力与不可持续的利用方式，全球及我国的生物多样性都受到极大威胁，物种减少甚至灭绝、全球气候升温、水源供给不足、水土流失严重、自然灾害频发等恶劣的生态效应不断发生。生物多样性保护已引起社会各界的高度关注，有效保护与可持续利用生物资源已成为刻不容缓之事。

自然保护区是保护和保存生物多样性最有效的方式，对生物多样性保护至关重要，它是几乎所有国家和国际保护战略的基础。设立自然保护区是为了维持自然生态系统的正常运作，为物种生存提供庇护所，并维护难以在集约经营的陆地景观和海洋景观内进行的自然生态演化过程，同时也是我们理解人类与自然界相互作用的基线。自然保护区在保护生物多样性、维护区域生态平衡、提供清洁水源方面起到不可替代的作用。

科学规范、针对性强的保护区管理策略是在全面深入掌握保护区自然地理、社区情况与生物多样性现状的基础之上制定的。因此，深入研究保护区的生物多样性就显得十分必要。

阿姆山自然保护区在1995年4月由云南省人民政府正式批复建立，该保护区是红河（元江）、藤条江的分水岭与重要汇水区域，是保护区周边世界文化遗产"哈尼梯田自然文化复合景观"的水源涵养林及周边工农业用水、生活用水的唯一供给库。保护区保存着较大面积的山地常绿阔叶林，植被水平地带性与垂直地带性明显，是研究云南省南亚热带山地常绿阔叶林的重要区域。由于处于东亚植物区中国—喜马拉雅森林植物亚区云南高原地区滇东南山地亚地区与古热带植物的北部湾地区和滇缅泰地区的区系分界带上，该区在云南乃至中国植物划上是一个重要的自然地理单元，是热带植物区系向温带植物区系演化的关键地段，因而是研究云南东西向植物迁移分布、东亚植物区系的中国—日

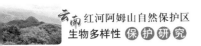

本成分和中国—喜马拉雅成分的关键地区。

由于经费、人员、技术等方面的限制，阿姆山自然保护区仅在建立省级自然保护区前(1994年)，由云南省林业学校、红河哈尼族彝族自治州环境科学学会及州、县林业局等单位进行过一次综合调查，此后再未见相关调查报道。为了有效开展阿姆山省级自然保护区保护管理工作，亟须对保护区生物多样性本底资源进行调查和研究。

国家林业局昆明勘察设计院长期从事自然保护区调查、规划和研究工作，在自然保护区研究领域开展了诸多卓有成效的工作。以张国学博士为首的团队多次深入阿姆山省级自然保护区调查，对该保护区进行了比较系统的调查研究，编著了《云南红河阿姆山自然保护区生物多样性保护研究》一书。该书系统深入地对红河阿姆山省级自然保护区的自然地理、植物区系、植被、动物区系、社会经济、保护管理、民族文化与生物多样性、生态旅游等方面进行了分析研究，全面揭示了保护区的自然地理状况、生物多样性资源、生态旅游资源等，提出了保护区有效管理与可持续发展措施，也首次记录到国家Ⅰ级重点保护野生植物伯乐树在红河县有分布。本书汇集了大量的图片和相关附图，以方便使用者查阅与了解保护区的自然地理和生物多样性资源。

与其他自然保护区生物多样性研究相比，本书有三个特色：一是，本书的植物区系分析全面，对科、属、种均做了分析，种的区系分析更能揭示该区的区系特点和区系性质；二是，本书以民族植物学的思维视野，研究了当地的民族文化多样性与生物多样性之间的协同演化关系，这在同类出版著作中并不多见；三是，一般同类著作偏重物种、生态系统的调查研究，而忽略生物多样性保护管理，本书将生物多样性有效管理与可持续利用作为一个重点，提出管理策略，重视社区参与式管理。希望该书的出版，能够为阿姆山省级自然保护区的保护管理提供依据，也给广大自然保护和研究工作者提供参考和启发。

国家林业局昆明勘察设计院院长
教授级高级工程师
2016 年 12 月 29 日于云南昆明

前　言

云南红河阿姆山自然保护区位于云南省红河哈尼族彝族自治州红河县中南部，属哀牢山的南缘部分，为红河（元江）和藤条江的分水岭，是两江的重要汇水区。红河县90%以上乡（镇）的人畜饮水、农业灌溉用水、工业用水靠阿姆山供给。阿姆山天然森林生态系统是世界文化遗产"哈尼梯田自然文化复合景观"的水源涵养林，对红河流域生态安全有着重大的屏障作用，生态服务功能强大，生态地位重要。

阿姆山作为哀牢山的南延支脉，处于云南亚热带北部与亚热带南部的过渡地区，具有典型的山地气候特点，不仅是多种生物区系地理成分东西交汇、南北过渡的荟萃之地，而且保存着较大面积的山地常绿阔叶林，是一个比较完整而稳定的山地自然生态系统。因此，保护阿姆山的自然生态环境，促进生物多样性的有效保护与可持续利用，促进当地社会经济可持续发展，以及提供科学研究都将有十分重要的意义。

在哈尼语中"阿姆（A mu）"即母亲之意，"阿姆山"是哈尼语"阿姆豁台"（汉语意思是"母亲山"）与汉语的互融。阿姆山被红河县哈尼人视为养育自己生命的母亲山，每年于"昂玛突"节必须到山顶祭祀，祈求阿姆山的庇护，并宣布乡规民约，无疑阿姆山是当地哈尼族的自然圣境，不容侵犯与破坏。这种乡土保护体系通过代继相传，维护着这一方水土的生态安全。哈尼人民对阿姆山有着外人不可想象的保护情节，"进山选日期，山顶必跪拜，不敢取一物"。

鉴于阿姆山省级自然保护区生态区位的重要性，为了摸清保护区本底资源，全面了解保护区自然环境、森林资源、动植物资源现状，便于今后更加科学合理地保护管理以及可持续利用该区的生物资源，2012年3月，红河县林业局、红河阿姆山省级自然保护区管护局委托国家林业局昆明勘察设计院主持开展保护区资源调查工作。接受委托后，国家林业局昆明勘察设计院成立了项目组，认真筹备，组织来自云南师范大学、西南林业大学有关专家组成考察队，开展了保护区自然地理、植物、植被、动物、社区经济、保护管理、民族文化与生物多样性等方面的实地调查工作。考察队先后 3 次深入保护区进行调查，采集动植物标本，对保护区的地质、水文、土壤、森林资源、植被进行了较深入的调查，基于调查结果和资料分析，完成了《云南红河阿姆山自然保护区生物多样性保护研究》的编写工作。

阿姆山保护区生物多样性丰富，重要类群集中，特有现象较为显著。阿姆山动植物区系与植被二者皆具有过渡性质。从植物区系上看，保护区处于东亚植物区和古热带植物区的交界面上，是热带植物区系向温带植物区系(尤其是亚热带植物区系)演化的关键地段，是热性阔叶林向暖性阔叶林过渡的暖热性阔叶林的过渡区域，是云南省内生物多样性分布的关键地区之一。同时，阿姆山位于"田中线"附近，中国—喜马拉雅和中国—日本成分在此交汇，因此它又是研究这两大植物亚区关系的一把钥匙。可以说，阿姆山自然保护区生物多样性具有过渡性、丰富性、敏感性和脆弱性等多重特点。

通过考察，我们对阿姆山自然保护区生物多样性的认识更加深刻。它不仅具有重要的水源涵养功能，而且还具有丰富的生物种类以及保存完整、原始、稳定的森林生态系统。保护和合理利用保护区的自然资源，开展多学科综合研究，探索生物类群的自然演变规律，充分发挥保护区的生态服务功能，对于当地社会经济的发展十分重要，应多方共同努力，保护好这座红河的"母亲山"。

本项目开展过程中，云南省林业厅、红河哈尼族彝族自治州林业局、红河县人民政府、红河县林业局、云南红河阿姆山自然保护区管护局及保护区涉及的相关乡(镇)政府、林业部门，都给予了大力支持和帮助，使野外调查工作能够顺利地开展进行；保护区周边的群众，热情欢迎考察队的到来，并与我们分享他们的传统知识与经验。在此，一并致谢！

我们以考察的成果为基础，整理、编著、出版本书，与各界人士共享考察成果，热切希望读者对本书给予批评、指正，为云南红河阿姆山自然保护区的保护和发展献计献策。

编著者
2016 年 12 月 25 日

Preface

Honghe Amu Mountain Provincial Nature Reserve (HAMNR) locates in the central south of Honghe County, Honghe Hani and Yi Nationalities Autonomous Prefecture, Yunnan Province, China. The Amu Mountain Provincial Nature Reserve which belongs to the southern part of Ailao Mountains forms the watershed between the Hong River and Tengtiao River, which is also the catchment area of the two rivers mentioned above. As the ecological safety barrier of the Hong River region and water conservation source of the magnificent Hani terraced fields, over 90% of the human and livestock drinking water, irrigation water and industrial water are supplied by HAMNR. Therefore, the eco-position of HAMNR is momentous and the ecological service value is significant.

Amu Mountain is the southern part of Ailao Mountains which lies in the transitional area of northern and southern subtropical regions. It has typical mountain climate and brings together variety of biota. As part of Ailao Mountains, Amu Mountain has not only the characteristics of Ailao Mountains, but a large-scale montane evergreen broad-leaved forest which is a relatively complete and stable montane ecosystem. For promoting the effective management and sustainable utilization of biodiversity, realizing the sustainable development of social economy and providing scientific research environment, it is necessary to protect the natural environment and local ethnic culture of HAMNR.

In Hani language, "Amu" means mother. "Amu Mountain" is the combination of the Hani language "Amu Huo Tai" and Chinese "Mountain". Amu Mountain is regarded as the mother mountain raising the communities by Hani people in Honghe County. In the Hani festival of "Ang ma tu", there are always sacrifice activities on top of the Mountain to pray for protection by Amu Mountain. The community regulations and traditional norms will also be announced during the festival. In some sense, Amu Mountain is the sacred natural site of the Hani people, and none is allowed to invade and disturb. The spontaneous protection system that protects the eco-safety of this region has been followed from generation to generation. Hani people has unbelievable passion for Amu Mountain, and they stick to the principles that are going to the mountain in selected days, kneeing down to pray when facing the Amu Mountain and

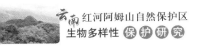

taking nothing from the Mountain.

On account of the ecological importance of HAMNR, it's necessary to get a more comprehensive and thorough understanding of the natural environment, forest resource, flora, fauna and other resource conditions. In March of 2012, Forest Bureau of Honghe County and Administration Bureau of Honghe Amu Mountain Provincial Nature Reserve entrusted the China Forest Exploration & Design Institution in Kunming, Forestry Administration P. R. C. (CFEDIC) to carry out the scientific research of the HAMNR. A project team was set up to prepare for the scientific research by CFEDIC which invited experts from Yunnan Normal University, Southwest Forestry University to engage in the research. Separate research on geography, plants, animals, vegetation, community economy, protection and management, sustainable use of natural resources, co-evolution of local culture and biodiversity was carried out by the project team for 3 times. During the research, specimens of plants and animals were collected; forest and vegetation resource, geological situation, hydrology, soil and other aspects were further investigated, the relevant data were gathered. Based on field investigation and data analysis, we accomplished the compiling of the book.

With obvious endemic and important distribution of plants and animals, HAMNR is rich in biodiversity. Since HAMNR lies in the transitional interface of eastern Asian floristic region and Paleo-tropical floristic region, a distinct transitional property is demonstrated by floristic composition and vegetation. Therefore, HAMNR is a key zone of plant evolution from tropical floral zone to temperate floral zone (especially subtropical floral zone). Meanwhile, HNMAR is at the margin of the well-known "Tanaka line" which is the transitional area of the two major east-west floristic regions (the Sino-Himalayan region and the Sino-Japan region), thus HNMAR is co-distribution region of plant species from the two major floristic regions, and it has great value in research and conservation. Owning to the transitional property of floristic compositions and vegetation, HNMAR is a hot spot of biodiversity in Yunnan with high sensitivity, fragility and conservation value.

Through the research, we have a more profound understanding on the biodiversity of HAMNR which plays not only an important role in water conservation, but also has rich biodiversity and large area of primary and stable ecosystem. In order to protect the mother mountain of Honghe County, it requires common concerns to protect and utilize rationally the natural resources of HAMNR, to carry out multi-disciplinary research and to explore the natural evolution of biological populations which are important to the local social and economic development.

Through the research, we have a more profound understanding on HAMNR. It not only has an important role in water conservation, but also has rich biodiversity including the large area of primary, stable ecosystem. It is very important for the development of local economy and society that the protection and rational utilization of natural resources of the region to carry out multi-disciplinary research, explore the natural evolution of biological populations, maintain the ecological service function of ecosystem. So, we should work hard together to protect the "mother mountain".

We appreciated the great supports and assistance offered by Forestry Department of Yunnan Province, Forest Bureau of Honghe County, Administration Bureau of Honghe Amu Mountain Provincial Nature Reserve and the relevant villages and towns. We were also warmly received by the locals who shared their traditional knowledge and experience with us. Our sincere gratitude would be given to all the participants of the project.

Based on the research results, we compiled and published this book for sharing the achievements of the research with all circles of society. We're looking forward to receiving comments and suggestions from all readers for the protection and development of HAMNR.

The writers

Dec. 25, 2016

C O N T E N T S

目 录 ▷

序
前 言
Preface

第一章

总　论[*]

1.1　保护区概况

　　云南红河阿姆山省级自然保护区（以下简称阿姆山自然保护区）是 1995 年 4 月经云南省人民政府批准建立的省级自然保护区（云政复〔1995〕31 号）。保护区地处云南省红河哈尼族彝族自治州红河县中南部，位于东经 102°02′17″～102°25′54″、北纬 23°09′10″～23°17′15″，地跨架车、宝华、洛恩、乐育、阿扎河、甲寅、车古、浪堤、垤玛 9 个乡 27 个行政村。东起阿扎河乡普马村，西至垤玛乡利北大梁子沟底，南从切初后山起，北至红星水库大坝（附图 1）。东西横跨 41.7km，南北最宽处 9.3km，最狭窄处仅 1.0km，呈狭长形。保护区最高点位于宝华乡的阿姆山主峰，海拔 2534m；最低点位于洛恩乡北部梭罗村以东的哈龙河河谷，海拔 1610m，相对起伏高度 924m。

　　保护区总面积为 17211.9hm²，按核心区、缓冲区、实验区划分为三个功能区。核心区面积为 6028.2hm²，占保护区总面积的 35.0%；缓冲区面积为 4325.1hm²，占保护区总面积的 25.1%；实验区面积为 6858.6hm²，占保护区总面积的 39.9%。

　　保护区国有土地 10938.1hm²，占 63.5%；集体土地 6273.8hm²，占 36.5%。

　　保护区主要保护以季风常绿阔叶林、中山湿性常绿阔叶林、山地苔藓常绿阔叶、山顶苔藓矮林、山顶灌丛等植被类型构成的山地森林生态系统及其生物类群多样性。保护区动植物资源种类丰富，重要生物类群集中，生态服务功能强大，生态地位重要。

　　按保护性质划分，阿姆山属于以保护自然地理综合体及其森林生态系统为主的南亚热带山地森林生态系统保护区，以有效保护南亚热带山地常绿阔叶林及其野生动植物为主要管理目标。

---

* 本章编写人员：国家林业局昆明勘察设计院张国学、孙鸿雁、唐芳林、尹志坚。

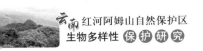

阿姆山自然保护区植被属于云南南部南亚热带热性阔叶林向暖性阔叶林过渡的暖热性森林生态系统，保存着较大面积的山地常绿阔叶林。保护区是红河（元江）、藤条江的分水岭与重要汇水区域，是保护区周边世界文化遗产"哈尼梯田自然文化复合景观"的水源涵养林及周边工农业用水、生活用水的主要供给库，是红河县各族人民赖以生存的"母亲山"。

1.2　保护区自然属性

1.2.1　生态系统的典型性

阿姆山是哀牢山的南延支脉。哀牢山系自西北向东南走向，横贯云南中南部，是云南省最重要的地理分界线；也是云南亚热带南部与亚热带北部的过渡地区，有着典型的山地气候特点，是多种生物区系地理成分东西交汇、南北过渡的荟萃之地，保存着我国亚热带地区面积最大的常绿阔叶林，是一个比较完整而稳定的自然生态系统。因此，作为哀牢山系的组成部分，阿姆山自然保护区在保护自然资源、维护生态平衡、提供科学研究等方面意义重大。

由于地理位置、地形地貌、山地气候等原因，阿姆山的植被具有明显的过渡性质，是热性阔叶林向暖性阔叶林过渡的暖热性阔叶林。同时，保护区地处云南南亚热带湿性植被和干性植被的交汇处，植被水平地带性与垂直地带性明显，具有由季风常绿阔叶林、中山湿性常绿阔叶林、山地苔藓常绿阔叶林、山顶苔藓矮林、山顶灌丛组成的较为完整的山地垂直带谱，其常绿阔叶林生态系统非常典型而且保存较为完整，是研究云南亚热带山地常绿阔叶林的重要区域。

1.2.2　植物区系的过渡性

从阿姆山的植物区系组成上看，阿姆山处于东亚植物区和古热带植物区的交界面上，更具体地说处于东亚植物区中国—喜马拉雅森林植物亚区云南高原地区滇东南山地亚地区与古热带植物区的北部湾地区和滇缅泰地区的区系分界带上。该区在云南乃至中国植物区划上都是一个重要的自然地理单元，是热带植物区系向温带植物区系演化的关键地段，因而是研究云南东西向植物迁移分布、东亚植物区系的中国—日本成分和中国—喜马拉雅成分的关键地区。

同时，阿姆山位于"田中线"附近，中国—喜马拉雅和中国—日本成分在此交汇，它又是研究这两大植物亚区关系的一把钥匙。

根据植物科属分布区系及主要科属的种类分布，该地区的区系特征具有明显的热带性质，并与印度—马来西亚成分有较深的渊源。也就是说，阿姆山自然保护区是研究东亚植物区和古热带植物区的关键地区，是中国西南部中南半岛生物区系的典型代表。中南半岛的北缘地带保存有许多中南半岛生物区系的特有类群和特色。阿姆山自然保护区以其独特的地理位置、动植物区系特征以及丰富多样的生物种类而成为云南南部动植物区系的重要组成部分之一。

阿姆山植物区系的过渡性说明了该区是连接两大植物区系的重要地理连接区域，地理区位上具有不可替代性。可以说，阿姆山自然保护区生物多样性具有过渡性、丰富性、敏感性和脆弱性等多重特点。

阿姆山自然保护区有种子植物 158 科 577 属 1141 种(包括 18 亚种及 53 变种)。种子植物热带性质的科有 82 科(不计世界广布科，下同)，占全部科数的68.3%，温带性质的科有 38 科，占全部科数的 31.7%；热带性质的属 330 属，占全部属数(世界分布属及外来属除外，下同)的 62.7%；温带性质的属 185属，占全部属数的 35.2%；热带性质的种 661 种，占全部种数(不包括世界广布种及外来种，下同)的 59.4%，温带性质的种 451 种，占全部种数的 39.5%。从科、属、种三个分类单元的热性、温性比重来看，都说明了本区植物区系的热带性质，同时本区也不乏温带成分。所以，更确切地说，本区植物区系具有从热带向亚热带过渡的热带北缘性质。

1.2.3　景观环境的自然性

阿姆山自然保护区自然植被保存比较完整，区内没有村寨分布，特别是中心区较少受人为活动干扰，从而最大限度地保护了其自然属性，非常适合野生动植物的栖息和繁衍生长。

由于受来自于孟加拉湾的西南季风暖湿气流和来自北部湾的东南季风暖湿气流的双重影响，形成了光热充足、气候暖湿、空气湿润、雨量充沛、雨热同季的气候特点，山地气候带的垂直系列极为明显。受海拔、坡向及地形影响，植被不仅具有水平分布规律，也表现出明显的山地垂直带谱，植被原生性强，中山湿性常绿阔叶林以上的垂直带谱较少受到人为干扰，属于原始的天然林区。

1.2.4　丰富的生物多样性

阿姆山自然保护区特殊的地理位置、复杂的地貌类型、多样的山地气候、优越的土壤条件，孕育了丰富的生物种类并为这些物种提供了良好的生存繁衍条件。

到目前为止，阿姆山自然保护区共记载野生维管束植物 190 科 638 属 1243种(包括 18 亚种及 54 变种)。其中，蕨类植物 32 科 61 属 102 种(包括 1 变种)；裸子植物 5 科 8 属 9 种(包括 1 变种)；被子植物 153 科 569 属 1132 种(包括 18亚种及 52 变种)。

共记载脊椎动物 27 目 77 科 178 属 286 种。其中，两栖类 2 目 6 科 14 属 19种；爬行类 1 目 5 科 10 属 13 种；鸟类 14 目 40 科 106 属 188 种；哺乳动物 10

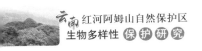

目 26 科 48 属 66 种。

阿姆山不仅有丰富的物种资源，植被类型也较为丰富，有 7 个植被型（含 1 个人工植被型）13 个植被亚型（含 2 个人工植被亚型）；20 个天然植被群系和 3 个人工群系，22 个天然植被群落（丛）和 6 个人工植被群落。在 6 个天然植被型中，有一些独特的群落，这些类型以阿姆山为集中分布区，如季风常绿阔叶林中的南亚泡花树 + 梭子果群落（*Meliosma arnottiana + Eberhardtia tonkinensis* Comm.），常绿阔叶林中的青冈 + 瑞丽蓝果树 + 小果锥群落（*Cyclobalanopsis glance + Nyssa shweliensis + Castanopsis fleuryi* Comm.）和小果锥 + 截果柯 + 樟叶泡花树群落（*Castanopsis fleuryi + Lithocarpus truncates + Meliosma squamulata* Comm.）。

1.2.5　珍稀物种的丰富性

阿姆山地处南亚热带气候带的山地上，没有遭受第四纪大陆冰川的直接侵袭，一直处于比较稳定的温暖湿润的气候条件下孕育发展，因而得以保存着第三纪就基本形成的植被类型和大量的古老种属，成为古老植物的天然"避难所"。例如，保护区保存有中生代广泛分布的蕨类植物中华桫椤 *Alsophila costularia*，裸子植物翠柏 *Calocedrus macrolepis*、垂子买麻藤 *Gnetum pendulum*；种子植物有许多古老科属，如木兰科的木莲属 *Manglietia*、木兰属 *Magnolia* 和含笑属 *Michelia*，发生于新生代的孑遗植物水青树 *Tetracentron sinense*、金缕梅科的马蹄荷 *Exbucklandia populnea*、小脉红花荷 *Rhodoleia henryi*，以及柔荑花序类的多数科属。此外，在中山湿性常绿阔叶林中，附生着大量的种子植物，如树萝卜 *Agapetes* spp.、越橘 *Vaccinium* spp.、五叶参 *Pentapanax* spp. 等灌木，说明该地植被的古老性。这种植被环境为许多古老植物创造了比较稳定、优越的繁衍环境。

据调查，保护区有各类保护植物 85 种（扣除多级别保护的种外）。

国家重点保护野生植物 11 种。其中，国家Ⅰ级重点保护野生植物有伯乐树 *Bretschneidera sinensis* 1 种；国家Ⅱ级重点保护野生植物有中华桫椤 *Alsophila costularia*、苏铁蕨 *Brainea insignis*、翠柏 *Calocedrus macrolepis*、水青树 *Tetracentron sinense*、十齿花 *Dipentodon sinicus* 等 10 种。

云南省重点保护野生植物 21 种。其中，云南省 2 级重点保护野生植物有瑞丽蓝果树（滇西紫树）*Nyssa shweliensis*、定心藤 *Mappianthus iodoides*、屏边三七 *Panax stipuleanatus* 3 种；云南省 3 级重点保护野生植物有红脉梭罗 *Reevesia rubronervia*、毛尖树 *Actinodaphne forrestii*、滇琼楠 *Beilschmiedia yunnanensis*、西畴润楠 *Machilus sichourensis*、川八角莲 *Dysosma delavayi*、紫金龙 *Dactylicapnos scandens*、异腺草 *Anisadenia pubescens*、猴子木 *Camellia yunnanensis*、长穗花

Styrophyton caudatum 等 18 种。

《IUCN 红色名录》保护植物有 19 种。其中，濒危级有梳唇石斛 *Dendrobium strongylanthum*、羽唇叉柱兰 *Cheirostylis octodactyla*、叠鞘石斛 *Dendrobium denneanum* 3 种；极危级有粉叶楠 *Phoebe glaucophylla*、蒙自樱桃 *Cerasus henryi*、昆明木蓝 *Indigofera pampaniniana*、云南红豆 *Ormosia yunnanensis*、白枝柯 *Lithocarpus leucodermis* 等 16 种。

被 CITES 收录的禁止国际贸易的植物 41 种，除中华桫椤外其他的均为兰科植物。

国家重点保护脊椎动物 30 种，其中两栖类 1 种，鸟类 16 种，哺乳动物 13 种。30 种国家重点保护物种中，属国家 I 级重点保护的 4 种：西黑冠长臂猿 *Nomascus concolor*、蜂猴 *Nycticebus bengalensis*、印支灰叶猴 *Trachypithecus crepusculus* 和云豹 *Neofelis nebulosa*。其余 26 种均属国家 II 级重点保护野生动物。

1.2.6　植物特有现象明显

阿姆山位于我国三大特有中心之一的滇东南—桂西特有中心的边缘，由于地理位置、气候特征和山地条件，特有现象较为显著，不仅表现在不少东亚特有科上，而且也表现在较多中国特有属及特有种上。本区的特有现象既有古特有成分也有新特有成分，但更多的是古特有成分。本区新构造运动强烈，垂直气候带变化明显，且因山体环境复杂，不仅使古特有成分找到避难所得以保存和继续发展，而且新特有成分又在新的生境中得以形成。

特有现象通常最能反映具体植物区系的特征。联系所研究地区的地质历史、古生物学资料等来探讨其特有性，对阐明该地植物区系的性质具有重要意义。

本区记有 6 个在系统上较为隔离的东亚特有科(包括青荚叶科 Helwigiaceae 和桃叶珊瑚科 Aucubaceae)，占全部东亚特有科(21 科，其中 3 科为日本特有，4 科为中国特有)的 28.6%，这反映出该地作为东亚古老植物区系的一部分在地质历史上与东亚是一致的，且与东亚植物区系的发端紧密相连。

阿姆山种子植物中有中国特有属 11 属，占中国特有属 239 属的 4.6%。其中，瘿椒树属 *Tapiscia*、巴豆藤属 *Craspedolobium* 等是比较原始或古老的类群，而紫菊属 *Notoseris*、华蟹甲属 *Sinacalia* 等是随着云南高原、喜马拉雅的抬升和青藏高原的隆起而发生、发展起来的年轻成分。

种子植物中种的特有现象尤为强烈，阿姆山种的分布型中，中国特有分布种有 396 种，占全部种数的 34.7%。其中，云南特有种 70 种(未包括滇东南特有种及红河沿岸地区特有种)，滇东南特有种 19 种，红河沿岸地区(河口、屏边、金平、绿春、元阳和红河)特有种 18 种。

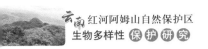

1.2.7 生态环境的脆弱性

保护区山体比较破碎，山峰较多，坡度大，加上境内降雨量大，植被一旦遭到破坏，山地土壤、岩石在重力作用下将会产生崩塌，发生水土流失，使得这些区域植被较难恢复，也对当地社区的生产和生活产生严重的负面影响。

保护区处于泛北极植物区和古热带植物区的汇集和分界地带，无论植物群落和动物居群，其种群数量都相对比较小，适于特定物种栖息的生境范围较小，环境一旦有所变化或破坏，一些物种就有可能在该区减少甚至灭绝。

1.3 保护区综合价值评述

1.3.1 具有极高的科学研究和保护价值

阿姆山作为哀牢山的南延支脉，地理位置特殊，其物种区系、植被的过渡性明显，对热带区系与温带区系成分、暖性阔叶林与热性阔叶林的连接作用很强。

保护区常绿阔叶林生态系统的过渡性、典型性、完整性，成为研究云南亚热带山地常绿阔叶林的重要区域。生物地理的边缘性和过渡性使阿姆山自然保护区汇集了丰富的生物类群、复杂的区系成分和分布类型。较多第三纪残遗的古老植物科属和许多孑遗植物种类，单型科、少型科、少型属、单种属的珍稀濒危及特有植物，在这里得到保存。阿姆山保护区成为生物繁衍、自然生态演化的重要场所。多种区系成分、古老类群和新生类群在此同时演化发展，形成了一个生物演化的自然历史博物馆，人们可以从中看到生物演化史，特别是种子植物的演化史，使之成为研究地质历史变迁与生物类群协同进化，生物系统发育和生物区系地理起源的理想区域。保护好这个生物生存的大环境及其丰富的生物物种和珍稀物种，对研究生物进化及种子植物起源、演化有着重要的理论意义和极高的科学价值。

1.3.2 保存有比较完整的常绿阔叶林

阿姆山不仅有丰富的物种资源，植被类型也较为丰富。从景观生态学的角度看，保护区的自然景观以森林植被景观为主体。其中，中山湿性常绿阔叶林景观大面积集中连片，为保护区的主要景观。

虽然阿姆山自然保护区相对高差不大(924m)，在滇南、滇东南不是最高的山峰，但由于东西跨度大，山体庞大，切割较深，依然保存着较为完整的亚热带中山山地植被垂直带谱，植被从季风常绿阔叶林开始，之上为中山湿性常绿阔叶林、山地苔藓常绿阔叶林、山顶苔藓矮林、山顶灌丛。

1.3.3　红河县的"母亲山"，重要的水源涵养地

保护好阿姆山的森林生态系统，不仅能保存较多的生物资源，同时能产生强大的生态服务功能，对改善红河县的生态环境将起到重要作用。保护区森林涵养水源的作用延长了水利工程的使用年限，对改善保护区周边乃至红河、藤条江下游地区的生态环境都具有重要意义。

保护区海拔在 1610～2534m，年降水量从 1424mm 递增到 2258mm。海拔 2000m 的年降水量为 1775mm，如以海拔 2000m 的年降水量计算整个保护区每年涵养水源量，则保护区 17211.9hm² 内，森林覆盖率（含灌木林）93.9%，通过森林林冠层、树枝、树干的截留，草本层、枯枝落叶层以及土壤的吸收，每年至少可以接纳并暂时贮存 2.87 亿 m³ 的降水量（接纳的水量相当于 9 个多"俄垤水库"的总库容（"俄垤水库"总库容为 $3010 \times 10^4 m^3$）），源源不断地补给各条河流，从而被红河人民称为"母亲山"（阿姆在哈尼语中即为母亲之意）。并且阿姆山自然保护区对于保护区外的环境条件起到了良好的屏障与保护作用。

据红河县 2015 年统计资料，全县库蓄水量 $3633 \times 10^4 m^3$。而位于阿姆山保护区内的"红星水库"总库容为 $450 \times 10^4 m^3$，水源完全来源于保护区且位于保护区边缘的"俄垤水库"总库容为 $3010 \times 10^4 m^3$，二者水库蓄水量占了全县水库蓄水量的 95.2%。阿姆山水源灌溉耕地面积 9987hm²，占全县有效灌溉面积 11490hm² 的 86.9% 以上。

保护区范围涉及的 9 个乡，即甲寅乡、阿扎河乡、洛恩乡、宝华乡、乐育乡、浪堤乡、车古乡、架车乡、垤玛乡，以及县城所在地迤萨镇、石头寨乡的人畜饮水皆来自于保护区，受益人口 29 万多人，占全县人口 32 万的 90% 以上。阿姆山自然保护区是红河全县人民饮水安全、生态安全、农业生态环境安全的保障，生态价值巨大，生态地位重要。

1.3.4　丰富多彩的景观资源

阿姆山有闻名遐迩、别具特色的云海，驰名中外的梯田和瀑布自然景观。梯田、森林、村寨、河流"四度同构"景观系统，成为阿姆山一道俊秀的风景。

阿姆山是红河县哈尼族的自然圣境，受到当地社区的敬畏和保护。在夏季以阿姆山顶为中心的一二千米范围内经常发生雷击，1956 年在山上执行任务的解放军战士遭雷击，2 人牺牲，5 人受伤。众人传说纷纭，阿姆山被蒙上了一层神秘的面纱。山脚的哈尼族曾是日本人寻根的地方，称红河的哈尼族语言和风俗习惯与他们的祖先民族十分相似。

阿姆山旅游资源类型丰富，拥有高山、峡谷、河流、瀑布、森林等众多自然旅游资源，且类型结构合理，整体品质较高。同时，受哈尼民族文化、梯田

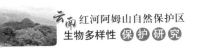

文化等多种文化影响，历史底蕴深厚，也集中展示了森林、村寨、梯田、水系四要素同构的农业生态系统和各民族和睦相处的"多元一体"文化格局。

保护区的季风常绿阔叶林、中山湿性常绿阔叶林、山地苔藓常绿阔叶、山顶苔藓矮林等植被类型，保存比较完好，河流、峡谷、瀑布等众多自然旅游资源美学价值较高。以阿姆山主峰、哈尼梯田、原始森林、杜鹃花海等为代表的地文景观资源品质优良，形成具有特色的生态旅游资源链。阿姆山复杂的地形、山体的落差、丰富的水流形成了众多风格各异、景观不同的瀑布群，时空布局自然协调，环境幽静，风光秀丽，蕴含自然清幽、恬静之美。

保护区周边人文景观资源丰富。以哈尼族、彝族、瑶族为代表的少数民族在此聚居，不同民族文化交融互动，孕育了深厚的文化底蕴，使得红河县成为集"歌舞之乡"、"滇南侨乡"、"奕车之乡"（红河县哈尼族的一个重要而独特的支系）、"棕榈之乡"、"梯田之乡"等美誉于一身的文化大县。

因此，保护好这片生物多样性极为丰富的地区，不仅能为当地经济的可持续发展提供生态安全保障，提供各种生物资源，也是保护当地哈尼族等族群的民族文化不断演化发展的源泉；保护好阿姆山，对保护生存于不同气候带的生物资源、多种植被类型、可持续利用的自然资源以及开展多学科综合研究，促进红河县少数民族地区的社会经济发展，均具有社会、经济、环境、科学、文化等多方面的重要意义和价值。

参考文献

陈琳，廖鸿志. 云南可持续发展. 昆明：云南大学出版社，1997，73 - 77.

陈永森，郭萌卿. 云南省志·地理志. 昆明：云南人民出版社，1998，356 - 474.

高明贤，邵会祥. 生物多样性与生态系统稳定性关系的探讨. 见：钱迎倩，等. 生物多样性研究进展. 北京：中国科学技术出版社，1995，476.

陆树刚. 云南物种的富源与生态系统类型多样性. 见：许建初. 民族植物学与植物资源可持续利用的研究. 昆明：云南科技出版社，2000，76 - 82.

吴征镒，孙航，周浙昆，等. 中国植物区系中的特有性及其起源和分化. 云南植物研究，27（6）：577 - 604.

吴征镒，王荷生. 中国自然地理·植物地理（上册）. 北京：科学出版社，1983，1 - 125.

吴征镒，朱彦丞. 云南植被. 北京：科学出版社，1987，123 - 271.

张荣祖. 中国自然地理·动物地理. 北京：科学出版社，1979，1 - 35.

第二章

自然环境[*]

2.1　地质背景

2.1.1　地　层

阿姆山自然保护区出露的地层以中生界三叠系、白垩系为主，古元古界哀牢山群其次（表2-1）。受哀牢山深大断裂和红河大断裂的控制，地层多呈北西—南东向展布。

表2-1　保护区地层和岩性

界	系	统	组	符号	岩性描述
新生界	第四系			Q	冲积、冲洪积砂、砾石层及坡残积粉砂、亚黏土夹碎石
中生界	白垩系	下统	曼岗组	K_1m	石英砂岩、粉砂岩、泥岩、砾岩、砂砾岩
	三叠系	上统	高山寨组	T_3g、$T_3\lambda\pi$	石英砂岩、板岩、页岩、砾岩、石英斑岩、流纹斑岩
		中统	牛上组	T_2n	石英砂岩、板岩、灰岩
古元古界	哀牢山群		小羊街组上亚组	Pt_1x^b	变粒岩、片麻岩

注：据《1∶20万元阳幅（F–48–Ⅶ）—大鹿马幅（F–48–Ⅲ）区域地质调查报告》整理而成。

2.1.1.1　古元古界

哀牢山群小羊街组上亚组（Pt_1x^b）：出露面积小，呈北西向条带状分布于窝

---

* 本章编写人员：云南师范大学王平、王涛、王倩、邹亚萍。

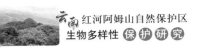

伙埕至坝美村委会以南的乐育乡南部（图2-1），片麻岩和变粒岩成层分布。厚度约1100m。

2.1.1.2　中生界

（1）三叠系中统牛上组（T_2n）

三叠系中统牛上组（T_2n）呈东西向条带状分布于保护区北部（图2-1），为一套海相灰绿色板岩夹灰黑色灰岩及灰绿色砂岩。灰绿色轻变质中细粒长石石英砂岩、石英砂岩、红棕色灰绿色绢云母板岩夹灰黑色隐晶灰岩。厚度约1860m。富含有以褶翅蛤为主的海相瓣腮动物群化石。

（2）三叠系上统高山寨组（T_3g 和 $T_3\lambda\pi$）

三叠系上统高山寨组呈东西向条带状分布于保护区西部、中北部、东南部（图2-1），为一套以陆相为主的海陆交互相碎屑岩夹少量中酸性火山岩及灰岩透镜体。岩性为紫红色、灰黄色轻变质中细粒岩屑石英砂岩、含砾不等粒硅质石英砂岩、绢云母板岩、紫红色铁质页岩、褐黄色铁质砾岩及石英斑岩。厚逾900m。产瓣鳃类、介形类化石。

（3）白垩系下统曼岗组（K_1m）

白垩系下统曼岗组（K_1m）呈东西向条带状分布于保护区中南部，主峰阿姆山附近地区，为一套陆相红色碎屑岩系（图2-1）。岩性为灰紫、灰白色细、中粒岩屑石英砂岩、紫红色泥质粉砂岩、钙泥质粉砂岩、粉砂质泥岩、砾岩、砂砾岩。厚约800m。产介形类化石。

2.1.1.3　新生界第四系

含更新统（Q_{1-3}）和全新统（Q_4），主要有冲积层和洪积层两种类型。

更新统：冲积层零星分布于保护区及附近地区河谷两岸的Ⅱ级及Ⅲ级阶地上，多为浅红色—黄色砂质黏土或亚黏土，厚度一般不到5m。洪积层面积小，仅分布于山前沟口附近，岩性为黄褐色黏土夹砾石，厚10m左右。

全新统：冲积层零星分布于保护区及附近地区河流的Ⅰ级阶地及河漫滩上，多为灰黄、黄褐色、浅黄色粉砂质黏土、黏土质砂土和砂砾石层，一般厚度不到5m。河漫滩为杂色粗砂、细砂、砾石混杂堆积。冲洪积层分布于河谷地带，为土黄—褐黄色含砾粉砂质黏土、砂土、砂砾石或黏土夹砂砾石，厚2m左右。

2.1.2　岩　石

保护区及附近地区三大类岩石均有出露，又以沉积岩面积最大，变质岩次之，岩浆岩很小。

2.1.2.1　沉积岩

保护区出露的沉积岩以碎屑岩类为主，黏土岩类其次，局部地段有碳酸盐岩，但面积很小。碎屑岩类有砾岩、砂岩、粉砂岩等，砾岩有砂砾岩、铁质砾

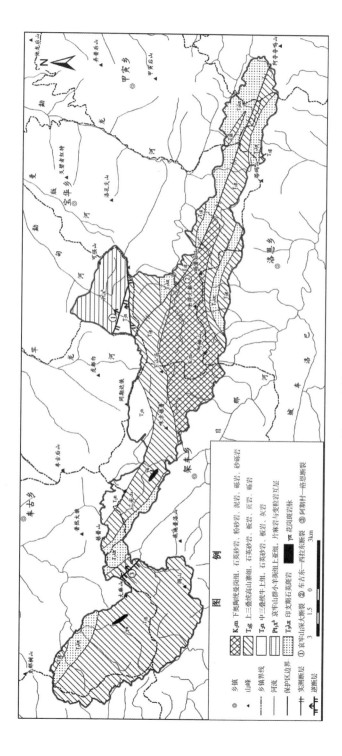

图 2-1 保护区地质简图

依据《1:20万元阳幅区域地质图》编制，有改动

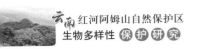

岩，砂岩有石英砂岩、长石石英砂岩、细砂岩、泥质砂岩等，粉砂岩有泥质粉砂岩、钙泥质粉砂岩等，集中分布于哀牢山断裂以南地区。黏土岩类有泥岩、页岩等。碳酸盐岩仅有小面积的石灰岩。

2.1.2.2　变质岩

岩浆活动主要有印支期岩浆活动，表现为酸性岩流裂隙喷发和酸性岩浆的侵入。前者形成石英斑岩、流纹斑岩（$T_3\lambda\pi$），以岩床、岩墙、岩脉产出，后者形成花岗斑岩（$\gamma\pi$），以岩脉产出，两者均分布于高山寨组（T_3g）内。哀牢山深大断裂及其派生裂隙是岩浆活动的良好通道，岩浆岩的分布延伸方向与断裂方向一致，具明显线性特征。

2.1.2.3　岩浆活动和岩浆岩

出露面积较小，以板岩、变粒岩、片麻岩为主，其次是千糜岩、糜棱岩等。变粒岩主要由长石、黑云母组成，有黑云斜长变粒岩、石榴黑云斜长变粒岩、二云二长变粒岩、黑云二长变粒岩。片麻岩主要由长石、云母、石榴子石等矿物组成，有黑云斜长片麻岩、黑云二长片麻岩等。千糜岩、糜棱岩沿哀牢山断裂、阿期村—洛恩断裂分布，是在哀牢山断裂强烈挤压作用下，经动力变质而形成。

2.1.3　地质构造

按板块构造—地球动力学观点，保护区位于西藏—三江造山系与扬子陆块区2个一级构造单元的结合部位（表2-2）。按槽台学说，保护区在大地构造单元分区上位于扬子准地台西南侧、华南褶皱系西北端与唐古拉—昌都—兰坪—思茅褶皱系东南缘3个一级大地构造单元的交接位置（表2-3），哀牢山构造带中段。据区域构造资料，该区是典型的印支期旋回运动为主的地槽型褶皱带，受区域深大断裂的控制，褶皱和断裂均具有明显的线性特点，绵延数十至数百千米，横贯县境内，其次褶皱和断裂大致呈平行状相间排列，走向北北西至北西；受多期构造运动的控制，伴生或次生构造发育，地质构造复杂，构造强烈发育，岩体破碎。

保护区及附近地区分布有以下控制性断裂和褶皱构造（表2-4）（云南省地质局第二区域地质测量队，1975）。

2.1.3.1　哀牢山深大断裂

位于保护区北部边缘，沿哀牢山分水岭北侧延伸，与红河深大断裂大致平行（图2-1），是哀牢山群与中生界的分界断裂，断层面主要倾向北东，北东盘为哀牢山群变质带，断层附近形成宽1～3km的千糜岩、糜棱岩等动力变质岩，片理发育。南西盘为中、上三叠统（T_2、T_3g、$T_3\lambda\pi$），断层面附近常见糜棱岩化。

2.1.3.2 车古东—西拉东断裂

位于保护区北部，哀牢山断裂南侧，阿姆山主峰以东的宝华乡西南端（图2-1）。断层面倾向北东，北东盘为 T_3g，南西盘为 K_1m。

表2-2 保护区所处大地构造单元位置（按板块构造—地球动力学）

构造单元等级	哀牢山断裂以西	哀牢山断裂以东
一级	西藏—三江造山系	扬子陆块区
二级	三江弧盆系	上扬子古陆块
三级	西金乌兰湖—金沙江—哀牢山蛇绿混杂岩带	哀牢山基底逆推带

据《中国大地构造单元划分》整理。

表2-3 保护区所处大地构造单元位置（按槽台学说）

构造单元等级	哀牢山断裂以西	哀牢山断裂以东	
		西	东
一级	唐古拉—昌都—兰坪—思茅褶皱系	扬子准地台	华南褶皱系
二级	墨江—绿春褶皱带	丽江台缘褶皱带	滇东南褶皱带
三级	安定—平和褶皱束	点苍山—哀牢山断褶束	个旧断褶束
四级	—	哀牢山断块	—

据《云南省区域地质志》整理。

表2-4 保护区断层特征表

名称	产状			性质	长度（km）
	走向（°）	倾向	倾角（°）		
哀牢山深大断裂	280~315	NE	3~70	逆断层	>92
车古东—西拉东断裂	280~324	NE		逆断层	>50
阿期村—洛恩断裂	293~335	NE	50~65	逆断层	>34

引自：云南省地质局第二区域地质测量队．1:20万元（F–48–Ⅶ）阳幅—大鹿马幅（F–48–Ⅲ）区域地质调查报告》．昆明：云南省地矿局，1975，129–133.

2.1.3.3 阿期村—洛恩断裂

呈北西南东向穿越保护区西南部（图2-1），为区域性断裂，断面呈舒缓波状，走向290°~310°，断层面倾向北东，倾角50°~65°，北东盘为 S_2 及 T_3g，南西盘为 T_3g。沿断层常有宽数米的糜棱岩带，岩石片理发育，挤压甚强，常形成许多小型平卧、倒转褶皱。顺片理有透镜状石英脉贯入。

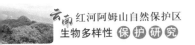

2.1.3.4 驾七—俄浦向斜

呈向北凸出的弧形，东西横贯保护区，是一轴面直立的复式向斜。核部出露 T_3g，北东翼由 T_3g、T_2n 组成，主要倾向南西。南西翼仅见 T_3g，倾向北东。

2.1.3.5 马龙—良心寨向斜

马龙—良心寨位于保护区东北部边缘，哀牢山深大断裂以北，走向北西，与哀牢山断裂大致平行，为一轴面直立的复式向斜，核部为 Pt_1a^a，两翼为 Pt_1x^b，南翼宽 2～5km，北翼较窄，仅 1～2km，两翼相向倾斜，倾角一般 30°～60°，是哀牢山褶皱带的重要组成部分。

另外，保护区西南部尚有咱倮—黄草岭向斜，南部有苏居—草果断裂，东北部有甲寅—牛角寨背斜，县城北部有红河深大断裂。

保护区位于红河断裂带的南段西部，邻近通海—石屏地震带，1900 年以来曾发生过 2 次 M≥4.5 级地震，分别是 1925 年 3 月 17 日发生的 6.25 级和 1972 年 2 月 3 日发生的 4.9 级地震，引起保护区山体局部地段发生崩滑、滑坡。据《中国地震动参数区划图》（GB18306－2001），该地区地震烈度属于Ⅶ度区，抗震设防属Ⅶ度区。

2.2 地 貌

地貌是引起保护区气候、水文、植被、土壤等自然地理要素发生空间分异的主导因素，也是造成生境和植被类型多样化的重要原因之一。

在中国地貌区划中，保护区位于"西南亚高山中山大区（Ⅴ）"西南部的"滇西南亚高山区（ⅤE）"的东部，在云南地貌区划中，保护区位于"横断山中山峡谷区"东部的"哀牢山中山峡谷亚区"，地貌结构为以大起伏中山、亚高山为主的山地与峡谷相间的地貌组合。最低点位于洛恩乡北部东普村附近白洛恩河支流哈龙河河谷，海拔 1610m；最高点位于架车、洛恩、宝华三个乡交界处的阿姆山主峰，海拔 2534m，起伏高度 924m。

2.2.1 山地地貌类型及分布

2.2.1.1 山地地貌类型

依据中国陆地基本地貌类型分类系统中的海拔高度分级指标，保护区山地可划分为中海拔（1610～2000m）和亚高海拔（2000～2534m）两个等级，小起伏（200～500m）、中起伏（500～1000m）和大起伏（1000～2500m）三个形态类型（表2-5）。按照我国大多数学者认可的将起伏高度和海拔高度两个分级指标组合来划分陆地基本地貌类型的原则，可将保护区山地划分为小起伏中山、中起伏中山、中起伏亚高山、大起伏中山、大起伏亚高山五个基本类型（表2-5）。

按《中国1:100万地貌图制图规范（试行）》中的地貌形态成因类型分类方案，保护区山地都是构造运动和流水侵蚀切割共同作用下形成的，基本上属于侵蚀剥蚀山地。构成保护区山地的岩性以砂页岩、变质岩为主，据此将保护区山地划分为砂页岩山地、变质岩山地两类。由于内外营力的强度及对比关系的不同，侵蚀剥蚀山地具有不同的海拔高度和起伏高度（表2-5）。

表2-5　保护区基本地貌类型和地貌形态成因类型分类系统

海拔高度（m）	起伏高度（m）	基本地貌类型	地貌形态成因类型
1610～2000	200～500	小起伏中山	砂页岩类侵蚀剥蚀小起伏中山
	500～1000	中起伏中山	砂页岩类侵蚀剥蚀中起伏中山
			变质岩类侵蚀剥蚀中起伏中山
	1000～2500	大起伏中山	砂页岩类侵蚀剥蚀大起伏中山
2000～2534	500～1000	中起伏亚高山	砂页岩类侵蚀剥蚀中起伏亚高山
			变质岩类侵蚀剥蚀中起伏亚高山
	1000～2500	大起伏亚高山	砂页岩类侵蚀剥蚀大起伏亚高山

2.2.1.2　山地地貌分布

（1）小起伏中山

保护区的小起伏中山在1610～2000m，分别分布于架车乡规普瑶寨以北保护区西南部以及车古乡鲁龙、玛姆瑶寨以南保护区西北部地区，占保护区总面积的3%左右。山顶和山脊与藤条江河谷之间的起伏高度在250～500m，主要由砂页岩构成（表2-6）。

（2）中起伏和大起伏中山

位于海拔1610～2000m，分布于车古乡玛姆瑶寨东南、架车乡娘普西北两乡交接地区，架车乡北部摸垤洛巴河和么底河沿岸地区，架车乡哈冲上寨、小龙施以北地区，龙普、玛普以西宝华乡西部地区，洛恩乡次农上寨和塔崩村以北的洛恩乡北部地区，宝华乡南部和洛恩乡交界附近，洛恩乡东北隅。山顶和山脊与藤条江河谷之间的起伏高度在500～1200m，主要由砂页岩和变质岩构成，约占保护区总面积的55%左右（表2-6）。

（3）中起伏亚高山

位于海拔2000～2300m，与藤条江河谷之间的起伏高度在500～1000m的属于中起伏亚高山，集中分布于保护区西北部车古乡与架车乡交界附近，车古乡娘普和腊娘垤以南车古乡与架车乡交界线附近，乐育乡红星水库附近，由砂岩、板岩、灰岩、页岩、石英斑岩、流纹斑岩构成，约占保护区总面积的20%，主要山峰（或山岭）有洞山、大麻山、三尖山等（表2-6）。

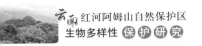

（4）大起伏亚高山

位于海拔 2000～2534m，与藤条江河谷之间的起伏高度在 1000～1500m，集中分布于乐育乡南部，宝华乡西部，梭罗和阿撒下寨一线以东保护区东南部地区，宝华乡西部地区是保护区海拔最高的区域，最高点阿姆山顶位于该区域，均由砂岩、页岩构成，约占保护区总面积的 22% 左右，主要山峰（或山岭）有阿姆山、咪卡娘鲁等近 10 座（表 2-6）。

表 2-6　保护区主要山峰或山岭海拔和岩性构成

山地类型	山峰或山岭名称及其海拔高度（m）	岩石构成
中起伏亚高山	洞山（2282）	砂岩、石英斑岩、流纹斑岩
	大麻山（2216.9）	砂岩、页岩、板岩
	三尖山（2202.2）	板岩、砂岩、灰岩
大起伏亚高山	咪卡娘鲁（2412）、下马山（2312）、切初后山（2246）	砂岩、页岩、板岩
	间期达俄（2346）	板岩夹灰岩、砂岩
	可强山（2437）、哈巴红特（2432）	板岩、变粒岩、片麻岩
	阿姆山（2534）、平得无都（2358）、玛普后山（2324）	砂岩、泥岩

2.2.2　其他地貌类型及分布

按《中国 1:100 万地貌图制图规范（试行）》中的地貌成因形态类型分类方案，保护区可划分出河谷地貌、沟谷地貌、构造地貌、重力地貌等。

2.2.2.1　河谷地貌

保护区内发育多条河流，多为河流上游河段，河谷窄，河床陡，呈阶梯状，多岩槛、跌水甚至瀑布，主要由粗砂、砾石和基岩组成，没有边滩、河漫滩的发育，河谷横剖面大多呈"V"型，例如，摸垤洛巴、么底河、清水河等河谷。

2.2.2.2　沟谷地貌

有切沟、冲沟、坳沟以及沟口冲洪积扇等，分布于各级支流的源头地区，由暂时性的沟谷流水侵蚀、堆积作用形成。

2.2.2.3　构造地貌

受褶皱、断裂等地质构造控制，形成有断层崖、断层谷、剥蚀面、断块山、褶皱山等。

2.2.2.4　重力地貌

有崩塌、滑坡等，以崩塌多见，主要发生于雨季，分布于变质岩分布区公路沿线、沟谷河流两岸、水库库岸。大部分区域因森林植被茂密，重力地貌不易发生。

2.2.3 地貌特征

2.2.3.1 山脉呈西北东南走向，河谷呈西南东北走向排列

因受构造运动的影响、地质构造的控制，保护区山地成为邻近的藤条江、红河（元江）流域的分水岭，由阿期大梁子、妥女大山、咪尼干大山、腊咪大山、阿姆山及其多条支脉（山岭）构成，主要属于砂页岩山地，变质岩山地次之，山脊海拔大多在2100~2534m。两大河流的支流上游都发源并流经保护区，侵蚀形成的这些支流河谷，与山脉走向近乎垂直。保护区主要受哀牢山深大断裂、阿期村—洛恩断裂、车古东—西拉东断裂控制隆升，又受到马龙—良心寨向斜、驾七—俄浦向斜、咱倮—黄草岭向斜的影响。保护区山脉呈西北东南走向，与该地区构造单元、褶皱、断裂、地层的走向基本一致。

2.2.3.2 河谷切割深，地势起伏大，地表破碎

保护区位于藤条江上游，河谷海拔830~1500m，山地以大起伏和中起伏亚高山为主，约占保护区总面积的80%。保护区位于红河（元江）及其支流藤条江两大水系的分水岭部位，加之第四纪以来山体构造抬升强烈，两江支流侵蚀切割作用强烈，导致古夷平面解体，地势起伏大，地表破碎，水系发育。

2.2.3.3 大、中起伏亚高山峡谷山原的地貌格局

阿期梁子、妥女大山、咪尼干大山及附近山岭海拔大多在2100~2300m，腊咪大山及附近山岭海拔大多在2200~2400m，岭谷高差在500~1500m。例如，洞山、大麻山、三尖山与附近河谷之间的岭谷高差500~1000m，咪卡娘鲁、间期达俄、下山马、可强山、哈巴红特、平得无都、玛普后山、切初后山与附近河谷之间的岭谷高差1000~1500m，而山脊海拔均在200~2500m，均属于中起伏、大起伏亚高山。保护区零星分布有海拔在1700~2000m的中山，与邻近河谷之间的岭谷高差250~1200m，属于小起伏、中起伏中山和大起伏中山。区域地貌由中起伏中山、大起伏亚高山以及深切峡谷组合而成，局部地区分布有小起伏中山，区域地貌结构系大、中起伏亚高山峡谷山原。

2.2.4 新构造运动和地貌发育史

哀牢山深大断裂早期表现为以压性及压扭性为主，新近纪以来则表现为以张性和张扭性为主的新构造运动，不但使原有构造复活，而且近期的活动性更加强烈。咪尼干大山、腊咪大山延绵相连，成为保护区附近红河和藤条江的分水岭，沿分水岭地带和哀牢山两侧半坡甲寅、浪堤等地发育了规模不等的Ⅰ~Ⅳ级夷平面，这表明进入第四纪以来，该地区地壳间歇性上升。此外，河

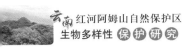

流两岸还发育有两级以上的阶地和洪积扇，说明流水的侵蚀切割作用加强，河谷发育及因此造成的高原面（或古夷平面）的分割、解体加快，地势起伏加大，地表日趋破碎，这是区域深大活动性断裂继承和发展的结果。事实表明，本区的新构造运动较活跃，垂直运动和水平运动具有间歇性和不确定性。内、外力相互作用，共同影响，形成了该地区的地貌格局。

2.3 气 候

气候条件主要依据以下气候统计和调查资料完成：①红河县气象局提供的架车、甲寅、宝华、阿扎河4个气温、降水两要素自动气象站2008—2011年累年各月气温、降水统计资料；②云南省气象档案馆1993年编写的《云南省地面气候资料三十年整编（1961—1990）》中有关红河气象站及邻县元阳气象站统计资料；③实地考察和访谈所得非常规气象资料。各站点参数详见表2-7。

表2-7　保护区及其附近地区气象站、点地理坐标及观测时段参数

气象站点	东经	北纬	海拔（m）	年代系数（a）
红河气象站（迤萨）	102°43′	23°22′	974.5	1961—1990
架车气象站	102°10′	23°12′	1750	
甲寅气象站	102°25′	23°15′	1840	2008—2011
宝华气象站	102°20′	23°17′	1500	
阿扎河气象站	102°28′	23°13′	1580	
元阳气象站（新街镇）	102°45′	23°10′	1542.6	1961—1990

2.3.1 气候特征

保护区位于哀牢山南延支脉，北回归线以南的低纬度地区，一年中有2次太阳直射，正午太阳高度角大，海拔在1610~2534m，属亚热带山地季风气候，表现出以下气候基本特征。

2.3.1.1 气温较高，年、日温差小，春温高于秋温

因保护区位处山体中上部，热量水平显著低于山体下部的红河河谷及沿岸低山地区。温度较高，年平均气温11.6~16.7℃，最冷月（1月）平均气温5.4~10.2℃，最热月（6月或7月）平均气温15.2~20.8℃，年≥10℃积温2961~5418 ℃。

保护区为亚高山山地，年内各季节太阳辐射能收入差距小，最热月平均气温不高，最冷月平均气温不太低，年温差小。保护区附近的架车、甲寅、阿扎河和宝华4个自动气象站，气温年较差分别为9.4℃、9.0℃、9.0℃和9.1℃，

远小于同纬度的东部地区。保护区年均气温日较差在 8.0℃ 以下，明显小于东部红河站的 9.6℃，亦小于西部墨江站的 11.7℃。架车春季平均气温比秋季高 1.4℃，阿扎河春季平均气温比秋季高 1.5℃，春温高于秋温。

2.3.1.2 冬、春逆温显著

保护区在晴天和有雾晴天时易形成逆温，不同季节逆温出现强度不同。冬季逆温发生次数多、强度大，最大逆温递增率可达到 2.0℃·(100m)$^{-1}$，在保护区 1610~2000m 之间出现时间早，持续时间长，最长可达 17~18h。春季逆温强度不如冬季，最大逆温递增率可达到 1.8℃·(100m)$^{-1}$，在保护区持续时间可达 13~14h。夏季逆温强度较弱，最大逆温递增率仅 0.6℃·(100m)$^{-1}$，在保护区 1700~2000m 出现较多，持续时间最长为 12~13h。秋季逆温比夏季稍多，最大逆温递增率可达到 1.0~1.2℃·(100m)$^{-1}$，在保护区 1700~2000m 出现较多，持续时间最长为 17~18h。

2.3.1.3 年降水量丰富，干、湿季分明

保护区位于云南南部，受热带大陆气团和热带海洋气团交替控制，形成了冬干夏雨、干湿季分明的季风气候。年降水量在 1424~2258mm。干季(11 月至次年 4 月)受热带大陆气团控制，晴朗少雨，各月降水量少于 50mm，降水量仅占全年降水总量的 21%；雨季(5~10 月)受热带海洋气团的控制，雨量集中，降水量占全年的 79%。

2.3.1.4 气候垂直分异显著，气候类型多样

保护区地势起伏大，相对高度 924m，气候具有明显的垂直分异特征。阿姆山最低点(海拔 1610m)至最高点(海拔 2534m)，太阳总辐射量由 4125MJ·m^{-2} 递增到 5097MJ·m^{-2}，年日照时数由 1825h 降低到 1503h，年平均气温由 16.7℃ 降低至 11.6℃，最冷月(1 月)平均气温由 10.2℃ 降低至 5.4℃，最热月(6 月或 7 月)平均气温由 20.8℃ 降低至 15.2℃，年≥10℃ 积温由 5418.0℃ 降低至 2961℃，年降水量由 1424mm 增加到 2258mm，年极端最高气温由 34.7℃ 降低到 27.8℃，年极端最低气温由 -9.5℃ 降低到 -14.6℃(表2-8)，形成了山地中亚热带(海拔 1610~1900m)、山地北亚热带(海拔 1900~2300m)、山地暖温带季风气候(海拔 2300~2534m)。

表2-8 保护区各海拔高度主要气候要素推算值

海拔 (m)	太阳总 辐射量 (MJ·m^{-2})	年日照 时数 (h)	年均 气温 (℃)	最热月 均温 (℃)	最冷月 平均气温 (℃)	年极端最 高气温 (℃)	年极端最 低气温 (℃)	年≥10℃ 积温(℃)	年平均 降水量 (mm)
1610	4125	1825	16.7	20.8	10.2	34.7	-9.5	5418	1424
1700	4164	1793	16.2	20.3	9.9	34.1	-10.0	5179	1504
1800	4235	1759	15.7	19.7	9.4	33.3	-10.6	4913	1594

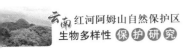

（续）

海拔 （m）	太阳总 辐射量 （MJ·m^{-2}）	年日照 时数 （h）	年均 气温 （℃）	最热月 均温 （℃）	最冷月 平均气温 （℃）	年极端最 高气温 （℃）	年极端最 低气温 （℃）	年≥10℃ 积温（℃）	年平均 降水量 （mm）
1900	4307	1724	15.1	19.1	8.9	32.6	-11.1	4647	1685
2000	4378	1689	14.6	18.5	8.4	31.8	-11.7	4381	1775
2100	4513	1655	14.0	17.9	8.0	31.1	-12.2	4115	1865
2200	4647	1620	13.5	17.3	7.5	30.4	-12.7	3849	1956
2300	4782	1585	12.9	16.7	7.0	29.6	-13.3	3583	2046
2400	4917	1550	12.3	16.1	6.5	28.9	-13.8	3317	2137
2500	5051	1515	11.8	15.4	6.0	28.1	-14.4	3051	2227
2534	5097	1503	11.6	15.2	5.4	27.8	-14.6	2961	2258

　　据红河气象站1961—1990年30年各气候要素平均值和红河县各气候要素垂直递变率计算而得。各气候要素平均值引自《云南省地面气候资料三十年整编（1961—1990）》，各气候要素垂直递变率引自《云南山地气候》。

2.3.2　气候资源

2.3.2.1　光能资源

（1）太阳总辐射

　　太阳辐射作为气候形成和变化最重要的外部因素，是地面气候系统的能源，也是生物生长过程中重要的限制因子之一，不仅影响植物的光合作用，还影响树木根、茎、叶的生长，由太阳辐射产生的热效应更影响植物的生理活动和生长发育及其地理分布。保护区地处北回归线以南，太阳高度角大，随海拔升高，大气透明度增加，年太阳总辐射相应增强，由4125 MJ·m^{-2}逐渐增大到5097MJ·m^{-2}，在省内处于中偏少水平，与我国东南部的广州、汕头等地相当。计算方法采用公式：

$$Q = Q_0 (a + bS)　　　　　　　　（式2-1）$$

式中：Q为各月太阳总辐射量，Q_0为理想大气中的辐射量，S为日照百分率，a、b为随地区、季节而异的系数。计算太阳总辐射量时，深切河谷a、b值为干季（11～4月）$a=0.174$、$b=0.649$，雨季（5～10月）$a=0.243$、$b=0.545$；山区a、b值为干季$a=0.218$、$b=0.592$，雨季$a=0.217$、$b=0.588$。

　　由于旱、雨季天气状况和大气中含水量存在明显差异，辐射量的比率干季大于雨季。春季降水少、晴天多，辐射量最大（1303～1583MJ·m^{-2}），占全年31%～36%；秋季雾日多，辐射量最小（700～927MJ·m^{-2}），占全年16%～20%；夏季多云雨，辐射量次小。干季太阳总辐射量（2398～2807 MJ·m^{-2}）占全年50%～62%；雨季太阳总辐射量（1727～2290 MJ·m^{-2}）占全年39%～49%。

（2）年日照时数

日照作为最重要的气候因子，是气候形成最重要的因素和太阳辐射最直观的表现，也是植物生长发育不可缺少的条件。若日照发生变化，会导致全球辐射热量的供给条件改变，进而影响生态环境的稳定。保护区年日照时数1605.6～1927h，在全省居中等水平，多于东部广西各地（1225.1～1905.6h）。年日照时数（$S_年$）具有随海拔（H）升高逐渐减少的趋势，方程为：

$$S_年 = 1919.1 - 34.708H \qquad （式2-2）$$

相关系数：$r = 0.9530$，$\alpha = 0.05$。

年日照时数垂直递减率为34.708h/100m。从南北坡来看，南坡（1708.2～2028.9h）多于北坡（1503～1825h）约204h；南坡为阳坡，日照时间长，北坡为阴坡，日照时间短。季节变化干季大于雨季，春季最多，秋季最少，冬季次多，夏季次少。

2.3.2.2 热量资源

（1）气 温

时间变化 温度是影响植物生长最重要的因素之一，其变化对植物生长会产生一定的生态作用，表现为不同种类的植物生长要求的温度存在差异。保护区年平均气温11.6～16.7℃，最热月（6月或7月）平均气温15.2～20.8℃，最冷月（1月）平均气温5.4～10.2℃，海拔在1900m以下地区年平均气温15.1～16.7℃，最热月平均气温为19.1～20.8℃，最冷月平均气温为8.9～10.2℃（表2-9）。气温年较差在9～10.5℃，海拔最高点与最低点年平均气温相差5.1℃，与我国东部同纬度其他地区以及北方地区相比，气温年内变化小，且年内变化呈单峰型，起伏不大。从季节变化看，夏季温差最小，为0.6℃；冬季次小，为2.3℃；秋季最大，为5.4℃；春季次大，为4℃。春季升温快，秋季降温快，春温高于秋温。

表2-9 保护区及其附近地区气象站各月平均气温 ℃

站名	1月	2月	3月	4月	5月	6月	7月	8月	9月	10月	11月	12月	年
红河	13.3	15.1	19.0	22.4	24.6	24.7	24.6	24.3	23.3	20.9	17.3	14.2	20.3
架车	10.7	12.1	14.8	18.0	19.4	20.1	20.0	19.4	18.9	16.7	12.6	10.9	16.1
甲寅	10.9	13.6	15.2	17.2	19.2	19.9	19.9	19.3	18.4	16.2	12.9	10.9	16.1
宝华	10.5	13.1	14.9	14.9	18.7	19.6	19.6	19.0	18.5	15.8	12.7	10.5	15.7
阿扎河	10.1	12.9	14.5	17.7	18.4	18.9	19.1	18.8	18.3	15.8	12.5	10.7	15.6

空间变化 不同海拔高度及山地南北两坡的年平均气温存在差异。通过对附近西拉东、底玛、架车三个气象哨年平均气温与海拔建立回归方程，得出该区年平均气温垂直递减率为0.555℃·(100m)$^{-1}$，因此得出保护区内年平均气

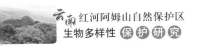

温（$T_年$）随海拔高度（H）变化的方程为：

$$T_年 = 16.8 - 0.555H \qquad （式2-3）$$

自河谷至山顶，北坡年平均气温从16.8℃降低到11.7℃，南坡从16.9℃降低到11.8℃；最热月平均气温北坡从20.8℃降低到15.7℃，南坡从20.9℃降低到15.8℃；最冷月平均气温北坡从10.2℃降低到5.5℃，南坡从11.5℃降低到6.4℃。温带树种种子最低发芽温度为0~5℃，最适温度为25~30℃，最高温为35~40℃，保护区年平均气温在5.5~20.8℃，适宜亚热带、温带树种的生长。

按气候学上四季划分指标，即候平均气温≥22℃为夏季，<10℃为冬季，介于两者之间为春、秋季。保护区全年无夏，冬季长约3~5个月，春、秋季相连长约7~9个月。随海拔升高，冬季由3个月逐渐变长为5个月，春、秋季由9个月逐渐缩短为7个月。

（2）年≥10℃积温

活动积温是衡量一个地区农业热量资源的重要指标，0℃是高等生物生命活动的起始温度，10℃是喜温植物适宜生长的起始温度，所以农业上通常用≥0℃活动积温$\sum T_0$、≥10℃活动积温$\sum T_{10}$及≥0℃持续日数D_0、≥10℃持续日数D_{10}来表示某地区农业热量资源状况。随海拔升高，日平均气温≥10℃界限温度初日逐渐推迟，终日逐渐提早，年≥10℃积温逐渐减少，垂直递减率为266.0℃·(100m)$^{-1}$。保护区年≥10℃积温随海拔升高变化的方程为：

$$\sum T_{10} = 5418.0 - 266.0H \qquad （式2-4）$$

按该公式得出北坡年≥10℃积温在2237.7~4695℃·d，南坡在1927.6~4385.4℃·d。积温对植物的影响主要表现在：植物的生长发育需要一定数量的积温才能完成，温度高植物发育快，生长周期短，反之发育慢，生长周期增长；不同生态类群的植物需要热量也不同。据保护区年≥10℃积温在垂直方向上的变化将植被类型自下而上划分为季风常绿阔叶林、中山湿性常绿阔叶林、山地苔藓常绿阔叶林、山顶苔藓矮林和山顶灌丛。

2.3.2.3 水分资源

（1）年降水量及时空分布

保护区年降水量丰富，北坡在1441.6~2277.6mm，南坡在1412.2~2248.3mm，具有随海拔升高递增的特点，平均垂直递增率为90.481mm·(100m)$^{-1}$。年降水量随海拔高度变化的方程为：

$$南坡 \quad R_年 = 1412.2 + 90.481H \qquad （式2-5）$$
$$北坡 \quad R_年 = 1424.6 + 90.481H \qquad （式2-6）$$

受大气环流和山地季风气候影响，干、湿季分明，5~10月为雨季，各月降水量在90mm以上，7~8月是全年降水最多的月份，为主汛期，月最大降水量大于200mm，11月至次年4月为干季，12月至次年3月降水最少，月降水量低于50mm(表2-10)。降水年内变化曲线呈单峰型,峰值出现在7或8月,谷值出现在1或2月。就四季来看:夏季最多,冬季最少,秋季大于春季。就干湿季来看:1610~2000m的区域,干季降水达185~207mm,雨季降水达1020~1132mm,雨季降水占全年的80%左右,干季占20%左右。

表2-10　保护区及其附近地区气象站各月平均降水量　　　mm

站名	1月	2月	3月	4月	5月	6月	7月	8月	9月	10月	11月	12月	年
红河	12.6	15.1	22.0	46.2	113.1	133.3	148.6	130.0	74.9	71.1	59.9	21.7	848.5
架车	27.3	11.9	37.5	73.7	156.0	185.2	255.2	250.1	107.6	87.9	37.5	15.8	1245.4
甲寅	34.8	22.1	32.3	74.0	178.0	186.9	232.6	236.7	138.5	94.2	48.8	24.2	1303.1
阿扎河	27.2	15.1	28.4	67.5	134.3	184.5	244.1	194.6	108.2	85.3	29.7	19.3	1138.1
宝华	31.8	20.7	35.10	71.4	173.1	191.2	248.8	270.1	148.3	126.8	45.3	23.5	1386.5

(2)降水日数和降水强度

降水是影响植物生长的另一个重要因素,陆生植物对水分的适应性分为旱生植物、中生植物和湿生植物三类。保护区降水日数随海拔升高而增多,海拔2000m以下降水日数在191~201d,海拔2000m至山顶降水日数在200d以上。降水日数年内变化,5~10月各月降水日数大于15d,7、8月降水大于20d。11~4月各月降水日数少于15d,1、2月降水日数最少。

保护区降水强度不大,大雨、暴雨少,一般出现在5~10月。年大雨(日降雨量25.0~50.0mm)日数1.5~15d;年暴雨(日降雨量50.0~99.9mm)日数平均每年有3次,一般出现在8月;大暴雨(日降雨量>100.0mm)记录很少,一般1年出现1次。

保护区基本以中生植物为主,山顶以苔藓矮林为主,山顶降水多但水分流失也多,易导致生境干燥,低温与干燥使植物出现类似旱生结构和生理特征的适旱、适寒变态,因而个体变小;下部和中部生境较湿润,发育的植被以季风常绿阔叶林、中山湿性常绿阔叶林为主。

(3)雾　日

保护区全年多雾,年雾日数150~205d,是云南省雾日较多的地区之一。年雾日数具有随海拔升高而增多的变化特点,海拔1700~2000m高度,年雾日数约150~160d,海拔2300m附近约190~205d。全年各季节都有雾,各月雾日数都超过10d,又以1~3月相对较多,月雾日数在17~20d(表2-11)。

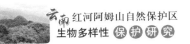

表 2-11　保护区附近红河气象站雾日数(d)、相对湿度(%)、
蒸发量(mm)和干燥度

项目	1月	2月	3月	4月	5月	6月	7月	8月	9月	10月	11月	12月	年
a	18.4	18.2	17.2	13.7	12.2	14.0	147.8	14.9	14.9	17.4	16.9	14.9	187.3
b	84	80	74	75	80	88	89	89	89	89	89	85	84
c	93.5	120.1	184.8	203.0	192.2	133.4	126.4	127.5	111.0	92.6	75.6	83.1	1543.3
d	1.7	2.2	3.2	1.8	0.9	0.4	0.5	0.5	0.8	0.7	0.8	1.3	0.8

注：表中 a 代表雾日数；b 代表平均相对湿度；c 代表蒸发量；d 代表干燥度。

(4)相对湿度、蒸发量和干燥度

年相对湿度随海拔升高先增多后减少。山地北坡 2000m 和南坡 2200m 以下地区降水多，雾日多，植被茂密，湿度大；山地南坡 2000m 和北坡 2200m 至山顶，年总辐射量大，雾日少，晴天多，蒸发量大于降水量，湿度小。相对湿度在年内各月分布情况也不同，7~8 月相对湿度较大，在 80% 以上(表 2-11)，亚高山地带为 81%~91%，中山地带为 70%~88%，河谷地带为 74%~87%；2~5 月较小，亚高山地带为 51%~57%，中山地带为 55%~70%，河谷地带为 61%~72%。年最小相对湿度在 4%~9%，出现在 2~4 月。

保护区年蒸发量在 1200~1700mm，随海拔升高，蒸发量表现出先减少后增大的变化特点。蒸发量在河谷地带最大，达 1700mm，山腰地带最小，在 1200~1600mm，蒸发量次大在高海拔地带大于 1800mm。蒸发量季节差异大，春季最大(230~270mm)，夏季(170~200mm)次之，秋季(120~180mm)次小，冬季最小(120~160mm)，月最小值出现在 12 月，最大值出现在 5 月(表 2-11)。

干燥度是蒸发量与同期降水量之比，是表征一地干湿状况的重要指标。这里引用张宝堃提出的干燥度计算公式，即：

$$K = \frac{0.16 \sum t_{10}}{r_{10}} \qquad (式2-7)$$

式中：K 为干燥度，$\sum t_{10}$ 为蒸发力，r_{10} 为同期降水量。

按全国干湿气候区划指标，K 小于 0.49 为过湿润，0.5~0.99 为湿润，1.0~1.49 为半湿润，1.5~3.99 为半干旱，大于 4.0 为干旱。保护区 1610~2000m 的山体中部地区，年干燥度在 0.5~0.99，为湿润地区；海拔 2000~2200m 的地区，年干燥度 <0.49，云、雾多，降水多，空气、土壤潮湿，原始森林广布，属过湿润地区；海拔 2200~2534m 的山区，降水虽然更丰富，但云、雾较少，晴天多，风速大，蒸发更强烈，年干燥度增大，山顶地区大于 1.0，属半湿润、半干旱区域。

干燥度年内变化大，春季干燥度最大，夏季最小。夏、秋两季各月干燥度

≤1.0，均为湿润、过湿润。冬、春两季各月干燥度≥1.0，为半湿润、半干旱，其中5月和12月干燥度1.0~1.49，为半湿润，1~4月干燥度1.6~3.5，为半干旱（表2-11）。3月干燥度最大，在3.0~4.0，土壤、空气很干燥，森林火险等级高。6~8月干燥度最小，仅0.4~0.5，土壤、空气非常潮湿。

结合相对湿度和干燥度的变化趋势，保护区山腰地带比较湿润，森林植被发育好，为重点保护区域。

2.3.3 垂直气候带划分

依据全国和云南划分气候带的主导指标，以≥10℃积温和持续日数为主导指标，年干燥度为辅助指标，将保护区划分为以下4个山地垂直气候带。

2.3.3.1 山地中亚热带季风气候

分布于保护区1610~1800m，年太阳总辐射量在4125~4164MJ·m^{-2}，年日照时数1793~1825h，年平均气温15.7~16.78℃，最热月平均气温在》19.7~20.8℃，最冷月平均气温在9.4~9.9℃，年≥10℃积温在5179~5418℃，年降水量在1424~1504mm，土壤为黄壤，植被为季风常绿阔叶林。

2.3.3.2 山地北亚热带季风气候

分布于海拔1800~2000m，年太阳总辐射量在4235~4378MJ·m^{-2}，年日照时数1689~1759h，年平均气温14.6~15.7℃，年≥10℃积温在4381~4913℃，最热月平均气温在18.6~19.7℃，最冷月平均气温在8.4~9.4℃，年降水量在1500~1770mm，土壤为黄棕壤，植被为中山湿性常绿阔叶林。

2.3.3.3 山地南温带季风气候

分布于海拔2000~2400m以上，年太阳总辐射量在4531~4917MJ·m^{-2}，年日照时数达1550~1655h，年平均气温12.4~14.1℃，最热月平均气温在16.4~18.1℃，最冷月平均气温在6.5~8.0℃，年≥10℃积温在3317~4115℃，年降水量在1700~2130mm，土壤为黄棕壤，植被为中山湿性常绿阔叶林、山地苔藓常绿阔叶林、山顶苔藓矮林和山顶灌丛。

2.3.3.4 山地中温带季风气候

分布于海拔2400m至山顶，年太阳总辐射量在5051~5097MJ·m^{-2}，年日照时数达1503~1515h，年平均气温11.7~11.9℃，最热月平均气温在15.7~15.9℃，最冷月平均气温在5.4~6.0℃，年≥10℃积温在2961~3051℃，年降水量在2100~2250mm，土壤为黄棕壤，植被为山顶苔藓矮林和山顶灌丛。

2.3.4 灾害性天气

保护区及附近社区气象灾害类型多样，有干旱、暴雨、大风和低温、霜冻等。

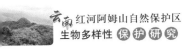

2.3.4.1　干　旱

　　保护区干旱主要发生于春季。降水正常年份不明显，降水偏少的年份较突出。1962、1969、1974、1979 年曾为一般干旱年，1980 年为严重干旱年。2009—2012 年春季，则连续干旱，是近 30 年来干旱最严重的 3 年，损失严重。干旱导致春季部分河流断流，地下水补给量减少，泉眼干涸，社区梯田蓄水量减少，水稻移栽和旱地作物出苗受影响，造成作物减产，保护区内少数不耐旱的植物枯死，人畜饮水困难，部分梯田干涸开裂，雨季灌水后出现漏水、垮塌等。

2.3.4.2　暴　雨

　　保护区平均每年有暴雨（日降水量 50.0～99.9mm）3 次，多出现在 8 月，易诱发崩塌、滑坡等地质灾害和山洪、洪涝等水文灾害，给附近社区居民生活和生产造成重大损失。

2.3.4.3　大　风

　　保护区年大风（平均风速 17.2～20.7m·s⁻¹ 或以上的风）日数约 13.7 天，春季最多，冬季次多，秋季最少。大风能吹断树枝，吹倒树木，损毁社区房屋设施等。例如，1983 年 4 月从西部刮来的一次大风，瞬时风速高达 31m·s⁻¹（风力 11 级），能刮倒围墙；1987 年 4～5 月，垤玛附近刮起的偏西风，吹倒了大片竹林，吹翻部分草房顶。

2.3.4.4　低温、霜冻

　　保护区海拔较高，热量条件差，低温、霜冻发生频率较高。低温冻害一般在 12 月下旬到次年 1 月上旬最强。保护区最冷月（1 月）平均气温 5.4～10.2℃，年极端最低温 −14.6～−9.5℃，低温冻害比较严重。1983 年 12 月全县降了百年罕见的大雪，亚高山地区积雪厚约 40～50cm，中山上部积雪厚约 30cm 左右，导致保护区许多珍贵树木被折断或压倒。

2.4　水　文

2.4.1　河　流

2.4.1.1　流域和水系特征

　　阿姆山自然保护区内的河流均属红河水系，分属元江水系、藤条江水系和李仙江水系（图 2-2）。北坡属元江流域，集水面积 93.4km²，占保护区总面积 54.3%。南坡分属藤条江流域和李仙江流域，前者集水面积 56.4km²，占保护区总面积的 32.8%；后者集水面积 11.54km²，占保护区总面积的 6.7%。

26

发源于保护区南坡的牛威洛巴[①]、摸埞洛巴、那然巴河、哈冲河、次孔洛过、妥昆洛过、多脚洛过是藤条江的二级支流,属藤条江水系(图2-4)。发源于保护区北坡的羊街河和罕龙河是元江的一级支流,勐甸河、曼版河、勐龙河和虎街河则为元江二级支流,均属元江水系。翁龙河发源于奴玛浪阿山,经尼洛河汇入牛孔河,属李仙江水系。奴川浪阿山—三尖山—阿姆山—玛普后山山脊线是南坡流域和北坡流域的分水岭。

北坡流域由汇入羊街河、罕龙河、勐甸河、曼版河、勐龙河和虎街河的15条一级小支流的集水区构成,南坡流域由汇入洛恩河的8条一级小支流的集水区构成,清水河为元江二级支流,位于勐龙河的上游,是保护区内最长、集水面积最大的河流(图2-2),在保护区内的河长8.23km,集水面积是25.60km²,干支流组成平行水系。

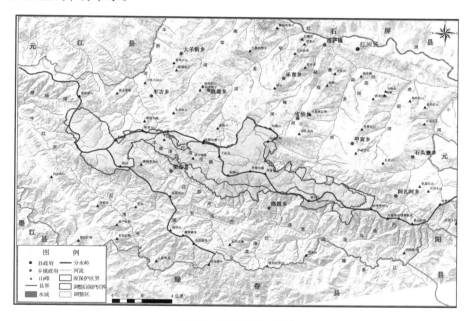

图2-2 保护区水系图

保护区各支流呈东北—西南向平行排列,河长大于6.0km的河流有阿期河和清水河2条,小于6.0km的均为箐沟和小河,有白孔洛过、哈冲河和玛普河等20余条。长大河流主要分布于保护区西北部和中部,东南部河流均很短小。北坡流域均是平行状水系。

红星水库位于乐育乡坝美村勐甸河上游。俄埞水库位于宝华乡期埞村勐龙

---

① "巴"与"过"在哈尼语中都是小河流的意思。

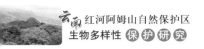

河上游的清水河上。因水库的建成蓄水，大坝以上的勐甸河河段和清水河河段已由原来的山地峡谷型天然河流演变为峡谷河道型水库，成为水库的主要部分，大坝以下下游河段原有的水情特点已完全改变。汇入水库的多条支流，如坝美河等，亦由原来的小河和箐沟演变成为水库的库湾。

2.4.1.2　河道特征

　　阿期河、妥昆河和洛龙河发源于保护区阿期大梁子，在红河县车古乡普龙村汇入车古河，车古河是羊街河的二级支流（图2-2），在保护区的集水面积是28.18km²。阿期河发源于海拔2090m，在海拔1630m处流出保护区，在保护区内的河流的高差是460m，河流长度7.89km，比降是58.3‰，河流的弯曲系数是1.76，属于弯曲河流。妥昆河发源于海拔2250m，在海拔1720m处流出保护区，河流的高差是530m，河流长度2.63km，比降是203.5‰，河流的弯曲系数是1.16，属平直河流。洛龙河发源于海拔2080m，在海拔1630m处流出保护区，在保护区内的河流的高差是450m，河流长度是5.12km，比降是87.9‰，河流的弯曲系数是1.18，属于平直河流。三条河流河谷横断面形态均是"V"型峡谷，河段河谷窄，流量小，水流急，河床陡，呈阶梯状，多岩槛、跌水，甚至瀑布，主要由粗砂、砾石和基岩组成，没有边滩和河漫滩的发育，暴雨径流汇集快，洪峰陡涨陡落，属于典型的山地幼年型河流。

　　翁龙河发源于保护区奴玛浪阿山，在架车乡规普村汇入尼洛河，尼洛河在保护区的集水面积是11.54km²，翁龙河发源于海拔2150m，在海拔1630m处流出保护区，在保护区内的河流的高差是520m，河流长度4.63km，比降是112.3‰，河流的弯曲系数是1.94，属于弯曲河流，系典型的山地幼年型河流。

　　牛威河发源于妥女大山，在架车乡沙博下寨汇入拉密河，拉密河是洛恩河的一级支流，洛恩河是藤条江的上游河段，哈冲河、此孔洛过、摸垤洛过、此农洛过、妥得洛过和多脚洛过均是洛恩河的一级支流，摸垤洛过在架车乡龙然村汇入洛恩河，哈冲河在架车乡哈冲俄普汇入洛恩河，此孔洛过在洛恩乡玉沟上寨汇入洛恩河，此农洛过和妥得洛过在玉沟下寨汇入洛恩河，多脚洛过在洛恩乡规东村汇入洛恩河（图2-2）。牛威河，摸垤洛过发源于三尖山，哈冲河发源于咪卡娘鲁山，此孔洛过和此农洛过发源于阿姆山，妥得洛过发源于王沟林场，多脚洛过发源于玛普后山。牛威河发源于海拔2080m，在海拔1940m处流出保护区，河流的高差是140m，在保护区内河流长度2.45km，比降是57.1‰，河流的弯曲系数是1.35，属于弯曲河流。摸垤洛过发源于海拔2000m，在海拔1670m处流出保护区，河流长度7.34km，比降是4.5‰，河流的弯曲系数是1.49，属于弯曲河流。哈冲河发源于海拔2183m，在海拔1786m处流出保护区，河流的高差是394m，河流长度3.67km，比降是107‰，河流的弯曲系数是 1.53，属于弯曲河流。托收洛培河发于海拔 2100m，在海拔 1910m 处流出保护区，河流的高差是 340m，河流长度 5.61km，比降是 61‰，河流的弯曲系数是 1.41，属于弯曲河流。此孔洛过发源于海拔 2073m，在海拔 1720m 处流出保护区，河流的高差是 353m，河流长度 1.82km，比降是 193.9‰，河流的弯曲系数是 1.44，是弯曲河流。妥得洛过发源于海拔 1932m，在海拔 1610m 处流出保护区，河流的高差是 322m，河流长度 1.18km，比降是 272.8‰，河流的弯曲系数是 1.15，属于平直河流。多脚洛过发源于海拔 2050m，在海拔 1810m 处流出保护区，河流的高差是 240m，在保护区内河流长度是 1.46km，比降是 164.4‰，河流的弯曲系数是 1.23，为平直河流（表 2-12）。

牛威河、哈冲河和那然巴河流量大，宽谷（槽型谷）河段水流变缓，泥沙堆积，发育有边滩、河漫滩和阶地。窄谷（V 型谷）河段，水流依然湍急，河谷普遍宽于上游河段，个别河段亦呈阶梯状，亦有岩槛、跌水发育，主要由砾石、粗砂和基岩组成，很少或没有边滩、河漫滩的发育，表现出山地青年型河流的特点。此孔洛过、此农洛过、妥得洛过和多脚洛过均属于典型的山地幼年型河流。

坝美河是勐甸河的一级支流，在保护区的流域面积为 15.30km²。坝美河等多条支流发源于保护区哈巴红特山，在乐育乡坝美村汇入红星水库。坝美河发源于海拔 2180m，在海拔 1970m 处流出保护区，河流的高差是 210m，河流长度 2.36km，比降是 88.9‰，河流的弯曲系数是 1.42，属于弯曲河流（表 2-12），河流属于典型的山地幼年型河流。

表 2-12　保护区主要河流水文特征

干流	流域面积（km²）	支流	发源地	海拔范围（m）	落差（m）	河流长度（km）	比降（‰）	弯曲系数	河流形态	谷型
车古河	28.18	阿期河	阿期大梁子	2090～1630	460	7.89	58.3	1.76	弯曲河流	V 型
		洛龙河	阿期大梁子	2080～1630	450	5.12	87.9	1.18	平直河流	V 型
		妥昆河	阿期大梁子	2250～1720	530	2.63	203.5	1.16	平直河流	V 型
尼洛河	11.54	翁龙河	奴玛浪阿山	2150～1630	520	4.63	112.3	1.94	弯曲河流	V 型
勐甸河	15.30	坝美河	哈巴红特山	2180～1970	210	2.36	88.9	1.42	弯曲河流	V 型
勐龙河	25.59	清水河	阿姆山	2273～1700	573	8.23	69.6	1.74	弯曲河流	槽型与 V 型
		玛普河	玛普后山	2000～1690	310	2.50	124.0	1.16	平直河流	V 型
		白孔洛过	俄垤茶厂	1850～1733	117	2.96	39.7	1.63	弯曲河流	V 型
		达依洛过	塔玛山	1885～1650	235	1.90	124.0	1.31	弯曲河流	V 型
		阿多撒普	切初后山	2020～1760	260	1.57	38.5	1.37	弯曲河流	V 型
		农巴洛过	切初后山	1990～1870	120	0.38	315.8	1.25	平直河流	V 型

（续）

干流	流域面积（km²）	支流	发源地	海拔范围（m）	落差（m）	河流长度（km）	比降（‰）	弯曲系数	河流形态	谷型
洛恩河	56.40	牛威河	妥女大山	2080~1940	140	2.45	57.1	1.35	弯曲河流	曹型与V型
		摸埕洛过	三尖山	2000~1670	330	7.34	45.0	1.49	弯曲河流	V型
		哈冲河	咪卡鲁娘山	2183~1786	394	3.67	107.0	1.53	弯曲河流	槽型与V型
		托收洛培河	三尖山	2100~1910	340	5.61	61.0	1.41	弯曲河流	V型
		此孔洛过	阿姆山	2073~1720	353	1.82	193.9	1.44	弯曲河流	V型
		妥得洛过	玉沟林场	1932~1610	322	1.18	272.8	1.15	平直河流	V型
		多脚洛过	玛普后山	2050~1810	240	1.46	164.4	1.23	平直河流	V型

清水河是勐龙河的上游，发源于阿姆山。勐龙河在保护区内的集水面积是25.59km²。玛普河发源于玛普后山，白孔洛过和洛冲河发源于俄垤茶厂，达依洛过发源于塔玛山，阿多撒普、农巴洛过和长包洛过发源于切初后山。清水河是勐龙河的上游，玛普河、白孔洛过、龙通洛巴和洛冲河是清水河的一级支流，达依洛过、阿多撒普、农巴洛过和长包洛过是清水河的二级支流（图2-4），是龙通洛巴的一级支流，玛普河在洛恩乡的玛普村汇入清水河，白孔洛过在洛恩乡龙门村汇入清水河，龙通洛巴在甲寅乡俄垤村汇入清水河，达依洛巴在甲寅乡达依村汇入龙通洛巴。清水河发源于海拔2273m，在海拔1700m处流出保护区，河流的高差是573m，河流长度8.23km，比降是69.6‰，河流的弯曲系数是1.74，是弯曲河流。玛普河发源于海拔2000m，在海拔1690m处流出保护区，河流的高差是310m，河流长度2.5km，比降是124.0‰，河流的弯曲系数是1.16，属于平直河流。白孔洛过发源于海拔1850m，在海拔1733m处流出保护区，河流的高差是117m，河流长度2.96km，比降是39.7‰，河流的弯曲系数是1.63，是弯曲河流。达依洛过发源于海拔1885m，在海拔1650m处流出保护区，河流的高差是235m，河流长度1.9km，比降是124.0‰，河流的弯曲系数是1.31，属于弯曲河流。阿多撒普发源于海拔2020m，在海拔1760m处流出保护区，河流的高差是260m，河流长度1.57km，比降是38.5‰，河流的弯曲系数是1.37，属于弯曲河流。农巴洛过发源于海拔1990m，在海拔1870m处流出保护区，河流的高差是120m，河流长度0.38km，比降是315.8‰，河流的弯曲系数是1.25，属于平直河流。清水河属于山地青年型河流，阿多撒普、农巴洛过、达依洛过和长包洛过属于典型的山地幼年型河流。

2.4.1.3　水文特征

（1）地表径流的分布

保护区年降水量空间分异显著，其分布趋势大致是：西部水多，东部水少；南部水多，北部水少；山区水多，河谷地区水少；海拔高，降水多，海拔低，降水少；南部山区降雨量1200~1400mm，属多雨地区，北部山区大部分降雨量在 1000～1400mm，分属中等降雨地区和多雨地区。11 月至次年 4 月为旱季，降雨量仅占全年雨量的 16%～24%，5 月至 10 月为雨季，降雨量占全年雨量的 77%～84%。河流以雨水补给为主，地下水补给为辅。据《云南省地表水资源图》，保护区年径流深度在 300～1000mm，属滇南平水带和丰水带之一。地表径流的分布趋势与降水一致，南部、西南部及西部山地明显多余于北部、东部山地，同一山地随海拔高度的增加而增多，迎风坡（西坡、西南坡）多于背风坡（北坡、东北坡）。保护区东部和东北部地区，年径流深度在 300～700mm，属平水带，该区域地表水资源较少。南部、西南部及中部地区，地势高耸，雷雨丰富，径流深度大，在 700～1000mm，属于丰水带。

（2）河川径流的季节变化

受西南季风和东南季风的深刻影响，降水主要集中在 5～10 月，占全年降水量的 80% 左右，其中 6、7、8 三月尤为集中，约占全年降水量的 50%～58% 左右，加之保护区森林覆盖率高，原始的湿性常绿阔叶林面积大，水源涵养功能强，河流丰水期明显滞后。因此，源于保护区的河流其河川径流量主要集中在 6～11 月，约占全年径流量的 78.0% 左右，特别是 7～9 月的 3 个月，约占全年水量的 50.0% 左右，最丰水月在 8 月，占全年径流量的 20.0% 左右。洪水均属于暴雨洪水，其特点是：汛期长，一般年份都有 6 个月左右（6～11 月），个别年份仅有 5 个月，如 2009 年。洪峰暴涨暴落，历时较短，峰值较大，造成河流水位变幅很大。冬春干季（12 至次年 5 月）降水稀少，为各河流枯水期，河水以地下水补给为主，流量小，径流量仅占年水量的 22% 左右。最枯水月在 4 月，水量仅为最丰水月份的 1/11 或更小。四季水量多寡的顺序是，夏季＞秋季＞冬季＞春季，因此保护区及附近地区，夏水最多，秋水较充足，冬水比较多，春水最少。远离保护区的河流中下游地区，春旱严重。

保护区范围内因森林覆盖率高，原始森林面积大，其削减雨季洪峰流量，增加旱季枯水期供给的水文生态效应明显，以致保护区内河川径流的季节变化要比保护区外部尤其是河流中下游河段小得多。汛期特别是 7～8 月，因降雨集中，又多暴雨，河流中下游极易爆发山洪，给沿岸生产生活带来危害和损失。

不同河段年径流量随海拔增加，降水量增多，其年径流变差系数相应减小，保护区范围内河流年径流变差系数仅 0.2 左右。

2.4.2 水 库

保护区及边缘地区，修建有红星、俄垤等水库。

（1）红星水库

红星水库位于勐甸河上游的乐育乡坝美村，属中山河源水库，地理坐标为东经 102°16′～102°19′，北纬 23°15′～23°17′，坝顶海拔 1994.66m，坝宽 5m，坝高 50m，坝顶长 182.5m，库区径流面积 13.1km²，年平均降水量 1377.3mm，

多年平均来水量 $937.8 \times 10^4 m^3$，总库容为 $450 \times 10^4 m^3$。该水库设计年城镇供水 $100 \times 10^4 m^3$，设计农业灌溉供水 $600 \times 10^4 m^3$，是一座集农业灌溉、饮用、防洪、发电等综合利用的小(一)型水库。该水库建于1958年，坝后电站于1990年10月建成发电，装机容量 $2 \times 125 kW$。

（2）俄垤水库

俄垤水库位于宝华乡期垤村清水河下游，库区年平均降水量1394.9mm，总库容 $3010 \times 10^4 m^3$，是一座集农业灌溉、饮用、发电、防洪等综合利用的中型水库，控制灌溉面积 $4115.13 hm^2$，年供水量 $5640 \times 10^4 m^3$，坝后装机容量 $2 \times 800 kW$，年发电量621.3万 $kW \cdot h$，承担下游勐龙河沿岸村寨、农田等的防洪任务。1994年1月动工新建，该水库1999年12月完工。

2.4.3　地下水

2.4.3.1　类　型

保护区属于湿润季风气候潜水区。据岩性分布、地下水的赋存形式和水力特征将保护区内地下水划分为松散层孔隙水、基岩裂隙水两大类。基岩裂隙水据含水层岩性及其富水性进一步细分为碎屑岩裂隙水、变质岩裂隙水、岩浆岩风化裂隙水三个亚类。碎屑岩裂隙水含水层为下白垩统、上三叠统、上二叠统，广布于保护区及附近地区。岩浆岩风化裂隙水含水层为印支期石英斑岩、流纹斑岩，零星分布于保护区西北部和东部。变质岩裂隙水含水层为哀牢山群变质岩，分布于保护区北部和哀牢山脉的北东坡和各类地下水含水层组富水性详见表2-13。

表2-13　阿姆山自然保护区地下水含水层组及富水性

地下水类型		含水层组		地下径流模数	富水性
类	亚类	代号	岩性	$(L \cdot s^{-1} \cdot km^2)$	等级
松散层孔隙水		Q	黏土、砂、卵石、砾石、碎块石	<1	弱
基岩裂隙水	碎屑岩裂隙水	$K_1 m$、$T_3 g$、$T_2 n$	砂岩、粉砂岩、粉砂质泥岩、砾岩、页岩	$1.09 \sim 6.69$	中—强
	变质岩裂隙水	Ptx^b、$T_3 g$、$T_2 n$	片麻岩、变粒岩、板岩	$1.73 \sim 3.61$	强
	岩浆岩风化裂隙水	$T_3 \lambda \pi$	石英斑岩、流纹斑岩	2.34	弱—中

2.4.3.2　补给、径流、排泄特征

（1）松散层孔隙水

含水岩组为第四系冲积、冲洪积的砂砾石及粉质黏土，零星分布于藤条江支流、红河支流河谷的堆积层中，富水性弱，一般泉流量 $<1 L \cdot s^{-1}$。保护区北部的甲寅、宝华等地的片麻岩、变粒岩全风化层呈黏土状，结构松散，孔隙水

发育，富水性强，多有泉眼出露，流量最大达6L·s^{-1}。地形较平缓，有利于大气降水和地表水的补给，河谷、坡脚松散层与基岩接触带尚有基岩裂隙水的侧向补给。地下水以河谷为排泄基准，其流向指向河谷，水力坡度小，流速缓慢，径流途径短，地下水循环交替较弱，水量动态变化小。

（2）基岩裂隙水

基岩裂隙水为保护区最主要的地下水类型，包括碎屑岩裂隙水、变质岩裂隙水和岩浆岩风化裂隙水三种类型（见附图3）。碎屑岩裂隙水的富水性中等到强，地下径流模数1.09~6.69L·s^{-1}·km^2。变质岩裂隙水的含水层组因构造和风化的强烈影响，裂隙发育，一般宽度1~2mm，裂隙率4%~7%，强发育的裂隙有利于地下水的存储和运移，总体富水性强，地下径流模数1.73~3.61L·s^{-1}·km^2。岩浆岩风化裂隙水的含水层组风化较强烈，裂隙发育，裂隙率0.5%~1.8%，地下径流模数为2.34L·s^{-1}·km^2。地下径流主要靠大气降水沿节理裂隙垂直下渗补给。保护区及附近地区沟谷发育、切割较强烈，地下水径流途径较短，储水空间小，水力坡度大，循环交替强烈，对地下水的汇流富集不利。裂隙水由高水位向低水位运移，于溪沟、坡麓以泉或散流形式排泄，具有就近补给就近排泄的特点。

2.4.3.3 水化学特征

（1）水化学类型

保护区及附近地区地下水水化学类型与含水岩组岩性相关。碎屑岩裂隙水以 HCO$_3$ - Ca·Mg 型水为主，HCO$_3$ - Ca 型水、HCO$_3$·Cl - Ca·Mg 型水和 HCO$_3$·Cl - Ca 型水为辅。变质岩裂隙水以 HCO$_3$ - Ca、HCO$_3$ - Ca·Mg、HCO$_3$ - Ca·K + Na、HCO$_3$·Cl - Ca·K + Na 型水为主。岩浆岩风化裂隙水以 HCO$_3$ - Ca·Mg 型水、HCO$_3$ - Ca 型水、HCO$_3$·Cl - Ca·Mg 型水为主。

（2）矿化度

保护区及附近地区各类地下水均为淡水，矿化度一般为 360~230 mg·L^{-1}。矿化度的高低和地层岩性、地貌部位、地下水交替循环条件等有关。

（3）总硬度和 pH 值

保护区及附近地区地下水总硬度一般在 0.57~11.61（OG），以极软水、软水和微硬水为主。pH 值一般在 6.1~7.5 之间。

2.4.3.4 泉 水

保护区东北部边缘甲寅乡他撒村分布有 2 处冷泉，均为变质岩裂隙水。①吉哈哈碧龙潭：位于他撒村西南 1.5km 处，流量 12.2 L·s^{-1}。②他撒龙潭：位于他撒村南隅，流量 9.29 L·s^{-1}。

保护区范围内没有发现温泉，但在县境东北勐龙河、大黑公河下游红河断裂附近，分布有 3 处温泉。①猛龙热水：水温 30℃，流量 1.5 L·s^{-1}，水化学类型为 HCO$_3$ - Ca 型。②虎街热水塘：有 3 片显示区，水温分别是 36℃、32℃、

$25℃$，总流量 $25.0 \, L \cdot s^{-1}$，水化学类型为 $HCO_3 - Ca - Na$ 型。③曼芳热水塘：水温 $36℃$，流量 $20.0 \, L \cdot s^{-1}$，水化学类型为 $HCO_3 - Ca$ 型。三者均为受红河断裂控制而形成的沿断裂上升的温泉，围岩均为哀牢山群大理岩。

2.5 土 壤

2.5.1 调查研究方法

（1）野外调查和采样

2012 年 9 月 20～28 日，应用野外常规土壤调查方法，沿确定的调查线路，观察成土的环境条件及其对土壤发育和分布的影响。应用土壤发生学原理，在综合分析成土环境基础上，借助所挖土壤主要剖面和对照剖面，依据中国土壤分类系统，结合云南省二次土壤普查成果，确定保护区和附近地区土壤所属类型及其分布范围和界限。遵循典型性和代表性原则，选择不同土壤类型的典型地段，按照野外土壤剖面描述的方法和要求，设置、挖掘土壤主要剖面 6 个，现场测定每个土壤剖面点的环境因子，观察、描述和记载每个土壤剖面的形态特征，分层采集土壤分析样品 16 袋，每袋 0.5kg 左右，带回实验室风干、去杂、过筛后制备为待测土样。

（2）室内分析项目和分析方法

选择土壤 pH 值、有机质、颗粒组成共 9 项，采用表 2-14 中的分析方法进行测定。

表 2-14 保护区土壤分析项目和分析方法

分析项目	分析方法	方法来源	分析单位	分析人员
土壤 pH	电位法	GB7856－87[1]	云南农科院土壤分析测试中心；云南师范大学旅游与地理科学学院土壤地理实验室	李永平；严晓霜、王平
土壤有机质	$K_2Cr_2O_7$ 氧化—外加热法	GB7857－87[1]		
土壤全氮	半微量开氏法	GB7173－87[1]		
土壤全磷	氢氧化钠碱熔—钼锑抗比色法	GB7852－87[1]		
土壤全钾	氢氧化钠碱熔—火焰光度法	GB7854－87[1]		
土壤速效磷	盐酸－氟化铵浸提—钼锑抗比色法	GB7853－87[1]		
土壤速效钾	NH_4OAc 浸提—火焰光度法	GB7856－87[1]		
土壤碱解氮	碱解扩散法[2]			
土壤颗粒组成	比重计法	GB7845－87[1]		

①引自：刘光崧. 土壤理化分析与剖面描述. 北京：中国标准出版社，1996；②引自：鲍土旦. 土壤农化分析（第 3 版）. 北京：中国农业出版社，2003.

（3）土壤判别依据

土壤质地类型依据国际制土壤质地分类标准来确定，土壤酸碱度依据《中国土壤》一书中的五级划分标准来判定，土壤有机质、全氮等养分含量的丰歉则以全国第二次土壤普查土壤养分含量分级标准为判别依据。

2.5.2 成土环境条件

2.5.2.1 母岩和母质

保护区出露的地层以中生界三叠系、白垩系为主，下元古界哀牢山群次之。按土壤剖面描述规范，成土母岩类型较多，有石英岩类（砂岩、砾岩、砂砾岩、石英斑岩等）、紫红岩类（紫红页岩、紫红砂岩、紫红砾岩等）、泥质岩类（页岩、泥岩、板岩、粉砂岩）、酸性岩类（片麻岩、变粒岩等）等。这些母岩经风化、侵蚀、搬运、沉积后，分别形成残积物、坡积物、崩积物、红色黏土、冲积物等母质类型，又以残积物分布面积最大，坡积物次之，为土壤的形成提供了多样的母质类型。

2.5.2.2 地　貌

保护区位于哀牢山脉中南段，元江和藤条江上游之间的分水岭附近，山脊呈西西北—东东南向延伸，由阿期大梁子、妥女大山、咪尼干大山、腊咪大山、阿姆山等多条山岭构成，海拔大多在2100～2534m。东北部受元江及其支流的侵蚀切割，西南部受藤条江及其支流的侵蚀切割，地形破碎，地势起伏很大，以中起伏和大起伏中山、亚高山为主，这是保护区所在山地气候、生物等成土条件垂直分异显著，山地土壤垂直带谱发育的主要原因。保护区海拔范围1610～2534m，起伏高度924m，这是保护区以山地北亚热带、暖温带气候和暖性、暖温性常绿阔叶林为主，富铝化过程较弱，淋溶黏化过程、黄化过程、生物累积过程显著的主要原因。

2.5.2.3 气　候

保护区位于南亚热带季风气候区亚高山的上部，气温显著低于、降水量显著高于元江、藤条江河谷及低山地区，降水存在明显的干湿季，但干季因多云多雾，湿度较大，空气土壤不甚干燥，总体表现为暖湿、温湿的气候特点。保护区相对高度924m，气候垂直分异明显，由最低点（海拔1610m）至最高点（海拔2534m），随海拔高度的增加，年平均气温由16.7℃降低至11.6℃，年≥10℃积温由5418.0℃降低至1503.0℃，年降水量由1400.0mm左右递增至2200.0mm左右，年干燥度<1.0，垂直气候带谱依次为山地中亚热带—山地北亚热带—山地暖温带，以致土壤的发育表现出较弱的富铝化过程，显著的淋溶过程、黄化过程、生物累积过程形成了大面积分布的黄壤和黄棕壤。不同垂直气候带内，土壤发育方向和强度及类型也随之变化。不同的海拔高度上，阴坡和阳坡、迎风坡和背风坡、山脊和山谷、陡坡和缓坡等地貌部位，水热条件存

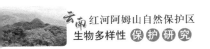

在显著差异。多样的水热组合条件与不同的植被类型相互作用，共同决定着土壤的发育演化、性状特征和肥力水平。

2.5.2.4 植 被

植被是影响土壤发育和演化最活跃的因素，也是确保土壤生态系统平衡、稳定最重要的条件。在不同的植被带内，所发育的土壤类型迥然不同。受垂直气候的影响和控制，保护区内植被类型较多，垂直分带十分明显，有季风常绿阔叶林、中山湿性常绿阔叶林、山地苔藓常绿林阔叶林、山顶苔藓矮林和山顶灌丛，还有一些原生植被受到一定程度干扰后演替发育的森林，如暖性落叶阔叶林、暖性常绿针叶林等。总体而言，保护区原始森林植被保护比较完好，枯枝落叶归还量大，生物小循环过程正常，土壤—植被系统稳定。在人为活动较频繁的部分实验区以及附近地区，植被受到干扰破坏较严重，次生性质突出，土壤侵蚀等退化过程明显。

2.5.3 土壤分类与分布

2.5.3.1 土壤分类

土壤是气候、地貌、母质、生物、时间和人为活动等因素长期综合作用的产物，它既是独立的历史自然体，又是生态环境的一个重要组成要素。成土因素和成土过程不同，土壤类型及其土体构型、内在性质和肥力水平也不相同。根据土壤发生学原理、土壤地带性分布规律和土壤属性，对典型剖面的形态特征、成土过程的分异及各发生层理化性质进行对比分析，依据《中国土壤分类系统》，将保护区土壤划分为铁铝土、淋溶土、初育土、水成土4个土纲，湿热铁铝土等5个亚纲，黄壤、黄棕壤等6个土类，黄红壤、黄壤、暗黄棕壤、红壤性土等10个亚类(表2-15)。其中，沼泽土、泥炭土发育分布于河流源头宽缓谷地、山间洼地，生长有挺水植物群落及沼泽植被，剖面上部泥炭化过程显著，形成暗棕或黑红色泥炭层(H)，下部潜育化过程显著，形成灰蓝的潜育层(G)。泥炭层厚度大于50.0cm的为泥炭土，小于50.0cm的为沼泽土。

表2-15　保护区土壤分类系统

土纲	亚纲	土类	亚类
铁铝土	湿暖铁铝土	红壤	黄红壤、红壤性土
	湿暖铁铝土	黄壤	黄壤、黄壤性土
淋溶土	湿暖淋溶土	黄棕壤	暗黄棕壤、黄棕壤性土
初育土	石质初育土	紫色土	酸性紫色土
水成土	矿质水成土	泥炭土	低位泥炭土
		沼泽土	泥炭沼泽土、腐泥沼泽土

2.5.3.2 土壤垂直分布

该地区地势起伏大，土壤垂直带谱发育。保护区位于山体中上部，跨越的海拔范围是 1610~2534m。综合云南省第二次土壤普查成果以及本次调查研究结果，保护区仅发育有红壤、黄壤和黄棕壤 3 个土壤垂直带：黄壤带分布于中山上部海拔 1900m 以下地区，植被以季风常绿阔叶林为主；黄棕壤带分布于海拔 1900~2534m 的亚高山地区，植被为中山湿性常绿阔叶林、山地苔藓常绿阔叶林、山顶苔藓矮林和山顶灌丛等；红壤带分布于阿姆山北坡 1800m 以下和南坡 1650m 以下的中山下部，面积很小。

由于所处地貌部位不同，水热组合状况存在差异，致使两个土壤带之间存在着交错分布和过渡的现象。在地带性土壤分布区内，广布有紫红岩类母岩的保护区西端，坡度较大，成土条件大多不稳定，地质大循环过程较强烈，分布有发育程度较低的幼年性石质初育土——紫色土。少数河流源头宽缓谷地、山间洼地部位，地表水大量滞留，生长有挺水植物群落（如水葱、芹菜等）及沼泽植被（如圆叶节节菜群系等），剖面上部的泥炭化过程和下部的潜育化过程显著，发育分布有泥炭土和沼泽土。在宽缓谷底边滩、河漫滩、低阶地上，母质以全新世河流冲积物为主，植被多为河漫滩草甸，形成分布有发育程度较低的幼年性土质初育土——新积土。红壤、黄壤、黄棕壤分布区的山峰顶部和局部陡坡地段，因强烈的坡面侵蚀、沟谷侵蚀等原因，土壤发育程度较低，土体浅薄，粗骨性强，形成零星分布的红壤性土、黄壤性土和黄棕壤性土。

2.5.4 土壤发育特点

保护区相对高差较大，生物气候条件垂直分异明显，土壤的形成过程、性状特征等垂直变化也表现明显。

（1）土壤颜色

水热条件以湿暖为主，并向上逐渐过渡为湿温，1900m 以下湿暖地区，土壤脱硅富铝化过程和黄化过程较强，形成黄壤，而 1900m 以上地区这一过程则明显减弱，而淋溶黏化及腐殖质累积过程则明显增强，形成黄棕壤。表土层颜色由浅变深，呈现棕黄(2.5Y 4/4)→暗棕(7.5YR 3/4)→棕(7.5YR 4/4)→黑棕(7.5YR 2/2)。心土层均以黄棕(10YR 5/8)、棕黄(2.5Y 4/4)为主。

（2）干湿状况

2012 年 9 月下旬野外调查结果表明，随海拔的升高，从黄红壤、黄壤分布区到山顶黄棕壤，土壤自然水分含量相应增大，表土层呈现润→潮→湿，心土层呈现潮→湿。相同海拔高度上，阴坡土壤含水量明显高于阳坡。同一土壤剖面，由表土层向下至心土层、底土层，水分含量均呈增加趋势，原因是随着海拔升高，降水增多，气温、土温下降，土壤湿度增大。

（3）质地状况

保护区水热条件好，岩石风化和土壤发育程度普遍较高，土体深厚，质地以壤土和砂质壤土为主，结构以小块状为主。在缓坡地段，风化和成土条件稳定，或因坡积母质深厚，土壤大多处于成熟或老年发育阶段，一般质地黏重。在坡度较大，尤其是陡坡地段，重力梯度效应显著，土体浅薄，大多处于幼年甚至原始成土阶段，黏粒含量低，砂粒、砾石、石块含量高，质地轻粗，保水保肥能力差。相同海拔高度上，石英岩类上发育的土壤通常比泥质岩类上发育的土壤更轻粗。

2.5.5　土壤基本性状特征

2.5.5.1　红　壤

红壤有黄红壤和红壤性土 2 个亚类。黄红壤是保护区内红壤向黄壤或黄棕壤过渡的类型，相当于中国土壤系统分类中的黏化湿润富铁土，分布于阿姆山北坡 1800m 以下、南坡 1650m 以下的中山下部，面积很小（附图 2）。气候类型为山地中亚热带季风气候，年平均气温 15.7～16.7℃，年≥10℃积温 >4913℃，年降水量 1420～1600mm，植被为山地雨林、季风常绿阔叶林等。母岩为砂岩等石英岩类，紫红页岩、砂岩等紫红岩类和页岩、泥岩、千枚岩、板岩等泥质岩类，母质以风化残积物、残坡积物为主。分布区湿度高于红壤亚类，而热量略低，富铝化过程弱于红壤亚类，黄化过程不及黄壤强，黏粒硅铝率约 2.5 左右，高于红壤亚类。土体较深厚，剖面构型为 Ah－AB－Bs－C 或 Ah－Bs－BC－C 型，腐殖质层颜色为黑棕（5YR 2/1）、暗棕（7.5YR 3/4），质地大多为壤土，结构团粒状、小团块状结构。心土层为灰黄、黄棕色，黏粒含量较多，以黏壤土为主。底土较紧实，块状或单粒状结构。通体呈强酸性，pH 值 3.9～5.8，表土层、亚表土层有机质、全氮、全磷、碱解氮和速效钾含量及阳离子交换量很高或高，全钾、有效磷含量低，皆随土层深度增加而降低。

以洛恩乡哈龙村千枚岩风化残坡积物上发育的 05 号黄红壤剖面为例，其性状特征和养分含量状况详见表 2-16～表 2-18。

表 2-16　保护区土壤剖面环境因子和主要形态特征

剖面编号	土壤类型	位置；海拔；坡度；坡位；坡向	母岩；母质类型	土层符号	深度（m）	颜色	结构	植被类型
01	黄棕壤	架车乡茨孔上寨，23°12′40″N，102°15′20″E；2478m；22.5°；山顶；S324°E	砂岩；残积物	Ah	0～3	黑棕 7.5YR 2/2	单粒、小团粒状	山顶苔藓矮林
				Bt	3～11	黄棕 10YR 5/8	单粒、小块状	
				C	11 以下	淡灰黄 2.5Y 7/3	单粒状	
02	黄棕壤	架车乡茨孔上寨，23°12′54″N，102°15′25″E；2354m；28°；坡麓；S123°E	砂岩；残坡积物	Ah	0～8	黑棕 5YR 2/1	团粒状	山顶苔藓矮林
				Bt	8～49	淡棕 7.5YR 5/6	小团块状	
				C	49	淡黄棕 10YR7/6	单粒至小团块状	

（续）

剖面编号	土壤类型	位置：海拔；坡度；坡位；坡向	母岩、母质类型	土层 符号	土层 深度(m)	颜色	结构	植被类型
03	黄棕壤	架车乡牛威村普衣自然村；23°13′14″N，102°07′33″E；2118m；20.5°；中坡；S185°E	紫色砂岩；残积物	Ah	0~22	棕7.5YR 2/2	团粒状	中山湿性常绿阔叶林
				Bt₁	22~53	红棕5YR 4/6	小团块状	
				Bt₂	53~78	淡棕7.5YR 5/6	团块状	
				C	78以下	淡红棕5YR 5/8	中块状	
04	黄壤	洛恩乡哈龙村委会梭罗自然村，23°10′28″N，102°23′47″E；1978m；鞍部；28.2°；S202°W	片麻岩；残积物	Ah	0~32	棕黄2.5Y 4/4	小团块、团粒状	中山湿性常绿阔叶林
				BA	32~54	棕7.5YR 4/4	中团块、小块状	
				Bs	54~88	黄棕10YR 5/8	中、大块状	
				C	88以下	淡棕黄2.5Y 6/6	中、大块状	
05	黄红壤	洛恩乡哈龙村委会贵普山；1875m；42°；上部；N57°E	千枚岩；残坡积物	Ah	0~14	黑棕7.5YR 2/2	团粒状	中山湿性常绿阔叶林
				BA	14~38	灰黄2.5Y 6/3	小团块状	
				Bs	38~82	黄棕10YR 5/8	中团块状	
				C	82以下	淡黄棕10YR 7/6	单粒状	

表2-17　保护区土壤化学性质测定结果

剖面编号	发生层 符号	发生层 深度(m)	pH值	有机质 (g·kg⁻¹)	全氮 (g·kg⁻¹)	全磷 (g·kg⁻¹)	全钾 (g·kg⁻¹)	碱解氮 (mg·kg⁻¹)	速效磷 (mg·kg⁻¹)	速效钾 (mg·kg⁻¹)	CEC[①] (cmol(+)·kg⁻¹)
01	Ah	0~3	4.40	127.61	2.32	0.85	13.2	32.110	25.624	75	18.28
	Bt	3~11	4.87	80.94	1.32	0.57	20.0	11.131	14.180	29	15.74
02	Ah	0~8	4.44	346.73	2.72	0.85	4.9	14.541	24.561	50	27.31
	Bt	8~49	5.60	152.54	1.86	0.59	6.4	15.594	16.865	34	11.11
03	Ah	3~22	4.83	294.35	3.40	1.15	10.6	12.833	16.395	95	32.51
	Bt₁	22~53	5.20	221.68	1.24	0.79	12.0	10.702	11.979	28	15.50
	Bt₂	53~78	5.60	153.14	0.78	0.51	12.6	7.199	18.775	18	11.57
04	Ah	0~32	5.65	131.43	1.43	0.39	17.5	10.697	26.955	32	14.35
	BA	32~54	6.00	95.33	1.00	0.77	19.6	10.524	18.939	23	8.56
	Bs	54~88	6.40	33.66	0.65	0.69	21.7	7.089	25.771	22	8.33
05	Ah	0~14	4.83	190.07	3.04	0.63	12.9	18.112	21.944	95	26.61
	BA	14~38	5.20	146.73	1.30	0.59	13.0	13.984	18.078	38	18.86
	Bs	38~82	5.63	48.66	0.50	0.79	19.9	12.674	21.029	21	8.10

①表中CEC表示阳离子交换量。

表 2-18　保护区土壤颗粒组成测定结果

剖面编号	土层		各粒级(mm)含量(%)				粉黏比	质地类型(国际制)
	符号	深度(cm)	石砾(>2)	砂粒(0.02~2)	粉粒(0.002~0.02)	黏粒(<0.002)		
01	Ah	0~3	19.56	69.31	19.44	11.25	1.73	砂质壤土
	Bt	3~11	10.33	85.03	10.69	4.28	2.50	壤质砂土
02	A	0~8	26.9	85.43	10.4	4.16	2.50	壤质砂土
	Bt	8~49	11.49	81.58	13.3	5.12	2.60	砂质壤土
03	Ah	3~22	9.11	64.2	23.16	12.63	1.83	砂质壤土
	Bt$_1$	22~53	6.93	65.75	17.64	16.6	1.06	砂质黏壤土
	Bt$_2$	53~78	12.83	62.98	16.45	20.57	0.80	砂质黏壤土
04	Ah	0~32	8.18	63.14	30.72	6.14	5.00	砂质壤土
	BA	32~54	6.37	64.39	29.5	6.1	4.84	砂质壤土
	Bs	54~88	7.75	65.33	28.55	6.12	4.67	砂质壤土
05	Ah	0~14	7.37	62.6	20.78	16.62	0.25	砂质壤土
	BA	14~38	8.75	63.34	24.44	12.22	2.00	砂质壤土
	Bs	38~82	11.82	61.81	21.67	16.51	1.32	砂质壤土

2.5.5.2　黄　壤

有普通黄壤和黄壤性土 2 个亚类。普通黄壤相当于中国土壤系统分类中的铝质常湿淋溶土，分布于海拔 1610~1900m 的中山上部。气候类型为山地中、北亚热带湿润季风气候，年平均气温 15.0~16.7℃，年 ≥10℃ 积温在 4647~5418℃，年降水量 1450~1750mm。植被为季风常绿阔叶林和中山湿性常绿阔叶林。成土母质主要为泥质岩类、石英岩类风化残积、坡积物。其成土特点除了具有富铝化过程和生物累积过程外，还具有显著的黄化过程，这与环境相对湿度大，土壤经常保持潮湿，铁的化合物以针铁矿、褐铁矿和多水氧化铁为主有关。土壤剖面层次发育完整，土体构型一般为 O – Ah – Bt – C 或 O – Ah – Bt – BC – C 型，土体厚 1m 左右，陡坡、山脊等部位明显变薄。土表有厚约 3~5cm 的未分解和半分解的枯枝落叶层，由腐殖质层向下至母质层，颜色由灰黄棕(10YR 5/2)逐渐变为黄棕(10YR 5/8)、淡黄(10YR 7/6)，质地由壤土、砂壤土逐渐变为砂质黏壤土、砂壤土，结构由团粒状逐渐变为团块状、块状，由疏松逐渐变为较紧实。因为淋洗作用强烈，土壤呈酸性、强酸性反应，pH 值 4.2~5.8。腐殖质层有机质、全氮、全磷、碱解氮、速效钾含量很丰富或丰富，向下随深度逐渐减少，全钾、有效磷含量、阳离子交换量中或较低，向下随深度逐渐减少。

以洛恩乡哈龙村片麻岩风化残积物上发育的 04 号黄壤剖面为例，其性状特征和养分含量状况见表 2-16 ~ 表 2-18。

2.5.5.3　黄棕壤

有暗黄棕壤和黄棕壤性土 2 个亚类。暗黄棕壤相当于中国土壤系统分类中的铁质湿润淋溶土，分布于黄壤带之上海拔 1900 ~ 2534m 的亚高山地区，是保护区内面积最大的一个土壤亚类。气候类型为山地北亚热带、暖温带湿润季风气候，年平均气温 11.6 ~ 15.0℃，年 ≥10℃ 积温在 2961 ~ 4647℃，年降水量 1680 ~ 2250mm，多云多雾，土壤、空气潮湿。植被类型由 2000m 左右的中山湿性常绿阔叶林向上逐渐过渡为山地苔藓常绿阔叶林、山顶苔藓矮林和山顶灌丛，树干上和地面地衣、苔藓密布。成土母质为泥质岩类、石英岩类、酸性岩类和紫红岩类的风化残积物、坡积物、冲积物等。成土特点表现为较强烈的腐殖化过程，明显的淋溶、黏化过程和弱富铝化过程。土壤发育程度普遍较高，土体较深厚，在 0.6 ~ 1.0m，仅山顶、山脊和陡坡部位较浅薄，大多厚 30 ~ 50cm。土体构型一般为 O – Ah – Bt – C，土表有厚约 4 ~ 6cm 的未分解和半分解的枯枝落叶层，由腐殖质层至母质层，颜色由黑棕(5YR 2/1)、暗棕(7.5YR 3/4)、棕(7.5YR 2/2)逐渐变为黄棕(10YR 5/8)、淡黄棕(10YR 7/6)、淡棕(7.5YR 5/6)，质地由壤土、砂壤土逐渐变为黏壤土、砂质黏壤土、壤黏土，结构由团粒状逐渐变为团块状结构，紧实度由疏松、较疏松变为较紧实、紧实。土壤 pH 值 4.4 ~ 5.6，呈酸性反应。腐殖质层深厚，有机质、全氮、全磷、碱解氮、速效钾含量，阳离子交换量都很高或高(表 2-17)，全钾、有效磷含量中等或较低，向下随深度逐渐减少或降低。

以架车乡茨孔上寨 01、02 号砂岩风化残积物、残坡积物以及架车乡牛威村 03 号紫色砂岩风化残积物发育的 3 个黄壤剖面为例，其性状特征和养分含量状况见表 2-16 ~ 表 2-18。

2.5.5.4　紫色土

只有酸性紫色土一个亚类，相当于中国土壤系统分类中的紫色湿润雏形土，连片集中分布于保护区西部(附图 2)。现状植被有季风常绿阔叶林(如枹丝锥林、硬斗柯林等)、暖性落叶阔叶林(如尼泊尔桤木林)、暖性常绿针叶林(如云南松林)、稀树灌木草丛等。

成土母质为紫红岩类(上三叠统紫色、紫红色页岩、粉砂岩、砂岩)的风化残积物、残坡积物。因发育程度低，土壤富铝化特征不明显，性状特征尚保持幼年阶段。土体浅薄疏松，无明显的腐殖质层和淀积层，剖面呈紫色、紫棕色、紫灰色等。土体内多母岩碎块、砾石、粗砂，粗骨性强，结构差，蓄水保肥能力低，抗冲性能差。植被稀树地段，尤其是陡坡及山脊部位，土壤自然侵蚀较强烈，地表多裸岩，沟谷较发育。紫色土富铝化特征不明显，速效钾含量丰富，速效氮含量中等，全量氮、磷、钾及速效磷含量低，具有较高的潜在肥力。pH值 5.0 ~ 6.0，通体无石灰反应。需要指出的是，紫色土分布区的植被一旦受到破坏，极易发生土壤侵蚀，而且恢复植被极不容易，应重点加以保护。

酸性紫色土化学性质详见表 2-19。

沼泽土和泥炭土因面积很小，本文不赘述。

表 2-19　保护区酸性紫色土化学性质

层次	深度 （cm）	pH 值	有机质 （g·kg^{-1}）	全氮 （g·kg^{-1}）	全磷 （g·kg^{-1}）	全钾 （g·kg^{-1}）	水解氮 （mg·kg^{-1}）	速效磷 （mg·kg^{-1}）	速效钾 （mg·kg^{-1}）
A	0 ~ 15	5.55	30.4	1.88	1.60	10.8	109.7	1.8	183.0
BC	15 ~ 45	5.35	25.0	1.79	0.68	9.8	73.2	1.4	127.0
C	45 ~ 95	5.20	19.7	1.09	0.59	5.8	56.5	1.0	120.0

注：资料由红河县土壤肥料站提供。剖面所在地：垤玛乡车同村。

2.5.6　土壤侵蚀现状与土壤资源保护

2.5.6.1　土壤侵蚀现状

保护区森林覆盖率高，大部分地区土壤侵蚀强度为弱度等级，仅保护区边缘受人为活动影响频繁的地方以及沟谷陡坡及山脊部位，因坡度大或植被稀少等原因，土壤侵蚀较为严重，侵蚀类型包括片蚀和沟蚀。造成侵蚀的原因有以下两个。

（1）自然因素

自然因素是造成土壤自然侵蚀的基础和潜在因素。保护区的紫红岩类、泥质岩类、酸性岩类等分布区，岩体不稳定，结构性差，易崩解破碎，形成松散的碎屑型母质，抗侵蚀冲刷能力弱，水分易渗入，在坡度大、植被稀少的地段，只要降雨强度超过中雨等级，就会发生强度不等的土壤侵蚀。保护区降雨丰富，降雨集中在 6 ~ 8 月，每年都有大雨和暴雨发生。大雨、暴雨期间，保护区内许多小流域，都存在土壤侵蚀，局部地段甚至较严重，以致河流泥沙含量较高，河水浑浊。

（2）人类活动

人类活动是造成土壤加速侵蚀的主导因素，它主要集中分布在保护区边缘及其附近地区。一是多年来周边社区毁损天然林，种植农作物、经济作物、人工林的现象一直存在。二是当地社区群众采集林下副产品、放牧等干扰活动，破坏林下灌草层，降低其覆盖率，使土壤失去保护。三是保护区附近不合理的土地利用方式，如顺坡耕种、陡坡耕种等现象，至今依然存在。这些是造成保护区边缘及附近地区土壤加速侵蚀的主要原因。

2.5.6.2 土壤资源保护

建立阿姆山自然保护区的主要目的，是为了保护森林生态系统、物种资源和水源地。土壤是生态系统的重要组成部分，是生态系统中物质与能量交换的主要场所，它本身又是生物群落与无机环境相互作用的产物。因此，保护好保护区及其附近的土壤环境和土壤资源具有重要意义。

（1）加强保护区的管理，保护好现有各类植被

植被是影响土壤发育和演化最活跃的因素，也是确保土壤生态系统平衡、稳定的最重要的条件，它的发展变化必然导致土壤的变化，保护好各类植被就能保护好土壤。因此，要严禁毁林、放牧、掠夺式采集林副产品等不良行为的出现，严格执行《中华人民共和国自然保护区管理条例》及有关法规，确保保护区各类植被不受人为干扰，边缘及其附近地区退化的植被逐步得到恢复更新。只有这样才能维持原始土壤生态系统的复杂性和稳定性，才能促进退化土壤生态系统的逐渐恢复，才能充分发挥森林在水土保持中的作用，才有利于森林生态系统中生物多样性的维持和发展。

（2）因地制宜，搞好局部土壤流失的防治

对轻度和中度流失区，应因地制宜，采取有效措施，促进植被的自然恢复，增加森林覆盖率以逐渐减轻土壤侵蚀。对保护区附近土壤严重流失地区，要辅之以工程措施，改善土壤生态环境，促进土壤—植被系统的恢复。

（3）加强水土保持的宣传教育工作

加强领导，搞好水土保持的宣传工作，提高民众的水土保持意识；加强水土保持科技教育，提高水土保持工作人员的技术素质。

参考文献

鲍士旦. 土壤农化分析(第3版)，北京：中国农业出版社，2003，56－58.

陈永森. 云南省志·地理志. 昆明：云南人民出版社，1998，244－249.

程建刚，王学锋，范立张，等. 近50年来云南气候带的变化特征. 地理科学进展，2009，28
（1）：18－24.

高进波，张一平，巩合德，等. 哀牢山亚热带常绿阔叶林区太阳辐射特征. 山地学报，
2009，27(1)：33－40.

李炳元，潘保田，韩嘉福. 中国陆地基本地貌类型及其划分指标探讨. 第四纪研究，2008，
28(4)：535－543.

李兴振，江新胜，孙志明，等. 西南三江地区碰撞造山过程. 北京：地质出版社，2002，
150－152.

刘光崧. 土壤理化分析与剖面描述. 北京：中国标准出版社，1996，96－109，126－127，
141－151，154－159，166－167.

潘桂棠，肖庆辉，陆松年，等. 中国大地构造单元划分. 中国地质，2009，36（1）：1 - 28.

全国土壤普查办公室. 中国土壤. 北京：中国农业出版社，1998.

佟伟，章铭陶. 横断山区温泉志. 北京：科学出版社，1994，248.

王春春，陈长青，黄山，等. 东北气候和土壤资源演变特征研究. 南京农业大学学报，
　　2010，33（2）：19 - 24.

王平，程清平，孔国陈，等. 盘龙河流域 53 年来相对湿度变化特征分析与预测. 气象研究
　　与应用，2016，37（1）：15 - 20.

王平，任宾宾，易超，等. 轿子山自然保护区土壤理化性质垂直变异特征与环境因子关系.
　　山地学报，2013，31（4）：456 - 463.

王涛，王平，邹亚平. 阿姆山自然保护区气候资源研究. 云南地理环境研究，2014，26（2）：
　　64 - 69.

王文富. 云南土壤. 昆明：云南科技出版社，1996，356.

王宇. 云南山地气候. 昆明：云南科技出版社，2006，162 - 165，172，199，192，294 -
　　305，152 - 157，182 - 184.

熊毅，李庆逵. 中国土壤（第 2 版）. 北京：科学出版社，1987，203 - 205.

徐才俊. 云南省地表水资源图（1:250 万）. 见：云南省国土资源地图集编辑委员会. 云南省
　　国土资源地图集（内部资料）. 昆明：云南省国土资源厅，1990，10.

尤联元，杨景春. 中国地貌. 北京：科学出版社，2013，576 - 577.

云南省地质局第二区域地质测量大队. 1:20 万元阳幅（F - 48 - Ⅶ）—大鹿马幅（F - 48 - Ⅲ）
　　区域地质调查报告. 昆明：云南省地矿局，1975，5 - 10，33 - 37，46 - 65，124 - 129.

云南省地质矿产局. 云南省区域地质志. 北京：地质出版社，1990，572 - 580.

云南省气象档案馆. 云南省地面气候资料三十年整编（1961—1990）（内部资料）. 昆明：云南
　　省气象局，1993，87 - 90.

云南省气象局. 云南省农业气候资料集. 昆明：云南人民出版社，1984，87 - 88，101，164，
　　167，122，170，176，224.

张厚瑄，张翼. 中国活动积温对气候变暖的响应. 地理学报，1994，49（1）：27 - 35.

中国科学院地理研究所. 中国 1:100 万地貌图制图规范（试行）. 北京：科学出版社. 1987，
　　33 - 37，49 - 53.

邹亚平，王平，范雅，等. 纳版河流域自然保护区水文特征分析. 安徽农业科学，2013，41
　　（20）：8681 - 8684.

第三章

植　物[*]

　　阿姆山自然保护区位于哀牢山的南延支脉，处于东亚植物区和古热带植物区的交界面上。该区在云南乃至中国植物区划上都是一个重要的自然地理单元，是研究热带植物区系向温带植物区系（尤其是亚热带植物区系）演化的关键地段。同时，阿姆山位于"田中线"附近，中国—喜马拉雅和中国—日本成分在此交汇，它又是研究这两大植物亚区关系的一把钥匙，区系地位重要，具有极高的研究价值。

　　但是，历史上阿姆山周边交通不便，该区未能受到植物学家应有的重视。新中国成立前此区域的采集史几乎是一片空白。新中国成立后，本区的采集也较少。1973 年，陶德定在红河县城附近采集过植物标本，随后他又到绿春、元阳采集，共采集标本 1572 号；1974 年，在红河县柑橘资源调查中，中国农业科学院柑橘研究所叶荫民等发现了柑橘属的一新种——红河橙（模式标本：刘晓东263）（后被张奠湘（2008）在《Flora of China》中处理为宜昌橙的异名）；1988 年，杨增宏在乐育乡采集过少量标本（其中也包括"红河橙"的标本）。1994 年 8 月，红河县委、县政府为提高阿姆山的保护级别，建立省级保护区，特邀当时云南省林业学校的税玉民等对阿姆山的植物、植被进行了初步的考察，调查到该区有维管束植物 158 科 435 属 692 种。1990—2002 年，税玉民研究员的团队在红河哈尼族彝族自治州地区（包括阿姆山）采集标本约 5400 号，这是他的《滇东南红河地区种子植物》一书最为重要的证据标本，该书也是这次阿姆山自然保护区植物资源调查最重要的参考文献。

　　笔者根据 2012 年 6 月和 9 月 2 次共约 30 天采集到的约 1300 余号标本，结合前人的工作，初步统计阿姆山自然保护区有维管束植物 190 科 638 属 1243 种（包括 18 亚种及 54 变种）。基于此名录，对阿姆山保护区进行植物区系分析。

＊　本章编写人员：国家林业局昆明勘察设计院尹志坚、张国学、王恒颖、和霞、孙鸿雁。

3.1 物种多样性

到目前为止，阿姆山自然保护区共记载野生维管束植物 190 科 638 属 1243 种（包括 18 亚种及 54 变种）。其中，蕨类植物 32 科 61 属 102 种（包括 1 变种）；裸子植物 5 科 8 属 9 种（包括 1 变种），被子植物 153 科 569 属 1132 种（包括 18 亚种及 52 变种）（表 3-1）。

表 3-1 阿姆山自然保护区维管束植物统计

植物类群		科数	属数	种数
蕨类植物		32	61	102
种子植物	裸子植物	5	8	9
	被子植物	153	569	1132
	小计	158	577	1141
维管束植物合计		190	638	1243

3.2 种子植物区系分析

3.2.1 种子植物科的统计及分析

3.2.1.1 科的数量结构分析

阿姆山自然保护区目前计有野生种子植物 158 科。在科一级的组成中，含 20 种以上的科的排列顺序表 3-2。从表中可知，含 20 种以上的科计有 16 科，占本区全部科数的 10.1%；这些科包含 263 属，占本区全部属数的 45.6%；含有 582 种，占本区全部种数的 51.0%。含 40 种以上的科有禾本科 Poaceae（46 属/81 种（包括种下等级，下同）、菊科 Asteraceae（41 属/70 种）、蔷薇科 Rosaceae（19 属/45 种）、壳斗科 Fagaceae（6 属/43 种）。这四个科在阿姆山得到了较为充分的发展，是该地种子植物区系的主体。

表 3-2 阿姆山自然保护区种子植物科（含 20 种以上的科）的大小排序

序号	科中文名	科拉丁名	属数	种数
1	禾本科	Poaceae	46	81
2	菊科	Asteraceae	41	70

（续）

序号	科中文名	科拉丁名	属数	种数
3	蔷薇科	Rosaceae	19	45
4	壳斗科	Fagaceae	6	43
5	兰科	Orchidaceae	27	40
6	蝶形花科	Papilionaceae	18	35
7	樟科	Lauraceae	10	35
8	唇形科	Lamiaceae	19	33
9	山茶科	Theaceae	8	33
10	茜草科	Rubiaceae	18	27
11	杜鹃花科	Ericaceae	5	25
12	荨麻科	Urticaceae	14	25
13	莎草科	Cyperaceae	8	24
14	伞形花科	Apiaceae	11	22
15	五加科	Araliaceae	9	22
16	蓼科	Polygonaceae	4	22
总计			263	582

　　从科内属一级的分析来看（表3-3），在本地区仅出现1属的科有75科，占全部科数的47.5%，共计75属，占全部属数的13.0%；出现2~5属的科有59科，占全部科数的37.3%，共计170属，占全部属数的29.5%；出现6~15属的科有17科，占全部科数的10.8%，共计144属，占全部属数的25.0%；出现属数多于15属的科有7科，占全部科数的4.4%，共计188属，占全部属数的32.5%。

　　从科内种一级的分析来看（表3-4），在本区仅出现1种的科有47科，占全部科数的29.7%，共计47种，占全部种数的4.1%；出现2~10种的科有85科，占全部科数的53.8%，共计369种，占全部种数的32.3%；出现11~40种的科有22科，占全部科数的13.9%，共计486种，占全部种数的42.6%；出现种数多于40种的科有4科，占全部科数的2.5%，共计239种，占全部种数的20.9%。

表 3-3　科内属一级的数量结构分析

类型	科数	占全部科数的比例（%）	含有属数	占全部属数的比例（%）
仅出现 1 属的科	75	47.5	75	13.0
出现 2 ~ 5 属的科	59	37.3	170	29.5
出现 6 ~ 15 属的科	17	10.8	144	25.0
出现多于 15 属的科	7	4.4	188	32.5

表 3- 4　科内种一级的数量结构分析

类型	科数	占全部科数的比例（%）	含有的种数	占全部种数的比例（%）
仅出现 1 种的科	47	29.7	47	4.1
出现 2 ~ 10 种的科	85	53.8	369	32.3
出现 11 ~ 40 种的科	22	13.9	486	42.6
出现多于 40 种的科	4	2.5	239	20.9

3.2.1.2　科的分布区类型分析

　　根据吴征镒等对种子植物科分布区类型的划分原则，阿姆山自然保护区种子植物 158 科可划分为 8 个类型和 11 个变型（表 3-5），现分述如下。

表 3-5　阿姆山自然保护区种子植物科的分布区类型

分布区类型[①]	科数	占全部科的比例（%）
1 世界广布	38	24.1
2 泛热带分布	51	32.2
2 – 1 热带亚洲—大洋洲(至新西兰)和中至南美洲(或墨西哥)间断分布	1	0.6
2 – 2 热带亚洲、非洲和中至南美洲间断分布	3	1.9
2S 以南半球为主的泛热带	4	2.5
3 热带亚洲和热带美洲间断分布	11	7.0
4 旧世界热带分布	6	3.8
5 热带亚洲至热带大洋洲分布	2	1.3
7 热带东南亚至印度—马来西亚，太平洋诸岛(热带亚洲)分布	—	—
7 – 1 爪哇(或苏门答腊)，喜马拉雅至华南、西南间断或星散分布	1	0.6
7 – 2 热带印度至华南(特别滇南)分布	1	0.6
7 – 3 缅甸、泰国至中国西南分布	2	1.3
8 北温带	8	5.1
8 – 4 北温带和南温带间断分布	17	10.8

（续）

分布区类型	科数	占全部科的比例（%）
8－5 欧亚和南美洲温带间断分布	2	1.3
8－6 地中海、东亚、新西兰和墨西哥—智利间断分布	1	0.6
9 东亚及北美洲间断分布	5	3.2
10 旧世界温带分布	—	—
10－3 欧亚和南非（有时也在澳大利亚）间断分布	1	0.6
14 东亚分布	2	1.3
14－SH 中国—喜马拉雅分布	2	1.3
总计	158	100.0

①凡是本区未出现的科的分布区类型和变型，均未列入表中。

表中"—"表示此分布型没有代表科分布。

1. 世界广布*

世界广布：指遍布于世界各大洲，没有明显分布中心的科。阿姆山该分布型科计有 38 科，占全部科的 24.1%。其中种类较多的有禾本科 Poaceae（46 属 81 种）、菊科 Asteraceae（41 属 70 种）、蔷薇科 Rosaceae（19 属 45 种）、兰科 Orchidaceae（27 属 40 种）、蝶形花科 Pailionaceae（18 属 35 种）、唇形科 Laminaceae（19 属 33 种）、茜草科 Rubiaceae（18 属 27 种）、莎草科 Cyperaceae（8 属 24 种）。世界分布的大科都在该地区有了很好的发展。

2. 泛热带分布及其变型

泛热带分布及其变型：包括普遍分布于东、西两半球热带和在全世界热带范围内有一个或几个分布中心，但在其他地区也有一些种类分布的热带科。有不少科不但广布于热带，也延伸到亚热带甚至温带。阿姆山属此分布型及其变型的科有 59 科，占全部科的 37.3%。其中，种类比较多的科有樟科 Lauraceae（10 属 35 种）、山茶科 Theaceae（8 属 33 种）、荨麻科 Urticaceae（14 属 25 种）、紫金牛科 Myrsinaceae（4 属 16 种）、大戟科 Euphorbiaceae（8 属 14 种）等。有些科虽然种类不多，但在区系上有一定的代表性，如金虎尾科 Malpighiaceae（图 3-1）、铁青树科 Olacaceae、茶茱萸科 Icacinaceae、紫葳科 Bignoniaceae、防己科 Menispermaceae 等。以上这些都是典型的泛热带分布科。此外，还有部分泛热带科的一些属分布。到亚热带甚至温带地区，如无患子科 Sapindaceae、萝藦科 Asclepiadaceae、葡萄科 Vitaceae 等。

---

* 分布区类型有固定编号，此处不按文章逐级进行编号，以下类似情况相同。

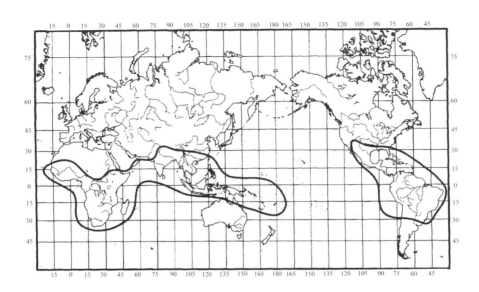

图 3-1　金虎尾科 **Malpighiaceae** 的分布图（引自吴征镒等，2006）

本分布型在阿姆山还包括三个变型：2－1 热带亚洲、大洋洲（至新西兰）和中至南美洲（或墨西哥）间断分布，本区属于该变型的仅有 1 科即山矾科 Symplocaceae；2－2 热带亚洲、非洲和中至南美洲间断分布，本区属于该变型的有椴树科 Tiliaceae、苏木科 Caesalpiniaceae 和买麻藤科 Gnetaceae；2S 以南半球为主的泛热带分布，本区属于该变型的有桑寄生科 Loranthaceae、商陆科 Phytolaccaceae、山龙眼科 Proteaceae 和桃金娘科 Myrtaceae。

泛热带分布科在本区所占比例较高，尤其是一些热带性较强的科在该地出现，表明了阿姆山的植物区系与热带植物区系的亲缘关系。

3. 热带亚洲和热带美洲间断分布

热带亚洲与热带美洲间断分布：指热带（亚热带）亚洲和热带（亚热带）美洲（中、南美）环太平洋洲际间断分布。阿姆山属此分布型的有 11 科，占全部科数的 7.0%，以五加科 Araliaceae（9 属 22 种）、苦苣苔科 Gesneriaceae（8 属 16 种）、马鞭草科 Verbenaceae（5 属 9 种）、安息香科 Styracaceae（3 属 7 种）为代表。

4. 旧世界热带分布

旧世界热带分布：指分布于热带亚洲、非洲及大洋洲地区的科。阿姆山属于此分布型的有假叶树科 Ruscaceae（1 属 2 种）、海桐花科 Pittosporaceae（1 属 2 种）、八角枫科 Alangiaceae（1 属 2 种）、芭蕉科 Musaceae（1 属 1 种）、藤黄科 Clusiaceae（1 属 1 种）和露兜树科 Pandanaceae（1 属 1 种）。

5. 热带亚洲至热带大洋洲分布

热带亚洲至热带大洋洲分布区是旧世界热带分布区的东翼，其西端有时可达马达加斯加，但一般不到非洲大陆。阿姆山属于这一分布区类型的仅有虎皮楠科 Daphniphyllaceae（1 属 3 种）和姜科 Zingiberaceae（6 属 6 种）2 科。

7. 热带东南亚至印度—马来西亚，太平洋诸岛（热带亚洲）分布

热带亚洲分布范围为广义的，包括热带东南亚、印度—马来和西南太平洋诸岛。阿姆山没有热带亚洲分布正型出现，有三个变型：7－1 爪哇（或苏门答腊），喜马拉雅至华南，西南间断或星散分布，仅有四角果科 Carlemanniaceae（1 属 2 种）属此变型；7－2 热带印度至华南（特别滇南）分布，仅有十齿花科 Dipentodontaceae（1 属 1 种）属此变型；7－3 缅甸、泰国至中国西南分布，本区有伯乐树科 Bretschneideraceae（1 属 1 种）和肋果茶科 Sladeniaceae（1 属 1 种）属此变型。此两科在分类学上是很古老和孤立的。它们的出现，表明了本区植物区系和古南大陆植物区系的联系。

8. 北温带分布及其变型

北温带分布及其变型：指分布于北半球温带地区的科，部分科沿山脉南迁至热带山地或南半球温带，但其分布中心仍在北温带。阿姆山属于此类型和变型的科有 28 科，占全部科数的 17.8%。种类比较丰富的科有壳斗科 Fagaceae（6 属 43 种）、杜鹃花科 Ericaceae（5 属 25 种）、百合科 Liliaceae（9 属 19 种）、越橘科 Vacciniaceae（2 属 13 种）等。

北温带分布型在阿姆山还出现三个变型：8－4 北温带和南温带间断分布，属于此变型的有壳斗科、槭树科 Aceraceae（1 属 8 种）、山茱萸科 Cornaceae（4 属 7 种）、桦木科 Betulaceae（2 属 4 种）、灯心草科 Juncaceae（6 属 43 种）、绣球花科 Hydrangeaceae（2 属 3 种）等 17 科；8－5 欧亚和南美洲温带间断分布，本区仅小檗科 Berberidaceae（1 属 1 种）和无叶莲科 Petrosaviaceae（1 属 1 种）属此变型；8－6 地中海、东亚、新西兰和墨西哥—智利间断分布，本区仅马桑科 Coriariaceae（1 属 1 种）属于此变型（全世界也仅该科属于此变型）（图 3-2）。

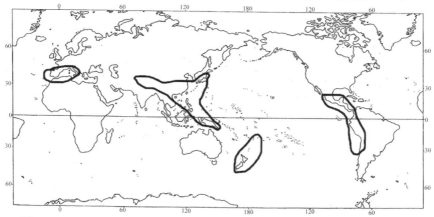

图 3-2　马桑科 Coriariaceae 的分布图（仿吴征镒等，2006）（分布型：8－6）

北温带分布型及其变型的科是继泛热带分布和世界分布科之后，对阿姆山种子植物区系组成和群落构建有着重要意义的又一分布类型。

9. 东亚和北美洲间断分布

东亚和北美洲间断分布：指间断分布于东亚和北美温带地区的科。阿姆山属此分布型的有木兰科 Magnoliaceae（3 属 10 种）、紫树科 Nyssaceae（2 属 3 种）、五味子科 Schisandraceae（2 属 3 种）、八角茴香科 Illiciaceae（1 属 1 种）和三白草科 Saururaceae（1 属 1 种）（图 3-3）5 科。

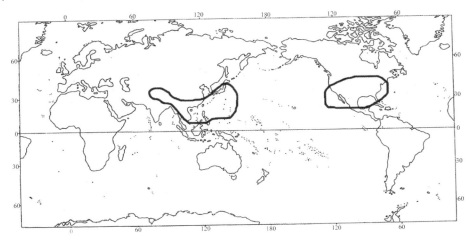

图 3-3 三百草科 **Saururaceae** 的分布图（仿吴征镒等，2006）（分布型：9）

10. 旧世界温带分布及其变型

旧世界温带分布及其变型：指欧亚温带广布而不见于北美洲和南半球的温带科。阿姆山无此分布型的正型出现，但是有一个变型，即：10 – 3 欧亚和南非（有时也在澳大利亚）间断分布，仅川续继科 Dipsacaceae 属此变型。

14. 东亚分布及其变型

东亚分布及其变型指从东喜马拉雅分布至日本或不到日本的科。阿姆山属于此类型的科有 4 科，占该地总科数的 2.6%。尽管它们在该区种子植物科中所占的比重不大，但对阿姆山种子植物区系性质的界定起着至关重要的作用，下面稍加阐述。

三尖杉科 Cephalotaxaceae 为东亚特有的单型科，有 8～11 种 Fu L. G. et al.，以华西南为分布和分化中心（可能与起源中心吻合），华中 4 种，华东 3 种，海南 1 种，台湾 1 种，在热带与亚热带呈水平和垂直替代，并且显然向中国—喜马拉雅和中国—日本两个分布区型做藕断丝连的分化。

水青树科 Tetracentraceae 为单种科。水青树 Tetracentron sinense 生于阿姆山海拔 1900～2200m 的沟谷林及溪边杂木林中。本种（科）分布于我国西南，华中和陕、甘两省之南部，广西北部，境外尼泊尔东部，缅甸北部及越南北部（沙巴）也有，为典型的东亚西翼中国—喜马拉雅特有成分（图3-4）。

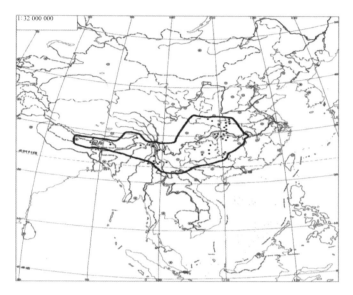

图3-4　水青树科 **Tetracentraceae** 的分布（引自刘恩德，2010）
（分布型：14 – SH）

　　猕猴桃科 Actinidiaceae 系东亚特有科中种数最多的一个科，含2属约56种（为了统一，水冬哥属 *Saurauia* 没有计入）。藤山柳属 *Clematoclethra* 为我国特有的单种属；猕猴桃属 *Actinidia* 分布较广，主要在东亚，东北达萨哈林岛，西南至喜马拉雅，东经我国秦岭、淮河以东达中国台湾，以及朝鲜、韩国、日本，少数延至中南半岛和马来西亚西部。阿姆山有蒙自猕猴桃 *Actinidia henryi* 和红茎猕猴桃 *Actinidia rubricaulis* 两种，分布于海拔 1900～2300m 的常绿阔叶林中，为当地常绿阔叶林下常见的木质藤本。

　　叨里木科 Toricelliaceae 为东喜马拉雅至我国华中分布的单属小科，包括2种，我国均有分布。属模式种鞘柄木 *Toricellia tiliifolia* 由东喜马拉雅分布至我国藏东南的察隅和滇西、滇中（思茅为最东）；角叶鞘柄木 *T. angulata* 则由华中分布至云南高原和横断山区至藏东南。云南高原似为本科的分化中心。该科在阿姆山出现1种，即角叶鞘柄木，分布于海拔 1700～2100m 的村边、林缘或河谷灌丛中。

　　综上所述，从科一级的统计和分析可知：第一，阿姆山种子植物 158 科可划分为8个类型和11个变型，显示出该区种子植物区系在科级水平上的地理成分较为复杂，联系较为广泛。其中，热带性质的科（分布型 2～7 及其变型）有82科（不计世界广布科，下同），占全部科数的 68.3%；温带性质的科（分布型

8~14 及其变型)有 38 科,占全部科数的 31.7%。热带性质的科所占比例明显高于温带性质的科,这说明了本区植物区系与世界各洲热带植物区系的历史联系。第二,本区区系富含古老、孑遗科,说明了本区区系起源较为古老。第三,我国有 18 个东亚特有科(其中 4 个为中国特有科)。本区有 6 个东亚特有科,占我国东亚特有科的 33.3%。较多的东亚特有科(多为古老的、孑遗的类群)表明该地作为东亚古老植物区系的一部分,其地质历史与整个东亚是一致的,且与东亚植物区系的发端密切相关。

3.2.2 种子植物属的统计及分析

3.2.2.1 属的数量结构分析

目前,阿姆山共记录野生种子植物 577 属,属的数量结构分析如表 3-6。在本区仅出现 1 种的属有 340 属,占全部属数的 58.9%,所含种数为 340 种,占全部种数的 29.8%。出现 2~5 种的属有 213 属,占全部属数的 36.9%,所含种数为 565 种,占全部种数的 49.5%。出现 6~10 种的属有 16 属,占全部属数的 2.8%,所含种数为 120 种,占全部种数的 10.5%。出现种数多于 10 种的属有 8 属(表 3-7),占全部属数的 1.4%,所含种数为 117 种,占全部种数的 10.2%。其中柯属(石栎属)Lithocarpus(20 种)、蓼属 Polygonum(19 种)、悬钩子属 Rubus(16 种)都超过了 15 种,在本区得到了较为充分的发展。

表 3-6　属的数量结构分析

类型	属数	占全部属数的比例（%）	含有的种数	占全部种数的比例（%）
仅出现 1 种的属	340	58.9	340	29.8
出现 2~5 种的属	213	36.9	565	49.5
出现 6~10 种的属	16	2.8	120	10.5
出现多于 10 种的属	8	1.4	117	10.2

表 3-7　超过 10 种的属大小排序

序号	属中文名	属拉丁名	种数
1	柯属(石栎属)	Lithocarpus	20
2	蓼属	Polygonum	19
3	悬钩子属	Rubus	16
4	杜鹃属	Rhododendron	15
5	锥栗属	Castanopsis	13
6	山矾属	Symplocos	12
7	柃木属	Eurya	11
8	榕属	Ficus	11

3.2.2.2　属的分布区类型分析

据吴征镒等对属分布区类型的划分原则，阿姆山种子植物 577 属可划分为 14 个类型和 16 个变型（表 3-8），现分述如下。

表 3-8　阿姆山种子植物属的分布区类型

分布区类型	属数	占全部属数比例（%）
1 世界广布	45	7.8
2 泛热带分布	107	18.5
2 – 1 热带亚洲—大洋洲和热带美洲（南美洲或/和墨西哥）分布	1	0.2
2 – 2 热带亚洲—热带非洲—热带美洲（南美洲）分布	1	0.2
3 热带亚洲和热带美洲间断分布	12	2.1
4 旧世界热带分布	45	7.8
5 热带亚洲至热带大洋洲分布	24	4.2
6 热带亚洲至热带非洲分布	34	5.9
6 – 2 热带亚洲和东非或马达加斯加间断分布	2	0.3
7 热带亚洲（印度、马来西亚）分布	67	11.6
7 – 1 爪哇（或苏门答腊），喜马拉雅间断或星散分布到华南、西南	14	2.4
7 – 2 热带印度至华南（尤其云南南部）分布	6	1.0
7 – 3 缅甸、泰国至中国西南分布	6	1.0
7 – 4 越南（或中南半岛）至华南或西南分布	11	1.9
8 北温带	48	8.3
8 – 4 北温带和南温带间断分布	25	4.3
8 – 5 欧亚和南美洲温带间断分布	1	0.2
8 – 6 地中海、东亚、新西兰和墨西哥—智利间断分布	1	0.2
9 东亚及北美间断分布	26	4.5
10 旧世界温带分布	14	2.4
10 – 1 地中海、西亚（或中亚）和东亚间断分布	1	0.2
10 – 2 地中海区和喜马拉雅间断分布	1	0.2
10 – 3 欧亚和南非（有时也在澳大利亚）间断分布	3	0.5
11 温带亚洲分布	7	1.2
12 地中海、西亚至中亚分布	—	—
12 – 3 地中海至温带、热带亚洲、大洋洲和南美洲间断分布	1	0.2
13 中亚分布	1	0.2
14 东亚分布	24	4.2

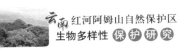

（续）

分布区类型	属数	占全部属数 比例(%)
14 – SH 中国—喜马拉雅分布	26	4.5
14 – SJ 中国—日本分布	6	1.0
15 中国特有分布	11	1.9
16 外来属	6	1.0
总计	577	100

1. 世界广布

指遍布世界各大洲而没有特殊分布中心或虽有一个或数个分布中心而包含世界分布种的属。

阿姆山属于此分布型的有45属。含种数较多的有蓼属 *Polygonum*（19 种）、悬钩子属 *Rubus*（16 种）、薹草属 *Carex*（9 种）、半边莲属 *Lobelia*（7 种）、金丝桃属 *Hypericum*（6 种）等。此类分布型属的植物多数为草本，如蓼属、毛茛属 *Ranunculus*、老鹳草属 *Geranium*、千里光属 *Senecio*、龙胆属 *Gentiana*、珍珠菜属 *Lysimachia*、薹草属等，它们一般是当地不同海拔段草丛以及亚高山草地的主要组成成分；仅有少数为灌木、半灌木或木质藤本，如远志属 *Polygala*、金丝桃属、茄属 *Solanum*、铁线莲属 *Clematis*、悬钩子属等，这些往往是该地林下或林缘灌丛的主要组成成分。这一分布型中，不乏水生或沼生的植物，如灯心草属 *Juncus*、荸荠属 *Eleocharis* 等，它们是当地河边、沟边以及山间溪边植物群落的重要组成成分。

2. 泛热带分布及其变型

泛热带分布属指普遍分布于东、西两半球热带，和在全世界热带范围内有一个或数个分布中心，但在其他地区也有一些种类分布的热带属，有不少属广布于热带、亚热带甚至到温带。

阿姆山属于此类型的有109属，占全部属的18.9%。这是本区所占比例最大的分布区类型。含种数较多的属有：山矾属 *Symplocos*（12 种）、榕属 *Ficus*（11 种）、鹅掌柴属 *Schefflera*（9 种）、菝葜属 *Smilax*（9 种）等。此分布型中，有分布到亚热带的乔木、灌木，如厚皮香属 *Ternstroemia*、黄檀属 *Dalbergia*、大青属 *Clerodendrum*、朴属 *Celtis*、安息香属 *Styrax*、山矾属等；分布到温带的多为草本属，如牛膝属 *Achyranthes*、鸭跖草属 *Commelina* 等，灌木属有黄花稔属 *Sida*、花椒属 *Zanthoxylum*、醉鱼草属 *Buddleja* 等；藤本植物有南蛇藤属 *Celastrus*、菝葜属、薯蓣属 *Dioscorea* 等。众多泛热带属在本区的出现，充分表明其植物区系与泛热带各地植物区系在历史上的广泛而深刻的联系。

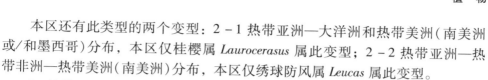

本区还有此类型的两个变型：2－1 热带亚洲—大洋洲和热带美洲（南美洲或/和墨西哥）分布，本区仅桂樱属 *Laurocerasus* 属此变型；2－2 热带亚洲—热带非洲—热带美洲（南美洲）分布，本区仅绣球防风属 *Leucas* 属此变型。

3. 热带亚洲和热带美洲间断分布

此分布型指间断分布于美洲和亚洲温暖地区的热带属，在东半球从亚洲可能延伸到澳大利亚东北部或西南太平洋岛屿。

本区属于此分布型的有 12 属，占全部属的 2.1%。常见的乔木或灌木属有水东哥属 *Saurauia*（图 3-5）、木姜子属 *Litsea*、楠属 *Phoebe*、柃木属 *Eurya*、白珠树属 *Gaultheria*、山香圆属 *Turpinia* 等，这些通常是当地常绿阔叶林乔、灌层的主要组成成分。

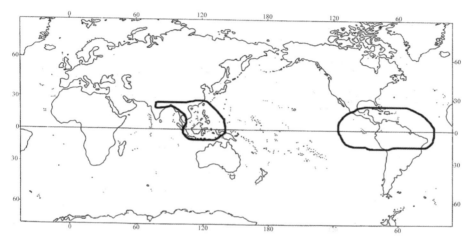

图 3-5　水东哥属 *Saurauia* 的分布图（分布型：3）

我国与热带美洲共有的属是不多的，这是由于热带美洲或南美洲本来位于古南大陆西部，最早于侏罗纪末期就开始和非洲分裂，至白垩纪末期则和非洲完全分离。现在两地植物区系的联系，表明在第三纪以前它们的植物区系成分曾有共同的渊源，而且由于近代人类经济活动的结果，使它们相互间的交流进一步加强了。

4. 旧世界热带分布

此分布型指分布于亚洲、非洲和大洋洲热带地区及其邻近岛屿的属。

阿姆山属于此类型的有 45 属，占全部属的 7.8%，代表有：杜茎山属 *Maesa*（5 种）、楼梯草属 *Elatostema*（4 种）、酸藤子属 *Embelia*（4 种）、香茶菜属 *Isodon*（4 种）、血桐属 *Macaranga*（4 种）等。其中，八角枫属 *Alangium* 是旧世界热带森林及次生林中普遍而古老的成分，含约 21 种，马来西亚为其分布中心，东至澳大利亚东部及斐济等南太平洋岛屿，北至东亚温带（我国辽宁、俄罗斯远东地

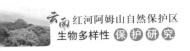

区及日本），个别种出现在西藏东部。在西欧、东欧及北美东部北纬 40°～50° 曾发现该属的化石，由此可见旧世界热带植物区系与东亚或北温带植物区系有深远的联系。

5. 热带亚洲至热带大洋洲分布

此分布型指旧世界热带分布区的东翼，其西端有时可达马达加斯加，但一般不到非洲大陆。

阿姆山属于此分布型的有 24 属。见于本区的此类属多为分布到亚热带的属，如山橙属 *Melodinus*、兰属 *Cymbidium*、鱼尾葵属 *Caryota*、柄果木属 *Mischocarpus* 等；也有少数分布到温带地区的属，如崖爬藤属 *Tetrastigma*、椿属 *Toona*、通泉草属 *Mazus* 等。该分布型的出现为该区植物区系与大洋洲植物区系在历史时期曾有过联系提供了证据。

6. 热带亚洲至热带非洲分布

此分布型指旧世界热带分布区的西翼，即从热带非洲至印度—马来西亚（特别是其西部），有的属也分布到斐济等南太平洋岛屿，但不见于澳大利亚大陆。

阿姆山出现该分布型及其变型属 36 属。该区出现的此类型属主要为分布到亚热带的属，如山黑豆属 *Dumasia*、铁仔属 *Myrsine*、莠竹属 *Microstegium* 等；分布到温带地区的属有如杠柳属 *Periploca*、荩草属 *Arthraxon*、芒属 *Miscanthus*、菅属 *Themeda* 等。

该区还出现了此分布型的一个变型：6-2 热带亚洲和东非或马达加斯加间断分布。本区属于此变型的仅有姜花属 *Hedychium* 和盾片蛇菰属 *Rhopalocnemis* 2 属。

7. 热带亚洲（印度—马来西亚）分布

热带亚洲是旧世界热带的中心部分，热带亚洲分布的范围包括印度、斯里兰卡、中南半岛、印度尼西亚、加里曼丹岛、菲律宾及新几内亚等，东可达斐济等南太平洋岛屿，但不到澳大利亚大陆，其分布区的北部边缘到达我国西南、华南及台湾，甚至更北地区。自从第三纪或更早时期以来，这一地区的生物气候条件未经巨大的动荡，而处于相对稳定的湿热状态，地区内部的生境变化又多样复杂，有利于植物种的发生和分化。而且这一地区处于南、北古陆接触地带，即南、北两古陆植物区系相互渗透交汇的地区。因此，这一地区是世界上植物区系最丰富的地区之一，并且保存了较多第三纪古热带植物区系的后裔或残遗，此类型的植物区系主要起源于古南大陆和古北大陆（劳亚古陆）的南部。

阿姆山出现的此分布型及其变型属有 104 属，占其全部属的 17.9%。这是本区所占比例第二的分布区类型。其中，木莲属 *Manglietia*、含笑属 *Michelia*、山茶属 *Camellia*、黄杞属 *Engelhardia*、柏那参属 *Brassaiopsis* 等为当地亚热带常绿阔叶林中具有显著群落学意义的乔木、灌木的代表；清风藤属 *Sabia*、葛属

Pueraria、绞股蓝属 *Gynostemma* 则为常见的藤本。此类型中，有些可能是第三纪古热带植物区系的直接后裔或残遗分子，如黄杞属、木莲属等。

本区还出现了此分布型的四个变型：7–1 爪哇（或苏门答腊），喜马拉雅间断或星散分布到华南、西南。本区属此变型的有：梭罗树属 *Reevesia*、木荷属 *Schima*、石椒草属 *Boenninghausenia*、金钱豹属 *Campanumoea*、轮钟花属 *Cyclocodon* 等 14 属。7–2 热带印度至华南（尤其云南南部）分布。本区属此变型的有 6 属：肉穗草属 *Sarcopyramis*、蜘蛛花属 *Silvianthus*、香竹属 *Chimonocalamus*、杯菊属 *Cyathocline*、球果藤属 *Aspidocarya*、瓦理棕属 *Wallichia*。7–3 缅甸、泰国至中国西南分布。本区属此变型的也有 6 属：伯乐树属 *Bretschneidera*、翠柏属 *Calocedrus*、假木荷属 *Craibiodendron*、独蒜兰属 *Pleione*、肋果茶属 *Sladenia*、八蕊花属 *Sporoxeia*。7–4 越南（或中南半岛）至华南（或西南）分布。本区属此变型的有 11 属：赤杨叶属 *Alniphyllum*、竹根七属 *Disporopsis*、梭子果属 *Eberhardtia*、山茉莉属 *Huodendron*、大节竹属 *Indosasa*、油杉属 *Keteleeria*、梁王茶属 *Metapanax*、马铃苣苔属 *Oreocharis*、偏瓣花属 *Plagiopetalum*、孔药花属 *Porandra*、竹叶吉祥草属 *Spatholirion*。

8. 北温带分布及其变型

此分布型指广泛分布于欧洲、亚洲和北美洲温带地区的属，由于历史和地理的原因，有些属沿山脉向南延伸到热带山区，甚至到南半球温带，但其原始类型或分布中心仍在北温带。

阿姆山属此类型和变型的属有 75 属，占全部属数的 13.0%。木本属主要有：杜鹃属 *Rhododendron*、槭属 *Acer*（图 3-6）、越橘属 *Vaccinium*、鹅耳枥属 *Carpinus*、桦木属 *Betula*、柳属 *Salix*、花楸属 *Sorbus*、荚蒾属 *Viburnum*、水青冈属 *Fagus* 等，它们是本区乔、灌层的重要树种。草本属较多，如：香青属

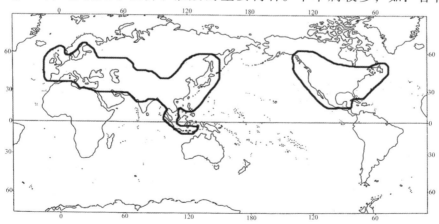

图 3-6　槭属 *Acer* 的分布图（仿徐廷志，1996）（分布型：8）

Anaphalis、黄精属 *Polygonatum*、委陵菜属 *Potentilla*、龙芽草属 *Agrimonia*、天南星属 *Arisaema*、露珠草属 *Circaea*、蓟属 *Cirsium*、风轮菜属 *Clinopodium*、独活属 *Heracleum*、藁本属 *Ligusticum*、马先蒿属 *Pedicularis*、黄花茅属 *Anthoxanthum*、紫菀属 *Aster*、风铃草属 *Campanula*、荠属 *Capsella*、紫堇属 *Corydalis*、琉璃草属 *Cynoglossum* 等。较多的北温带分布型属在阿姆山出现，表明该地植物区系与北温带植物区系在历史上也曾有着广泛的联系。

本区还出现了该分布型的三个变型：8 - 4 北温带和南温带间断分布，属于该变型的有越橘属 *Vaccinium*、稠李属 *Padus*、獐牙菜属 *Swertia*、蒿属 *Artemisia*、柴胡属 *Bupleurum*、柳叶菜属 *Epilobium*、杨梅属 *Myrica*、报春花属 *Primula*、茜草属 *Rubia*、接骨木属 *Sambucus*、当归属 *Angelica*、金腰属 *Chrysosplenium* 等 25属；8 - 5 欧亚和南美温带间断分布，该地仅草莓属 *Fragaria* 为此变型；8 - 6 地中海、东亚、新西兰和墨西哥—智利间断分布，仅马桑属 *Coriaria* 为此变型。

9. 东亚和北美洲间断分布及其变型

此分布型指间断分布于东亚和北美洲温带及亚热带地区的属。

阿姆山属于此类型和变型的有 26 属。乔木有石栎属 *Lithocarpus*、栲属 *Castanopsis*、山胡椒属 *Lindera*、蓝果树属 *Nyssa*、八角属 *Illicium*、木兰属 *Magnolia* 等，这些属在该地植物区系及群落学上均具有非常重要的意义；灌木以绣球花属 *Hydrangea*、山蚂蝗属 *Desmodium*、檀梨属 *Pyrularia*、勾儿茶属 *Berchemia*、楤木属 *Aralia*、南烛属 *Lyonia*、木樨属 *Osmanthus* 等为代表，这些常为当地常绿阔叶林下的重要组成成分；藤本植物则以五味子属 *Schisandra* 为林中习见；草本中如落新妇属 *Astilbe*、人参属 *Panax*、粉条儿菜属 *Aletris*、乱子草属 *Muhlenbergia* 等，它们往往为当地常绿阔叶林下、林缘草地以及亚高山草地的常见成分。

这些属的出现表明本区植物区系与北美植物区系之间地史上曾有过较为密切的联系。

10. 旧世界温带分布及其变型

此分布型指广泛分布于欧洲、亚洲中高纬度的温带和寒温带，或最多有个别延伸到北非及亚洲—非洲热带山地或澳大利亚的属。旧大陆温带分布属的起源是多元的。一方面旧世界温带分布的大多数属和地中海区及中亚分布的属有一个共同起源和发生背景，即在古地中海沿岸地区起源，而在古地中海面积逐步缩小，亚洲广大中心地区逐渐旱化的过程中发生和发展的；另一方面，有些分布偏北、纬度偏高而呈标准欧亚分布的属，则和整个北温带广布的属一样，是在古北大陆更北部分、而第三纪以前处于温带、亚热带地段上发生的，而且在种系发生上具有第三纪古热带起源的背景。

阿姆山属此分布型及其变型的有 19 属，占全部属数的 3.3%，代表属有：香薷属 *Elsholtzia*、水芹属 *Oenanthe*、天名精属 *Carpesium*、瑞香属 *Daphne*、沙参

属 *Adenophora*、川续断属 *Dipsacus*、荞麦属 *Fagopyrum*、角盘兰属 *Herminium*、鹅肠菜属 *Myosoton*、鸟巢兰属 *Neottia*、重楼属 *Paris* 等。

本分布型还包括三个变型：10 - 1 地中海区、西亚（或中亚）和东亚间断分布，本区有芦竹属 *Arundo* 为此分布变型；10 - 2 地中海区和喜马拉雅间断分布，本区有蜜蜂花属 *Melissa* 属此分布变型；10 - 3 欧亚和南部非洲（有时也在澳大利亚）间断分布，本区有 3 属属此变型，即毛鳞菊属 *Melanoseris*、女贞属 *Ligustrum* 和木樨榄属 *Olea*。

11. 温带亚洲分布

此分布型指分布区主要局限于亚洲温带地区的属，其分布区范围一般包括从中亚至东西伯利亚和东北亚，南部界限至喜马拉雅山区，我国西南、华北至东北，朝鲜和日本北部。也有一些属种分布到亚热带，个别属种到亚洲热带，甚至到新几内亚。

阿姆山属此类型的属有侧柏属 *Platycladus*、杭子梢属 *Campylotropis*、羊耳菊属 *Duhaldea*、黄鹌菜属 *Youngia*、羽叶参属 *Pentapanax*、附地菜属 *Trigonotis*、杏属 *Armeniaca* 7 属。此分布型的属大多是古北大陆起源，它们的发展历史并不古老，可能是随着亚洲，特别是其中部温带气候的逐渐旱化，一些北温带或世界广布大属继续进化和分化的结果，而有些属在年轻的喜马拉雅山区获得很大的发展。

12. 地中海区、西亚至中亚分布及其变型

此分布型指分布于现代地中海周围，经过西亚和西南亚至中亚和我国新疆、青藏高原及蒙古高原一带的属。其中，中亚（中央亚细亚）包括由巴尔喀什湖滨、天山山脉中部、帕米尔至大兴安岭、阿尔金山和西藏高原、我国新疆、青海、西藏、内蒙古西部等古地中海的大部分。

阿姆山没有属于此分布型正型的属，但出现了该类型的一个变型：12 - 3 地中海区至温带、热带亚洲、大洋洲和南美洲间断分布。仅常春藤属 *Hedera* 属此变型。

13. 中亚分布

此分布型指只分布于中亚（特别是山地）而不见于西亚及地中海周围的属，即位于古地中海的东半部。

仅 1 属即滇紫草属 *Onosma* 为此类型。

14. 东亚分布

此分布型指的是从东喜马拉雅一直分布到日本的属。其分布区一般向东北不超过俄罗斯境内的阿穆尔州，并从日本北部至萨哈林；向西南不超过越南北部和喜马拉雅东部，向南最远达菲律宾、苏门答腊和爪哇；向西北一般以我国各类森林边界为界。本类型一般分布区较小，几乎都是森林区系，并且其分布

61

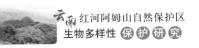

中心不超过喜马拉雅至日本的范围。

阿姆山属此分布型及其变型的有 56 属，占该地总属数的 9.7%。本分布型中，包括较多的单型属和少型属，这些往往是第三纪古热带植物区系的残遗或后裔。

本类型中，典型分布东亚全区的有 24 属。木本主要有方竹属 *Chimonobambusa*、绣线梅属 *Neillia*、猕猴桃属 *Actinidia*、桃叶珊瑚属 *Aucuba*、吊钟花属 *Enkianthus*、青荚叶属 *Helwingia*、枇杷属 *Eriobotrya*、南酸枣属 *Choerospondias* 等，这些均为常绿或落叶的乔木、灌木或藤本，多为该地中山常绿阔叶林或针阔混交林中的重要树种或层外植物。草本主要有沿阶草属 *Ophiopogon*、粘冠草属 *Myriactis*、金发草属 *Pogonatherum*、蜘蛛抱蛋属 *Aspidistra* 等，这些是当地不同类型群落中草本层的优势或常见成分。

除了典型分布于东亚全区的类型外，本区还出现了东亚分布型的两个变型。

14 – SH 中国—喜马拉雅分布变型，主要分布于喜马拉雅山区诸国至我国西南诸省，有的到达陕、甘、华东或中国台湾，向南延伸到中南半岛，但不见于日本。属此变型的有 26 属。在区系上具有一定代表性的木本属有：滇丁香属 *Luculia*、鬼吹箫属 *Leycesteria*、移依属 *Docynia*、猫儿屎属 *Decaisnea*、红果树属 *Stranvaesia* 等，草本属则有异腺草属 *Anisadenia*、鞭打绣球属 *Hemiphragma*、鬼臼属 *Dysosma*、象牙参属 *Roscoea*、筒冠花属 *Siphocranion* 等。这些中国—喜马拉雅分布属的例子，可以很好地证明本区与中国—喜马拉雅植物区系的密切联系。

14 – SJ 中国—日本分布变型，指分布于滇、川金沙江河谷以东地区直至日本或琉球，但不见于喜马拉雅的属。本区属此变型的有 6 属，有滇兰属 *Hancockia*、大头茶属 *Polyspora*、木通属 *Akebia*、半夏属 *Pinellia*、化香树属 *Platycarya*、雷公藤属 *Tripterygium* 等。

吴征镒、王荷生（1983）在论述东亚植物区系成分起源问题时指出，"东亚成分和它的两个变型含有许多古老科属的代表……大多数都分布于北纬 20°～40° 的温暖地区，有的属甚至延伸到中南半岛或爪哇，这更足以证明它们在第三纪古热带的共同起源"。

15. 中国特有分布

特有属是指其分布限于某一自然地区或生境的植物属，是某一自然地区或生境植物区系的特有现象，以其适宜的自然地理环境及生境条件与邻近地区区别开来。关于中国特有属的概念，本文采用吴征镒（1991）的观点，即以中国境内的自然植物区（floristic region）为中心而分布界限不越出国境很远者，均被列入中国特有的范畴。根据这一概念，阿姆山属于此类型的属有 11 属，占中国特有属 239 属的 4.6%。

这些属中，除泡桐属 *Paulownia*、短檐苣苔属 *Tremacron* 有 2 种外，其他属在此区都只分布有 1 种。从生活型上来看，除泡桐属、喜树属 *Camptotheca*、巴豆藤属 *Craspedolobium*、杉木属 *Cunninghamia*、瘿椒树属 *Tapiscia* 为木本属外其他都为草本属。

16. 外来属分布

逸野的或入侵的非本地属，共有 6 属。因其不能反映和代表本地植物区系的性质，它们的分布区类型在此不做分析。

综合上述，从属一级的统计和分析可知：第一，阿姆山 577 属可划分为 14 个类型和 17 个变型，基本涵盖了中国植物区系属的分布区类型，显示了本区种子植物区系在属级水平上的地理成分的复杂性，以及同世界其他地区植物区系的广泛联系。

第二，该地区计有热带性质的属（分布型 2~7 及其变型）330 属，占全部属数的 62.7%；计有温带性质的属（分布型 8~14 及其变型）185 属，占全部属数的 35.2%。从科级和属级热、温性质分布型比重来看，本地植物区系的地带性质偏热性。

第三，在本区所有属的分布类型中，居于前三位的是泛热带分布及其变型（109 属，18.9%），热带亚洲分布及其变型（104 属，18.0%），北温带分布及其变型（75 属，13.0%）。说明本区植物区系与温带，尤其是热带植物区系有较强的联系。

3.2.3 种子植物种的统计及分析

3.2.3.1 种的分布区类型概论

迄今为止，阿姆山地区共记录种子植物 1141 种（包括 18 亚种及 53 变种），它们是进行该区域种子植物区系统计分析以及其他相关研究的基本素材。植物区系地理学的基本研究对象是具体区系，归根结底是以植物种作为研究对象的。科的统计分析可以初步明确某一具体区系的区系性质以及与其他地区的古老区系联系，属的分布式样的确定可以论证较大区域甚至大陆块间的地史联系，并可推断其可能的演化历程，二者在不同层面、不同程度上均具有重要意义。

然而，科、属水平上的统计分析均具有其固有的局限性，还不能完全反映具体区系的本来面貌。若以属的分布区类型来评估某一较小地区区系的地带性质时，如应用不当，可能会导致错误的结论。而进行种的分布区类型或分布式样的研究，可以进一步直接确定某具体植物区系的地带性质及其组成成分的地理起源。因此，在对诸如阿姆山这样一个较小的自然区域进行区系分析时，尤其有必要对种的分布区类型进行分析。本报告根据吴征镒（1991）、吴征镒等（2006）的中国种子植物属的分布区类型的概念及范围，并参考了李锡文（1993、1995）、彭华（1998）、李嵘（2003）、刘恩德（2010）对种的分布区类型的划分原则，结合每一个种的现代地理分布格局，将阿姆山现有的种子植物划分为 14 个类型 13 个亚型 8 个变型及 3 个小型（表 3-9 及表 3-10）。此处所有物种在云南省内的分布参照《云南植物志》，国内及国外的分布参照最新的资料——《Flora of China》。

表 3-9　阿姆山自然保护区种子植物种的分布区类型

分布区类型	种数	占全部种的比例（%）
1 世界广布	10	0.9
2 泛热带分布	19	1.7
2－1 热带亚洲、大洋洲（至新西兰）和中至南美洲（或墨西哥）间断分布	1	0.1
3 东亚（热带、亚热带）及热带南美间断分布	2	0.2
4 旧世界热带分布	22	1.9
4－1 热带亚洲、非洲（或东非、马达加斯加）和大洋洲间断分布	2	0.2
5 热带亚洲至热带大洋洲分布	37	3.2
6 热带亚洲至热带非洲分布	11	1.0
6－2 热带亚洲和东非或马达斯加间断分布	5	0.4
7 热带亚洲（印度、马来西亚）分布	91	8.0
7－1 爪哇（或苏门答腊）、喜马拉雅至华南、西南间断或星散分布	81	7.1
7－2 热带印度至华南（特别滇南）分布	62	5.4
7－3 缅甸、泰国至华西南分布	32	2.8
7－4 越南（或中南半岛）至华南（或西南）分布	127	11.1
8 北温带分布	2	0.2
8－4 北温带和南温带间断分布	2	0.2
9 东亚及北美间断分布	2	0.2
10 旧世界温带分布	9	0.8
10－3 欧亚和南部非洲（有时还有大洋洲）间断分布	2	0.2
11 温带亚洲分布	9	0.8
12 地中海区、西亚至中亚分布	1	0.1
14 东亚分布	26	2.3
14－SH 中国—喜马拉雅分布	132	11.6
14－SJ 中国—日本分布	39	3.4
15 中国特有分布	396	34.7
16 外来种	19	1.7
总计	1141	100.0

3.2.3.2　种的分布区类型分析

1. 世界广布

阿姆山属此类型的有 10 种。本分布型种的特点是全为草本植物，且多为伴生杂草或水生、湿生的草本植物，如早熟禾 *Poa annua*、香附子 *Cyperus rotundus*、两歧飘拂草 *Fimbristylis dichotoma*、短叶水蜈蚣 *Kyllinga brevifolia*、水葱 *Schoenoplectus tabernaemontani*、酢浆草 *Oxalis corniculata*、藜 *Chenopodium album*、鹅肠菜 *Myosoton aquaticum* 等。

2. 泛热带分布

阿姆山属此类型和亚型的有 20 种。本分布型种仍以草本居多，常见种类有豨莶 *Sigesbeckia orientalis*、狼杷草 *Bidens tripartita*、扁鞘飘拂草 *Fimbristylis complanata*、一点红 *Emilia sonchifolia*、李氏禾 *Leersia hexandra*、双穗雀稗 *Paspalum distichum*、狗牙根 *Cynodon dactylon*、纤毛马唐 *Digitaria ciliaris*、牛筋草 *Eleusine indica*、鬼针草 *Bidens pilosa*、黄茅 *Heteropogon contortus*、苍耳 *Xanthium strumarium*、百能葳 *Blainvillea acmella* 等，这些种类多为阿姆山较低海拔温暖地带的常见杂草。

本区还出现了此分布型的一个亚型：2 – 1 热带亚洲—大洋洲（至新西兰）和中至南美洲（或墨西哥）间断分布。仅五月艾 *Artemisia indica* 属此变型。

3. 热带亚洲和热带美洲间断分布

本区仅三叶蝶豆 *Clitoria mariana* 和西来稗 *Echinochloa crusgalli* var. *zelayensis* 2 种属此类型。正如前面在讨论热带美洲和热带亚洲间断分布属时曾提及，由于热带美洲（或南美）本来位于古南大陆的西部，最早于侏罗纪末期就和非洲开始分离，至白垩纪末期和非洲完全分离，因此我国与热带美洲（或南美洲）共有的种不多。

4. 旧世界热带分布

阿姆山属此类型及亚型的有 24 种。除山黄麻 *Trema tomentosa* 为木本外，其余均为草本类型，常见的如球穗扁莎 *Pycreus flavidus*、复序飘拂草 *Fimbristylis bisumbellata*、土牛膝 *Achyranthes aspera*、囊颖草 *Sacciolepis indica*、竹叶茅 *Microstegium nudum*、荩草 *Arthraxon hispidus*、黄背草 *Themeda triandra*、砖子苗 *Cyperus cyperoides*、细柄草 *Capillipedium parviflorum*、竹叶草 *Oplismenus compositus*、习见蓼 *Polygonum plebeium*、碎米荠 *Cardamine hirsuta* 等，这些种类多生长于次生灌丛、草地、林缘、荒地、道旁、旱作地或河滩中。

本区还出现了此分布型的一个亚型：4 – 1 热带亚洲、非洲（或东非，马达加斯加）和大洋洲间断。本区属此亚型的有：鸭舌草 *Monochoria vaginalis*、石芒草 *Arundinella nepalensis* 2 种。

这些旧世界热带种的出现，表明本区区系与旧世界热带区系有着相对密切

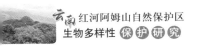
的联系。

5. 热带亚洲至热带大洋洲分布

阿姆山属此类型的有 37 种。与前面几个分布型相比，本分布型中木本种类显著增多，其中不乏热带性较强的种类如榕树 *Ficus microcarpa*、楝 *Melia azedarach*、构树 *Broussonetia papyrifera*、红椿 *Toona ciliata*、粗糠柴 *Mallotus philippensis* 等。草本种类常见的如闭鞘姜 *Costus speciosus*、笄石菖 *Juncus prismatocarpus*、裸花水竹叶 *Murdannia nudiflora*、刺芒野古草 *Arundinella setosa*、水玉簪 *Burmannia disticha*、湖瓜草 *Lipocarpha microcephala*、毛轴莎草 *Cyperus pilosus*、弓果黍 *Cyrtococcum patens* 等，这些均为热带性较强的成分，为该地低海拔地段稀树草丛的常见种类。

本类型虽仍以草本居多，但木本种类在本分布型中也占据一定比例，特别是河谷地带常见的木本类型如榕树、粗糠柴等都是典型的热带亚洲—热带大洋洲分布种类，它们在此充当了阿姆山与热带大洋洲植物区系联系的纽带，同时也反映了本区区系相对古老的性质。

6. 热带亚洲至热带非洲分布

阿姆山属此类型及亚型的有 16 种。木本种类仅有飞龙掌血 *Toddalia asiatica*。草本常见的如尼泊尔蓼 *Polygonum nepalense*、三花枪刀药 *Hypoestes triflora*、翼齿六棱菊 *Laggera crispata*、大蝎子草 *Girardinia diversifolia*、假楼梯草 *Lecanthus peduncularis*、天胡荽 *Hydrocotyle sibthorpioides*、棕叶狗尾草 *Setaria palmifolia*、鱼眼草 *Dichrocephala integrifolia* 等。

本区还有一亚型：6－2 热带亚洲和东非或马达加斯加间断。本区有八角枫 *Alangium chinense*、茅叶荩草 *Arthraxon prionodes*、小叶荩草 *Arthraxon lancifolius*、十字薹草 *Carex cruciata*、软雀花 *Sanicula elata* 5 种属此亚型。

由于地史上亚洲、非洲的各陆块在不同历史时期有过直接联系，以上述种类为代表的热带亚洲至热带非洲分布种，正是阿姆山与热带亚洲、热带非洲区系在地史上都发生过联系的反映。

7. 热带亚洲（印度、马来西亚）分布

热带亚洲属古热带区域的印度—马来西亚亚域，包括印度半岛、中南半岛以及从西部的马尔代夫群岛至东部的萨摩亚群岛等广大地域，这里拥有 30 余个特有科及大量的特有属和特有种，保存着最多、最古老的显花植物类群。阿姆山属于此类型及其亚型的有 393 种，占全部种数的 34.4%，是本区仅次于中国特有分布的第二大的分布区类型。显示本地区系和热带亚洲的紧密联系。如此丰富的种系显然系印度—马来亚成分由南向北迁移的产物，或是在热带亚洲北缘特化的结果。这一地理成分有着很深远的古南大陆发生背景，无论是印度陆块与欧亚大陆的碰撞，还是掸邦—马来亚板块的楔入都给本区带来的不少古南大陆成分，抑或是自晚白垩纪以来原属古南大陆的东南亚陆块与新几内亚岛进行交汇所带来的古南大陆成分，这些都极大地丰富了阿姆山植物区系的内涵。

凡在整个或大部分热带亚洲区域内均有分布的种类，皆归入热带亚洲分布正型。阿姆山属此分布型的种类有 91 种。乔木种类主要以黄樟 *Cinnamomum parthenoxylon*、鸡嗉子榕 *Ficus semicordata*、疣果花楸 *Sorbus corymbifera*、山鸡椒 *Litsea cubeba*、野波罗蜜 *Artocarpus lakoocha*、狭叶山黄麻 *Trema angustifolia*、南亚泡花树 *Meliosma arnottiana* 等为代表，这些种类均为阿姆山低海拔至中山各植被类型的重要组成成分。灌木中比较有代表性的有朱砂根 *Ardisia crenata*、红紫麻 *Oreocnide rubescens*、小花清风藤 *Sabia parviflora*、黑叶木蓝 *Indigofera nigrescens*、猪肚木 *Canthium horridum*、无苞粗叶木 *Lasianthus lucidus* 等。藤本则主要以白花酸藤子 *Embelia ribes*、钩吻 *Gelsemium elegans*、扶芳藤 *Euonymus fortunei* 等为代表。草本中常见的如白酒草 *Eschenbachia japonica*、刚莠竹 *Microstegium ciliatum*、苞子草 *Themeda caudata*、灯心草 *Juncus effusus*、金茅 *Eulalia speciosa*、粽叶芦 *Thysanolaena latifolia*、皱叶狗尾草 *Setaria plicata* 等，它们多为阿姆山不同海拔地段不同群落中草本层的习见或重要成分。

除了上述热带亚洲广布或分布于其大部分区域的种类以外，有的热带亚洲种分布区相对狭小，表现出一定的区域特有性。根据它们的集中分布式样，可以划分为下列四个亚型。

7－1 爪哇（或苏门答腊）、喜马拉雅至华南、西南间断或星散分布。本区属于此亚型的有 81 种。乔木种类以木蝴蝶 *Oroxylum indicum*、盐麸木 *Rhus chinensis*、四蕊朴 *Celtis tetrandra*、香椿 *Toona sinensis*、华南蓝果树 *Nyssa javanica*、马蹄荷 *Exbucklandia populnea*、中平树 *Macaranga denticulata* 等为代表。代表性的灌木种类有西南金丝桃 *Hypericum henryi*、红紫珠 *Callicarpa rubella*、毛果柃 *Eurya trichocarpa*、竹叶花椒 *Zanthoxylum armatum*、密花胡颓子 *Elaeagnus conferta*、南烛 *Vaccinium bracteatum* 等。藤本有光叶薯蓣 *Dioscorea glabra*、鸡矢藤 *Paederia foetida*、微花藤 *Iodes cirrhosa* 等。草本则以小柳叶箬 *Isachne clarkei*、直立蜂斗草 *Sonerila erecta*、蔊菜 *Rorippa indica*、宽叶兔儿风 *Ainsliaea latifolia*、弱序羊茅 *Festuca leptopogon*、匍匐风轮菜 *Clinopodium repens*、草玉梅 *Anemone rivularis*、箐姑草 *Stellaria vestita*、类芦 *Neyraudia reynaudiana*、尼泊尔老鹳草 *Geranium nepalense* 等为多见，它们均为阿姆山不同地段群落中草本层的习见或重要成分。

7－2 热带印度至华南（特别滇南）分布。本区属于此亚型的有 62 种。乔木有短刺锥（短刺栲）*Castanopsis echinocarpa*、思茅栲 *Castanopsis ferox*、香叶树 *Lindera communis*、香面叶 *Iteadaphne caudata*、滇南山矾 *Symplocos hookeri*、赤杨叶 *Alniphyllum fortunei*、滇藏杜英 *Elaeocarpus braceanus* 等。灌木有疏果山蚂蝗 *Desmodium griffithianum*、滇丁香 *Luculia pinceana*、金珠柳 *Maesa montana*、包疮

叶 *Maesa indica*、樟叶越桔 *Vaccinium dunalianum*、西垂茉莉 *Clerodendrum griffithianum* 等。藤本有锈毛忍冬 *Lonicera ferruginea*、紫金龙 *Dactylicapnos scandens*、异叶赤 瓟 *Thladiantha hookeri*、爬树龙 *Rhaphidophora decursiva*、柘藤 *Maclura fruticosa*、长尾红叶藤 *Rourea caudata* 等。常见草本有西南风铃草 *Campanula pallida*、遍地金 *Hypericum wightianum*、黑穗画眉草 *Eragrostis nigra*、间型沿阶草 *Ophiopogon intermedius*、硬毛夏枯草 *Prunella hispida*、蛛丝毛蓝耳草（露水草）*Cyanotis arachnoidea*、溪生薹草 *Carex fluviatilis*、下田菊 *Adenostemma lavenia*、尼泊尔沟酸浆 *Mimulus tenellus* var. *nepalensis*、黄毛草莓 *Fragaria nilgerrensis* 等。

7-3 缅甸、泰国至中国华西南分布。本区属于此亚型的种计有 32 种。乔木种类以米团花 *Leucosceptrum canum*、梭罗树 *Reevesia pubescens*、红花木莲 *Manglietia insignis*、大叶虎皮楠 *Daphniphyllum majus*、深绿山龙眼（母猪果）*Helicia nilagirica* 等为代表。灌木中常见的有密花远志 *Polygala karensium*、饿蚂蝗 *Desmodium multiflorum*、四角蒲桃 *Syzygium tetragonum*、中华青荚叶 *Helwingia chinensis*、大理茶 *Camellia taliensis*、杜鹃 *Rhododendron simsii*、滇隐脉杜鹃 *Rhododendron maddenii* subsp. *crassum*、柄果海桐 *Pittosporum podocarpum*、小花粗叶木 *Lasianthus micranthus* 等。常见草本如绣球防风 *Leucas ciliata*、羊齿天门冬 *Asparagus filicinus*、长齿蔗茅 *Saccharum longesetosum*、齿叶吊石苣苔 *Lysionotus serratus*、小红参 *Galium elegans*、木耳菜 *Gynura cusimbua*、二色金茅 *Eulalia siamensis* 等。

7-4 越南（或中南半岛）至华南或西南分布。本区属于此亚型的种有 127 种。乔木主要有深绿山龙眼（母猪果）*Helicia nilagirica*、南酸枣 *Choerospondias axillaris*、刺栲 *Castanopsis hystrix*、尼泊尔水东哥 *Saurauia napaulensis*、越南山香圆 *Turpinia cochinchinensis*、苹果榕 *Ficus oligodon*、西南桦 *Betula alnoides*、红木荷 *Schima wallichii*、茶梨 *Anneslea fragrans*、齿叶黄杞 *Engelhardtia serrata* var. *cambodica*、尾叶血桐 *Macaranga kurzii*、枹丝锥（杯状栲）*Castanopsis calathiformis*、壶壳柯（壶斗石栎 *Lithocarpus echinophorus*、短尾鹅耳枥 *Carpinus londoniana*、小果锥（小果栲）*Castanopsis fleuryi*、猴面柯（猴面石砾）*Lithocarpus balansae*、红果树 *Stranvaesia davidiana*、银木荷 *Schima argentea* 等，这些种类均为阿姆山不同类型群落中的优势种或重要伴生种。灌木有尖子木 *Oxyspora paniculata*、常山 *Dichroa febrifuga*、紫麻 *Oreocnide frutescens*、三桠苦 *Melicope pteleifolia*、滇白珠 *Gaultheria leucocarpa* var. *yunnanensis*、大乌泡 *Rubus pluribracteatus*、疏花卫矛 *Euonymus laxiflorus*、多花含笑 *Michelia floribunda*、老挝紫茎 *Stewartia laotica*、油茶 *Camellia oleifera*、菝葜 *Smilax china* 为典型代表。草本则以小鱼眼草 *Dichrocephala benthamii*、圆舌粘冠草 *Myriactis nepalensis*、牛口蓟 *Cirsium shansiense*、四脉金茅 *Eulalia quadrinervis*、长叶竹根七 *Disporopsis longifolia*、圆叶节节菜 *Rotala*

rotundifolia、五节芒 *Miscanthus floridulus*、线纹香茶菜 *Isodon lophanthoides*、单色
蝴蝶草 *Torenia concolor* 等为多见。

热带亚洲成分是整个阿姆山植物区系的主体之一，也是其形成和发展的主
要基础之一。此分布型的许多种类为当地植被的建群种或优势种，如木兰科的
木莲属；樟科的樟属、山胡椒属、木姜子属；山茶科的木荷属、山茶属；壳斗
科的青冈属、石栎属等，均系阿姆山中山常绿阔叶林的优势种或重要伴生种。
因此，在区系联系上，阿姆山与热带亚洲植物区系联系的紧密程度是不言而喻
的。阿姆山的热带亚洲成分，无论是来自印度半岛还是中南半岛、马来西亚，
都应是古南大陆起源的。

8. 北温带分布

阿姆山属此类型及亚型的有 4 种。属此类型正型的仅有看麦娘 *Alopecurus
aequalis*、华北剪股颖 *Agrostis clavata* 2 种。

本区还有该类型的一个亚型：8 – 4 北温带和南温带间断分布，也仅辣蓼
Polygonum hydropiper、马蓼 *Polygonum lapathifolium* 2 种属此亚型。

9. 东亚及北美间断分布

阿姆山仅有珠光香青 *Anaphalis margaritacea*、薄荷 *Mentha Canadensis* 2 种属
于此类型。地史上，东亚和北美的物种交流主要是通过白令海峡地区。自早第
三纪以后，一直到晚中新世，白令海峡地区是联系东亚和北美的陆桥，那时该
地区生长着森林，两地的物种交流通行无阻，后因晚第三纪时开始，气候变冷，
加上第四纪冰期和间冰期的反复出现，白令陆桥时现时没，白令海峡形成，东
亚和北美之间的物种交流中断，最终形成了今天间断分布的格局。王荷生
（1992）认为冰川时期，西伯利亚大陆冰川的规模比北美的小，植物区系迁移的
方向主要是由东亚向北美。

10. 旧世界温带分布

阿山属此类型的有 11 种。与北温带分布类型相似，此类型出现于该地的也
多为北方起源的种类，都为草本，如天名精 *Carpesium abrotanoides*、野慈姑
Sagittaria trifolia、龙芽草 *Agrimonia pilosa*、小窃衣 *Torilis japonica*、小藜
Chenopodium ficifolium 等。有些种类可从欧亚大陆一直延伸至非洲北部，如巨序
剪股颖 *Agrostis gigantea*、毛连菜 *Picris hieracioides*、猪殃殃 *Galium spurium* 等。

本区还出现了一个亚型：10 – 3 欧亚和南部非洲（有时还有澳大利亚）间断
分布。本区有野葵 *Malva verticillata* 和欧洲千里光 *Senecio vulgaris* 2 种属此亚型。

11. 温带亚洲分布

阿姆山属此类型的有 9 种。除杏 *Armeniaca vulgaris* 为木本外，其余皆为草
本植物，如乱子草 *Muhlenbergia huegelii*、毛脉附地菜 *Trigonotis microcarpa*、棒头
草 *Polypogon fugax*、柔枝莠竹 *Microstegium vimineum*、南方露珠草 *Circaea mollis*、

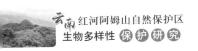

香薷 *Elsholtzia ciliata*、白花酢浆草 *Oxalis acetosella* 等。

12. 地中海区、西亚至中亚分布

阿姆山属此类型的仅有白草 *Pennisetum flaccidum* 1 种。本分布型种类如此匮乏，表明本区植物区系与古地中海、西亚至中亚植物区系间仅在古地中海从青藏地区退却之前有过微弱的联系。

14. 东亚分布

阿姆山属此类型及亚型的有 197 种，占全部种数的 17.3%，是次于中国特有和热带亚洲分布的第三大分布类型。分布于全东亚的种有 26 种，木本如青冈 *Cyclobalanopsis glauca*、白檀 *Symplocos paniculata*、山矾 *Symplocos sumuntia*、苦树 *Picrasma quassioides*、大花野茉莉 *Styrax grandiflorus*、多花勾儿茶 *Berchemia floribunda*、灯台树 *Cornus controversa*、匍茎榕 *Ficus sarmentosa* 等；草本以雀稗 *Paspalum thunbergii*、竹叶子 *Streptolirion volubile*、知风草 *Eragrostis ferruginea*、商陆 *Phytolacca acinosa*、漆姑草 *Sagina japonica*、蛇含委陵菜 *Potentilla kleiniana* 等为常见。

根据一些种类在局部地区分布相对集中的样式，东亚分布型又可划分为 2 个亚型。

14 - SH 中国—喜马拉雅分布亚型。阿姆山属此亚型的有 132 种。本亚型的木本种类有水青树 *Tetracentron sinense*、喜马拉雅虎皮楠 *Daphniphyllum himalense*、雷公鹅耳枥 *Carpinus viminea*、冠盖绣球 *Hydrangea anomala*、檀梨 *Pyrularia edulis*、绒毛山胡椒 *Lindera nacusua*、倒卵叶黄肉楠 *Actinodaphne obovata*、泡腺血桐 *Macaranga pustulata*、滇缅花楸 *Sorbus thomsonii*、粗梗稠李 *Padus napaulensis*、长叶猴欢喜 *Sloanea sterculiacea* var. *assamica* 等，藤本种类有毛木通 *Clematis buchananiana*、青蛇藤 *Periploca calophylla*、苦葛 *Pueraria peduncularis*、小花五味子 *Schisandra micrantha*、雅丽千金藤 *Stephania elegans* 等。草本类型较多，如旋叶香青 *Anaphalis contorta*、倒提壶 *Cynoglossum amabile*、大叶冷水花 *Pilea martini*、柔毛委陵菜 *Potentilla griffithii*、复序薹草 *Carex composita*、距药姜 *Cautleya gracilis*、万寿竹 *Disporum cantoniense*、西南委陵菜 *Potentilla lineata*、大籽獐牙菜 *Swertia macrosperma*、旱茅 *Schizachyrium delavayi*、印度灯心草 *Juncus clarkei*、三角叶须弥菊 *Himalaiella deltoidea*、黄龙尾 *Agrimonia pilosa* var. *nepalensis*、蔗茅 *Saccharum rufipilum*、异腺草 *Anisadenia pubescens* 等。

14 - SH 中国—日本分布亚型。阿姆山属此亚型的有 39 种。此分布类型的植物大多是老第三纪就已出现的古老成分，以木本类型居多，常见的有罗浮柿 *Diospyros morrisiana*、杜英 *Elaeocarpus decipiens*、小果冬青 *Ilex micrococca*、化香树 *Platycarya strobilacea*、昌化鹅耳枥 *Carpinus tschonoskii*、锐齿槲栎 *Quercus aliena* var. *acutiserrata*、野茉莉 *Styrax japonicus*、算盘子 *Glochidion puberum* 等种类；草

本中常见的有粉条儿菜 *Aletris spicata*、野灯心草 *Juncus setchuensis*、芒 *Miscanthus sinensis*、谷精草 *Eriocaulon buergerianum*、白头婆 *Eupatorium japonicum*、戟叶蓼 *Polygonum thunbergii*、丝引薹草 *Carex remotiuscula*、三毛草 *Trisetum bifidum* 等。

15. 中国特有分布

阿姆山属此类型的有 396 种，占全部种数的 34.7%，是本区第一大分布类型。对于中国这样一个幅员辽阔的大国来说，若不进行进一步的划分，种一级的中国特有现象是没有多少意义的。因此，在分析具体区系时，往往需要对中国特有种做细化。此处参考了李锡文（1995）、彭华（1998）、李嵘（2003）、刘恩德（2010）对中国特有种分布亚型及变型的划分，以吴征镒（1996）对中国植物区系的划分为基础（本文出现的植物区、亚区、地区、亚地区的概念和范围与此一致），以亚区、地区及地域为基本单位，将阿姆山的中国特有种划分为 2 个亚型 8 个变型及 3 个小型（表 3-10），试图反映本区中国特有种的分布式样，从而揭示阿姆山种子植物区系与云南乃至中国其他地区区系的联系。

表 3-10　阿姆山中国特有种的分布区类型

分布区类型	种数	占中国特有分布种数的比例（%）
15 – 1 云南省全境	13	3.3
15 – 1 – a 与云南高原共有	2	0.5
15 – 1 – a – 1 与滇中高原亚区共有	8	2.0
15 – 1 – a – 2 与滇东南山地亚区共有	2	0.5
15 – 1 – a – 3 与滇西南山地亚区共有	9	2.3
15 – 1 – b 与横断山地区共有	8	2.0
15 – 1 – c 与滇东南石灰岩亚区共有	14	3.5
15 – 1 – d 与滇缅泰地区共有	34	8.6
15 – 1 – e 与北部湾地区共有	21	5.3
15 – 2 与中国其他地区共有		0.0
15 – 2 – a 与西南片共有	152	38.4
15 – 2 – b 与南方片共有	85	21.5
15 – 2 – c 与南、北方片共有	48	12.1
总计	396	100.0

15 – 1 云南省全境分布。阿姆山属此亚型的有 111 种。占全部种数的 9.7%，占中国特有分布种的 28.0%。本亚型中，分布于全区的只有蒙自樱桃 *Cerasus henryi*、云南绣线梅 *Neillia serratisepala*、光亮薯蓣 *Dioscorea nitens* 等 13

种。根据种所在的亚区和地区，及其与阿姆山的联系，又将该亚型分为5个变型和3个小型。

15－1－a 与云南高原共有。阿姆山属于此变型及小型的共有21种。阿姆山与整个云南高原地区共有的仅有翅柄紫茎 *Stewartia pteropetiolata*、光叶柯（光叶石栎）*Lithocarpus mairei* 2 种。这一变型还划分了两个小型，可进一步用来说明阿姆山与云南高原各区联系的强弱。15－1－a－1 与滇中高原亚区共有。阿姆山属此小型的有马尿藤 *Campylotropis trigonoclada* var. *bonatiana*、昆明木蓝 *Indigofera pampaniniana*、景东短檐苣苔 *Tremacron begoniifolium*、糙毛薹草 *Carex hirtiutriculata*、云南柃 *Eurya yunnanensis*、琵琶叶珊瑚 *Aucuba eriobotryifolia* 等8 种；15－1－a－2 与滇东南山地亚区共有。本区属此小型的有建水龙竹 *Dendrocalamus jianshuiensis*、药囊花 *Cyphotheca montana* 2 种；15－1－a－3 与滇西南山地亚区共有。本区属此小型的有粗梗胡椒 *Piper macropodum*、云南狗骨柴 *Diplospora mollissima*、木锥花 *Gomphostemma arbusculum*、黑刺蕊草 *Pogostemon nigrescens*、野龙竹 *Dendrocalamus semiscandens* 等9 种。

15－1－b 与横断山地区共有。阿姆山属此变型的有瑞丽蓝果树（滇西紫树）*Nyssa shweliensis*、云南荸荠 *Eleocharis yunnanensis*、隆萼当归 *Angelica oncosepala*、圆叶珍珠花 *Lyonia doyonensis* 等8 种。

15－1－c 与滇东南石灰岩亚区共有。阿姆山属此变型的有细齿桃叶珊瑚 *Aucuba chlorascens*、文山柃 *Eurya wenshanensis*、西畴润楠 *Machilus sichourensis*、偏心叶柃 *Eurya inaequalis*、红脉梭罗 *Reevesia rubronervia*、滇南青冈 *Cyclobalanopsis austroglauca*、红花杜鹃 *Rhododendron spanotrichum* 等14 种。

15－1－d 与滇缅泰地区共有。阿姆山属此变型的有滇南九节 *Psychotria henryi*、黄连山秋海棠 *Begonia coptidimontana*、屏边杨桐 *Adinandra pingbianensis*、五室连蕊茶 *Camellia stuartiana*、红河木莲 *Manglietia hongheensis*、刚毛秋海棠 *Begonia setifolia*、林地山龙眼 *Helicia silvicola*、绿春悬钩子 *Rubus luchunensis*、绿春玉山竹 *Yushania brevis*、老挝杜英 *Elaeocarpus laoticus*、白穗柯（白穗石栎）*Lithocarpus craibianus*、焰序山龙眼 *Helicia pyrrhobotrya*、多苞瓜馥木 *Fissistigma bracteolatum*、中缅木莲 *Manglietia hookeri*、线条芒毛苣苔 *Aeschynanthus lineatus*、疣枝润楠 *Machilus verruculosa*、退毛来江藤 *Brandisia glabrescens*、云南连蕊茶 *Camellia forrestii*、黄马铃苣苔 *Oreocharis aurea*、屏边三七 *Panax stipuleanatus*、滇南报春 *Primula henryi*、大叶鹅掌柴 *Schefflera macrophylla*、大山龙眼 *Helicia grandis* 等34 种，表明了阿姆山地区与滇缅泰地区区系联系较为紧密。

15－1－e 与北部湾地区共有。阿姆山属此变型的有黄果安息香（毛果野茉莉）*Styrax chrysocarpus*、长管黄芩 *Scutellaria macrosiphon*、粉叶楠 *Phoebe glaucophylla*、长圆臀果木 *Pygeum oblongum*、小脉红花荷 *Rhodoleia henryi*、金平

桦 *Betula jinpingensis*、平头柯（平头石栎）*Lithocarpus tabularis*、楠叶冬青 *Ilex machilifolia*、六蕊假卫矛 *Microtropis hexandra*、屏边双蝴蝶 *Tripterospermum pingbianense*、心叶报春 *Primula partschiana*、长梗大青 *Clerodendrum peii*、金平玉山竹 *Yushania bojieiana* 等 21 种。

15 – 2 与中国其他地区共有。此分布型指的是除云南省各区与阿姆山共有的种类以外，从中国其他地区分布至阿姆山的中国特有种。本区属于此亚型的种计有 285 种。根据这些种的分布区大小，还可做进一步划分。

15 – 2 – a 与西南片共有。此分布型包括了从我国西南诸省即西藏、四川、贵州、广西（西部和西南部）分布至阿姆山的种类。本区属于此变型的种类相对较多，计有 152 种，表明本区与西南地区在区系上联系较为密切。代表种类中，乔木如十齿花 *Dipentodon sinicus*、云南山楂 *Crataegus scabrifolia*、云南松 *Pinus yunnanensis*、毛尖树 *Actinodaphne forrestii*、岩生厚壳桂 *Cryptocarya calcicola*、银毛叶山黄麻 *Trema nitida*、无梗钓樟 *Lindera tonkinensis* var. *subsessilis*、榄绿红豆 *Ormosia olivacea*、滇桂木莲 *Manglietia forrestii*、国楣枫（密果槭）*Acer kuomeii*、滇青冈 *Cyclobalanopsis glaucoides*、山玉兰 *Magnolia delavayi*、窄叶南亚枇杷 *Eriobotrya bengalensis* var. *angustifolia*、云南移柀 *Docynia delavayi* 等；草本如云贵谷精草 *Eriocaulon schochianum*、大苞漏斗苣苔（对蕊苣苔）*Didissandra begoniifolia*、长喙兰 *Tsaiorchis neottianthoides*、无叶莲 *Petrosavia sinii*、西南水苏 *Stachys kouyangensis*、滇川山罗花 *Melampyrum klebelsbergianum*、蒙自火石花 *Gerbera delavayi* var. *henryi*、东紫苏 *Elsholtzia bodinieri*、地盆草 *Scutellaria discolor* var. *hirta*、纤枝香青 *Anaphalis gracilis*、平卧蓼 *Polygonum strindbergii* 等。

15 – 2 – b 与南方片共有。凡从阿姆山分布到华南（广西南部、广东和海南）、华中、华东的种均属于这一变型，计有 85 种。乔木有硬斗柯（硬斗石栎）*Lithocarpus hancei*、腺柄山矾 *Symplocos adenopus*、喜树 *Camptotheca acuminata*、华南桦 *Betula austrosinensis*、华南木姜子 *Litsea greenmaniana*、云南木犀榄 *Olea tsoongii*、滇琼楠 *Beilschmiedia yunnanensis*、粗毛杨桐 *Adinandra hirta*、川钓樟 *Lindera pulcherrima* var. *hemsleyana*、仿栗 *Sloanea hemsleyana*、蒙自桂花 *Osmanthus henryi* 等；草本代表种类有大理山梗菜 *Lobelia taliensis*、叶头过路黄 *Lysimachia phyllocephala*、肉穗草 *Sarcopyramis bodinieri*、紫背天葵 *Begonia fimbristipula* 等。阿姆山与南方片共有的种类多系热带成分，这些种类往往是我国热带（广东、广西、海南、台湾）森林的组成分子，热带性质较强，这些种类在阿姆山出现，表明阿姆山植物区系与热带植物区系有着深远的渊源。

15 – 2 – c 与南、北方片共有。凡从阿姆山分布到西南、华南、华中、华东、华北、西北、东北的种，属于这一变型，实质上为本区出现的中国特有广布种。然而，从本区分布到北方的种，绝大多数局限在陕南（秦岭南坡）、甘南、豫南一线，仅有少数向西北达青海南部，向北达山西、河北，向东北达东三省，说明其温带性质并不强，多数还是亚热带种。本区属于这一变型的，计有 48 种。其中，乔木种类如绢毛稠李 *Padus wilsonii*、茅栗 *Castanea seguinii*、丝栗栲（栲树）*Castanopsis fargesii*、米心水青冈 *Fagus engleriana*、中华枫（中华槭）*Acer sinense*、宜昌橙 *Citrus cavaleriei*、云南瘿椒树 *Tapiscia yunnanensis*、大理柳 *Salix daliensis* 等；灌木如托柄菝葜 *Smilax discotis*、毛叶老鸦糊 *Callicarpa giraldii* var. *subcanescens*、华西箭竹 *Fargesia nitida*、小叶菝葜 *Smilax microphylla* 等；藤本主要有香花鸡血藤 *Callerya dielsiana*、白木通 *Akebia trifoliata* subsp. *australis*、苦皮藤 *Celastrus angulatus*、刺葡萄 *Vitis davidii*、来江藤 *Brandisia hancei*、峨眉双蝴蝶 *Tripterospermum cordatum*、翼梗五味子 *Schisandra henryi* 等；草本较多，以卵裂黄鹌菜 *Youngia japonica* subsp. *elstonii*、灯笼草 *Clinopodium polycephalum*、过路黄 *Lysimachia christiniae*、开口箭 *Campylandra chinensis*、野香草 *Elsholtzia cyprianii*、金钱草 *Rubia membranacea*、卵穗薹草 *Carex ovatispiculata*、黄鹌菜 *Youngia japonica* 等为代表。

16. 外来种分布

逸野的或入侵的非本地种，共 19 种，因其不能反映和代表本地植物区系的性质，它们的分布区类型在此不做分析。

综上所述，从种一级的统计分析可知：第一，阿姆山 1141 种可划分为 14 个类型 13 个亚型 8 个变型及 3 个小型，显示出该区植物区系在种一级水平上的地理成分十分复杂，来源较为广泛。

第二，该区计有热带性质的种（分布型 2～7 及其亚型及中国特有分布型中的热性成分）661 种，占全部种数（不包括世界广布种及外来种）的 59.4%；计有温带性质的种（分布型 8～14 及其亚型及中国特有分布型中的温性成分）451 种，占全部种数的 40.6%。需要注意的是：阿姆山自然保护区的范围大都未包括阿姆山山体基带区域，因此本名录缺少了很多热带成分。因此，阿姆山植物区系的热带性质是可以确定的，但其又不乏温带性质的种，具有从热带向亚热带过渡的热带北缘性质。

第三，14 个分布型中，位于前三位的分别是中国特有分布型（396 种）、热带亚洲分布型（393 种）和东亚分布型（197 种），三者之和为 986 种，占全部种数的 86.4%。它们构成了阿姆山种子植物区系的主体。

3.3 种子植物区系分析总结

3.3.1 区系性质

阿姆山种子植物热带性质的科有 82 科，占全部科数（不计世界广布种）的

68.3%，温带性质的科有 38 科，占全部科数（不计世界广布种）的 31.7%；热带性质的属 330 属，占全部属数（世界广布属及外来属除外）的 62.7%，温带性质的属 185 属，占全部属数（世界广布属及外来属除外）的 35.2%；热带性质的种 661 种，占全部种数（世界广布种及外来种除外）的 59.4%，温带性质的种 451 种，占全部种数（世界广布种及外来种除外）的 40.6%。从科、属、种热、温性比重来看，都说明了本区植物区系的热带性质，同时本区也不乏温带成分，所以，更确切地说，本区植物区系具有从热带向亚热带过渡的热带北缘性质。

3.3.2　区系地位

阿姆山种的分布型位于前三位的分别是中国特有分布型（396 种）、热带亚洲分布型（393 种）和东亚分布型（197 种），三者之和为 986 种，占全部种数的 86.4%。它们构成了阿姆山种子植物区系的主体。而中国特有成分归根结底也属东亚成分，故本区东亚分布类型的种总计有 593 种，占全部种数的 52.0%。结合其所处的位置来看，阿姆山种子植物区系属于东亚植物区中国—喜马拉雅森林植物亚区云南高原地区滇东南山地亚地区。本区热带亚洲分布型 393 种，占全部种数的 34.4%，也占据了相当一部分比例。说明了本区处于古热带植物区向东亚植物区的过渡地带，且区系过渡性较为明显。

3.3.3　区系的古老性

阿姆山不仅具有属于第三纪的裸子植物，如翠柏 *Calocedrus macrolepis*、侧柏 *Platycladus orientalis* 等，而且在被子植物中，许多原始的类型如离生心皮类或柔荑花序类在此均不乏其代表。离生心皮类有木兰科 Magnoliaceae、八角科 Illiciaceae、五味子科 Schisandraceae、毛茛科 Ranunculaceae、芍药科 Paeoniaceae、小檗科 Berberidaceae、木通科 Lardizabalaceae、防己科 Menispermaceae 等。柔荑花序类的有胡桃科 Juglandaceae、金粟兰科 Chloranthaceae、三白草科 Saururaceae、杨柳科 Salicaceae、杨梅科 Myricaceae、桦木科 Betulaceae、榛科 Corylaceae、壳斗科 Fagaceae、榆科 Ulmaceae、桑科 Moraceae、荨麻科 Urticaceae 等。在这两大类中，前者的起源地可能在古地中海北缘及"华南古陆附近"。

除此之外，还有白垩纪时期就有记录的樟科 Lauraceae、金缕梅科 Hamamelidaceae、卫矛科 Celastraceae、鼠李科 Rhamnaceae、槭树科 Aceraceae 以及许多在老第三纪已有的远志科 Polygalaceae、大风子科 Flacourtiaceae、山茶科 Theaceae、胡颓子科 Elaeagnaceae、清风藤科 Sabiaceae、八角枫科 Alangiaceae、紫树科 Nyssaceae、安息香科 Styracaceae、山矾科 Symplocaceae、马鞭草科 Verbenaceae 等。因此，以上各种古老（或孑遗）类群在本区的出现说明了本区植物区系有一定程度的古老性。

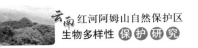

3.3.4 区系的过渡性

阿姆山处于东亚植物区和古热带植物区的交界面上，更具体地说处于东亚植物区中国—喜马拉雅森林植物亚区云南高原地区滇东南山地亚地区与古热带植物区的北部湾地区和滇缅泰地区的区系分界带上。该区在云南乃至中国植物区划上是一个重要的自然地理单元，是热带植物区系向温带植物区系演化的关键地段。同时，阿姆山位于"田中线"附近，中国—喜马拉雅和中国—日本成分在此交汇，它又是研究这两大植物亚区关系的一把钥匙。

北部湾典型分布的黄果安息香（毛果野茉莉）*Styrax chrysocarpus*、粉叶楠 *Phoebe glaucophylla*、长圆臀果木 *Pygeum oblongum*、光秃绢毛悬钩子 *Rubus lineatus* var. *glabrescens*、小脉红花荷 *Rhodoleia henryi*、金平桦 *Betula jinpingensis*、六蕊假卫矛 *Microtropis hexandra* 等种向西、向北分布止于阿姆山。

滇缅泰地区分布的绿春悬钩子 *Rubus luchunensis*、黄连山秋海棠 *Begonia coptidimontana*、老挝杜英 *Elaeocarpus laoticus*、疣枝润楠 *Machilus verruculosa*、黄马铃苣苔 *Oreocharis aurea* 等种向北分布也止于阿姆山。

从横断山地区而来的中国—喜马拉雅成分隆萼当归 *Angelica oncosepala*、圆叶珍珠花 *Lyonia doyonensis* 向南向东分布止于阿姆山。

长梗天胡荽 *Hydrocotyle ramiflora*、樟叶泡花树 *Meliosma squamulata*、落萼叶下珠 *Phyllanthus flexuosus* 等中国—日本成分向西分布止于阿姆山。

而更为普遍的是，各种区系成分在阿姆山低海拔至高海拔各种生境中奇妙地融合，或以此为区系桥梁向四面八方分散分布。

综上，阿姆山植物区系具有明显的过渡性，是中国种子植物区系重要的区系节之一。

3.3.5 特有现象

特有现象通常最能反映具体植物区系的特征。联系所研究地区的地质历史、古生物学资料等来探讨其特有性，对阐明该地植物区系的性质具有重要意义。

本区记有 6 个在系统上较为隔离的东亚特有科，占全部东亚特有科(21 科，其中 3 科为日本特有，4 科为中国特有)的 28.6%，这反映出该地作为东亚古老植物区系的一部分，在地质历史上与东亚是一致的，且与东亚植物区系的发端紧密相连。

阿姆山自然保护区有中国特有属 11 属，占中国特有属 239 属的 4.6%。其中，瘿椒树属 *Tapiscia*、巴豆藤属 *Craspedolobium* 等是比较原始或古老的类群。而紫菊属 *Notoseris*、华蟹甲属 *Sinacalia* 等是随着云南高原、喜马拉雅山脉的抬升和青藏高原的隆起而发生、发展起来的年轻成分。

种的特有现象尤为强烈，阿姆山种的分布型中，中国特有分布种有 396 种（表 3-11），占全部种数的 34.7%。其中，云南特有种 70 种（未包括滇东南特有种及红河沿岸地区特有种），滇东南特有种 19 种，红河沿岸地区（河口、屏边、金平县、绿春县、元阳县和红河县）特有种 18 种。

因此，整体来说，特有现象较为显著，不仅表现在有不少东亚特有科上，而且也表现在有较多中国特有属及特有种上。本区的特有现象既有古特有成分，也有新特有成分，但更多的是古特有成分。本区新构造运动强烈，垂直气候带变化明显，且因山体环境复杂，不仅使古特有成分找到避难所得以保存和继续发展，而且新特有成分又在新的生境中得以形成。

表 3-11　阿姆山自然保护区中国特有种

序号	科名	种名	特有性
1	木兰科	红河木莲 *Manglietia hongheensis*	红河沿岸地区特有
2	秋海棠科	黄连山秋海棠 *Begonia coptidimontana*	红河沿岸地区特有
3	秋海棠科	刚毛秋海棠 *Begonia setifolia*	红河沿岸地区特有
4	山茶科	屏边杨桐 *Adinandra pingbianensis*	红河沿岸地区特有
5	山茶科	五室连蕊茶 *Camellia stuartiana*	红河沿岸地区特有
6	蔷薇科	绿春悬钩子 *Rubus luchunensis*	红河沿岸地区特有
7	蔷薇科	光秃绢毛悬钩子 *Rubus lineatus* var. *glabrescens*	红河沿岸地区特有
8	壳斗科	白枝柯（白枝石砾）*Lithocarpus leucodermis*	红河沿岸地区特有
9	壳斗科	平头柯（平头石栎）*Lithocarpus tabularis*	红河沿岸地区特有
10	卫矛科	六蕊假卫矛 *Microtropis hexandra*	红河沿岸地区特有
11	安息香科	黄果安息香（毛果野茉莉）*Styrax chrysocarpus*	红河沿岸地区特有
12	龙胆科	屏边双蝴蝶 *Tripterospermum pingbianense*	红河沿岸地区特有
13	报春花科	心叶报春 *Primula partschiana*	红河沿岸地区特有
14	马鞭草科	长梗大青 *Clerodendrum peii*	红河沿岸地区特有
15	禾本科	绿春玉山竹 *Yushania brevis*	红河沿岸地区特有
16	禾本科	灰香竹 *Chimonocalamus pallens*	红河沿岸地区特有
17	禾本科	冬竹 *Fargesia hsuehiana*	红河沿岸地区特有
18	禾本科	金平玉山竹 *Yushania bojieiana*	红河沿岸地区特有
19	番荔枝科	多苞瓜馥木 *Fissistigma bracteolatum*	滇东南特有
20	樟科	西畴润楠 *Machilus sichourensis*	滇东南特有
21	樟科	粉叶楠 *Phoebe glaucophylla*	滇东南特有
22	山茶科	文山柃 *Eurya wenshanensis*	滇东南特有
23	杜英科	老挝杜英 *Elaeocarpus laoticus*	滇东南特有

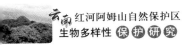

（续）

序号	科名	种名	特有性
24	梧桐科	红脉梭罗 *Reevesia rubronervia*	滇东南特有
25	蔷薇科	长圆臀果木 *Pygeum oblongum*	滇东南特有
26	金缕梅科	小脉红花荷 *Rhodoleia henryi*	滇东南特有
27	桦木科	金平桦 *Betula jinpingensis*	滇东南特有
28	壳斗科	滇南青冈 *Cyclobalanopsis austroglauca*	滇东南特有
29	冬青科	楠叶冬青 *Ilex machilifolia*	滇东南特有
30	五加科	长梗羽叶参 *Pentapanax longipedunculatus*	滇东南特有
31	杜鹃花科	红花杜鹃 *Rhododendron spanotrichum*	滇东南特有
32	山矾科	柔毛山矾 *Symplocos pilosa*	滇东南特有
33	茄科	滇红丝线 *Lycianthes yunnanensis*	滇东南特有
34	苦苣苔科	长尖芒毛苣苔 *Aeschynanthus acuminatissimus*	滇东南特有
35	唇形科	长管黄芩 *Scutellaria macrosiphon*	滇东南特有
36	兰科	云南对叶兰 *Neottia yunnanensis*	滇东南特有
37	禾本科	建水龙竹 *Dendrocalamus jianshuiensis*	滇东南特有
38	樟科	金平木姜子 *Litsea chinpingensis*	云南特有
39	樟科	瑞丽润楠 *Machilus shweliensis*	云南特有
40	樟科	马关黄肉楠 *Actinodaphne tsaii*	云南特有
41	樟科	疣枝润楠 *Machilus verruculosa*	云南特有
42	胡椒科	粗梗胡椒 *Piper macropodum*	云南特有
43	胡椒科	景洪胡椒 *Piper wangii*	云南特有
44	紫堇科	重三出黄堇 *Corydalis triternatifolia*	云南特有
45	山龙眼科	林地山龙眼 *Helicia silvicola*	云南特有
46	山龙眼科	大山龙眼 *Helicia grandis*	云南特有
47	海桐花科	披针叶聚花海桐 *Pittosporum balansae* var. *chatterjeeanum*	云南特有
48	秋海棠科	齿苞秋海棠 *Begonia dentatobracteata*	云南特有
49	山茶科	翅柄紫茎 *Stewartia pteropetiolata*	云南特有
50	山茶科	云南柃 *Eurya yunnanensis*	云南特有
51	山茶科	思茅厚皮香 *Ternstroemia simaoensis*	云南特有
52	山茶科	偏心叶柃 *Eurya inaequalis*	云南特有
53	山茶科	斜基叶柃 *Eurya obliquifolia*	云南特有
54	山茶科	披针叶毛柃 *Eurya henryi*	云南特有

（续）

序号	科名	种名	特有性
55	山茶科	云南连蕊茶 *Camellia forrestii*	云南特有
56	野牡丹科	八蕊花 *Sporoxeia sciadophila*	云南特有
57	野牡丹科	药囊花 *Cyphotheca montana*	云南特有
58	金虎尾科	多花盾翅藤 *Aspidopterys floribunda*	云南特有
59	蔷薇科	蒙自樱桃 *Cerasus henryi*	云南特有
60	蔷薇科	云南绣线梅 *Neillia serratisepala*	云南特有
61	蝶形花科	槽茎杭子梢 *Campylotropis sulcata*	云南特有
62	蝶形花科	马尿藤 *Campylotropis trigonoclada* var. *bonatiana*	云南特有
63	蝶形花科	昆明木蓝 *Indigofera pampaniniana*	云南特有
64	蝶形花科	云南红豆 *Ormosia yunnanensis*	云南特有
65	蝶形花科	思茅杭子梢 *Campylotropis harmsii*	云南特有
66	壳斗科	光叶柯（光叶石栎）*Lithocarpus mairei*	云南特有
67	壳斗科	疏齿锥（疏齿栲）*Castanopsis remotidenticulata*	云南特有
68	壳斗科	白穗柯 *Lithocarpus craibianus*	云南特有
69	葡萄科	锈毛喜马拉雅崖爬藤 *Tetrastigma rumicispermum* var. *lasiogynum*	云南特有
70	山茱萸科	琵琶叶珊瑚 *Aucuba eriobotryifolia*	云南特有
71	山茱萸科	细齿桃叶珊瑚 *Aucuba chlorascens*	云南特有
72	紫树科	瑞丽蓝果树（滇西紫树）*Nyssa shweliensis*	云南特有
73	五加科	文山鹅掌柴 *Schefflera fengii*	云南特有
74	五加科	异叶鹅掌柴 *Schefflera chapana*	云南特有
75	五加科	屏边三七 *Panax stipuleanatus*	云南特有
76	五加科	狭叶罗伞（狭叶柏那参）*Brassaiopsis angustifolia*	云南特有
77	五加科	大叶鹅掌柴 *Schefflera macrophylla*	云南特有
78	伞形花科	隆萼当归 *Angelica oncosepala*	云南特有
79	桤叶树科	白背桤叶树 *Clethra petelotii*	云南特有
80	杜鹃花科	云上杜鹃 *Rhododendron pachypodum*	云南特有
81	杜鹃花科	云南三花杜鹃 *Rhododendron triflorum* subsp. *multiflorum*	云南特有
82	杜鹃花科	圆叶珍珠花 *Lyonia doyonensis*	云南特有
83	越橘科	矮越橘 *Vaccinium chamaebuxus*	云南特有
84	越橘科	腺萼越橘 *Vaccinium pseudotonkinense*	云南特有
85	紫金牛科	薄叶杜茎山 *Maesa macilentoides*	云南特有

（续）

序号	科名	种名	特有性
86	茜草科	多毛玉叶金花 *Mussaenda mollissima*	云南特有
87	茜草科	云南狗骨柴 *Diplospora mollissima*	云南特有
88	茜草科	滇南九节 *Psychotria henryi*	云南特有
89	菊科	云南紫菊 *Notoseris yunnanensis*	云南特有
90	报春花科	滇南报春 *Primula henryi*	云南特有
91	紫草科	西南粗糠树 *Ehretia corylifolia*	云南特有
92	玄参科	退毛来江藤 *Brandisia glabrescens*	云南特有
93	苦苣苔科	景东短檐苣苔 *Tremacron begoniifolium*	云南特有
94	苦苣苔科	线条芒毛苣苔 *Aeschynanthus lineatus*	云南特有
95	苦苣苔科	黄马铃苣苔 *Oreocharis aurea*	云南特有
96	唇形科	木锥花 *Gomphostemma arbusculum*	云南特有
97	唇形科	黑刺蕊草 *Pogostemon nigrescens*	云南特有
98	芭蕉科	象头蕉 *Ensete wilsonii*	云南特有
99	姜科	先花象牙参 *Roscoea praecox*	云南特有
100	薯蓣科	光亮薯蓣 *Dioscorea nitens*	云南特有
101	莎草科	糙毛薹草 *Carex hirtiutriculata*	云南特有
102	莎草科	云南荸荠 *Eleocharis yunnanensis*	云南特有
103	禾本科	野龙竹 *Dendrocalamus semiscandens*	云南特有
104	禾本科	小叶龙竹 *Dendrocalamus barbatus*	云南特有
105	禾本科	龙竹 *Dendrocalamus giganteus*	云南特有
106	禾本科	云南龙竹 *Dendrocalamus yunnanicus*	云南特有
107	禾本科	小花方竹 *Chimonobambusa microfloscula*	云南特有
108	买麻藤科	垂子买麻藤 *Gnetum pendulum*	中国特有
109	松科	云南松 *Pinus yunnanensis*	中国特有
110	松科	华山松 *Pinus armandii*	中国特有
111	杉科	杉木 *Cunninghamia lanceolata*	中国特有
112	三尖杉科	三尖杉 *Cephalotaxus fortunei*	中国特有
113	木兰科	中缅木莲 *Manglietia hookeri*	中国特有
114	木兰科	滇桂木莲 *Manglietia forrestii*	中国特有
115	木兰科	云南含笑 *Michelia yunnanensis*	中国特有
116	木兰科	山玉兰 *Magnolia delavayi*	中国特有

（续）

序号	科名	种名	特有性
117	木兰科	金叶含笑 *Michelia foveolata*	中国特有
118	五味子科	翼梗五味子 *Schisandra henryi*	中国特有
119	樟科	下龙新木姜子 *Neolitsea alongensis*	中国特有
120	樟科	毛尖树 *Actinodaphne forrestii*	中国特有
121	樟科	岩生厚壳桂 *Cryptocarya calcicola*	中国特有
122	樟科	粗壮琼楠 *Beilschmiedia robusta*	中国特有
123	樟科	无梗钓樟 *Lindera tonkinensis* var. *subsessilis*	中国特有
124	樟科	文山润楠 *Machilus wenshanensis*	中国特有
125	樟科	刀把木 *Cinnamomum pittosporoides*	中国特有
126	樟科	红梗润楠 *Machilus rufipes*	中国特有
127	樟科	长毛楠 *Phoebe forrestii*	中国特有
128	樟科	粗壮润楠 *Machilus robusta*	中国特有
129	樟科	滇粤山胡椒 *Lindera metcalfiana*	中国特有
130	樟科	网叶山胡椒 *Lindera metcalfiana* var. *dictyophylla*	中国特有
131	樟科	华南木姜子 *Litsea greenmaniana*	中国特有
132	樟科	滇琼楠 *Beilschmiedia yunnanensis*	中国特有
133	樟科	川钓樟 *Lindera pulcherrima* var. *hemsleyana*	中国特有
134	樟科	近轮叶木姜子 *Litsea elongata* var. *subverticillata*	中国特有
135	毛茛科	偏翅唐松草 *Thalictrum delavayi*	中国特有
136	毛茛科	小木通 *Clematis armandii*	中国特有
137	小檗科	川八角莲 *Dysosma delavayi*	中国特有
138	木通科	白木通 *Akebia trifoliata* subsp. *australis*	中国特有
139	堇菜科	灰叶堇菜 *Viola delavayi*	中国特有
140	远志科	岩生远志 *Polygala saxicola*	中国特有
141	远志科	黄花倒水莲 *Polygala fallax*	中国特有
142	蓼科	窄叶火炭母 *Polygonum chinense* var. *paradoxum*	中国特有
143	蓼科	平卧蓼 *Polygonum strindbergii*	中国特有
144	凤仙花科	黄金凤 *Impatiens siculifer*	中国特有
145	瑞香科	尖瓣瑞香 *Daphne acutiloba*	中国特有
146	山龙眼科	焰序山龙眼 *Helicia pyrrhobotrya*	中国特有
147	西番莲科	镰叶西番莲 *Passiflora wilsonii*	中国特有

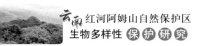

（续）

序号	科名	种名	特有性
148	秋海棠科	心叶秋海棠（丽江秋海棠）*Begonia labordei*	中国特有
149	秋海棠科	红孩儿 *Begonia palmata* var. *bowringiana*	中国特有
150	秋海棠科	紫背天葵 *Begonia fimbristipula*	中国特有
151	山茶科	大叶杨桐 *Adinandra megaphylla*	中国特有
152	山茶科	黄药大头茶 *Polyspora chrysandra*	中国特有
153	山茶科	云南紫茎 *Stewartia calcicola*	中国特有
154	山茶科	滇山茶 *Camellia reticulata*	中国特有
155	山茶科	怒江山茶 *Camellia saluenensis*	中国特有
156	山茶科	猴子木 *Camellia yunnanensis*	中国特有
157	山茶科	窄基红褐柃 *Eurya rubiginosa* var. *attenuata*	中国特有
158	山茶科	金叶细枝柃 *Eurya loquaiana* var. *aureopunctata*	中国特有
159	山茶科	尖萼毛柃 *Eurya acutisepala*	中国特有
160	山茶科	秃房茶 *Camellia gymnogyna*	中国特有
161	山茶科	粗毛杨桐 *Adinandra hirta*	中国特有
162	山茶科	四角柃 *Eurya tetragonoclada*	中国特有
163	猕猴桃科	红茎猕猴桃 *Actinidia rubricaulis*	中国特有
164	猕猴桃科	蒙自猕猴桃 *Actinidia henryi*	中国特有
165	水东哥科	朱毛水东哥 *Saurauia miniata*	中国特有
166	野牡丹科	长穗花 *Styrophyton caudatum*	中国特有
167	野牡丹科	肉穗草 *Sarcopyramis bodinieri*	中国特有
168	红树科	锯叶竹节树 *Carallia diplopetala*	中国特有
169	金丝桃科	尖萼金丝桃 *Hypericum acmosepalum*	中国特有
170	金丝桃科	云南小连翘 *Hypericum petiolulatum* subsp. *yunnanense*	中国特有
171	藤黄科	木竹子 *Garcinia multiflora*	中国特有
172	杜英科	仿栗 *Sloanea hemsleyana*	中国特有
173	锦葵科	拔毒散 *Sida szechuensis*	中国特有
174	大戟科	云南叶轮木 *Ostodes katharinae*	中国特有
175	大戟科	草鞋木 *Macaranga henryi*	中国特有
176	虎皮楠科	长序虎皮楠 *Daphniphyllum longeracemosum*	中国特有
177	绣球花科	挂苦绣球 *Hydrangea xanthoneura*	中国特有
178	蔷薇科	云南山楂 *Crataegus scabrifolia*	中国特有

（续）

序号	科名	种名	特有性
179	蔷薇科	窄叶南亚枇杷 *Eriobotrya bengalensis* var. *angustifolia*	中国特有
180	蔷薇科	云南移㭬 *Docynia delavayi*	中国特有
181	蔷薇科	五叶悬钩子 *Rubus quinquefoliolatus*	中国特有
182	蔷薇科	宿鳞稠李 *Padus perulata*	中国特有
183	蔷薇科	川康绣线梅 *Neillia affinis*	中国特有
184	蔷薇科	毛叶高粱泡 *Rubus lambertianus* var. *paykouangensis*	中国特有
185	蔷薇科	小柱悬钩子 *Rubus columellaris*	中国特有
186	蔷薇科	大花枇杷 *Eriobotrya cavaleriei*	中国特有
187	蔷薇科	绢毛稠李 *Padus wilsonii*	中国特有
188	苏木科	滇皂荚 *Gleditsia japonica* var. *delavayi*	中国特有
189	含羞草科	昆明金合欢 *Acacia delavayi* var. *kunmingensis*	中国特有
190	蝶形花科	榄绿红豆 *Ormosia olivacea*	中国特有
191	蝶形花科	小雀花 *Campylotropis polyantha*	中国特有
192	蝶形花科	钝叶黄檀 *Dalbergia obtusifolia*	中国特有
193	蝶形花科	锈毛两型豆 *Amphicarpaea ferruginea*	中国特有
194	蝶形花科	香花鸡血藤 *Callerya dielsiana*	中国特有
195	蝶形花科	象鼻藤 *Dalbergia mimosoides*	中国特有
196	杨柳科	大理柳 *Salix daliensis*	中国特有
197	杨梅科	云南杨梅 *Myrica nana*	中国特有
198	桦木科	华南桦 *Betula austrosinensis*	中国特有
199	榛科	云贵鹅耳枥 *Carpinus pubescens*	中国特有
200	壳斗科	窄叶青冈 *Cyclobalanopsis augustinii*	中国特有
201	壳斗科	密脉柯 *Lithocarpus fordianus*	中国特有
202	壳斗科	多变柯 *Lithocarpus variolosus*	中国特有
203	壳斗科	大叶柯 *Lithocarpus megalophyllus*	中国特有
204	壳斗科	毛枝柯 *Lithocarpus rhabdostachyus* subsp. *dakhaensis*	中国特有
205	壳斗科	滇青冈 *Cyclobalanopsis glaucoides*	中国特有
206	壳斗科	毛脉青冈 *Cyclobalanopsis tomentosinervis*	中国特有
207	壳斗科	毛果槠（元江槠）*Castanopsis orthacantha*	中国特有
208	壳斗科	窄叶柯（窄叶石砾）*Lithocarpus confinis*	中国特有
209	壳斗科	红勾栲（鹿角栲）*Castanopsis lamontii*	中国特有

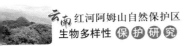

（续）

序号	科名	种名	特有性
210	壳斗科	硬斗柯(硬斗石砾)Lithocarpus hancei	中国特有
211	壳斗科	港柯(东南石栎)Lithocarpus harlandii	中国特有
212	壳斗科	高山栲 Castanopsis delavayi	中国特有
213	壳斗科	短刺米槠 Castanopsis carlesii var. spinulosa	中国特有
214	壳斗科	水青冈 Fagus longipetiolata	中国特有
215	壳斗科	茅栗 Castanea seguinii	中国特有
216	壳斗科	丝栗栲(栲树)Castanopsis fargesii	中国特有
217	壳斗科	米心水青冈 Fagus engleriana	中国特有
218	榆科	银毛叶山黄麻 Trema nitida	中国特有
219	榆科	羽脉山黄麻 Trema levigata	中国特有
220	桑科	沙坝榕 Ficus chapaensis	中国特有
221	桑科	尖叶榕 Ficus henryi	中国特有
222	荨麻科	细尾楼梯草 Elatostema tenuicaudatum	中国特有
223	荨麻科	阴地苎麻 Boehmeria umbrosa	中国特有
224	荨麻科	雅致雾水葛 Pouzolzia sanguinea var. elegans	中国特有
225	荨麻科	小果荨麻 Urtica atrichocaulis	中国特有
226	冬青科	珊瑚冬青 Ilex corallina	中国特有
227	卫矛科	三花假卫矛 Microtropis triflora	中国特有
228	卫矛科	苦皮藤 Celastrus angulatus	中国特有
229	卫矛科	长序南蛇藤 Celastrus vaniotii	中国特有
230	十齿花科	十齿花 Dipentodon sinicus	中国特有
231	茶茱萸科	定心藤 Mappianthus iodoides	中国特有
232	鼠李科	俅江枳椇 Hovenia acerba var. kiukiangensis	中国特有
233	葡萄科	蒙自崖爬藤 Tetrastigma henryi	中国特有
234	葡萄科	刺葡萄 Vitis davidii	中国特有
235	葡萄科	蓝果蛇葡萄 Ampelopsis bodinieri	中国特有
236	芸香科	宜昌橙 Citrus cavaleriei	中国特有
237	伯乐树科	伯乐树 Bretschneidera sinensis	中国特有
238	槭树科	国楣枫(密果槭)Acer kuomeii	中国特有
239	槭树科	毛柄枫 Acer pubipetiolatum	中国特有
240	槭树科	屏边毛柄枫 Acer pubipetiolatum var. pingpienense	中国特有

（续）

序号	科名	种名	特有性
241	槭树科	黄毛枫 *Acer fulvescens*	中国特有
242	槭树科	中华枫（中华槭）*Acer sinense*	中国特有
243	槭树科	小叶青皮枫 *Acer cappadocicum* subsp. *sinicum*	中国特有
244	清风藤科	平伐清风藤 *Sabia dielsii*	中国特有
245	省沽油科	硬毛山香圆 *Turpinia affinis*	中国特有
246	省沽油科	山麻风树 *Turpinia pomifera* var. *minor*	中国特有
247	省沽油科	云南瘿椒树 *Tapiscia yunnanensis*	中国特有
248	山茱萸科	黑毛四照花 *Cornus hongkongensis* subsp. *melanotricha*	中国特有
249	叨里木科	角叶鞘柄木 *Toricellia angulata*	中国特有
250	紫树科	喜树 *Camptotheca acuminata*	中国特有
251	五加科	多核鹅掌柴 *Schefflera brevipedicellata*	中国特有
252	五加科	红河鹅掌柴 *Schefflera hoi*	中国特有
253	五加科	穗序鹅掌柴 *Schefflera delavayi*	中国特有
254	五加科	异叶梁王茶 *Metapanax davidii*	中国特有
255	五加科	黄毛楤木 *Aralia chinensis*	中国特有
256	五加科	锈毛罗伞（锈毛柏那参）*Brassaiopsis ferruginea*	中国特有
257	五加科	中华鹅掌柴 *Schefflera chinensis*	中国特有
258	伞形花科	贡山独活 *Heracleum kingdonii*	中国特有
259	伞形花科	松叶西风芹 *Seseli yunnanense*	中国特有
260	伞形花科	蒙自水芹 *Oenanthe linearis* subsp. *rivularis*	中国特有
261	伞形花科	矮小柴胡 *Bupleurum hamiltonii* var. *humile*	中国特有
262	伞形花科	重波茴芹 *Pimpinella bisinuata*	中国特有
263	伞形花科	卵叶水芹 *Oenanthe javanica* subsp. *rosthornii*	中国特有
264	伞形花科	中华天胡荽 *Hydrocotyle hookeri* subsp. *chinensis*	中国特有
265	伞形花科	短片藁本 *Ligusticum brachylobum*	中国特有
266	伞形花科	归叶藁本 *Ligusticum angelicifolium*	中国特有
267	桤叶树科	华南桤叶树 *Clethra fabri*	中国特有
268	杜鹃花科	亮毛杜鹃 *Rhododendron microphyton*	中国特有
269	杜鹃花科	大喇叭杜鹃 *Rhododendron excellens*	中国特有
270	杜鹃花科	露珠杜鹃 *Rhododendron irroratum*	中国特有
271	杜鹃花科	红花露珠杜鹃 *Rhododendron irroratum* subsp. *pogonostylum*	中国特有

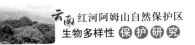
（续）

序号	科名	种名	特有性
272	杜鹃花科	滇南杜鹃 *Rhododendron hancockii*	中国特有
273	杜鹃花科	毛滇白珠 *Gaultheria leucocarpa* var. *crenulata*	中国特有
274	杜鹃花科	锈叶杜鹃 *Rhododendron siderophyllum*	中国特有
275	杜鹃花科	秀丽珍珠花 *Lyonia compta*	中国特有
276	杜鹃花科	碎米花 *Rhododendron spiciferum*	中国特有
277	杜鹃花科	蜡叶杜鹃 *Rhododendron lukiangense*	中国特有
278	杜鹃花科	大白花杜鹃 *Rhododendron decorum*	中国特有
279	杜鹃花科	亮鳞杜鹃 *Rhododendron heliolepis*	中国特有
280	杜鹃花科	云南假木荷 *Craibiodendron yunnanense*	中国特有
281	杜鹃花科	吊钟花 *Enkianthus quinqueflorus*	中国特有
282	杜鹃花科	齿缘吊钟花 *Enkianthus serrulatus*	中国特有
283	越桔科	红苞树萝卜 *Agapetes rubrobracteata*	中国特有
284	越桔科	乌鸦果 *Vaccinium fragile*	中国特有
285	越桔科	大樟叶越桔 *Vaccinium dunalianum* var. *megaphyllum*	中国特有
286	越桔科	云南越桔 *Vaccinium duclouxii*	中国特有
287	越桔科	短序越桔 *Vaccinium brachybotrys*	中国特有
288	越桔科	苍山越桔 *Vaccinium delavayi*	中国特有
289	越桔科	长圆叶树萝卜 *Agapetes oblonga*	中国特有
290	柿树科	岩柿（毛叶柿）*Diospyros dumetorum*	中国特有
291	柿树科	柿 *Diospyros kaki*	中国特有
292	山榄科	绒毛肉实树 *Sarcosperma kachinense*	中国特有
293	紫金牛科	龙骨酸藤子 *Embelia polypodioides*	中国特有
294	紫金牛科	尾叶紫金牛 *Ardisia caudata*	中国特有
295	紫金牛科	广西密花树 *Myrsine kwangsiensis*	中国特有
296	安息香科	西藏山茉莉 *Huodendron tibeticum*	中国特有
297	安息香科	滇赤杨叶 *Alniphyllum eberhardtii*	中国特有
298	安息香科	绿春安息香（大蕊安息香）*Styrax macranthus*	中国特有
299	山矾科	沟槽山矾 *Symplocos sulcata*	中国特有
300	山矾科	黄牛奶树 *Symplocos cochinchinensis* var. *laurina*	中国特有
301	山矾科	腺柄山矾 *Symplocos adenopus*	中国特有

（续）

序号	科名	种名	特有性
302	山矾科	腺缘山矾 *Symplocos glandulifera*	中国特有
303	马钱科	华马钱 *Strychnos cathayensis*	中国特有
304	木犀科	丛林素馨 *Jasminum duclouxii*	中国特有
305	木犀科	云南木犀榄 *Olea tsoongii*	中国特有
306	木犀科	蒙自桂花 *Osmanthus henryi*	中国特有
307	木犀科	小蜡 *Ligustrum sinense*	中国特有
308	夹竹桃科	雷打果 *Melodinus yunnanensis*	中国特有
309	夹竹桃科	锈毛络石 *Trachelospermum dunnii*	中国特有
310	夹竹桃科	紫花络石 *Trachelospermum axillare*	中国特有
311	夹竹桃科	贵州络石 *Trachelospermum bodinieri*	中国特有
312	茜草科	滇短萼齿木 *Brachytome hirtellata*	中国特有
313	茜草科	云桂虎刺 *Damnacanthus henryi*	中国特有
314	茜草科	滇南乌口树 *Tarenna pubinervis*	中国特有
315	茜草科	云南九节 *Psychotria yunnanensis*	中国特有
316	茜草科	柄花茜草 *Rubia podantha*	中国特有
317	茜草科	变红蛇根草 *Ophiorrhiza subrubescens*	中国特有
318	茜草科	密脉木 *Myrioneuron faberi*	中国特有
319	茜草科	金钱草 *Rubia membranacea*	中国特有
320	忍冬科	珍珠荚蒾 *Viburnum foetidum* var. *ceanothoides*	中国特有
321	菊科	火石花 *Gerbera delavayi*	中国特有
322	菊科	岩穴藤菊 *Cissampelopsis spelaeicola*	中国特有
323	菊科	林生斑鸠菊 *Vernonia sylvatica*	中国特有
324	菊科	斑鸠菊 *Vernonia esculenta*	中国特有
325	菊科	蒙自火石花 *Gerbera delavayi* var. *henryi*	中国特有
326	菊科	两面蓟 *Cirsium chlorolepis*	中国特有
327	菊科	毛鳞菊 *Melanoseris beesiana*	中国特有
328	菊科	纤枝香青 *Anaphalis gracilis*	中国特有
329	菊科	绒毛甘青蒿 *Artemisia tangutica* var. *tomentosa*	中国特有
330	菊科	翼茎羊耳菊 *Duhaldea pterocaula*	中国特有
331	菊科	心叶兔儿风 *Ainsliaea bonatii*	中国特有

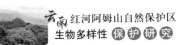
（续）

序号	科名	种名	特有性
332	菊科	短葶飞蓬 *Erigeron breviscapus*	中国特有
333	菊科	卵裂黄鹌菜 *Youngia japonica* subsp. *elstonii*	中国特有
334	菊科	双花华蟹甲 *Sinacalia davidii*	中国特有
335	菊科	黄鹌菜 *Youngia japonica*	中国特有
336	龙胆科	西南獐牙菜（圈纹獐牙菜）*Swertia cincta*	中国特有
337	龙胆科	滇龙胆草 *Gentiana rigescens*	中国特有
338	龙胆科	峨眉双蝴蝶 *Tripterospermum cordatum*	中国特有
339	报春花科	叶头过路黄 *Lysimachia phyllocephala*	中国特有
340	报春花科	过路黄 *Lysimachia christiniae*	中国特有
341	半边莲科	毛萼山梗菜 *Lobelia pleotricha*	中国特有
342	半边莲科	西南山梗菜 *Lobelia seguinii*	中国特有
343	半边莲科	大理山梗菜 *Lobelia taliensis*	中国特有
344	紫草科	露蕊滇紫草 *Onosma exsertum*	中国特有
345	玄参科	纤裂马先蒿 *Pedicularis tenuisecta*	中国特有
346	玄参科	黑马先蒿 *Pedicularis nigra*	中国特有
347	玄参科	滇川山罗花 *Melampyrum klebelsbergianum*	中国特有
348	玄参科	川泡桐 *Paulownia fargesii*	中国特有
349	玄参科	来江藤 *Brandisia hancei*	中国特有
350	苦苣苔科	黄杨叶芒毛苣苔（上树蜈蚣）*Aeschynanthus buxifolius*	中国特有
351	苦苣苔科	大苞漏斗苣苔（对蕊苣苔）*Didissandra begoniifolia*	中国特有
352	苦苣苔科	短檐苣苔 *Tremacron forrestii*	中国特有
353	爵床科	海南马蓝 *Strobilanthes anamitica*	中国特有
354	马鞭草科	长叶荆 *Vitex burmensis*	中国特有
355	马鞭草科	腺毛莸 *Caryopteris siccanea*	中国特有
356	马鞭草科	海通（满大青）*Clerodendrum mandarinorum*	中国特有
357	马鞭草科	毛叶老鸦糊 *Callicarpa giraldii* var. *subcanescens*	中国特有
358	唇形科	野拔子 *Elsholtzia rugulosa*	中国特有
359	唇形科	西南水苏 *Stachys kouyangensis*	中国特有
360	唇形科	腺花香茶菜 *Isodon adenanthus*	中国特有
361	唇形科	东紫苏 *Elsholtzia bodinieri*	中国特有

（续）

序号	科名	种名	特有性
362	唇形科	云南冠唇花 Microtoena delavayi	中国特有
363	唇形科	地盆草 Scutellaria discolor var. hirta	中国特有
364	唇形科	小花荠苎 Mosla cavaleriei	中国特有
365	唇形科	灯笼草 Clinopodium polycephalum	中国特有
366	唇形科	野香草 Elsholtzia cyprianii	中国特有
367	无叶莲科	无叶莲 Petrosavia sinii	中国特有
368	鸭跖草科	孔药花 Porandra ramosa	中国特有
369	鸭跖草科	树头花 Murdannia stenothyrsa	中国特有
370	鸭跖草科	竹叶吉祥草 Spatholirion longifolium	中国特有
371	鸭跖草科	大果水竹叶 Murdannia macrocarpa	中国特有
372	谷精草科	云贵谷精草 Eriocaulon schochianum	中国特有
373	百合科	灰鞘粉条儿菜 Aletris cinerascens	中国特有
374	百合科	康定玉竹 Polygonatum prattii	中国特有
375	百合科	横脉万寿竹 Disporum trabeculatum	中国特有
376	百合科	开口箭 Campylandra chinensis	中国特有
377	百合科	沿阶草 Ophiopogon bodinieri	中国特有
378	延龄草科	具柄重楼 Paris fargesii var. petiolata	中国特有
379	菝葜科	托柄菝葜 Smilax discotis	中国特有
380	菝葜科	小叶菝葜 Smilax microphylla	中国特有
381	天南星科	山珠南星 Arisaema yunnanense	中国特有
382	天南星科	雷公连 Amydrium sinense	中国特有
383	薯蓣科	丽叶薯蓣（梨果薯蓣）Dioscorea aspersa	中国特有
384	棕榈科	瓦理棕 Wallichia gracilis	中国特有
385	兰科	云南独蒜兰 Pleione yunnanensis	中国特有
386	兰科	白花贝母兰 Coelogyne leucantha	中国特有
387	兰科	长喙兰 Tsaiorchis neottianthoides	中国特有
388	兰科	艳丽菱兰 Rhomboda moulmeinensis	中国特有
389	兰科	多花兰 Cymbidium floribundum	中国特有
390	兰科	坡参 Habenaria linguella	中国特有
391	莎草科	云南莎草 Cyperus duclouxii	中国特有

（续）

序号	科名	种名	特有性
392	莎草科	花葶薹草 *Carex scaposa*	中国特有
393	莎草科	卵穗薹草 *Carex ovatispiculata*	中国特有
394	禾本科	中华大节竹 *Indosasa sinica*	中国特有
395	禾本科	宁南方竹 *Chimonobambusa ningnanica*	中国特有
396	禾本科	华西箭竹 *Fargesia nitida*	中国特有

3.4 珍稀濒危保护植物

据《国家重点保护野生植物名录（第一批）》（国务院，1999）、《云南省第一批省级重点保护野生植物名录》（1989）、《IUCN 红色名录》（2014）及《濒危野生动植物种国际贸易公约》（CITES）附录Ⅰ、Ⅱ、Ⅲ（2013）统计得阿姆山自然保护区有各类重点保护野生植物 85 种（表 3-12）。

表 3-12　阿姆山自然保护区珍稀濒危保护植物

序号	科名	物种	保护级别			
			《国家重点保护野生植物名录（第一批）》	《云南省第一批省级重点保护野生植物名录》	《IUCN红色名录》	CITES
1	桫椤科	中华桫椤 *Alsophila costularia*	Ⅱ级			附录Ⅱ
2	乌毛蕨科	苏铁蕨 *Brainea insignis*	Ⅱ级			
3	柏科	翠柏 *Calocedrus macrolepis*	Ⅱ级			
4	水青树科	水青树 *Tetracentron sinense*	Ⅱ级			
5	樟科	毛尖树 *Actinodaphne forrestii*		3级		
6	樟科	滇琼楠 *Beilschmiedia yunnanensis*		3级		
7	樟科	西畴润楠 *Machilus sichourensis*		3级		
8	樟科	粉叶楠 *Phoebe glaucophylla*			极危	
9	小檗科	川八角莲 *Dysosma delavayi*		3级		
10	紫堇科	紫金龙 *Dactylicapnos scandens*		3级		
11	蓼科	金荞麦 *Fagopyrum dibotrys*	Ⅱ级			
12	亚麻科	异腺草 *Anisadenia pubescens*		3级		

（续）

序号	科名	物种	保护级别			
			《国家重点保护野生植物名录（第一批）》	《云南省第一批省级重点保护野生植物名录》	《IUCN红色名录》	CITES
13	山茶科	猴子木 *Camellia yunnanensis*		3级		
14	野牡丹科	长穗花 *Styrophyton caudatum*		3级		
15	梧桐科	红脉梭罗 *Reevesia rubronervia*		3级	极危	
16	蔷薇科	蒙自樱桃 *Cerasus henryi*			极危	
17	蝶形花科	昆明木蓝 *Indigofera pampaniniana*			极危	
18	蝶形花科	云南红豆 *Ormosia yunnanensis*			极危	
19	金缕梅科	小脉红花荷 *Rhodoleia henryi*		3级		
20	桦木科	金平桦 *Betula jinpingensis*	Ⅱ级			
21	壳斗科	密脉柯 *Lithocarpus fordianus*		3级		
22	壳斗科	白枝柯 *Lithocarpus leucodermis*			极危	
23	冬青科	楠叶冬青 *Ilex machilifolia*			极危	
24	十齿花科	十齿花 *Dipentodon sinicus*	Ⅱ级			
25	茶茱萸科	定心藤 *Mappianthus iodoides*		2级		
26	檀香科	檀梨 *Pyrularia edulis*			极危	
27	芸香科	宜昌橙 *Citrus cavaleriei*		3级		
28	楝科	红椿 *Toona ciliata*	Ⅱ级			
29	伯乐树科	伯乐树 *Bretschneidera sinensis*	Ⅰ级			
30	紫树科	喜树 *Camptotheca acuminata*	Ⅱ级			
31	紫树科	瑞丽蓝果树（滇西紫树）*Nyssa shweliensis*		2级	极危	
32	五加科	屏边三七 *Panax stipuleanatus*		2级		
33	五加科	鹅掌柴 *Schefflera heptaphylla*			极危	
34	桤叶树科	白背桤叶树 *Clethra petelotii*			极危	
35	杜鹃花科	秀丽珍珠花 *Lyonia compta*		3级		
36	安息香科	滇赤杨叶 *Alniphyllum eberhardtii*		3级		
37	安息香科	西藏山茉莉 *Huodendron tibeticum*		3级		
38	安息香科	黄果安息香 *Styrax chrysocarpus*			极危	
39	木犀科	蒙自桂花 *Osmanthus henryi*		3级		
40	夹竹桃科	雷打果 *Melodinus yunnanensis*		3级		

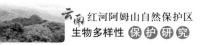

（续）

序号	科名	物种	保护级别			
			《国家重点保护野生植物名录（第一批）》	《云南省第一批省级重点保护野生植物名录》	《IUCN红色名录》	CITES
41	四角果科	蜘蛛花 Silvianthus bracteatus		3 级		
42	无叶莲科	无叶莲 Petrosavia sinii			极危	
43	天南星科	石柑子 Pothos chinensis			极危	
44	棕榈科	董棕 Caryota obtusa	II 级			
45	兰科	金线兰 Anoectochilus roxburghii				附录 II
46	兰科	筒瓣兰 Anthogonium gracile				附录 II
47	兰科	藓叶卷瓣兰 Bulbophyllum retusiusculum				附录 II
48	兰科	密花石豆兰 Bulbophyllum odoratissimum				附录 II
49	兰科	密花虾脊兰 Calanthe densiflora				附录 II
50	兰科	香花虾脊兰 Calanthe odora				附录 II
51	兰科	镰萼虾脊兰 Calanthe puberula				附录 II
52	兰科	羽唇叉柱兰 Cheirostylis octodactyla			濒危	附录 II
53	兰科	眼斑贝母兰 Coelogyne corymbosa				附录 II
54	兰科	白花贝母兰 Coelogyne leucantha				附录 II
55	兰科	浅裂沼兰 Crepidium acuminatum				附录 II
56	兰科	建兰 Cymbidium ensifolium				附录 II
57	兰科	长叶兰 Cymbidium erythraeum				附录 II
58	兰科	虎头兰 Cymbidium hookerianum				附录 II
59	兰科	寒兰 Cymbidium kanran				附录 II
60	兰科	兔耳兰 Cymbidium lancifolium				附录 II
61	兰科	墨兰 Cymbidium sinense				附录 II
62	兰科	多花兰 Cymbidium floribundum				附录 II
63	兰科	叠鞘石斛 Dendrobium denneanum			濒危	附录 II
64	兰科	梳唇石斛 Dendrobium strongylanthum			濒危	附录 II
65	兰科	紫花美冠兰 Eulophia spectabilis				附录 II
66	兰科	多叶斑叶兰 Goodyera foliosa				附录 II
67	兰科	坡参 Habenaria linguella				附录 II
68	兰科	滇兰 Hancockia uniflora				附录 II

（续）

序号	科名	物种	保护级别			
			《国家重点保护野生植物名录（第一批）》	《云南省第一批省级重点保护野生植物名录》	《IUCN红色名录》	CITES
69	兰科	叉唇角盘兰 *Herminium lanceum*				附录II
70	兰科	大花羊耳蒜 *Liparis distans*				附录II
71	兰科	见血青 *Liparis nervosa*				附录II
72	兰科	云南对叶兰 *Neottia yunnanensis*			极危	附录II
73	兰科	狭叶鸢尾兰 *Oberonia caulescens*				附录II
74	兰科	齿唇兰 *Odontochilus lanceolatus*				附录II
75	兰科	狭穗阔蕊兰 *Peristylus densus*				附录II
76	兰科	滇桂阔蕊兰 *Peristylus parishii*				附录II
77	兰科	/ *Platanthera biermanniana*				附录II
78	兰科	云南独蒜兰 *Pleione yunnanensis*				附录II
79	兰科	艳丽菱兰 *Rhomboda moulmeinensis*				附录II
80	兰科	鸟足兰 *Satyrium nepalense*				附录II
81	兰科	匙唇兰 *Schoenorchis gemmata*				附录II
82	兰科	绶草 *Spiranthes sinensis*				附录II
83	兰科	长喙兰 *Tsaiorchis neottianthoides*				附录II
84	兰科	白肋线柱兰 *Zeuxine goodyeroides*				附录II
85	禾本科	灰香竹 *Chimonocalamus pallens*			极危	

统计发现，阿姆山自然保护区有国家重点保护野生植物 11 种。其中，国家 I 级保护植物有伯乐树 *Bretschneidera sinensis* 1 种；国家 II 级保护植物有中华桫椤 *Alsophila costularia*、苏铁蕨 *Brainea insignis*、翠柏 *Calocedrus macrolepis*、水青树 *Tetracentron sinense*、十齿花 *Dipentodon sinicus* 等 10 种。

云南省重点保护野生植物 21 种。其中，云南省 2 级保护植物有瑞丽蓝果树（滇西紫树）*Nyssa shweliensis*、定心藤 *Mappianthus iodoides*、屏边三七 *Panax stipuleanatus* 3 种；云南省 3 级保护植物有红脉梭罗 *Reevesia rubronervia*、毛尖树 *Actinodaphne forrestii*、滇琼楠 *Beilschmiedia yunnanensis*、西畴润楠 *Machilus sichourensis*、川八角莲 *Dysosma delavayi*、紫金龙 *Dactylicapnos scandens*、异腺草 *Anisadenia pubescens*、猴子木 *Camellia yunnanensis*、长穗花 *Styrophyton caudatum* 等 18 种。

IUCN 红色名录保护植物有 19 种。其中，濒危级有梳唇石斛 *Dendrobium strongylanthum*、羽唇叉柱兰 *Cheirostylis octodactyla*、叠鞘石斛 *Dendrobium denneanum* 3 种。极危级有粉叶楠 *Phoebe glaucophylla*、蒙自樱桃 *Cerasus henryi*、昆明木蓝 *Indigofera pampaniniana*、云南红豆 *Ormosia yunnanensis*、白枝柯 *Lithocarpus leucodermis* 等 16 种。

被 CITES 收录的重点保护野生植物有 41 种，除中华桫椤外其他的都为兰科植物。

3.5 资源植物

一切有用植物的总和，统称为植物资源。植物资源的个体称资源植物。参考相关文献资料（何明勋，1996；熊子仙，1997；吴征镒和陈心启，2004），结合野外实地调查及归纳总结，整理出阿姆山共有资源植物 399 种（表 3-13），隶属于 126 科 294 属。此处根据其用途的不同，划分为药用植物、食用植物、材用植物、油脂植物、鞣料植物、纤维植物、芳香植物、观赏植物、饲料植物、有毒植物、淀粉植物和其他资源植物 12 类。阿姆山的资源植物具有种类繁多、类别齐全、种质资源丰富等特点。对各类资源植物简单分述如下。

表 3-13　阿姆山资源植物组成

资源植物类别	种数（种）
药用植物	336
食用植物	69
材用植物	45
油脂植物	41
鞣料植物	32
纤维植物	28
芳香植物	25
观赏植物	20
饲料植物	19
有毒植物	17
淀粉植物	16
其他资源植物	20
总计	399

3.5.1　药用植物

这类植物资源具有分布广、种类多的特点，其中一部分为经济植物（具有商品价值的资源植物称经济植物），如一些名贵中药材（天麻、石斛等）。而且这一类植物资源也是当地群众最常用的植物资源之一。

这是阿姆山种数最多的一类资源植物，有 336 种。本区分布较多的有石松 *Lycopodium japonicum*、披散问荆 *Equisetum diffusum*、香叶树 *Lindera communis*、山鸡椒 *Litsea cubeba*、小木通 *Clematis armandii*、荠 *Capsella bursa-pastoris*、何首乌 *Fallopia multiflora*、头花蓼 *Polygonum capitatum* 等。

3.5.2　食用植物

食用植物包括野生蔬菜、野生水果、饮料及调味品等。其中，野生蔬菜最主要的特点是无污染、营养丰富。这些植物可直接煮、炒食用，也可加工成罐头、腌制品及干菜等。野生水果具有丰富的维生素，可直接食用或制成果脯等。

阿姆山野生食用植物有 69 种。代表有拟鼠曲草 *Pseudognaphalium affine*、鬼针草 *Bidens pilosa*、白花酸藤子 *Embelia ribes*、罗浮柿 *Diospyros morrisiana*、乌鸦果 *Vaccinium fragile*、香椿 *Toona sinensis*、飞龙掌血 *Toddalia asiatica*、地果 *Ficus tikoua*、刺栲 *Castanopsis hystrix*、水麻 *Debregeasia orientalis* 等。

3.5.3　材用植物

木材是森林资源的主要产物。木材主要应用于建筑、采矿、船舶、枕木、包装、造纸、家具、军工器材、工艺品等方面，是国民经济建设中重要原料之一。

阿姆山材用植物有 45 种。代表有云南松 *Pinus yunnanensis*、杉木 *Cunninghamia lanceolata*、黄樟 *Cinnamomum parthenoxylon*、云南油杉 *Keteleeria evelyniana*、滇桂木莲 *Manglietia forrestii*、木棉 *Bombax ceiba*、滇皂荚 *Gleditsia japonica* var. *delavayi*、尼泊尔桤木 *Alnus nepalensis*、茅栗 *Castanea seguinii*、滇青冈 *Cyclobalanopsis glaucoides* 等。

3.5.4　油脂植物

植物油脂是植物的贮藏物，多集中于植物的种子、种仁。有的可食用，有的仅应用于工业生产，有的既可食用，同时也是重要的工业原料，广泛用于制皂、油漆、油墨、医药以及提取脂肪酸等方面。但现已开发利用的仅少数栽培作物，如油茶、油桐、油菜等，其野生资源尚未得到有效、全理的开发利用。

阿姆山油脂植物有 41 种，如檀梨 *Pyrularia edulis*、云南松、香叶树、荠

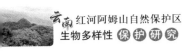

Capsella bursa - pastoris、猫儿屎 *Decaisnea insignis*、算盘子 *Glochidion puberum*、油茶 *Camellia oleifera*、水青冈 *Fagus longipetiolata*、灯台树 *Cornus controversa*、朱砂根 *Ardisia crenata*、苍耳 *Xanthium strumarium* 等。

3.5.5　鞣料植物

鞣料植物是一类含单宁的植物，以单宁提取的栲胶是皮革工业的一种重要原料。此外，在印染、墨水、医药、石油钻探、化工、硬水处理等方面也有广泛的用途。但只有含单宁在 7% 以上，且纯度超过 50% 的才有开发利用的价值。

阿姆山鞣料植物有 32 种。如星毛金锦香 *Osbeckia stellata*、算盘子 *Glochidion puberum*、阔叶蒲桃 *Syzygium megacarpum*、山合欢 *Albizia kalkora*、尼泊尔桤木、红泡刺藤 *Rubus niveus*、铁冬青 *Ilex rotunda*、青冈 *Cyclobalanopsis glauca*、栓皮栎 *Quercus variabilis* 等。

3.5.6　纤维植物

植物纤维按其存在于植物体部位的不同，可分为韧皮纤维、叶及茎秆纤维、种子纤维、木材纤维、果壳纤维及根纤维。纤维植物广泛应用于纺织、造纸、工艺、编织等方面的生产生活中。将这部分纤维植物合理利用于造纸方面，即可减少或避免木材资源应用于造纸业的资源浪费。

阿姆山纤维植物有 28 种，如藤石松 *Lycopodiastrum casuarinoides*、董棕 *Caryota obtusa*、杉木 *Cunninghamia lanceolata*、刺蒴麻 *Triumfetta rhomboidea*、拔毒散 *Sida szechuensis*、尖瓣瑞香 *Daphne acutiloba*、羽脉山黄麻 *Trema levigata*、构树 *Broussonetia papyrifera* 等。

3.5.7　芳香植物

芳香油是植物体一种代谢过程中的次生物质，在植物的油腺和腺毛中形成。从植物中提取的芳香油是目前生产香料、香精的主要原料，广泛用于饮料、食品、牙膏、香皂、化妆品、烟草、医疗制品、文化用品及其他日常生活用品，同时也是我国出口的一类重要资源。

阿姆山芳香植物有 25 种，如香叶树、山鸡椒、云南含笑 *Michelia yunnanensis*、宜昌橙 *Citrus cavaleriei*、滇白珠 *Gaultheria leucocarpa* var. *yunnanensis*、驳骨丹 *Buddleja asiatica*、珠光香青 *Anaphalis margaritacea*、四方蒿 *Elsholtzia blanda*、蜜蜂花 *Melissa axillaris* 等。

3.5.8　观赏植物

观赏植物是指具有庭园绿化和观赏价值的植物。野生观赏植物是现有栽培观赏植物的祖先，未来栽培观赏植物新品种的源泉，是观赏植物育种的重要种质资源。

阿姆山观赏植物有 20 种，如苏铁蕨 *Brainea insignis*、董棕 *Caryota obtusa*、山玉兰 *Magnolia delavayi*、红花木莲 *Manglietia insignis*、木棉、刺桐 *Erythrina variegata*、榕树 *Ficus microcarpa*、常春藤 *Hedera nepalensis* var. *sinensis*、吊钟花 *Enkianthus quinqueflorus*、金发草 *Pogonatherum paniceum* 等。

3.5.9　饲料植物

直接或是经过加工调制后能用来喂养家畜、家禽、鱼类以至其他经济动物，供其消化吸收和生长繁殖并生产各种产品的植物都是饲料植物（又称饲用植物），这类植物资源是发展养殖业的主要物质基础。

阿姆山饲料植物有 19 种，如满江红 *Azolla imbricata*、鹅肠菜 *Myosoton aquaticum*、藜 *Chenopodium album*、野牡丹 *Melastoma malabathricum*、序叶苎麻 *Boehmeria clidemioides* var. *diffusa*、水麻 *Debregeasia orientalis*、糯米团 *Gonostegia hirta*、假楼梯草 *Lecanthus peduncularis*、藿香蓟 *Ageratum conyzoides*、野慈姑 *Sagittaria trifolia* 等。

3.5.10　有毒植物

有毒植物一般都有药用价值，所以有些分类系统中，将此类归入药用植物中。

阿姆山有毒植物有 17 种，如小木通 *Clematis armandii*、算盘子 *Glochidion puberum*、粗糠柴 *Mallotus philippensis*、野漆 *Toxicodendron succedaneum*、云南假木荷 *Craibiodendron yunnanense*、钩吻 *Gelsemium elegans*、翼齿六棱菊 *Laggera crispata* 等。

3.5.11　淀粉植物

淀粉为高分子碳水化合物，是绿色植物进行光合作用的产物，由葡萄糖转化而成，是植物体内糖类的主要贮藏形式。在植物的果实（或种子）、根、根茎或鳞茎中贮存最为丰富。淀粉通过酶的作用可以转化为葡萄糖而释放热量，是人们食物中不可缺少的物质。淀粉植物在化工、轻工、食品和医药工业上可用来制造淀粉、味精、葡萄糖、果糖、山梨酸等，其粗渣废料又可用来制乙醇、丙酮、丁醇、乙醛、乳酸和醋酸等，此后的下脚料又可用于制造高蛋白复合饲料等。

阿姆山淀粉植物有 16 种，如董棕 *Caryota obtusa*、密毛蕨 *Pteridium revolutum*、茅栗、高山栲 *Castanopsis delavayi*、刺栲、毛果栲（元江栲）*Castanopsis orthacantha*、滇青冈 *Cyclobalanopsis glaucoides*、粘山药 *Dioscorea hemsleyi* 等。

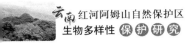

3.5.12 其他资源植物

除上述几类资源植物外还有几类资源植物，如：绿肥植物、染料植物、农药植物、树胶与树脂植物、橡胶植物、蜜源植物、水土保持植物、指示植物等，在阿姆山分布种数较少，统归为"其他资源植物"，此处不再细述，可参照表3-14一一对应之。

表 3-14　阿姆山的资源植物名录

序号	科名	物种	资源植物类别
1	石松科	扁枝石松 *Diphasiastrum complanatum*	药用
2	石松科	藤石松 *Lycopodiastrum casuarinoides*	药用、纤维、指示
3	石松科	石松 *Lycopodium japonicum*	药用
4	木贼科	披散问荆 *Equisetum diffusum*	药用
5	鳞始蕨科	乌蕨 *Sphenomeris chinensis*	药用
6	蕨科	密毛蕨 *Pteridium revolutum*	淀粉、食用、药用
7	凤尾蕨科	凤尾蕨 *Pteris nervosa*	药用
8	乌毛蕨科	苏铁蕨 *Brainea insignis*	观赏
9	水龙骨科	贴生瓦韦 *Pyrrosia adnascens*	药用
10	蘋科	蘋 *Marsilea quadrifolia*	饲料、药用
11	满江红科	满江红 *Azolla imbricata*	绿肥、饲料、药用
12	松科	云南油杉 *Keteleeria evelyniana*	树胶与树脂、材用
13	松科	云南松 *Pinus yunnanensis*	树胶与树脂、材用、油脂、药用
14	杉科	柳杉 *Cryptomeria japonica* var. *sinensis*	材用
15	杉科	杉木 *Cunninghamia lanceolata*	材用、纤维、鞣料、药用
16	柏科	翠柏 *Calocedrus macrolepis*	材用、油脂、药用
17	柏科	侧柏 *Platycladus orientalis*	材用
18	三尖杉科	三尖杉 *Cephalotaxus fortunei*	材用
19	木兰科	山玉兰 *Magnolia delavayi*	观赏
20	木兰科	滇桂木莲 *Manglietia forrestii*	材用
21	木兰科	红花木莲 *Manglietia insignis*	材用、观赏
22	木兰科	金叶含笑 *Michelia foveolata*	材用
23	木兰科	云南含笑 *Michelia yunnanensis*	观赏、芳香
24	八角茴香科	野八角 *Illicium simonsii*	药用

（续）

序号	科名	物种	资源植物类别
25	五味子科	黑老虎 *Kadsura coccinea*	药用、食用
26	五味子科	翼梗五味子 *Schisandra henryi*	药用
27	五味子科	小花五味子 *Schisandra micrantha*	药用
28	水青树科	水青树 *Tetracentron sinense*	材用、药用
29	番荔枝科	多苞瓜馥木 *Fissistigma bracteolatum*	药用
30	樟科	黄樟 *Cinnamomum parthenoxylon*	芳香、油脂、材用、药用
31	樟科	香面叶 *Iteadaphne caudata*	油脂
32	樟科	香叶树 *Lindera communis*	油脂、药用、食用、芳香
33	樟科	团香果 *Lindera latifolia*	油脂
34	樟科	山鸡椒 *Litsea cubeba*	材用、芳香、油脂、药用、食用
35	毛茛科	草玉梅 *Anemone rivularis*	药用
36	毛茛科	小木通 *Clematis armandii*	药用、有毒、农药
37	小檗科	川八角莲 *Dysosma delavayi*	药用
38	木通科	白木通 *Akebia trifoliata* subsp. *australis*	药用、食用、油脂
39	木通科	猫儿屎 *Decaisnea insignis*	橡胶、食用、油脂
40	胡椒科	粗梗胡椒 *Piper macropodum*	药用
41	胡椒科	假蒟 *Piper sarmentosum*	药用
42	紫堇科	紫金龙 *Dactylicapnos scandens*	药用
43	十字花科	荠 *Capsella bursa - pastoris*	油脂、食用、药用
44	十字花科	蔊菜 *Rorippa indica*	药用
45	堇菜科	灰叶堇菜 *Viola delavayi*	药用
46	远志科	荷包山桂花 *Polygala arillata*	药用
47	远志科	黄花倒水莲 *Polygala fallax*	药用
48	虎耳草科	溪畔落新妇 *Astilbe rivularis*	药用
49	茅膏菜科	茅膏菜 *Drosera peltata*	药用、有毒
50	石竹科	鹅肠菜 *Myosoton aquaticum*	食用、饲料、药用
51	石竹科	漆姑草 *Sagina japonica*	药用
52	蓼科	金荞麦 *Fagopyrum dibotrys*	药用
53	蓼科	何首乌 *Fallopia multiflora*	药用
54	蓼科	头花蓼 *Polygonum capitatum*	药用
55	蓼科	火炭母 *Polygonum chinense*	药用

（续）

序号	科名	物种	资源植物类别
56	蓼科	辣蓼 *Polygonum hydropiper*	药用、食用
57	蓼科	草血竭 *Polygonum paleaceum*	药用
58	蓼科	尼泊尔酸模 *Rumex nepalensis*	药用
59	商陆科	商陆 *Phytolacca acinosa*	药用
60	藜科	藜 *Chenopodium album*	药用、食用、饲料
61	藜科	小藜 *Chenopodium ficifolium*	药用
62	藜科	土荆芥 *Dysphania ambrosioides*	药用
63	牻牛儿苗科	尼泊尔老鹳草 *Geranium nepalense*	药用
64	酢浆草科	酢浆草 *Oxalis corniculata*	药用
65	柳叶菜科	滇藏柳叶菜 *Epilobium wallichianum*	药用
66	柳叶菜科	丁香蓼 *Ludwigia prostrata*	药用
67	小二仙草科	小二仙草 *Gonocarpus micranthus*	药用
68	瑞香科	尖瓣瑞香 *Daphne acutiloba*	纤维、油脂
69	山龙眼科	小果山龙眼 *Helicia cochinchinensis*	油脂
70	海桐花科	柄果海桐 *Pittosporum podocarpum*	药用
71	西番莲科	镰叶西番莲 *Passiflora wilsonii*	药用
72	葫芦科	金瓜 *Gymnopetalum chinense*	药用
73	秋海棠科	紫背天葵 *Begonia fimbristipula*	药用
74	秋海棠科	心叶秋海棠 *Begonia labordei*	药用
75	山茶科	油茶 *Camellia oleifera*	油脂、鞣料、食用
76	山茶科	茶 *Camellia sinensis*	食用、药用
77	桃金娘科	阔叶蒲桃 *Syzygium megacarpum*	鞣料
78	桃金娘科	四角蒲桃 *Syzygium tetragonum*	药用
79	野牡丹科	野牡丹 *Melastoma malabathricum*	食用、药用、饲料
80	野牡丹科	星毛金锦香 *Osbeckia stellata*	药用、鞣料
81	野牡丹科	尖子木 *Oxyspora paniculata*	药用
82	金丝桃科	地耳草 *Hypericum japonicum*	药用
83	金丝桃科	遍地金 *Hypericum wightianum*	药用
84	藤黄科	木竹子 *Garcinia multiflora*	油脂、药用、材用
85	椴树科	单毛刺蒴麻 *Triumfetta annua*	纤维
86	椴树科	刺蒴麻 *Triumfetta rhomboidea*	纤维、药用

（续）

序号	科名	物种	资源植物类别
87	杜英科	滇藏杜英 *Elaeocarpus braceanus*	食用
88	木棉科	木棉 *Bombax ceiba*	食用、药用、油脂、材用、观赏
89	锦葵科	野葵 *Malva verticillata*	食用、药用
90	锦葵科	拔毒散 *Sida szechuensis*	纤维、药用
91	大戟科	钝叶黑面神 *Breynia retusa*	药用
92	大戟科	算盘子 *Glochidion puberum*	油脂、药用、有毒、农药、鞣料、绿肥、指示
93	大戟科	粗糠柴 *Mallotus philippensis*	药用、有毒
94	大戟科	青灰叶下珠 *Phyllanthus glaucus*	药用
95	绣球花科	常山 *Dichroa febrifuga*	药用
96	绣球花科	冠盖绣球 *Hydrangea anomala*	药用
97	蔷薇科	杏 *Armeniaca vulgaris*	观赏
98	蔷薇科	云南栘㛂 *Docynia delavayi*	药用、观赏
99	蔷薇科	蛇莓 *Duchesnea indica*	药用
100	蔷薇科	大花枇杷 *Eriobotrya cavaleriei*	食用
101	蔷薇科	蛇含委陵菜 *Potentilla kleiniana*	药用
102	蔷薇科	红泡刺藤 *Rubus niveus*	食用、鞣料
103	苏木科	滇皂荚 *Gleditsia japonica* var. *delavayi*	材用、食用、药用
104	含羞草科	羽叶金合欢 *Acacia pennata*	食用
105	含羞草科	山合欢 *Albizia kalkora*	材用、药用、鞣料、蜜源
106	蝶形花科	马尿藤 *Campylotropis trigonoclada* var. *bonatiana*	药用
107	蝶形花科	响铃豆 *Crotalaria albida*	药用
108	蝶形花科	大猪屎豆 *Crotalaria assamica*	药用
109	蝶形花科	假地蓝 *Crotalaria ferruginea*	药用、绿肥、牧草、水土保持
110	蝶形花科	小叶三点金 *Desmodium microphyllum*	药用
111	蝶形花科	饿蚂蝗 *Desmodium multiflorum*	药用
112	蝶形花科	刺桐 *Erythrina variegata*	观赏、药用
113	蝶形花科	榄绿红豆 *Ormosia olivacea*	材用
114	蝶形花科	紫雀花 *Parochetus communis*	药用
115	桦木科	尼泊尔桤木 *Alnus nepalensis*	材用、鞣料、药用
116	壳斗科	茅栗 *Castanea seguinii*	淀粉、食用、材用、鞣料
117	壳斗科	枹丝锥 *Castanopsis calathiformis*	鞣料、淀粉、食用、材用

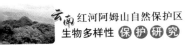

（续）

序号	科名	物种	资源植物类别
118	壳斗科	高山栲 *Castanopsis delavayi*	材用、食用、淀粉、鞣料
119	壳斗科	丝栗栲 *Castanopsis fargesii*	鞣料、淀粉、食用
120	壳斗科	小果锥 *Castanopsis fleuryi*	鞣料
121	壳斗科	刺栲 *Castanopsis hystrix*	材用、淀粉、食用、鞣料
122	壳斗科	红勾栲 *Castanopsis lamontii*	食用、鞣料
123	壳斗科	毛果栲 *Castanopsis orthacantha*	材用、鞣料、淀粉
124	壳斗科	青冈 *Cyclobalanopsis glauca*	材用、淀粉、鞣料
125	壳斗科	滇青冈 *Cyclobalanopsis glaucoides*	材用、淀粉、食用
126	壳斗科	水青冈 *Fagus longipetiolata*	油脂、材用
127	壳斗科	白皮柯 *Lithocarpus dealbatus*	材用、淀粉、鞣料
128	壳斗科	硬斗柯 *Lithocarpus hancei*	材用、食用
129	壳斗科	大叶柯 *Lithocarpus megalophyllus*	淀粉
130	壳斗科	栓皮栎 *Quercus variabilis*	材用、鞣料、淀粉、饲料
131	榆科	羽脉山黄麻 *Trema levigata*	纤维、药用
132	榆科	山黄麻 *Trema tomentosa*	纤维、鞣料、材用
133	桑科	构树 *Broussonetia papyrifera*	纤维、油脂、药用
134	桑科	大果榕 *Ficus auriculata*	食用
135	桑科	榕树 *Ficus microcarpa*	鞣料、观赏
136	桑科	苹果榕 *Ficus oligodon*	食用
137	桑科	地果 *Ficus tikoua*	食用、水土保持
138	荨麻科	序叶苎麻 *Boehmeria clidemioides* var. *diffusa*	药用、饲料
139	荨麻科	微柱麻 *Chamabainia cuspidata*	药用
140	荨麻科	长叶水麻 *Debregeasia longifolia*	纤维、食用、饲料、药用
141	荨麻科	水麻 *Debregeasia orientalis*	纤维、食用、饲料、药用
142	荨麻科	糯米团 *Gonostegia hirta*	药用、饲料、纤维
143	荨麻科	珠芽艾麻 *Laportea bulbifera*	纤维、油脂、食用、药用
144	荨麻科	假楼梯草 *Lecanthus peduncularis*	饲料、食用
145	荨麻科	紫麻 *Oreocnide frutescens*	药用、纤维、饲料
146	荨麻科	红紫麻 *Oreocnide rubescens*	纤维
147	冬青科	小果冬青 *Ilex micrococca*	药用
148	冬青科	铁冬青 *Ilex rotunda*	药用、鞣料
149	茶茱萸科	定心藤 *Mappianthus iodoides*	食用、药用

（续）

序号	科名	物种	资源植物类别
150	桑寄生科	鞘花 *Macrosolen cochinchinensis*	药用
151	桑寄生科	柳树寄生 *Taxillus delavayi*	药用
152	桑寄生科	枫香寄生 *Viscum liquidambaricola*	药用
153	檀香科	檀梨 *Pyrularia edulis*	油脂
154	蛇菰科	葛菰 *Balanophora harlandii*	药用
155	鼠李科	多花勾儿茶 *Berchemia floribunda*	药用、食用
156	葡萄科	蓝果蛇葡萄 *Ampelopsis bodinieri*	药用、鞣料
157	葡萄科	乌蔹莓 *Cayratia japonica*	药用
158	芸香科	臭节草 *Boenninghausenia albiflora*	药用
159	芸香科	宜昌橙 *Citrus cavaleriei*	药用、芳香
160	芸香科	三桠苦 *Melicope pteleifolia*	药用
161	芸香科	牛科吴萸 *Tetradium trichotomum*	药用
162	芸香科	飞龙掌血 *Toddalia asiatica*	药用、染料、食用
163	芸香科	竹叶花椒 *Zanthoxylum armatum*	药用、食用
164	苦木科	苦树 *Picrasma quassioides*	材用、药用、有毒、农药
165	楝科	浆果楝 *Cipadessa baccifera*	药用、油脂
166	楝科	鹧鸪花 *Heynea trijuga*	药用、油脂、有毒
167	楝科	香椿 *Toona sinensis*	材用、油脂、药用、食用、芳香、纤维
168	漆树科	野漆 *Toxicodendron succedaneum*	药用、有毒、油脂、鞣料、材用
169	胡桃科	齿叶黄杞 *Engelhardtia serrata* var. *cambodica*	材用、鞣料
170	胡桃科	化香树 *Platycarya strobilacea*	鞣料、纤维、材用、药用
171	山茱萸科	灯台树 *Cornus controversa*	药用、油脂
172	山茱萸科	黑毛四照花 *Cornus hongkongensis* subsp. *melanotricha*	食用、油脂、药用
173	山茱萸科	中华青荚叶 *Helwingia chinensis*	药用、油脂、食用
174	山茱萸科	西域青荚叶 *Helwingia himalaica*	药用
175	紫树科	喜树 *Camptotheca acuminata*	观赏、油脂、药用、纤维
176	紫树科	华南蓝果树 *Nyssa javanica*	食用
177	五加科	黄毛楤木 *Aralia chinensis*	药用、油脂、食用
178	五加科	树参 *Dendropanax dentiger*	药用
179	五加科	常春藤 *Hedera nepalensis* var. *sinensis*	药用、鞣料、观赏
180	五加科	穗序鹅掌柴 *Schefflera delavayi*	药用

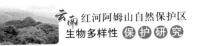

（续）

序号	科名	物种	资源植物类别
181	伞形花科	积雪草 *Centella asiatica*	药用
182	伞形花科	二管独活 *Heracleum bivittatum*	药用
183	伞形花科	中华天胡荽 *Hydrocotyle hookeri* subsp. *chinensis*	药用
184	伞形花科	红马蹄草 *Hydrocotyle nepalensis*	药用
185	伞形花科	天胡荽 *Hydrocotyle sibthorpioides*	药用
186	伞形花科	归叶藁本 *Ligusticum angelicifolium*	药用
187	伞形花科	短片藁本 *Ligusticum brachylobum*	药用
188	伞形花科	水芹 *Oenanthe javanica*	药用、食用
189	伞形花科	松叶西风芹 *Seseli yunnanense*	药用
190	杜鹃花科	云南假木荷 *Craibiodendron yunnanense*	药用、鞣料、有毒
191	杜鹃花科	吊钟花 *Enkianthus quinqueflorus*	观赏
192	杜鹃花科	毛滇白珠 *Gaultheria leucocarpa* var. *crenulata*	芳香、药用
193	杜鹃花科	滇白珠 *Gaultheria leucocarpa* var. *yunnanensis*	芳香、药用
194	鹿蹄草科	普通鹿蹄草 *Pyrola decorata*	药用
195	越桔科	樟叶越桔 *Vaccinium dunalianum*	药用
196	越桔科	乌鸦果 *Vaccinium fragile*	药用、食用
197	柿树科	柿 *Diospyros kaki*	食用、药用、材用
198	柿树科	罗浮柿 *Diospyros morrisiana*	药用、食用
199	山榄科	梭子果 *Eberhardtia tonkinensis*	油脂、材用
200	山榄科	绒毛肉实树 *Sarcosperma kachinense*	染料
201	紫金牛科	朱砂根 *Ardisia crenata*	药用、食用、油脂
202	紫金牛科	白花酸藤子 *Embelia ribes*	药用、食用
203	紫金牛科	平叶酸藤子 *Embelia undulata*	食用、药用
204	紫金牛科	银叶杜茎山 *Maesa argentea*	食用
205	紫金牛科	包疮叶 *Maesa indica*	药用
206	紫金牛科	鲫鱼胆 *Maesa perlarius*	药用、食用
207	紫金牛科	密花树 *Myrsine seguinii*	药用、鞣料、材用
208	紫金牛科	针齿铁仔 *Myrsine semiserrata*	鞣料、油脂
209	安息香科	赤杨叶 *Alniphyllum fortunei*	材用
210	山矾科	黄牛奶树 *Symplocos cochinchinensis* var. *laurina*	材用、油脂、药用
211	山矾科	白檀 *Symplocos paniculata*	药用、油脂
212	马钱科	驳骨丹 *Buddleja asiatica*	药用、芳香

（续）

序号	科名	物种	资源植物类别
213	马钱科	密蒙花 Buddleja officinalis	药用、芳香、染料、纤维
214	马钱科	钩吻 Gelsemium elegans	药用、农药、有毒
215	马钱科	华马钱 Strychnos cathayensis	药用
216	木犀科	青藤仔 Jasminum nervosum	药用
217	木犀科	小蜡 Ligustrum sinense	油脂、食用、纤维、药用
218	夹竹桃科	紫花络石 Trachelospermum axillare	纤维
219	夹竹桃科	锈毛络石 Trachelospermum dunnii	药用、橡胶
220	萝摩科	青蛇藤 Periploca calophylla	纤维、药用
221	茜草科	猪肚木 Canthium horridum	材用、食用、药用
222	茜草科	云桂虎刺 Damnacanthus henryi	药用
223	茜草科	虎刺 Damnacanthus indicus	药用、观赏
224	茜草科	猪殃殃 Galium spurium	药用
225	茜草科	长节耳草 Hedyotis uncinella	药用
226	茜草科	滇丁香 Luculia pinceana	药用
227	茜草科	鸡矢藤 Paederia foetida	药用
228	忍冬科	血满草 Sambucus adnata	药用
229	忍冬科	接骨草 Sambucus javanica	药用
230	忍冬科	水红木 Viburnum cylindricum	药用、油脂、鞣料、饲料
231	忍冬科	珍珠荚蒾 Viburnum foetidum var. ceanothoides	药用、油脂
232	川续继科	川续断 Dipsacus asper	药用
233	菊科	下田菊 Adenostemma lavenia	药用
234	菊科	紫茎泽兰 Ageratina adenophora	药用、绿肥
235	菊科	藿香蓟 Ageratum conyzoides	药用、芳香、饲料、绿肥、观赏
236	菊科	熊耳草 Ageratum houstonianum	药用、观赏
237	菊科	心叶兔儿风 Ainsliaea bonatii	药用
238	菊科	宽叶兔儿风 Ainsliaea latifolia	药用
239	菊科	旋叶香青 Anaphalis contorta	药用
240	菊科	珠光香青 Anaphalis margaritacea	药用、芳香
241	菊科	五月艾 Artemisia indica	药用
242	菊科	秋分草 Aster verticillatus	药用
243	菊科	鬼针草 Bidens pilosa	药用、食用
244	菊科	狼杷草 Bidens tripartita	药用、油脂

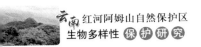

序号	科名	物种	资源植物类别
245	菊科	百能葳 *Blainvillea acmella*	药用
246	菊科	天名精 *Carpesium abrotanoides*	药用
247	菊科	两面蓟 *Cirsium chlorolepis*	药用
248	菊科	牛口蓟 *Cirsium shansiense*	药用
249	菊科	杯菊 *Cyathocline purpurea*	药用
250	菊科	小鱼眼草 *Dichrocephala benthamii*	药用
251	菊科	鱼眼草 *Dichrocephala integrifolia*	药用
252	菊科	羊耳菊 *Duhaldea cappa*	药用
253	菊科	显脉旋覆花 *Duhaldea nervosa*	药用
254	菊科	翼茎羊耳菊 *Duhaldea pterocaula*	药用
255	菊科	小一点红 *Emilia prenanthoidea*	药用
256	菊科	一点红 *Emilia sonchifolia*	药用
257	菊科	短葶飞蓬 *Erigeron breviscapus*	药用
258	菊科	小蓬草 *Erigeron canadensis*	药用、芳香、饲料、绿肥
259	菊科	苏门白酒草 *Erigeron sumatrensis*	药用
260	菊科	白酒草 *Eschenbachia japonica*	药用
261	菊科	白头婆 *Eupatorium japonicum*	药用、芳香
262	菊科	牛膝菊 *Galinsoga parviflora*	药用
263	菊科	火石花 *Gerbera delavayi*	药用
264	菊科	细叶小苦荬 *Ixeridium gracile*	药用
265	菊科	翼齿六棱菊 *Laggera crispata*	药用、芳香、有毒
266	菊科	圆舌粘冠草 *Myriactis nepalensis*	药用
267	菊科	毛连菜 *Picris hieracioides*	药用
268	菊科	兔耳一枝箭 *Piloselloides hirsuta*	药用
269	菊科	宽叶拟鼠曲草 *Pseudognaphalium adnatum*	药用
270	菊科	拟鼠曲草 *Pseudognaphalium affine*	药用、食用、芳香
271	菊科	秋拟鼠曲草 *Pseudognaphalium hypoleucum*	药用
272	菊科	千里光 *Senecio scandens*	药用
273	菊科	豨莶 *Sigesbeckia orientalis*	药用
274	菊科	苦苣菜 *Sonchus oleraceus*	药用
275	菊科	肿柄菊 *Tithonia diversifolia*	药用
276	菊科	斑鸠菊 *Vernonia esculenta*	药用、食用

（续）

序号	科名	物种	资源植物类别
277	菊科	大叶斑鸠菊 *Vernonia volkameriifolia*	药用
278	菊科	苍耳 *Xanthium strumarium*	药用、油脂、有毒
279	菊科	黄鹌菜 *Youngia japonica*	药用
280	龙胆科	滇龙胆草 *Gentiana rigescens*	药用
281	龙胆科	獐牙菜 *Swertia bimaculata*	药用
282	报春花科	临时救 *Lysimachia congestiflora*	药用
283	报春花科	长蕊珍珠菜 *Lysimachia lobelioides*	药用
284	报春花科	叶头过路黄 *Lysimachia phyllocephala*	药用
285	桔梗科	西南风铃草 *Campanula pallida*	药用
286	桔梗科	蓝花参 *Wahlenbergia marginata*	药用
287	半边莲科	密毛山梗菜（大将军）*Lobelia clavata*	药用、有毒
288	半边莲科	江南山梗菜 *Lobelia davidii*	药用
289	半边莲科	铜锤玉带草 *Lobelia nummularia*	药用
290	半边莲科	西南山梗菜 *Lobelia seguinii*	药用
291	半边莲科	山梗菜 *Lobelia sessilifolia*	药用
292	半边莲科	大理山梗菜 *Lobelia taliensis*	药用
293	紫草科	西南粗糠树 *Ehretia corylifolia*	纤维、药用、饲料、材用
294	茄科	喀西茄 *Solanum aculeatissimum*	药用
295	茄科	假烟叶树 *Solanum erianthum*	药用、有毒
296	茄科	龙葵 *Solanum nigrum*	药用
297	玄参科	来江藤 *Brandisia hancei*	药用
298	玄参科	长蒴母草 *Lindernia anagallis*	药用
299	玄参科	旱田草 *Lindernia ruellioides*	药用
300	玄参科	毛泡桐 *Paulownia tomentosa*	药用
301	苦苣苔科	黄杨叶芒毛苣苔 *Aeschynanthus buxifolius*	药用
302	紫葳科	木蝴蝶 *Oroxylum indicum*	药用、材用
303	爵床科	爵床 *Justicia procumbens*	药用
304	马鞭草科	红紫珠 *Callicarpa rubella*	药用
305	马鞭草科	西垂茉莉 *Clerodendrum griffithianum*	观赏
306	马鞭草科	海通 *Clerodendrum mandarinorum*	药用
307	马鞭草科	马鞭草 *Verbena officinalis*	药用
308	唇形科	灯笼草 *Clinopodium polycephalum*	药用

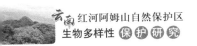

（续）

序号	科名	物种	资源植物类别
309	唇形科	四方蒿 *Elsholtzia blanda*	药用、芳香
310	唇形科	东紫苏 *Elsholtzia bodinieri*	药用、芳香、食用
311	唇形科	香薷 *Elsholtzia ciliata*	药用、食用
312	唇形科	野香草 *Elsholtzia cyprianii*	药用、芳香
313	唇形科	黄花香薷（野苏子）*Elsholtzia flava*	药用、芳香、油脂
314	唇形科	鸡骨柴 *Elsholtzia fruticosa*	药用
315	唇形科	野拔子 *Elsholtzia rugulosa*	芳香、药用、蜜源
316	唇形科	腺花香茶菜 *Isodon adenanthus*	药用
317	唇形科	细锥香茶菜 *Isodon coetsa*	药用
318	唇形科	线纹香茶菜 *Isodon lophanthoides*	药用
319	唇形科	狭基线纹香茶菜 *Isodon lophanthoides* var. *gerardianus*	药用
320	唇形科	绣球防风 *Leucas ciliata*	药用
321	唇形科	蜜蜂花 *Melissa axillaris*	药用、芳香
322	唇形科	薄荷 *Mentha canadensis*	芳香、食用、药用
323	唇形科	小花荠苎 *Mosla cavaleriei*	药用
324	唇形科	紫苏 *Perilla frutescens*	药用、芳香、油脂、食用
325	唇形科	黑刺蕊草 *Pogostemon nigrescens*	药用
326	唇形科	地盆草 *Scutellaria discolor* var. *hirta*	药用
327	唇形科	韩信草 *Scutellaria indica*	药用
328	唇形科	筒冠花 *Siphocranion macranthum*	药用
329	唇形科	西南水苏 *Stachys kouyangensis*	药用
330	唇形科	铁轴草 *Teucrium quadrifarium*	药用
331	泽泻科	野慈姑 *Sagittaria trifolia*	饲料、药用
332	鸭跖草科	露水草 *Cyanotis arachnoidea*	药用
333	鸭跖草科	裸花水竹叶 *Murdannia nudiflora*	药用
334	谷精草科	谷精草 *Eriocaulon buergerianum*	药用
335	芭蕉科	象头蕉 *Ensete wilsonii*	食用、饲料、药用
336	姜科	云南草蔻 *Alpinia blepharocalyx*	药用
337	姜科	闭鞘姜 *Costus speciosus*	药用
338	姜科	舞花姜 *Globba racemosa*	药用

（续）

序号	科名	物种	资源植物类别
339	姜科	草果药 *Hedychium spicatum*	芳香、药用、食用
340	百合科	无毛粉条儿菜 *Aletris glabra*	药用
341	百合科	橙花开口箭 *Campylandra aurantiaca*	药用、有毒
342	百合科	开口箭 *Campylandra chinensis*	药用
343	百合科	弯蕊开口箭 *Campylandra wattii*	药用
344	百合科	山菅 *Dianella ensifolia*	药用
345	百合科	长叶竹根七 *Disporopsis longifolia*	药用
346	百合科	距花万寿竹 *Disporum calcaratum*	药用
347	百合科	万寿竹 *Disporum cantoniense*	药用
348	百合科	沿阶草 *Ophiopogon bodinieri*	药用
349	百合科	间型沿阶草 *Ophiopogon intermedius*	药用
350	百合科	滇黄精 *Polygonatum kingianum*	药用
351	百合科	康定玉竹 *Polygonatum prattii*	药用
352	百合科	点花黄精 *Polygonatum punctatum*	药用
353	假叶树科	羊齿天门冬 *Asparagus filicinus*	药用
354	假叶树科	短梗天门冬 *Asparagus lycopodineus*	药用
355	延龄草科	具柄重楼 *Paris fargesii* var. *petiolata*	药用
356	雨久花科	鸭舌草 *Monochoria vaginalis*	食用、药用
357	菝葜科	肖菝葜 *Heterosmilax japonica*	药用
358	菝葜科	疣枝菝葜 *Smilax aspericaulis*	药用
359	菝葜科	菝葜 *Smilax china*	药用
360	菝葜科	小叶菝葜 *Smilax microphylla*	药用
361	天南星科	雷公连 *Amydrium sinense*	药用
362	天南星科	一把伞南星 *Arisaema erubescens*	药用、有毒
363	天南星科	山珠南星 *Arisaema yunnanense*	药用
364	天南星科	半夏 *Pinellia ternata*	药用、有毒
365	天南星科	石柑子 *Pothos chinensis*	药用
366	天南星科	爬树龙 *Rhaphidophora decursiva*	药用
367	天南星科	大叶南苏 *Rhaphidophora peepla*	药用
368	薯蓣科	薯莨 *Dioscorea cirrhosa*	鞣料、药用、染料

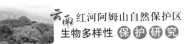

（续）

序号	科名	物种	资源植物类别
369	薯蓣科	粘山药 *Dioscorea hemsleyi*	淀粉
370	棕榈科	董棕 *Caryota obtusa*	材用、淀粉、纤维、食用、观赏
371	棕榈科	瓦理棕 *Wallichia gracilis*	观赏
372	仙茅科	大叶仙茅 *Curculigo capitulata*	药用
373	仙茅科	小金梅草 *Hypoxis aurea*	药用、有毒
374	水玉簪科	水玉簪 *Burmannia disticha*	药用
375	兰科	金线兰 *Anoectochilus roxburghii*	药用
376	兰科	镰萼虾脊兰 *Calanthe puberula*	药用
377	兰科	白花贝母兰 *Coelogyne leucantha*	药用
378	兰科	建兰 *Cymbidium ensifolium*	药用
379	兰科	虎头兰 *Cymbidium hookerianum*	药用
380	兰科	多花兰 *Cymbidium floribundum*	药用
381	兰科	叠鞘石斛 *Dendrobium denneanum*	药用
382	兰科	坡参 *Habenaria linguella*	药用
383	兰科	叉唇角盘兰 *Herminium lanceum*	药用
384	兰科	见血青 *Liparis nervosa*	药用
385	兰科	狭穗阔蕊兰 *Peristylus densus*	药用
386	兰科	云南独蒜兰 *Pleione yunnanensis*	药用
387	兰科	鸟足兰 *Satyrium nepalense*	药用
388	兰科	绶草 *Spiranthes sinensis*	药用
389	灯心草科	星花灯心草 *Juncus diastrophanthus*	药用
390	灯心草科	灯心草 *Juncus effusus*	纤维、药用
391	灯心草科	笄石菖 *Juncus prismatocarpus*	药用
392	灯心草科	野灯心草 *Juncus setchuensis*	纤维、药用
393	莎草科	香附子 *Cyperus rotundus*	药用
394	禾本科	光头稗 *Echinochloa colona*	饲料、淀粉
395	禾本科	大白茅 *Imperata cylindrica* var. *major*	水土保持、食用、药用、纤维
396	禾本科	金丝草 *Pogonatherum crinitum*	药用
397	禾本科	金发草 *Pogonatherum paniceum*	观赏
398	禾本科	棕叶狗尾草 *Setaria palmifolia*	淀粉、食用、药用、观赏
399	禾本科	苞子菅 *Themeda caudata*	纤维

参考文献

何明勋．资源植物学．上海：华东师范大学出版社，1996，1-202．

李嵘．高黎贡山北段种子植物区系研究．昆明：中国科学院昆明植物研究所，2003．

李锡文，李捷．横断山脉地区种子植物区系的初步研究．云南植物研究，1993，15(3)：217-231．

李锡文．云南高原地区种子植物区系．云南植物研究，1995，17(1)：1-14．

刘恩德．永德大雪山种子植物区系和森林植被研究．昆明：云南科技出版社，2010．

彭华．滇中南无量山种子植物．昆明：云南科技出版社，1998．

彭华．无量山植物区系的特有现象．云南植物研究，1996，19(1)：1-14．

税玉民，陈文红，李增耀，黄素华，张开平．滇东南红河地区种子植物．昆明：云南科技出版社，2003．

汤彦承．中国植物区系与其它地区区系的联系及其在世界区系中的地位和作用．云南植物研究，2000，22(1)：1-26．

王荷生．植物区系地理．北京：科学出版社，1992，1-176．

王荷生．中国种子植物特有属起源的探讨．云南植物研究，1989，11(1)：1-16．

吴征镒．"中国种子植物属的分布区类型"的增订和勘误．云南植物研究，增刊Ⅳ：1993，141-178．

吴征镒．中国种子植物属的分布区类型．云南植物研究，增刊Ⅳ：1991，1-139．

吴征镒，陈心启．中国植物志(第一卷)．北京：科学出版社，2004．

吴征镒，路安民，汤彦承，陈之端，李德铢．中国被子植物科属综论．北京：科学出版社，2003，1-1075．

吴征镒，孙航，周浙昆，彭华，李德铢．中国植物区系中的特有性及其起源和分化．云南植物研究，2005，27(6)：577-604．

吴征镒，孙航，周浙昆，彭华，李德铢．中国植物区系中的特有性及其起源和分化．云南植物研究，2005，27(6)：577-604．

吴征镒，王荷生．中国自然地理—植物地理(上册)．北京：科学出版社，1983，1-125．

吴征镒，周浙昆，孙航，李德铢，彭华．种子植物分布区类型及其起源和分化．昆明：云南科技出版社，2006，1-531．

熊子仙．云南资源植物学．昆明：云南教育出版社，1997，1-144．

徐廷志．槭属的一个系统．植物分类资源学报，1996，18(3)：277-292．

Bande，M. B.，Prakash，U. The tertiary flora of southeast Asia with remarks on its palaeovironment and phytogeography of the Indo-Malaya region. Review of Palaeobotany and Palynology，1986，49：203-233．

Fu，L. G. Cephalotaxaceae. In：Wu，Z. Y.，Hong，D. Y.，and Raven，P. H. *Flora of China* (Vol. 4). Beijing：Science Press and St. Louis：Missouri Botanical Garden Press，1999．

Fu，L. G.，Li，N.，Mill R. R. Cephalotanaceae. In：Wu，Z. Y.，Hang，D. Y.，and Raven P. H. Flora of China (Vol. 4)，Beijing：Science Press and St. Louis：Missouri Botanical Garden Press，1999．

Li, J. Q., Li, X. W., Soejarto D. D. Actinidiacae. In：Wu, Z. Y., Hang, D. Y., and Raven P. H. Flora of China（Vol. 12）. Beijing：Science Press and St. Louis：Missouri Botanical Garden Press，2007.

Steenis, van C. G., G. J. The Land-bridge theory in botany. *Blumea*，1962，11（2）：235 – 542.

Takhtajan A.（著），黄观程（译）. 世界植物区系区划. 北京：科学出版社，1988.

Wu, Z. Y., Wu, S. G. A Proposal for A New Floristic Kingdom（Realm）— The E. Asiatic Kingdom, Its Delineation and Characteristics. In：Zhang, A. L., Wu, S. G., Floristic Characteristics and Diversity of East Asian Plants. Beijing：China Higher Education Press，1996，3 – 42.

Xiang, Q. Y., Boutlord D. E. Toricelliaceae. In：Wu, Z. Y., Hang, D. Y., and Raven P. H. Flora of China（Vol. 14）. Beijing：Science Press and St. Louis：Missouri Botanical Garden Press，2005.

Xiang, Q. Y. Toricelliaceae. In：Wu, Z. Y., Hong, D. Y., and Raven, P. H. Flora of China, （Vol. 14）. Beijing：Science Press and St. Louis：Missouri Botanical Garden Press，2005.

Zhang, D. X., HarHey T. G., Mabberley D. J. Rutaceae. In：Wu, Z. Y., Hang, D. Y., and Raven P. H. Flera of China（Vol. 11）. Beijing：Science Press and St. Louls：Missouri Botanical Garden Prees，2008.

第四章

植 被*

阿姆山自然保护区地处哀牢山南延余脉。哀牢山是横断山系的一部分，是云南省重要的地理分界线，为亚热带南北气候的过渡地带。阿姆山自然保护区具有光照充足、气候暖热、空气湿润、雨量充沛、雨热同季的气候特点。保护区优越的气候条件、特殊的地理位置以及山地条件，孕育了丰富的植物种类和众多的植被类型。保护区植被不仅水平分布有规律，也表现出明显的山地垂直带谱，除季风常绿阔叶林受到较大的干扰外，保护区的主要植被中山湿性常绿阔叶林及其以上的垂直带谱，较少受到人为干扰，属于较原始的天然林区，原生植被保存比较完好。

保护区植被是生物多样性保护的重点，也是生物物种栖息和繁衍的场所。保护好现有的天然植被，修复受损的生态系统，维护生态系统的复杂性和稳定性，使保护区植被源源不断地提供更加强大的生态服务功能，为经济社会发展提供生态环境保障，是建立自然保护区的重要目标。因此，对保护区的植被进行调查和研究十分必要。

4.1 调查方法

阿姆山自然保护区的植被专题野外考察与植物专题共同开展，分 2 次进行，第一次于 2012 年 6 月 21 日开始，7 月 10 日结束，历时 20 天；第二次于 2012 年 9 月中旬开始，下旬结束，历时 16 天。本次考察采用样线调查和样方调查相结合的方式进行。

4.1.1 样线调查

野外调查过程中，共选择 10 条线路，线路的选择做到横向（纬线方向）到保

＊ 本章编写人员：国家林业局昆明勘察设计院张国学、尹志坚、和霞、王恒颖、孙鸿雁；红河阿姆山自然保护区管护局张红良、高正林、白帆。

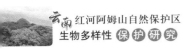

护区边界，纵向贯穿整个保护区，涉及最低、最高海拔和各个坡向，而且照顾到所有的植被类型。结合样线调查，利用地形图、GPS 和 SPOT5 卫星影像图确定各类植被类型的边界，并进行现地勾绘。

4.1.2 样方调查

4.1.2.1 样方面积

在保护区内，根据植被类型和分布设定不同的典型样方。同类型的群落设置 3 个 20m×25m 的样方以调查森林群落乔木层种类（胸径≥5cm），某些群落受地形限制或群落分布范围影响，样地面积有所调整。大样方设定后，在大样方四角和对角线交叉点分别设置 5 个 5m×5m 样方，调查群落中的灌木种类、高度及盖度；并于灌木调查样方中设 5 个 1m×1m 的小样方，调查草本植物种类、高度及盖度。对整个大样方中的乔木（胸径≥5cm）进行每木检尺；对于在大样方中出现但未进入小样方中的灌木、草本植物，则只记录其种类。

灌丛样方面积设为 5m×5m；草丛与沼泽样方面积设为 1m×1m。调查内容与森林群落中的小样方相同。

4.1.2.2 群落外貌、形态结构及动态特征

群落外貌特征：根据建群种生活型来确定，如乔木、灌木、草本，针叶或阔叶，常绿或落叶等。

群落分层结构：调查内容包括群落分层数量及组成、乔木层的高度和盖度、灌木层的高度和盖度、草本层的高度和盖度。乔木层根据群落复杂程度可进一步划分为若干层。

典型的生态学现象：如附生现象有无及附生植物的种类、多度、高度等。

群落动态：群落发育程度、群落演替趋势等。

4.1.2.3 物种多度

乔木记录株数，并对其进行每木检尺。群落的灌木层和草本层采用多度级进行记录，即 soc—极多，76%～100%；cop^3—很多，51%～75%；cop^2—多，26%～50%；cop^1—尚多，6%～25%；sp—稀少，1%～5%；sol—个别，<1%；un—偶见。

4.1.2.4 群落定量参数

在进行群落乔木层物种组成调查时，按英美学派的每木调查法记录优势种（建群种）的参数，即①样地内出现的个体数/株数；②估计冠幅大小，测量胸高直径、树高。

4.1.2.5 自然环境因子

记录群落样地的基本环境特征，包括海拔、坡度、坡向、坡位、土壤类型、岩石等，同时记录人为干扰程度，如薪材采集、木材砍伐、放牧等。

4.2　植被分区

根据《云南植被》(1987 年)的植被分区，阿姆山自然保护区范围内的植被属亚热带常绿阔叶林区域中的蒙自、元江岩溶高原峡谷云南松、红木荷林、木棉、虾子花中草丛亚区。

具体分区为：Ⅱ亚热带常绿阔叶林区域—ⅡA 西部(半湿润)常绿阔叶林亚区域—ⅡAi 高原亚热带南部季风常绿阔叶林地带—ⅡAi - 2 滇东南岩溶山原峡谷季风常绿阔叶林区—ⅡAi - 2a 蒙、白、元江岩溶高原峡谷云南松、红木荷林、木棉、虾子花中草丛亚区。

该亚区红河谷地海拔为 300 ~ 500m，南盘江谷地在本亚区内海拔 900 ~ 1100m，形成亚区内地貌的最低层次；高原内的断陷盆地海拔多在 1300m 左右。

该亚区红河河谷内干热河谷植被发达，在海拔 1000m 以下典型的干热河谷稀树灌木草丛广泛分布，占据了河谷内广大的坡地和阶地、台地。在海拔 1000m 以上水湿条件较好的地段发育有以红椿 *Toona ciliata*、白头树 *Garuga forrestii*、麻楝 *Chukrasia tabularis* 为代表的半常绿季雨林"片断"，随海拔升高，出现季风常绿阔叶林以及相应的植被类型。

4.3　植被分类

4.3.1　分类的依据和原则

保护区的植被分类遵循《云南植被》编目系统。植被分类系统采用植物群落学—生态学植被分类原则，即主要以植物群落自身特征为分类依据，并考虑群落的生态关系。具体原则如下。

4.3.3.1　依据优势种分类

优势种(建群种)或共建种，都是植物群落组成中数量较多、盖度最大、群落学作用最明显的物种，把它作为分类的一个依据是很重要的。如果植被类型中出现的多个建群种——共建种，在划分优势种时较困难，则采用生态幅狭窄、对该类型有指示作用的物种——标志种作为划分标准。

4.3.3.2　依据群落外貌和结构分类

群落的外貌和结构是划分植被类型高级单位的依据。群落外貌指群落的外表形状，结构指物种在空间上的搭配和排列状况。不同的群落反映出不同的群落外貌和结构，因此，群落的外貌和结构是植被分类的一个重要依据。植被的外貌和结构主要决定于优势种的生活型，一些群落结构单位(如层片)就是以生

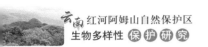

活型为主要标准划分的。生活型系统，从形态上把植物分为木本、半木本、草本、叶状体等四类；按主干木质化程度和生命周期分为乔木、灌木、半灌木、多年生草本、一年生草本等类型；再从体态和发育节律（落叶、常绿等）划分第三级、第四级。

4.3.3.3　依据生态地理特征分类

任何植被类型都具有特定的生态环境和分布空间，仅以前两条原则分类是不够的，如针叶林外貌相似，但常包括异质类群。因此，可用热量因素来划分亚型，把生态地理特征作为分类的一个依据。

4.3.3.4　依据动态特征分类

优势种原则和群落外貌与结构分类原则，只注重了群落的现状，不能划分出原生和次生类型，因此，还要考虑群落的动态特征。对一些不稳定的次生类型，考虑到动态演替的阶段变化，不单独划出，与原生植被合为同一类型。对一些相对稳定次生类型，因反映现状植被，单独划分类型。

4.3.2　单位和系统

采用三个基本等级制，高级单位为植被型，中级单位为群系，基本单位为群丛（群落），每个等级可设置亚级作辅助和补充。各等级划分标准和命名依据《云南植被》编目系统。

分类单位等级系统为：植被型 Vegetation type（如常绿阔叶林）—植被亚型 Vegetation sub-type（如山地苔藓常绿阔叶林）—群系 Formation（如木果石栎林）—群丛（群落）Community，如木果石栎、疏齿锥群落。

植被型：分类系统中最重要的高级分类单位。建群种生活型相同或近似，同时对水热条件生态关系一致的植物群落划为植被型。从地带性植被看，植被型是一定气候区域的产物；而从隐域性植被看，它又是一定的特殊生境的产物。

植被亚型：为植被型的辅助或补充单位。根据群落优势林层或指示林层的差异进一步划分亚型。这种林层结构的差异一般是由气候亚带的差异或一定的地貌、基质条件的差异引起的。

群系：分类系统中一个最重要的中级分类单位。凡是建群种或共建种相同（在热带或亚热带有时是标志种相同）的植物群落划为群系。

群丛（群落）：分类的基本单位。凡是林层结构相同，各林层的优势种或共建种或标志种相同的植物群落为群丛（群落）。

4.3.3　植物群落的命名

4.3.3.1　群系组和群系的命名

对群系组的命名采用群落中优势种的属名进行命名，对群系的命名采用主

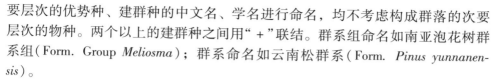

要层次的优势种、建群种的中文名、学名进行命名，均不考虑构成群落的次要层次的物种。两个以上的建群种之间用"＋"联结。群系组命名如南亚泡花树群系组（Form. Group *Meliosma*）；群系命名如云南松群系（Form. *Pinus yunnanensis*）。

4.3.3.2　群丛（群落）的命名

采用列出各层最主要的优势种的方法命名群丛。同一层次有多个优势物种或建群种，则用"＋"联结，或者多个优势物种或建群种之间用","连接；在不同层次的优势种用"—"联结。例如，南亚泡花树、梭子果群落（*Meliosma arnottiana ＋ Eberhardtia tonkinensis* Comm.）。

4.3.4　保护区植被类型

根据上述依据和原则，将保护区的植被划分为 7 个植被型（含 1 个人工植被型）13 个植被亚型（含 2 个人工植被亚型）；20 个天然植被群系和 3 个人工群系；22 个天然植被群丛（群落）和 6 个人工植被（表 4-1）。

表 4-1　阿姆山自然保护区植被系统

植被型	植物亚型	群系	群丛（群落）
Ⅰ. 常绿阔叶林 Evergreen broad-leaved forest	一、季风常绿阔叶林 Monsoon evergreen broadleaved forest	1. 南亚泡花树林 Form. *Meliosma arnottiana*	（1）南亚泡花树、梭子果群落 *Meliosma arnottiana + Eberhardtia tonkinensis* Comm.
		2. 滇赤杨叶林 Form. *Alniphyllum eberhardtii*	（2）滇赤杨叶、青冈林、港柯群落 *Alniphyllum eberhardtii + Cyclobalanopsis glauca + Lithocarpus harlandii* Comm.
		3. 枹丝锥（杯状栲）林 Form. *Castanopsis calathiformis*	（3）枹丝锥、红木荷群落 *Castanopsis calathiformis + Schima wallichii* Comm.
		4. 硬斗柯林 Form. *Lithocarpus hancei*	（4）硬斗柯、滇南青冈、小果锥群落 *Lithocarpus hancei + Cyclobalanopsis austroglauca + Castanopsis fleuryi* Comm.

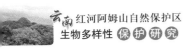

（续）

植被型	植物亚型	群系	群丛（群落）
Ⅰ. 常绿阔叶林 Evergreen broad-leaved forest	**二、中山湿性常绿阔叶林** Montane humidevergreen broad-leaved forest	**5. 青冈林** Form. *Cyclobalanopsis glauca*	（5）青冈、瑞丽蓝果树、小果锥群落 *Cyclobalanopsis glauca* + *Nyssa shweliensis* + *Castanopsis fleuryi* Comm.
		6. 截果柯林 Form. *Lithocarpus truncatus*	（6）小果锥、截果柯林、樟叶泡花树群落 *Castanopsis fleuryi* + *Lithocarpus truncatus* + *Meliosma squamulata* Comm.
			（7）截果柯、小果锥、米心水青冈群落 *Lithocarpus truncatus* + *Castanopsis fleuryi* + *Fagus engleriana* Comm.
		7. 老挝柯林 Form. *Lithocarpus laoticus*	（8）老挝柯、截果柯、红花木莲群落 *Lithocarpus laoticus* + *Lithocarpus truncatus* + *Manglietia insignis* Comm.
		8. 疏齿锥、硬斗石砾林 Form. *Castanopsis remotidenticulata* + *Lithocarpus hancei*	（9）疏齿锥、硬斗石砾、中缅木莲群落 *Castanopsis remotidenticulata* + *Lithocarpus hancei* + *Manglietia hookeri* Comm.
	三、山地苔藓常绿阔叶林 Montane mossy evergreen broad-leaved forest	**9. 西畴润楠林** Form. *Machilus sichourensis*	（10）西畴润楠、中缅木莲、文山鹅掌柴群落 *Machilus sichourensis* + *Manglietia hookeri* + *Schefflera fengii* Comm.
	四、山顶苔藓矮林 Top mountain mossy dwarf forest	**10. 圆叶珍珠花、西畴润楠林** Form. *Lyonia doyonensis* + *Machilus sichourensis*	（11）圆叶珍珠花、西畴润楠林、露珠杜鹃群落 *Lyonia doyonensis* + *Machilus sichourensis* + *Rhododendron irroratum* Comm.
Ⅱ. 暖性针叶林 Warm coniferous forest	**五、暖温性针叶林** Warm-temperature coniferous forest	**11. 云南松林** Form. *Pinus yunnanensis*	（12）云南松群落 *Pinus yunnanensis* Comm.
			（13）云南松、红木荷群落 *Pinus yunnanensis* + *Schima wallichii* Comm.

（续）

植被型	植物亚型	群系	群落（群丛）
Ⅲ. 落叶阔叶林 Deciduous broad-leaved forest	六、暖性落叶阔叶林 Warm deciduous broadleaved forest	12. 尼泊尔桤木林 Form. *Alnus nepalensis*	（14）尼泊尔桤木林 *Alnus nepalensis* Comm.
Ⅳ. 稀树灌木草丛 Sparsearbor and shrub tussock	七、热性稀树灌木草丛 Tropical sparse arbor and shrub tussock	13. 棕叶芦、五节芒草丛 Form. *Thysanolaena latifolia* + *Miscanthus floridulus*	（15）棕叶芦、五节芒草丛 *Thysanolaena latifolia* + *Miscanthus floridulus* Comm.
	八、暖温性稀树灌木草丛 Warm-temperature sparse arbor and shrub tussock	14. 含云南松中草草丛 Form. Medium grassland containing *Pinus yunnanensis*	（16）云南松、四脉金茅、黄背草群落 *Eulalia quadrinervis* + *Themeda triandra* containing *Pinus yunnanensis* Comm.
Ⅴ. 灌丛 Bush	九、暖性灌丛 Warm bush	15. 栎栲类灌丛 Form. Fagaceae spp.	（17）栎栲类灌丛 Fagaceae spp. Comm.
		16. 珍珠花灌丛 Form. *Lyonia ovalifolia*	（18）圆叶珍珠花、越桔、云南假木荷灌丛 *Lyonia ovalifolia* + *Vaccinium bracteatum* + *Craibiodendron yunnanense* Comm.
	十、山顶寒温性灌丛 Cold-temperature bush	17. 硬叶柯、红花杜鹃灌丛 Form. *Lithocarpus crassifolius* + *Rhododendron spanotrichum*	（19）硬叶柯、红花杜鹃灌丛 *Lithocarpus crassifolius* + *Rhododendron spanotrichum* Comm.
		18. 窄叶青冈灌丛 Form. *Cyclobalanopsis augustinii*	（20）窄叶青冈、光叶铁仔灌丛 *Cyclobalanopsis augustinii* + *Myrsine stolonifera* Comm.
		19. 云上杜鹃、厚皮香灌丛 Form. *Rhododendron pachypodum* + *Ternstroemia gymnanthera*	（21）云上杜鹃、厚皮香灌丛 *Rhododendron pachypodum* + *Ternstroemia gymnanthera* Comm.
Ⅵ. 草丛沼泽型湿地 Emergent plant community and marsh vegetation	十一、挺水植物群落及沼泽植被	20. 圆叶节节菜群系 Form. *Rotala rotundifolia*	（22）圆叶节节菜、球穗扁莎群落 *Rotala rotundifolia* + *Pycreus flavidus* Comm.

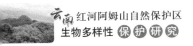

（续）

植被型	植物亚型	群系	群落（群丛）
Ⅶ．人工植被 Artificial vegetation	十二、人工木本植被 Artificially woody vegetation	21．常绿经济林 Evergreen economic forest	（23）杉木林 *Cunninghamia lanceolata* Comm.
			（24）棕榈林 Palm plantation
			（25）茶园 *Camellia sinensis* plantation
		22．落叶经济林 Deciduous economic forest	（26）尼泊尔桤木林 *Alnus nepalensis* Comm.
	十三、人工草本植被 Artificially herbaceous vegetation	23．中草草本农作物 Medium herbaceous plantation	（27）水田粮食作物种植地 Paddy-field foodstuff plantation
			（28）旱地粮食作物种植地 Farmland foodstuff plantation

4.4 植被分布规律及特征

4.4.1 各类植被的面积及景观特征

保护区属滇东南岩溶山原峡谷季风常绿阔叶林区。在保护区范围内，天然植被占保护区总面积的89.97%以上，整个区域以天然植被景观为主体。区内分布面积最大的为中山湿性常绿阔叶林，其面积为6072.7hm²，占保护区面积的35.28%；其次为暖温性针叶林（部分为飞播造林形成），面积为4730.8hm²，占保护区面积的27.49%。可见保护区的植被以这两种植被亚型为绝对优势。

从景观生态学的角度看，保护区的自然景观以森林植被景观为主体。其中，中山湿性常绿阔叶林景观面积最大，集中连片，其面积超过整个保护区面积的三分之一，为保护区的主要景观。作为自然景观斑块的森林植被类型有季风常绿阔叶林、中山湿性常绿阔叶林、山地苔藓常绿阔叶林、山顶苔藓矮林、山顶灌丛、针叶林、落叶阔叶林等。另外，区内还交错分布有较多的河流廊道，以及1个水库（见附图5）。整体上看，保护区内的森林植被景观系列发育完整，特色较为鲜明突出，连续性较好，破碎化程度低，详见表4-2。

表 4-2　保护区面积及景观特征

植被景观类型	植被分类等级	斑块数量（个）	面积（hm²）	平均斑块面积（hm²）	比例（%）
季风常绿阔叶林	植被亚型	31	1999.3	64.5	11.62
中山湿性常绿阔叶林	植被亚型	21	6072.7	289.2	35.28
山地苔藓常绿阔叶林	植被亚型	7	286.4	40.9	1.66
山顶苔藓矮林	植被亚型	8	363.3	45.4	2.11
热性稀树灌木草丛	植被亚型	9	147.1	16.3	0.85
暖性灌丛	植被亚型	1	174.5	174.5	1.01
暖性落叶阔叶林	植被亚型	13	1304.9	100.4	7.58
暖温性针叶林	植被亚型	26	4730.8	181.9	27.49
暖温性稀树灌木草丛	植被亚型	37	1616.3	43.7	9.39
山顶寒温性灌丛	植被亚型	2	233.9	116.9	1.36
挺水植物群落及沼泽植被	植被亚型	2	3.6	1.8	0.02
人工木本植被	植被亚型	14	203.9	14.6	1.19
人工草本植被		19	65.6	3.5	0.38
水域		1	9.6	9.6	0.06
合计		191	17211.9		100

4.4.2　植被分布格局与特点

4.4.2.1　水平分布特征

　　水平地带性植被是与气候带对应的植被类型，是一地区气候的基本反映。保护区地处北回归线以南的滇南低纬高原气候，属热带北部边缘的中山山地地貌，植被分布的水平地带性明显，尤其体现在中山湿性常绿阔叶林类型上。

　　中山湿性常绿阔叶林在保护区东、西、南、北及中部都有分布，但在不同区域，组成群落的建群种具有不同的构成成分，且南部的分布上线比北部高出约 50m。东部的中山湿性常绿阔叶林主要是由截果柯 *Lithocarpus truncatus*、小果锥 *Castanopsis fleuryi*、米心水青冈 *Fagus engleriana* 为优势种组成的群落；南部分布的中山湿性常绿阔叶林主要是疏齿锥、硬斗石砾、中缅木莲群落（*Castanopsis remotidenticulata* ＋ *Lithocarpus hancei* ＋ *Manglietia hookeri* Comm.）；西部分布的为小果锥、截果柯林、樟叶泡花树群落(*Castanopsis fleuryi* + *Lithocarpus truncatus* + *Meliosma squamulata* Comm.)；北部分布的为老挝柯、截果柯、红花木莲群落(*Lithocarpus laoticus* + *Lithocarpus truncatus* + *Manglietia insignis* Comm.)；中部分布的为青冈、瑞丽蓝果树、小果锥群落(*Cyclobalanopsis glauca* + *Nyssa shweliensis* + *Castanopsis fleuryi* Comm.)。

4.4.2.2　植被垂直带谱完整

虽然阿姆山自然保护区相对高差不大(924m)，最高海拔2534m，在滇南、滇东南不是最高的山峰，但由于东西跨度大，山体庞大，所以整个保护区发育了完整的南亚热带中山山地植被垂直带谱。保护区植被从海拔较低的季风常绿阔叶林、中山湿性常绿阔叶林、山地苔藓常绿阔叶林、山顶苔藓矮林，到最高海拔是山顶灌丛(图4-1)。

4.4.2.3　植被具有明显的过渡性质

阿姆山属于哀牢山的南缘部分。哀牢山为云南省的重要地理分界线，是云南北亚热带与南亚热带的过渡地带，有着典型的山地气候特点。阿姆山植被的多样性变化，反映出该地区植被的过渡性质，因此该地区是多种生物区系地理成分东西交汇、南北过渡的荟萃之地；另外，阿姆山自然保护区植被处于受东南季风控制的湿性阔叶林向受西南季风影响的干性阔叶林的过渡区，处于云南东西部南亚带湿性植被和干性植被的交汇处，具有明显的过渡性质，对研究云南东西部亚热带常绿阔叶林的演变和关系具有重要的意义。

4.4.2.4　具有一些特殊的群落类型

由于阿姆山的地理位置、山地条件与气候特征，保护区的植被具有一些特殊的群落类型，以保护区为集中分布地。例如，季风常绿阔叶林的南亚泡花树、梭子果群落(*Meliosma arnottiana* + *Eberhardtia tonkinensis* Comm.)，以及中山湿性常绿阔叶林中的青冈、瑞丽蓝果树、小果锥群落(*Cyclobalanopsis glance* + *Nyssa shweliensis* + *Castanopsis fleuryi* Comm.)等，具有极大的保护价值和科研价值。

4.4.2.5　现有自然森林保存比较完好，物种资源丰富

阿姆山的植被类型以中山湿性常绿阔叶林为主，植被结构保存比较完整。林内阴湿，苔藓植物、蕨类植物、附生植物多，枯枝落叶发达，腐殖层厚度多在10cm以上，显示出良好的生态效益。同样，这些森林的物种资源也相当丰富。

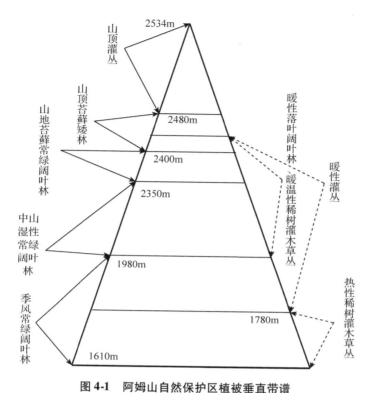

图 4-1　阿姆山自然保护区植被垂直带谱

注：图中箭头为实线的为天然植被，箭头为虚线的多为天然植被
受到较大人为干扰后发展演化或人工种植的植被类型。

4.5　主要植被类型

4.5.1　季风常绿阔叶林

　　季风常绿阔叶林是分布于云南省南部低海拔地区及广东、广西等亚热带南
部地区，气候夏热冬凉，干湿季分明，干季多雾，夏季多雨，为终年大气湿润
的气候条件下发育的植被类型。种类组成中有许多热带成分，如茜草科、紫金
牛科、芸香科等。阿姆山自然保护区地处云南亚热带与热带的交汇过度地带，
加之受山地气候的影响，分布的季风常绿阔叶林具有热带成分，又有温带成分。

　　保护区的季风常绿阔叶林，分布于海拔 1610 ~ 1980m 的山沟两侧，分属于
南亚泡花树林（Form. *Meliosma arnottiana*）、滇赤杨叶林（Form. *Alniphyllum
eberhardtii*）、枹丝锥（杯状栲）林（Form. *Castanopsis calathiformis*）和硬斗柯林
（Form. *Lithocarpus hancei*）4 个群系。由于人类活动干扰较大，如林下种植草果、

采集薪材及非木材林产品等，保护区的季风常绿阔叶林林相参差不齐，林下灌木和草本成分较之没有受干扰或干扰较小的季风常绿阔叶林已有较大的差别。如何保护好这类森林，应引起生物多样性保护、社会学、自然保护区等多领域专家的重视，因地制宜地解决好"三农"问题，采取措施，促进当地社区发展，推进社区参与式管理模式，从政策、资金、科技等多方面支持当地社区的发展，方才有可能保护好这些离社区较近的季风常绿阔叶林。

4.5.1.1 南亚泡花树林

保护区南亚泡花树群系有一个群落，即南亚泡花树、梭子果群落(*Meliosma arnottiana* + *Eberhardtia tonkinensis* Comm.)。该类型仅分布于洛恩乡海拔 1610 ~ 1750m 的山沟两侧，人为破坏使得该类型明显呈现出次生性。

干扰较小的季风常绿阔叶林乔木层可分 3 层(表 4-3)。上层乔木高约 20m，外貌不整齐，色调灰绿色，树皮较光滑，树冠近球形，排列稍紧密，盖度 50%，以南亚泡花树 *Meliosma arnottiana*、梭子果 *Eberhardtia tonkinensis* 为优势；其次是四蕊朴 *Celtis tetrandra*、绣毛柏那参 *Brassaiopsis ferruginea*、平头柯 *Lithocarpus tabularis* 和猴耳环 *Archidendron clypearia*，也偶见红脉梭罗 *Reevesia rubronervia*、光叶合欢 *Albizia lucidior*、滇藏杜英 *Elaeocarpus braceanus*、绒毛肉实树 *Sarcosperma kachinense* 等。

乔木中层高 8 ~ 15m，结构复杂，参差不齐，树冠圆锥状，排列紧密，盖度约 40%，种类稍丰富，以梭子果、华南桤叶树 *Clethra fabri*、滇藏杜英最多，还可见焰序山龙眼 *Helicia pyrrhobotrya*、金平木姜子 *Litsea chinpingensis*、滇桂木莲 *Manglietia forrestii*、中平树 *Macaranga denticulata*，以及苹果榕 *Ficus oligodon* 等多种榕树。

乔木下层高 5 ~ 8m，结构简单，下部与灌丛界线不明显，多上层乔木幼树，分布较零乱。常见树种为华南桤叶树、梭子果和尖叶榕 *Ficus henryi*。此外，有中华桫椤 *Alsophila costularia*、浆果楝 *Cipadessa baccifera*、云南九节 *Psychotria yunnanensis*、倒卵叶黄肉楠 *Actinodaphne obovata*、粗叶榕 *Ficus hirta* 和俅江枳椇 *Hovenia acerba* var. *kiukiangensis* 等。

灌木层高 0.5 ~ 3.0m，结构繁杂且分布不均，盖度为 20%，但种类较丰富，2m 以上灌木有宁南方竹 *Chimonobambusa ningnanica*、四蕊三角瓣花 *Prismatomeris tetrandra*、六蕊假卫矛 *Microtropis hexandra*、长叶白桐树 *Claoxylon longifolium* 等；矮于 2m 的有瓦理棕 *Wallichia gracilis*、露兜树 *Pandanus tectorius*、红紫麻 *Oreocnide rubescens*、滇短萼齿木 *Brachytome hirtellata*、白花龙船花 *Ixora henryi* 等，以及白接骨 *Asystasia neesiana*、纽子果 *Ardisia virens*、线萼蜘蛛花 *Silvianthus tonkinensis* 等。

草本层高 0.1 ~ 1.5m，生长茂密，种类丰富，盖度达 60%，形成小片蕨类片层的有西南鳞盖蕨 *Microlepia khasiyana*、滇耳蕨 *Polystichum chingae* 和深绿卷柏

Selaginella doederleinii、篦齿蕨 *Metapolypodium manmeiense*、大里白 *Diplopterygium giganteum* 等，此外云南草蔻 *Alpinia blepharocalyx*、滇魔芋 *Amorphophallus yunnanensis*、花葶薹草 *Carex scaposa*、粗齿冷水花 *Pilea sinofasciata*、鸭舌草 *Paspalum scrobiculatum*、雀稗 *Paspalum thunbergii* 等高矮不一的草本混生。

　　层间植物较为丰富，特别是一些较少受干扰的地段，附生植物发达。藤本植物主要有羽叶金合欢 *Acacia pennata*、云南省藤 *Calamus acanthospathus*、千里光 *Senecio scandens*、显脉密花豆 *Spatholobus parviflorus*、平叶酸藤子 *Embelia undulata* 等，还可见灰毛乌蔹莓 *Cayratia japonica* var. *mollis*、狭叶崖爬藤 *Tetrastigma serrulatum*，青藤仔 *Jasminum nervosum* 等小藤本。附生植物也较丰富，藤状附生植物有爬树龙 *Rhaphidophora decursiva*、常春藤 *Hedera nepalensis* var. *sinensis*、石柑子 *Pothos chinensis*、粗梗胡椒 *Piper macropodum* 和黄杨叶芒毛苣苔 *Aeschynanthus buxifolius* 等；附生草本有巢蕨 *Neottopteris nidus*、节肢蕨 *Arthromeris lehmanni*、豆瓣绿 *Peperomia tetraphylla* 以及多种兰科植物。

表4-3　南亚泡花树、梭子果群落特征表

样地概况

样地号：AM001；面积：20m×25m；地点：洛恩东普大沟；坡向：南坡；坡位：中上部；
坡度：15°；GPS点：N23°12′20″，E102°16′50″；海拔：1657m；土壤：砖红壤；
生境特点：土壤厚，干扰较大，次生性强；乔木层：23 种，盖度50%；
灌木层：12 种，盖度20%；草本层：10 种，盖度60%；藤本植物种类丰富

乔木层

植物名	层次	株数	胸径（cm）	高度（m）	相对多度	相对显著度	重要值
南亚泡花树 *Meliosma arnottiana*	I	6	68.6	19.7	11.1	38.0	49.1
梭子果 *Eberhardtia tonkinensis*	I－III	5	35.2	18.3	9.3	16.3	25.6
四蕊朴 *Celtis tetrandra*	I	3	17.5	17.6	5.6	4.9	10.5
绣毛柏那参 *Brassaiopsis ferruginea*	I	2	17.0	13.8	3.7	3.1	6.8
平头柯 *Lithocarpus tabularis*	I	3	16.9	14.5	5.6	4.7	10.3
猴耳环 *Archidendron clypearia*	I	4	13.1	13.8	7.4	4.8	12.2
红脉梭罗 *Reevesia rubronervia*	I	2	16.2	14.5	3.7	3.0	6.7
光叶合欢 *Albizia lucidior*	I	1	14.5	16.4	1.9	1.3	3.2
滇藏杜英 *Elaeocarpus braceanus*	I／II	3	16.5	15.8	5.6	4.6	10.2
绒毛肉实树 *Sarcosperma kachinense*	I	1	13.6	13.3	1.9	1.3	3.2
华南桤叶树 *Clethra fabri*	II／III	3	9.4	11.3	5.6	2.6	8.2

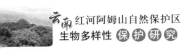

乔木层

植物名	层次	株数	胸径（cm）	高度（m）	相对多度	相对显著度	重要值
焰序山龙眼 *Helicia pyrrhobotrya*	II	1	9.8	15.2	1.9	0.9	2.8
金平木姜子 *Litsea chinpingensis*	II	3	11.2	12.6	5.6	3.1	8.7
滇桂木莲 *Manglietia forrestii*	II	1	9.4	13.4	1.9	0.9	2.8
中平树 *Macaranga denticulate*	II	3	9.4	9.7	5.6	2.6	8.2
苹果榕 *Ficus oligodon*	II	1	13.6	7.3	1.9	1.3	3.2
尖叶榕 *Ficus henryi*	III	2	6.3	7.0	3.7	1.2	4.9
中华桫椤 *Alsophila costularia*	III	2	6.3	7.6	3.7	1.2	4.9
浆果楝 *Cipadessa baccifera*	III	2	5.4	5.7	3.7	1.0	4.7
云南九节 *Psychotria yunnanensis*	III	1	4.7	5.0	1.9	0.4	2.3
倒卵叶黄肉楠 *Actinodaphne obovata*	III	2	8.3	7.7	3.7	1.5	5.2
粗叶榕 *Ficus hirta*	III	1	4.3	5.3	1.9	0.4	2.3
俅江枳椇 *Hovenia acerba* var. *kiukiangensis*	III	2	5.3	6.7	3.7	1.0	4.7
合计		54			100.0	100.0	200.0

灌木层

植物名	多度	高度（m）	盖度（%）	性状
宁南方竹 *Chimonobambusa ningnanica*	cop^2	2.3	45	灌木
四蕊三角瓣花 *Prismatomeris tetrandra*	cop^1	2.0	25	灌木
六蕊假卫矛 *Microtropis hexandra*	sp	2.6	3	灌木
长叶白桐树 *Claoxylon longifolium*	sp	3.1	2	灌木
红紫麻 *Oreocnide rubescens*	sp	1.0	3	灌木
滇短萼齿木 *Brachytome hirtellata*	sol	1.4	<1	灌木
白花龙船花 *Ixora henryi*	sol	1.2	<1	灌木
白接骨 *Asystasia neesiana*	un	0.8	<1	灌木
纽子果 *Ardisia virens*	sol	0.6	<1	灌木
线萼蜘蛛花 *Silvianthus tonkinensis*	sol	0.7	<1	灌木
瓦理棕 *Wallichia gracilis*	un	0.5	<1	灌木
露兜树 *Pandanus tectorius*	un	1.3	<1	灌木

（续）

草本层

植物名	多度	高度（m）	盖度（%）	性状
西南鳞盖蕨 Microlepia khasiyana	cop³	1.3	40	草本
滇耳蕨 Polystichum chingae	cop¹	0.7	25	草本
深绿卷柏 Selaginella doederleinii	cop¹	0.3	3	草本
篦齿蕨 Metapolypodium manmeiense	sp	0.6	2	草本
云南草蔻 Alpinia blepharocalyx	sp	0.7	1	草本
滇魔芋 Amorphophallus yunnanensis	sol	0.5	<1	草本
花葶薹草 Carex scaposa	sol	0.4	<1	草本
粗齿冷水花 Pilea sinofasciata	un	0.6	<1	草本
鸭舃草 Paspalum scrobiculatum	un	0.5	<1	草本
雀稗 Paspalum thunbergii	un	0.5	<1	草本

层间植物（藤本或附生植物）

植物名	多度	高度（m）	盖度（%）	性状
羽叶金合欢 Acacia pennata	sp	3.7	<1	藤本
云南省藤 Calamus acanthospathus	sp	4.3	<1	藤本
千里光 Senecio scandens	sp	1.5	<1	藤本
显脉密花豆 Spatholobus parviflorus	sol	3.2	<1	藤本
平叶酸藤子 Embelia undulate	sol	2.6	<1	藤本
灰毛乌蔹莓 Cayratia japonica var. mollis	sol	4.1	<1	藤本
狭叶崖爬藤 Tetrastigma serrulatum	sp	7.4	<1	藤本
青藤仔 Jasminum nervosum	sp	4.3	<1	藤本
爬树龙 Raphidophora decursiva	sol	3.7	<1	附生
常春藤 Hedera nepalensis var. sinensis	sp	6.4	<1	附生
石柑子 Pothos chinensis	un	2.6	<1	附生
粗梗胡椒 Piper macropodum	un	1.7	<1	附生
黄杨叶芒毛苣苔 Aeschynanthus buxifolius	cop¹	0.4	2	附生
巢蕨 Neottopteris nidus	sol	0.5	<1	附生
节肢蕨 Arthromeris lehmanni	sol	0.5	<1	附生
豆瓣绿 Peperomia tetraphylla	sol	0.1	<1	附生

4.5.1.2　滇赤杨叶林

保护区记录有一种群落，即滇赤杨叶、青冈、港柯群落（*Alniphyllum eberhardtii* + *Cyclobalanopsis glauca* + *Lithocarpus harlandii* Comm.）。该群落呈窄

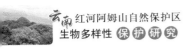

条状分布于清水河、那牙河两岸海拔 1750～1950m 的山坡上，植物种类较为丰富。

乔木上层可分 3 层。上层乔木高 20～30m，因坡度较大，外貌参差不齐，色调黄绿色，树干挺拔高耸，树冠圆球状，彼此稍不连接，盖度约 40%，20m×25m 的样地有树种约 15 种。以滇赤杨叶 *Alniphyllum eberhardtii*、青冈 *Cyclobalanopsis glauca*、港柯 *Lithocarpus harlandii* 常见，还常见泥椎柯（华南石栎）*Lithocarpus fenestratus*、米心水青冈 *Fagus engleriana*、壶壳柯 *Lithocarpus echinophorus*、下龙新木姜子 *Neolitsea alongensis* 以及柳叶润楠 *Machilus salicina* 等。

乔木中层高 10～20m，排列稍紧密但零乱，树冠半球状或圆柱状，盖度达 50%，种类很丰富，约有 18 种，以滇赤杨叶和红河鹅掌柴 *Schefflera hoi* 最为常见，高耸、灰白的树干特别醒目，还常见云南紫茎 *Stewartia calcicola*、云南红豆 *Ormosia yunnanensis*、滇藏杜英、毛柄枫 *Acer pubipetiolatum* 和笔罗子 *Meliosma rigida* 等，此外还有不少上层乔木的树种。

乔木下层高 4～8m，结构简单，排列稀疏，盖度仅 20%，但种类仍很丰富，以上层乔木幼树为主，此外，金平木姜子、窄叶南亚枇杷 *Eriobotrya bengalensis* var. *angustifolia*、腺叶桂樱 *Laurocerasus phaeosticta* 和粗毛杨桐 *Adinandra hirta* 也常见，还偶见到稠琼楠 *Beilschmiedia roxburghiana*、云南狗骨柴 *Diplospora mollissima*、南亚含笑 *Michelia doltsopa* 以及越南山香圆 *Turpinia cochinchinensis* 等。

灌木层平均高 2m，分层不明显，但排列很致密，盖度达 70%，以野龙竹 *Dendrocalamus semiscandens* 为优势，呈背景状分布。紧靠河两岸狭长地带，再上山坡则出现少量宁南方竹林，还常见到云南九节，毛叶老鸦糊 *Callicarpa giraldii* var. *subcanescens*、东方古柯 *Erythroxylum sinense* 以及滇红丝线 *Lycianthes yunnanensis* 等。

草本植物高 0.1～1.5m，参差不齐，多呈小片状分布，层盖度为 90%，成小片分布的有假镰羽短肠蕨 *Allantodia petri*、珠芽艾麻 *Laportea bulbifera*、黄凤仙 *Impatiens siculifer*、楮头红 *Sarcopyramis napalensis* 和灰叶堇菜 *Viola delavayi* 等。此外还偶见象头蕉 *Ensete wilsonii*、香花虾脊兰 *Calanthe odora*、木锥花 *Gomphostemma arbusculum* 和大果水竹叶 *Murdannia macrocarpa* 等。

层间植物较丰富。木质藤本有雷打果 *Melodinus yunnanensis*、长序南蛇藤 *Celastrus vaniotii*、柘藤 *Maclura fruticosa*、瘤皮孔酸藤子 *Embelia scandens* 等。附生植物稀疏而分散，常见的有紫花络石 *Trachelospermum axillare*、腺萼越橘 *Vaccinium pseudotonkinense*、距药姜 *Cautleya gracilis*、长茎芒毛苣苔 *Aeschynanthus longicaulis* 和斑叶毛鳞蕨 *Tricholepidium maculosum* 等。

4.5.1.3　枹丝锥（杯状栲）林

枹丝锥是保护区山地季风常绿阔叶林的习见树种，但在保护区并未形成大面积连片和典型的植物群落，只在一些区域分布有一定面积以枹丝锥为优势的季风常绿阔叶林。该群系在保护区只记录到一个群落，即枹丝锥、红木荷群落（*Castanopsis calathiformis* + *Schima wallichii* Comm.）。

现以样地资料为例说明。样地海拔 1995m，GPS 点 N23°12′02″、E102°04′54″，南坡，坡度 15°，坡位为中山下部，黄棕壤，但土壤黄化现象较重，土壤腐殖层厚约 40~50cm，地表枯枝落叶多。

乔木分层只有 1 层，高度 13~16m，郁闭度 0.85，枹丝锥（杯状栲）约占 3 成。主要乔木树种有枹丝锥、茶梨 *Anneslea fragrans*、红木荷、小果锥 *Castanopsis fleuryi*、多变柯 *Lithocarpus variolosus*、尼泊尔桤木 *Alnus nepalensis*、银木荷 *Schima argentea*、毛叶珍珠花 *Lyonia villosa*、马蹄荷 *Exbucklandia populnea* 等树种组成。

灌木层高 1~5m，盖度 50%，以乔木幼树株数多，灌木种类少，主要有杜鹃 *Rhododendron simsii*、大白花杜鹃 *Rh. decorum*、碎米花 *Rh. spiciferum*、香面叶 *Iteadaphne caudata*、云南越桔 *Vaccinium duclouxii*、毛果柃 *Eurya trichocarpa*、披针叶毛柃 *E. henryi*、纽子果 *Ardisia virens*、芳香白珠 *Gaultheria fragrantissima* 等。

草本层高 0.5~1m，盖度 5%，以阳性种类为主，芒萁 *Dicranopteris pedata*、龙牙草 *Agrimonia pilosa*、密毛蕨 *Pteridium revolutum*、扁枝石松 *Diphasiastrum complanatum* 占优势，偶见舞花姜 *Globba racemosa*、滇南狗脊蕨 *Woodwardia magnific*、狭鳞鳞毛蕨 *Dryopteris stenolepis*、先花象牙参 *Roscoea praecox*、茅叶荩草 *Arthraxon prionodes* 等。

层间藤本、附生植物少，有圆锥悬钩子 *Rubus paniculatus*、土茯苓 *Smilax glabra*、大乌泡 *Rubus pluribracteatus*、红毛悬钩子 *R. wallichianus*、丽叶薯蓣（梨果薯蓣）*Dioscorea aspersa* 等多与灌木层同高度的木质和草本藤本。

4.5.1.4 硬斗柯林

硬斗柯林（Form. *Lithocarpus hancei*）在保护区面积较小，有的地段可以看出在过去受到一定程度干扰，但由于近年加强管护，群落正朝着正向演替的方向发展。保护区内只记录有一个群落即硬斗柯、滇南青冈、小果锥群落（*Lithocarpus hancei* + *Cyclobalanopsis austroglauca* + *Castanopsis fleuryi* Comm.）。

样地海拔 1990m，GPS 点 N23°13′35″、E102°08′35″，东坡，坡度 20°，坡位为中山下部，黄棕壤，土壤腐殖层厚 20~30cm，地表枯枝落叶多。

乔木分层只有 1 层，高度 15~20m，郁闭度 0.75，建群树种为硬斗柯、滇南青冈、小果锥，约占乔木树种的 3 成。其他乔木树种有茶梨、云南松 *Pinus yunnanensis*、西南桦 *Betula alnoides*、栓皮栎 *Quercus variabilis*、四蕊朴 *Celtis tetrandra*、红木荷、毛杨梅 *Myrica esculenta*、多变柯、尼泊尔桤木、毛叶珍珠花等。

灌木层高 2～4m，盖度 40%，除乔木幼树，主要灌木种类有樟叶越桔 *Vaccinium dunalianum*、大理柳 *Salix daliensis*、云南杨梅 *Myrica nana*、尾叶紫金牛 *Ardisia caudata*、云上杜鹃 *Rhododendron pachypodum*、野拔子 *Elsholtzia rugulosa*、水红木 *Viburnum cylindricum*、黄花倒水莲 *Polygala fallax*、香面叶、披针叶毛柃、滇白珠 *Gaultheria leucocarpa* var. *yunnanensis* 等。

草本层高 0.5～1m，盖度 30%，分布有大里白 *Diplopterygium giganteum*、茅叶荩草、密毛蕨、扁枝石松 *Diphasiastrum complanatum*、鞭打绣球 *Hemiphragma heterophyllum*、东紫苏 *Elsholtzia bodinieri*。伴生有长蒴母草 *Lindernia anagallis*、鹅肠菜 *Myosoton aquaticum*、异腺草 *Anisadenia pubescens*、一把伞南星 *Arisaema erubescens*，偶见有箐姑草 *Stellaria vestita*、先花象牙参等。

层间藤本、附生植物少，主要有退毛来江藤 *Brandisia glabrescens*、圆锥悬钩子、大乌泡、红毛悬钩子、绢毛悬钩子 *Rubus lineatus*、托柄菝葜 *Smilax discotis* 等多种悬钩子等。

4.5.2 中山湿性常绿阔叶林

该类型主要分布于阿姆山海拔 1980～2350m 的地带，是分布面积最大、保留最完好的植被，因地形和海拔差异而呈现的 4 个群系，充分体现了该类型的多样性和明显水平分布的特点，也是阿姆山最为重要的水源涵养林。根据调查，保护区的中山湿性常绿阔叶林分成 4 个群系，即分布于保护区中部的青冈林（Form. *Cyclobalanopsis glauca*），分布于东部、西部的截果柯林（Form. *Lithocarpus truncatus*），分布于北部的老挝柯林（Form. *Lithocarpus laoticus*）及南部的疏齿锥、硬斗石砾林（Form. *Castanopsis remotidenticulata* + *Lithocarpus hancei*）。除截果柯林有 2 个群落，其他群系都只调查记录到 1 个群落。

4.5.2.1 青冈林

该群系分布于海拔 1950～2150m 的河边缓坡地带，面积很狭小，但群落外貌和结构较为整齐和典型。该群系只有一个群丛，即青冈、瑞丽蓝果树、小果锥群落（*Cyclobalanoosis glauca* + *Nyssa shweliensis* + *Castanopsis fleuryi* Comm.）。

乔木层分 3 层（表 4-4）。乔木上层高 20～30m，林冠波状起伏，干高 15m，树冠圆伞状，色调灰绿色，彼此连接，盖度 60%，是群落的优势层，树种较丰富，有 14 种，以青冈 *Cyclobalanopsis glauca*、瑞丽蓝果树 *Nyssa shweliensis* 和小果锥 *Castanopsis fleuryi* 较为常见，其次还有思茅栲 *Castanopsis ferox*、红木荷 *Schima wallichii*、思茅厚皮香 *Ternstroemia simaoensis*、白穗石栎 *Lithocarpus craibianus*、假鹊肾树 *Streblus indicus*、云南紫茎、薯豆 *Elaeocarpus japonicus* 等。

乔木中层高 10～20m，树冠长圆状，排列较稀疏，盖度仅 25%，树种也较丰富，有大量上层乔木的树种，以楠叶冬青 *Ilex machilifolia*、小果锥最为常见，

也可见蒙自桂花 *Osmanthus henryi*、树参 *Dendropanax dentiger*、滇赤杨叶、厚皮香 *Ternstroemia gymnanthera* 和多花含笑 *Michelia floribunda* 等。

乔木下层平均高6m，排列稀疏，盖度为15%，除少量上层乔木小树外，以滇山茶 *Camellia reticulata*、野八角 *Illicium simonsii* 最多，其次是厚皮香、柄果海桐 *Pittosporum podocarpum*、近轮叶木姜子 *Litsea elongata* var. *subverticillata*、坚木山矾 *Symplocos dryophila* 等。

灌木层高1~3m，排列整齐而茂密，盖度为90%，由金平玉山竹 *Yushania bojieiana* 组成的高山竹类层片占明显优势，除大量的上层幼苗外，还可见三花假卫矛 *Microtropis triflora*、朱砂根 *Ardisia crenata*、腺柄山矾 *Symplocos adenopus*、针齿铁仔 *Myrsine semiserrata*、疏花卫矛 *Euonymus laxiflorus* 等近19种灌木。

草本层高0.2~0.5m，结构单调而稀疏，盖度不足1%，仅见有沿阶草 *Ophiopogon bodinieri*、红腺蕨 *Diacalpe aspidioides*、四回毛枝蕨 *Leptorumohra quadripinnata*、弯蕊开口箭 *Campylandra wattii*、距花万寿竹 *Disporum calcaratum*、浆果薹草 *Carex baccans* 和疏羽耳蕨 *Polystichum disjunctum* 等。

藤本植物较少，仅见有龙骨酸藤子 *Embelia polypodioides*、纤柄菝葜 *Smilax pottingeri*、疣枝菝葜 *S. aspericaulis*。附生植物较丰富，以附生蕨类为主，有雨蕨 *Gymnogrammitis dareiformis*、书带蕨 *Vittaria flexuosa*、狭鳞鳞毛蕨 *Dryopteris stenolepis*、舌蕨 *Elaphoglossum conforme* 等，此外还可见点花黄精 *Polygonatum punctatum*、距药姜、小叶楼梯草 *Elatostema parvum* 和多种兰科植物。再者附生灌木还有白花树萝卜 *Agapetes mannii*、羽叶参 *Pentapanax fragrans*、红花杜鹃 *Rhododendron spanotrichum* 等。

表4-4 青冈、瑞丽蓝果树、小果锥群落特征表

样地概况

样地号：AM002；面积：2×500m²；地点：阿姆山清水河；坡向：北坡；坡位：中部；
坡度：20°；GPS点：N23°13′45″，E102°15′20″；海拔：2085m；土壤：黄壤；
生境特点：沟谷河边，土壤厚，干扰较小，植被较好；乔木层：盖度98%；
灌木层：盖度90%；草本层：盖度<1%，藤本植物种类丰富

乔木层

植物名	层次	株数	胸径（cm）	高度（m）	相对多度	相对显著度	重要值
青冈 *Cyclobalanopsis glauca*	Ⅰ／Ⅱ	15	51.6	25.7	18.5	32.5	51.1
瑞丽蓝果树 *Nyssa shweliensis*	Ⅰ	6	60.2	22.9	7.4	15.2	22.6
小果锥 *Castanopsis fleuryi*	Ⅰ-Ⅲ	12	14.5	21.3	14.8	7.3	22.1
截果柯 *Lithocarpus truncates*	Ⅰ	4	35.8	27.1	4.9	6.0	11.0

(续)

植物名	层次	株数	胸径 (cm)	高度 (m)	相对多度	相对显著度	重要值
思茅栲 Castanopsis ferox	I	3	38.1	28.5	3.7	4.8	8.5
红木荷 Schima wallichii	I	4	46.4	27.4	4.9	7.8	12.7
思茅厚皮香 Ternstroemia simaoensis	I	3	28.9	18.7	3.7	3.6	7.3
白穗石栎 Lithocarpus craibianus	I	2	27.5	18.1	2.5	2.3	4.8
假鹊肾树 Streblus indicus	I / II	3	19.5	15.8	3.7	2.5	6.2
云南紫茎 Stewartia calcicola	I - III	2	20.6	18.1	2.5	1.7	4.2
薯豆 Elaeocarpus japonicas	I - III	3	18.7	20.0	3.7	2.4	6.1
楠叶冬青 Ilex machilifolia	I - III	5	10.2	13.2	6.2	2.1	8.3
蒙自桂花 Osmanthus henryi	II / III	4	14.0	13.6	4.9	2.4	7.3
树参 Dendropanax dentiger	II / III	3	15.8	18.0	3.7	2.0	5.7
滇赤杨叶 Alniphyllum eberhardtii	II	1	20.9	18.3	1.2	0.9	2.1
厚皮香 Ternstroemia gymnanthera	II	2	21.0	19.0	2.5	1.8	4.2
多花含笑 Michelia floribunda	II	1	12.3	8.7	1.2	0.5	1.8
滇山茶 Camellia reticulata	II	2	13.9	8.2	2.5	1.2	3.6
野八角 Illicium simonsii	III	2	16.0	13.1	2.5	1.3	3.8
柄果海桐 Pittosporum podocarpum	III	1	8.8	6.3	1.2	0.4	1.6
近轮叶木姜子 Litsea elongate var. subverticillata	III	2	11.7	7.2	2.5	1.0	3.5
坚木山矾 Symplocos dryophila	III	1	7.3	6.9	1.2	0.3	1.5
合计		81					

灌木层

植物名	多度	高度(m)	盖度(%)	性状
金平玉山竹 Yushania bojieiana	cop³	2.6	85	灌木
截果柯 Lithocarpus truncates	cop¹	2.8	15	灌木
楠叶冬青 Ilex machilifolia	cop¹	2.1	5	灌木
厚皮香 Ternstroemia gymnanthera	sp	1.7	1	灌木
滇赤杨叶 Alniphyllum eberhardtii	sp	1.9	1	灌木
坚木山矾 Symplocos dryophila	sp	1.5	<1	灌木
滇山茶 Camellia reticulata	sol	1.2	<1	灌木
三花假卫矛 Microtropis triflora	sol	1.7	<1	灌木
朱砂根 Ardisia crenata	sp	3.1	2	灌木
腺柄山矾 Symplocos adenopus	sp	1.3	3	灌木
针齿铁仔 Myrsine semiserrata	sun	0.9	<1	灌木
疏花卫矛 Euonymus laxiflorus	un	1.2	<1	灌木

（续）

草本层

植物名	多度	高度（m）	盖度（%）	性状
沿阶草 *Ophiopogon bodinieri*	sp	0.3	<1	草本
红腺蕨 *Diacalpe aspidioides*	sol	0.4	<1	草本
四回毛枝蕨 *Leptorumohra quadripinnata*	sol	0.5	<1	草本
弯蕊开口箭 *Campylandra wattii*	sol	0.2	<1	草本
距花万寿竹 *Disporum calcaratum*	sol	0.6	<1	草本
浆果薹草 *Carex baccans*	un	0.4	<1	草本
疏羽耳蕨 *Polystichum disjunctum*	un	0.4	<1	草本

层间植物（藤本或附生植物）

植物名	多度	高度（m）	盖度（%）	性状
龙骨酸藤子 *Embelia polypodioides*	sp	2.8	<1	藤本
纤柄菝葜 *Smilax pottingeri*	sp	2.6	<1	藤本
疣枝菝葜 *Smilax aspericaulis*	sp	3.1	<1	藤本
雨蕨 *Gymnogrammitis dareiformis*	cop[1]	1.5	<1	藤本
书带蕨 *Vittaria flexuosa*	sol	0.5	<1	藤本
狭鳞鳞毛蕨 *Dryopteris stenolepis*	sol	0.9	<1	藤本
舌蕨 *Elaphoglossum conforme*	sp	0.7	<1	藤本
点花黄精 *Polygonatum punctatum*	sp	0.5	<1	藤本
距药姜 *Cautleya gracilis*	sol	0.5	<1	附生
小叶楼梯草 *Elatostema parvum*	sp	0.2	<1	附生
白花树萝卜 *Agapetes mannii*	un	0.9	<1	附生
羽叶参 *Pentapanax fragrans*	un	0.8	<1	附生
红花杜鹃 *Rhododendron spanotrichum*	un	0.9	<1	附生

4.5.2.2　截果柯林

截果柯群系有小果锥、截果柯、樟叶泡花树群落（*Castanopsis fleuryi + Lithocarpus truncatus + Meliosma squamulata* Comm.）和截果柯、小果锥、米心水青冈（*Lithocarpus truncatus + Castanopsis fleuryi + Fagus engleriana* Comm.）两个群落。

（1）小果锥、截果柯、樟叶泡花树群落

该群落分布于海拔2100～2300m的山体中上部，树干高耸而茂密，色调黄绿色，林相极整齐，是阿姆山自然保护区西部最为广泛的森林类型。

乔木层分3层（表4-5）。乔木上层高20～30m，外貌平整，树冠扁伞状，彼此紧密连接，层盖度为60%，树种有16种，以小果锥、截果柯和樟叶泡花树

Meliosma squamulata 较常见，还常见瑞丽蓝果树、红木荷、金平桦 *Betula jinpingensis*、金叶含笑 *Michelia foveolata*、蜡叶杜鹃 *Rhododendron lukiangense* 等。

乔木中层高 10～20m，树冠长度大于宽度，稀疏分布，盖度为 15%，有一定数量的上层树种，以樟叶泡花树、小果锥最常见，也可见青冈、多花含笑、国楣枫（密果槭）*Acer kuomeii*、窄叶柯 *Lithocarpus confinis*、楠叶冬青等。

乔木下层高 6～10m，盖度 15%，除大量上层小树，还常见密花树 *Myrsine seguinii*、坚木山矾 *Symplocos dryophila*、三花假卫矛、泥椎柯（华南石栎）*Lithocarpus fenestratus*、柔毛山矾 *Symplocos pilosa* 等。

灌木层高约 2m，盖度为 60%，有 27 种，除乔木幼苗外，形成明显的由华西箭竹 *Fargesia nitida* 组成的箭竹片层，另外还常见有罗浮粗叶木 *Lasianthus fordii*、小花粗叶木 *L. micranthus*、疏花卫矛 *Euonymus laxiflorus*、云桂虎刺 *Damnacanthus henryi*、密花远志 *Polygala karensium* 等。

草本层高 0.1～1.5m，排列稍不整齐，但较密集，盖度 40%，高于 0.5m 的有具柄重楼 *Paris fargesii* var. *petiolata*、八蕊花 *Sporoxeia sciadophila* 以及篦齿短肠蕨 *Allantodia hirsutipes* 等多种蕨类植物，刚毛秋海棠 *Begonia setifolia* 呈小片贴地生长，也可见腐生植物盾片蛇菰 *Rhopalocnemis phalloides*。

藤本植物较简单，仅见龙骨酸藤子、乌蔹莓和筐条菝葜 *Smilax corbularia*。附生植物很丰富，附生灌木有倒卵叶树萝卜 *Agapetes obovata*、白花树萝卜、鼠李叶花楸 *Sorbus rhamnoides* 等，附生草本有密花石豆兰 *Bulbophyllum odoratissimum*、豆瓣绿以及棕鳞瓦韦 *Lepisorus scolopendrum*、鳞轴小膜盖蕨 *Araiostegia perdurans* 等多种蕨类植物。

表4-5　小果锥、截果柯、樟叶泡花树群落特征表

样地概况

样地号：AM003；面积：2×500m²；地点：阿姆山摸埕咪卡娘鲁山；坡向：西南坡；坡位：中下部；调查时间：2012年6月28日；坡度：35°；GPS点：N23°13′19″，E102°12′53″；海拔：2260m；土壤：黄棕壤；生境特点：土壤厚，干扰较小，植被茂密；

乔木层：盖度90%；灌木层：盖度60%；草本层：盖度40%

乔木层

植物名	层次	株数	胸径（cm）	高度（m）	相对多度	相对显著度	重要值
小果锥 *Castanopsis fleuryi*	I – Ⅲ	23	30.1	21.7	20.7	30.3	51.0
截果柯 *Lithocarpus truncatus*	I / Ⅱ	9	29.3	19.4	8.1	11.5	19.7
樟叶泡花树 *Meliosma squamulata*	I – Ⅲ	10	15.1	21.3	9.0	6.6	15.6
红木荷 *Schima wallichii*	I	5	50.9	22.7	4.5	11.1	15.7
瑞丽蓝果树 *Nyssa shweliensis*	I	2	42.3	23.3	1.8	3.7	5.5

（续）

植物名	层次	株数	胸径（cm）	高度（m）	相对多度	相对显著度	重要值
厚皮香 Ternstroemia gymnanthera	I／II	5	19.6	20.8	4.5	4.3	8.8
金叶含笑 Michelia foveolata	I	1	54.3	25.6	0.9	2.4	3.3
金平桦 Betula jinpingensis	I	1	35.6	22.7	0.9	1.6	2.5
滇赤杨叶 Alniphyllum eberhardtii	I	1	20.4	24.8	0.9	0.9	1.8
蜡叶杜鹃 Rhododendron lukiangense	I-III	4	15.9	18.2	3.6	2.8	6.4
刀把木 Cinnamomum pittosporoides	I	1	30.6	21.4	0.9	1.3	2.2
楠叶冬青 Ilex machilifolia	I／II	3	20.2	16.2	2.7	2.7	5.4
青冈 Cyclobalanopsis glauca	I／II	3	30.0	25.3	2.7	3.9	6.6
滇桂木莲 Manglietia forrestii	I	1	33.0	25.0	0.9	1.4	2.3
多花含笑 Michelia floribunda	I	1	20.9	27.5	0.9	0.9	1.8
毛脉青冈 Cyclobalanopsis tomentosinervis	II	1	19.3	19.7	0.9	0.8	1.7
壶壳柯 Lithocarpus echinophorus	II	2	12.0	12.6	1.8	1.1	2.9
树参 Dendropanax dentiger	II	2	16.3	8.2	1.8	1.4	3.2
国楣枫（密果槭）Acer kuomeii	II	2	10.5	13.1	1.8	0.9	2.7
窄叶柯 Lithocarpus confinis	II	3	8.8	6.3	2.7	1.2	3.9
坚木山矾 Symplocos dryophila	II／III	6	11.7	7.2	5.4	3.1	8.5
密花树 Myrsine seguinii	II	2	9.5	11.3	1.8	0.8	2.6
三花假卫矛 Microtropis triflora	III	2	5.1	5.3	1.8	0.4	2.2
泥椎柯 Lithocarpus fenestratus	III	3	5.7	6.2	2.7	0.7	3.5
柔毛山矾 Symplocos pilosa	III	3	4.0	4.5	2.7	0.5	3.2
红河鹅掌柴 Schefflera hoi	III	2	2.8	5.7	1.8	0.2	2.0
短梗新木姜子 Neolitsea brevipes	III	2	6.4	5.7	1.8	0.6	2.4
薯豆 Elaeocarpus japonicus	III	1	6.0	6.3	0.9	0.3	1.2
云南紫茎 Stewartia calcicola	III	1	3.1	4.6	0.9	0.1	1.0
老挝杜英 Elaeocarpus laoticus	III	2	6.4	5.8	1.8	0.6	2.4
短尾鹅耳枥 Carpinus londoniana	III	1	2.7	5.8	0.9	0.1	1.0
柳叶润楠 Machilus salicina	III	2	3.5	6.2	1.8	0.3	2.1
滇山茶 Camellia reticulata	III	1	6.4	7.8	0.9	0.3	1.2
金叶细枝柃 Eurya loquaiana var. aureopunctata	III	1	7.3	6.9	0.9	0.3	1.2
南烛 Vaccinium bracteatum	III	2	7.3	7.0	1.8	0.6	2.4
合计		111					

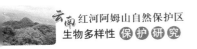
（续）

灌木层

植物名	多度	高度（m）	盖度（%）	物候
华西箭竹 *Fargesia nitida*	cop³	2.6	75	营养体
三花假卫矛 *Microtropis triflora*	cop¹	1.8	5	花期
蜡叶杜鹃 *Rhododendron lukiangense*	cop¹	2.0	2	果期
柔毛山矾 *Symplocos pilosa*	sp	1.7	1	营养体
罗浮粗叶木 *Lasianthus fordii*	sp	1.9	1	营养体
云南紫茎 *Stewartia calcicola*	sp	1.5	1	营养体
云桂虎刺 *Damnacanthus henryi*	sol	1.2	<1	营养体
疏花卫矛 *Euonymus laxiflorus*	sol	1.7	<1	花期
小花粗叶木 *Lasianthus micranthus*	sp	2.1	<1	营养体
密花远志 *Polygala karensium*	sp	1.3	<1	营养体
树参 *Dendropanax dentiger*	un	0.9	<1	花期
红河鹅掌柴 *Schefflera hoi*	un	1.2	<1	营养体
光叶铁仔 *Myrsine stolonifera*	un	1.5	<1	营养体
薯豆 *Elaeocarpus japonicus*	un	2.6	<1	果期
樟叶泡花树 *Meliosma squamulata*	un	2.9	<1	营养体
滇赤杨叶 *Alniphyllum eberhardtii*	un	3.8	<1	果期
红花木莲 *Manglietia insignis*	un	2.3	<1	营养体
柳叶润楠 *Machilus salicina*	un	2.5	<1	营养体
滇山茶 *Camellia reticulata*	un	3.4	<1	营养体
化香树 *Platycarya strobilacea*	un	3.0	<1	营养体
南烛 *Vaccinium bracteatum*	un	2.5	<1	营养体
大白花杜鹃 *Rhododendron decorum*	un	2.0	<1	营养体
柄果海桐 *Pittosporum podocarpum*	un	1.5	<1	营养体
朱砂根 *Ardisia crenata*	un	1.2	<1	营养体
香芙木 *Schoepfia fragrans*	un	2.0	<1	营养体
云南三花杜鹃 *Rhododendron triflorum*	un	1.8	<1	营养体
马关黄肉楠 *Actinodaphne tsaii*	un	2.6	<1	营养体

草本层

植物名	多度	高度（m）	盖度（%）	物候
刚毛秋海棠 *Begonia setifolia*	sp	0.3	<1	花期
岩生远志 *Polygala saxicola*	sol	0.2	<1	花期

（续）

植物名	多度	高度（m）	盖度（%）	物候
八蕊花 *Sporoxeia sciadophila*	sol	0.5	<1	营养体
具柄重楼 *Paris fargesii* var. *petiolata*	sol	0.3	<1	营养体
篦齿短肠蕨 *Allantodia hirsutipes*	sol	0.6	<1	孢子体
盾片蛇菰 *Rhopalocnemis phalloides*	un	0.2	<1	营养体
毛柄短肠蕨 *Allantodia dilatata*	un	0.7	<1	孢子体
弯蕊开口箭 *Campylandra wattii*	un	0.3	<1	营养体
假镰羽短肠蕨 *Allantodia petri*	un	0.5	<1	孢子体
镰叶瘤足蕨 *Plagiogyria distinctissima*	un	0.4	<1	孢子体
红腺蕨 *Diacalpe aspidioides*	un	0.3	<1	孢子体
西南复叶耳蕨 *Arachnides assamica*	un	0.8	<1	孢子体

层间植物（藤本或附生植物）

植物名	多度	高度（m）	盖度（%）	物候
龙骨酸藤子 *Embelia polypodioides*	sp	4.7	<1	花期
乌蔹莓 *Cayratia japonica*	sol	3.5	<1	营养体
筐条菝葜 *Smilax corbularia*	sol	3.4	<1	果期
昆明杯冠藤 *Cynanchum wallichii*	sol	3.5	<1	营养体
倒卵叶树萝卜 *Agapetes obovata*	sol	0.5	<1	果期
白花树萝卜 *Agapetes mannii*	sol	0.6	<1	果期
鼠李叶花楸 *Sorbus rhamnoides*	sp	1.5	<1	营养体
密花石豆兰 *Bulbophyllum odoratissimum*	sp	0.3	<1	营养体
棕鳞瓦韦 *Lepisorus scolopendrum*	un	0.3	<1	孢子体
豆瓣绿 *Peperomia tetraphylla*	un	0.2	<1	孢子体
鳞轴小膜盖蕨 *Araiostegia perdurans*	un	0.7	<1	孢子体
书带蕨 *Vittaria flexuosa*	un	0.3	<1	孢子体
波纹蕗蕨 *Mecodium crispatum*	un	0.4	<1	孢子体
剑叶铁角蕨 *Asplenium ensiforme*	un	0.3	<1	孢子体
胎生铁角蕨 *Asplenium yoshinagae*	un	0.3	<1	孢子体

（2）截果柯、小果锥、米心水青冈群落

该群落主要分布于阿姆山东部海拔 2000～2250m 的山坡中上部地带，是东部植被保留完好且分布较广的类型。只有截果柯、小果锥、米心水青冈一个群落（*Lithocarpus truncatus* + *Castanopsis fleuryi* + *Fagus engleriana* Comm.）。

乔木层可分 3 层（表 4-6），上层乔木高 20～35m，结构整齐，外貌波状起伏，色调黄绿色，树冠半球状，彼此连接紧密，盖度为 70%，为群落优势层，约有 11 种，以截果柯最常见，其次是小果锥、米心水青冈，也可见瑞丽蓝果树、华南蓝果树 *Nyssa javanica*、灯台树 *Cornus controversa*、老挝杜英 *Elaeocarpus laoticus* 等。

乔木中层高 10～20m，结构较复杂，参差不齐，树冠半球状至圆锥状，色调浓绿色，排列稍紧密，盖度为 30%，种类丰富，约 25 种，除少量上层树种外，常见的有滇桂木莲 *Manglietia forrestii*、沼楠 *Phoebe angustifolia*、短梗新木姜子 *Neolitsea brevipes*、粗壮琼楠 *Beilschmiedia robusta*、长圆臀果木 *Pygeum oblongum*、岗柃 *Eurya groffii* 等。

乔木下层高 4～10m，结构零乱，稀疏排列，盖度为 5%，约有 10 种，以柔毛山矾、偏心叶柃 *Eurya inaequalis*）、南烛 *Vaccinium bracteatum*、秃房茶 *Camellia gymnogyna* 较常见。

灌木层高 1～4m，盖度 60%，种类丰富。灌木层片主要由绿春玉山竹 *Yushania brevis* 形成高 2m 高的片层，还常见疏花卫矛、包疮叶 *Maesa indica*、云桂虎刺、云南连蕊茶 *Camellia forrestii*、金叶细枝柃 *Eurya loquaiana* var. *aureopunctata* 等。

草本层高 0.1～1.5m，结构稍复杂，但排列较疏散且不均匀，盖度仅为 1%，多具小片的蕨类片层，如西南复叶耳蕨 *Arachnides assamica*、斑点毛鳞蕨 *Tricholepidium maculosum*、篦齿短肠蕨等，还星散分布有具柄重楼、舞花姜 *Globba racemosa*、蛇根草 *Ophiorrhiza mungos*、刚毛秋海棠和斑叶唇柱苣苔 *Chirita pumila* 等。

藤本植物以中等木质藤本为主，有黑老虎 *Kadsura coccinea*、平叶酸藤子 *Embelia undulata*、苦皮藤 *Celastrus angulatus*、香花鸡血藤 *Callerya dielsiana* 以及多种菝葜 *Smilax* spp.。附生植物较丰富，密集于乔木上部树干和枝条上，常见有倒卵叶树萝卜、齿叶吊石苣苔 *Lysionotus serratus* 以及多种蕨类和兰科植物。

表 4-6　截果柯、小果锥、米心水青冈群落特征表

样地概况
样地号：AM004；面积：2×500m²；地点：乐恩乡平得无都大山；调查时间：2012 年 6 月 25 日；坡向：东南坡；坡位：中部坡度：35°；GPS 点：N23°12′33″，E102°12′13″；海拔：2245m；土壤：黄棕壤；生境特点：土壤厚，干扰较小，植被茂密；乔木层：盖度 90%；灌木层：盖度 60%；草本层：盖度 1%

（续）

乔木层

植物名	层次	株数	胸径（cm）	高度（m）	相对多度	相对显著度	重要值
截果柯 *Lithocarpus truncatus*	I	10	68.5	25.0	8.8	22.8	31.6
小果锥 *Castanopsis fleuryi*	I-III	17	23.7	21.7	14.9	13.4	28.3
米心水青冈 *Fagus engleriana*	I	3	65.2	27.4	2.6	6.5	9.1
灯台树 *Cornus controversa*	I	2	41.5	25.9	1.8	2.8	4.5
罗浮柿 *Diospyros morrisiana*	I	2	72.6	30.7	1.8	4.8	6.6
华南蓝果树 *Nyssa javanica*	I	2	46.1	25.8	1.8	3.1	4.8
云南单室茱萸 *Mastixia pentandra* subsp. *chinensis*	I	2	63.8	28.1	1.8	4.3	6.0
八角枫 *Alangium chinense*	I	1	45.9	25.5	0.9	1.5	2.4
云南瘿椒树 *Tapiscia yunnanensis*	I	1	43.1	22.8	0.9	1.4	2.3
老挝杜英 *Elaeocarpus laoticus*	I	1	28.1	23.0	0.9	0.9	1.8
瑞丽蓝果树 *Nyssa shweliensis*	I	1	28.3	19.0	0.9	0.9	1.8
滇桂木莲 *Manglietia forrestii*	II	10	18.5	15.0	8.8	6.2	14.9
尖叶桂樱 *Laurocerasus undulata*	II	6	11.3	12.3	5.3	2.3	7.5
短梗新木姜子 *Neolitsea brevipes*	II	5	9.8	12.9	4.4	1.6	6.0
沼楠 *Phoebe angustifolia*	II	4	24.6	15.9	3.5	3.3	6.8
红河鹅掌柴 *Schefflera hoi*	II	3	12.5	11.4	2.6	1.2	3.9
云南木犀榄 *Olea tsoongii*	II	4	11.8	12.7	3.5	1.6	5.1
长圆臀果木 *Pygeum oblongum*	II	3	43.5	20.1	2.6	4.3	7.0
岗柃 *Eurya groffii*	II	2	29.1	19.3	1.8	1.9	3.7
多花含笑 *Michelia floribunda*	II-III	1	20.2	16.0	0.9	0.7	1.6
粗壮琼楠 *Beilschmiedia robusta*	II	2	38.9	21.7	1.8	2.6	4.3
云南紫茎 *Stewartia calcicola*	II	1	25.1	18.4	0.9	0.8	1.7
毛脉青冈 *Cyclobalanopsis tomentosinervis*	II	1	19.3	19.7	0.9	0.6	1.5
马关黄肉楠 *Actinodaphne tsaii*	II	1	16.8	13.5	0.9	0.6	1.4
宿鳞稠李 *Padus perulata*	II	1	20.9	13	0.9	0.7	1.6
野茉莉 *Styrax japonicus*	II	1	11	13.5	0.9	0.4	1.2
滇赤杨叶 *Alniphyllum eberhardtii*	II	1	12.1	11.9	0.9	0.4	1.3
疣果花楸 *Sorbus corymbifera*	II	1	20.1	12.0	0.9	0.7	1.6
大叶柯 *Lithocarpus megalophyllus*	II	1	13.6	13.8	0.9	0.5	1.3
金叶含笑 *Michelia foveolata*	II	1	28.5	22.3	0.9	0.9	1.8

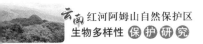

（续）

植物名	层次	株数	胸径（cm）	高度（m）	相对多度	相对显著度	重要值
滇山茶 *Camellia reticulata*	Ⅱ	1	32.0	21.5	0.9	1.1	1.9
薯豆 *Elaeocarpus japonicus*	Ⅱ	1	7.3	8.6	0.9	0.2	1.1
厚绒荚蒾 *Viburnum inopinatum*	Ⅱ	1	9.7	10.4	0.9	0.3	1.2
柔毛山矾 *Symplocos pilosa*	Ⅲ	3	9.2	4.5	2.6	0.9	3.6
杜鹃 *Rhododendron simsii*	Ⅲ	6	5.1	6.2	5.3	1.0	6.3
偏心叶柃 *Eurya inaequalis*	Ⅲ	3	8.3	7.5	2.6	0.8	3.5
青冈 *Cyclobalanopsis glauca*	Ⅲ	1	5.1	7.0	0.9	0.2	1.0
樟叶泡花树 *Meliosma squamulata*	Ⅲ	1	9.7	7.3	0.9	0.3	1.2
大花枇杷 *Eriobotrya cavaleriei*	Ⅲ	1	6.0	8.4	0.9	0.2	1.1
疏花卫矛 *Euonymus laxiflorus*	Ⅲ	1	4.9	5.7	0.9	0.2	1.0
南烛 *Vaccinium bracteatum*	Ⅲ	1	11.2	5.0	0.9	0.4	1.3
秃房茶 *Camellia gymnogyna*	Ⅲ	1	3.5	6.0	0.9	0.1	1.0
坚木山矾 *Symplocos dryophila*	Ⅱ	1	3.6	6.1	0.9	0.1	1.0
野八角 *Illicium simonsii*	Ⅲ	1	9.4	6.5	0.9	0.3	1.2
合计		114					

灌木层

植物名	多度	高度(m)	盖度(%)	物候
绿春玉山竹 *Yushania brevis*	cop³	2.6	65	营养体
滇桂木莲 *Manglietia forrestii*	sp	2.0	3	果期
柔毛山矾 *Symplocos pilosa*	sp	1.7	2	营养体
小果锥 *Castanopsis fleuryi*	sp	1.9	1	营养体
秃房茶 *Camellia gymnogyna*	sp	1.5	1	营养体
云桂虎刺 *Damnacanthus henryi*	sol	1.2	1	营养体
疏花卫矛 *Euonymus laxiflorus*	sol	1.7	<1	花期
小花粗叶木 *Lasianthus micranthus*	sp	2.1	1	营养体
密花远志 *Polygala karensium*	sp	1.3	1	营养体
金叶细枝柃 *Eurya loquaiana var. aureopunctata*	sp	1.3	1	营养体
云南连蕊茶 *Camellia forrestii*	sp	1.0	1	花期
包疮叶 *Maesa indica*	un	1.3	<1	果期
滇桂木莲 *Manglietia forrestii*	un	0.9	<1	花期
红河鹅掌柴 *Schefflera hoi*	un	1.2	<1	营养体

（续）

植物名	多度	高度（m）	盖度（%）	物候
厚绒荚蒾 Viburnum inopinatum	un	1.5	<1	营养体
粗壮琼楠 Beilschmiedia robusta	un	2.6	<1	果期
柳叶润楠 Machilus salicina	un	2.5	<1	营养体
滇山茶 Camellia reticulata	un	3.4	<1	营养体
化香树 Platycarya strobilacea	un	3.0	<1	营养体
南烛 Vaccinium bracteatum	un	2.5	<1	营养体
大白花杜鹃 Rhododendron decorum	un	2.0	<1	营养体
柄果海桐 Pittosporum podocarpum	un	1.5	<1	营养体
朱砂根 Ardisia crenata	un	1.2	<1	营养体
香芙木 Schoepfia fragrans	un	2.0	<1	营养体
枹丝锥（杯状栲）Castanopsis calathiformis	un	1.8	<1	营养体

草本层

植物名	多度	高度（m）	盖度（%）	物候
西南复叶耳蕨 Arachnides assamica	cop[1]	0.4	15	孢子体
长序冷水花 Pilea melastomoides	sp	0.2	2	花期
斑点毛鳞蕨 Tricholepidium maculosum	sp	0.3	1	孢子体
刚毛秋海棠 Begonia setifolia	sp	0.2	1	花期
浆果薹草 Carex baccans	sol	0.5	<1	花果期
斑叶唇柱苣苔 Chirita pumila	sol	0.3	<1	花期
蛇根草 Ophiorrhiza mungos	sol	0.3	<1	花期
舞花姜 Globba racemosa	sol	0.7	<1	花期
岩生远志 Polygala saxicola	sol	0.2	<1	花期
西南委陵菜 Potentilla lineata	sol	0.5	<1	营养体
具柄重楼 Paris fargesii var. petiolata	sol	0.3	<1	营养体
篦齿短肠蕨 Allantodia hirsutipes	sol	0.6	<1	孢子体
稀子蕨 Monachosorum henryi	un	0.6	<1	孢子体
紫苏叶黄芩 Scutellaria violacea var. sikkimensis	un	0.4	<1	营养体
粗齿冷水花 Pilea sinofasciata	un	0.3	<1	营养体
灰叶堇菜 Viola delavayi	un	0.1	<1	营养体
楮头红 Sarcopyramis napalensis	un	0.1	<1	营养体
硬毛火炭母 Polygonum chinense var. hispidum	un	0.7	<1	营养体
毛柄短肠蕨 Allantodia dilatata	un	0.8	<1	孢子体
弯蕊开口箭 Campylandra wattii	un	0.3	<1	营养体
假镰羽短肠蕨 Allantodia petri	un	0.5	<1	孢子体

（续）

层间植物（藤本或附生植物）

植物名	多度	高度（m）	盖度（%）	物候
长序南蛇藤 *Celastrus vaniotii*	sp	7.4	3	花期
黑老虎 *Kadsura coccinea*	sol	3.5	1	果期
苦皮藤 *Celastrus angulatus*	sol	2.8	1	营养体
香花鸡血藤 *Callerya dielsiana*	sol	4.2	1	花期
平叶酸藤子 *Embelia undulata*	sol	2.8	1	花期
球穗胡椒 *Piper thomsonii*	un	0.1	<1	花期
齿叶吊石苣苔 *Lysionotus serratus*	un	0.3	<1	花期
乌蔹莓 *Cayratia japonica*	un	3.3	<1	营养体
筐条菝葜 *Smilax corbularia*	un	3.4	<1	果期
昆明杯冠藤 *Cynanchum wallichii*	un	3.7	<1	营养体
倒卵叶树萝卜 *Agapetes obovata*	un	0.7	<1	果期
白花树萝卜 *Agapetes mannii*	un	0.6	<1	果期
大果菝葜 *Smilax megacarpa*	un	3.7	<1	果期
虎头兰 *Cymbidium hookerianum*	un	0.6	<1	营养体
滇瓦韦 *Lepisorus sublinearis*	un	0.3	<1	孢子体
鼠李叶花楸 *Sorbus rhamnoides*	un	1.5	<1	营养体
豆瓣绿 *Peperomia tetraphylla*	un	0.1	<1	孢子体
鳞轴小膜盖蕨 *Araiostegia perdurans*	un	0.5	<1	孢子体
书带蕨 *Vittaria flexuosa*	un	0.2	<1	孢子体
波纹蕗蕨 *Mecodium crispatum*	un	0.3	<1	孢子体
白花贝母兰 *Coelogyne leucantha*	un	0.2	<1	花期
黄杨叶芒毛苣苔（上树蜈蚣）*Aeschynanthus buxifolius*	un	0.4	<1	花期

4.5.2.3 老挝柯林

该群系分布于阿姆山瞭望台北坡2000～2350m的局部地带，已受轻微破坏，面积较小，色调白灰绿色，易与其他群落相区别，是一个较特殊的植被。在保护区记录有一个群落，即老挝柯、截果柯、红花木莲群落（*Lithocarpus laoticus* + *Lithocarpus truncatus* + *Manglietia insignis* Comm.）。

乔木可分3层。上层乔木高20～30m，外貌波状起伏，色调淡灰绿色，白绿相嵌，树冠紧密连接，盖度达70%，老挝柯最多，其次是截果柯和刺栲 *Castanopsis hystrix*，此外还常见有华南蓝果树、红木荷、西畴润楠（*Machilus sichourensis*、红花木莲、老挝杜英等。

乔木中层高 10 ~ 20m，树冠浓绿色，分层不明，排列稍紧密，盖度 30%，以红花木莲最多，其次是老挝柯和刺栲，还常见腺柄山矾 *Symplocos adenopus*、尼泊尔桤木 *Alnus nepalensis*、杜英 *Elaeocarpus decipiens* 等。

乔木下层高 6 ~ 10m，结构杂乱，盖度为 10%，除大量上层乔木小树外，还常见马关黄肉楠 *Actinodaphne tsaii*、黄丹木姜子 *Litsea elongata*、偏心叶柃、刀把木 *Cinnamomum pittosporoides*、绿春安息香 *Styrax macranthus*、狭叶罗伞 *Brassaiopsis angustifolia* 等。

灌木层高 1.0 ~ 3.0m，排列紧密而不均匀，盖度为 50%，宁南方竹呈背景状分布，东方古柯、川钓樟 *Lindera pulcherrima*、网叶山胡椒 *L. metcalfiana* var. *dictyophylla*、柔毛山矾、沼楠等也偶见。

草本层高 0.1 ~ 1.5m，结构复杂，分布不均匀，盖度平均 50%，小片分布的有滇耳蕨、毛柄短肠蕨、假镰羽短长蕨、刚毛秋海棠等，星散分布的有距花万寿竹、蕨状薹草 *Carex filicina*、滇黄精 *Polygonatum kingiana*、云南紫菊 *Notoseris yunnanensis*、心叶兔儿凤 *Ainsliaea bonatii* 等。

层间植物较简单。常见藤本有长序南蛇藤 *Celastrus vaniotii*、白木通 *Akebia trifoliata*、锈毛忍冬 *Lonicera ferruginea*、扶芳藤 *Euonymus fortunei* 和千里光、黑老虎等。附生植物多集生于上层乔木枝条上，常见有白花树萝卜、黄杜鹃、黑老虎、椭圆马尾杉 *Phlegmariurus henryi*、显苞芒毛苣苔 *Aeschynanthus bracteatus* 和胎生铁角蕨 *Asplenium yoshinagae* 等。

4.5.2.4 疏齿锥、硬斗石砾林

该群落仅分布于阿姆山主峰附近海拔 2350 ~ 2400m 的缓坡上，面积虽小，但保留完好，外貌极其平整，是中山湿性常绿阔叶林海拔最高的类型，其种类组成和结构特点较接近山地苔藓林和山地苔藓矮林。保护区内记录有一个群落，即疏齿锥、硬斗石栎、中缅木莲群落（*Castanopsis remotidenticulata* + *Lithocarpus hancei* + *Manglietia hookeri* Comm.）。

乔木层可分 3 层。乔木上层高 14m 以上，最高可达 20m，外貌波状起伏、色调灰绿色、树冠扁伞状，彼此连接，层盖度 60%，为群落优势层，树种有 10 种，以疏齿锥、硬斗石栎和中缅木莲为优势，还可见到红花木莲、西畴润楠、小果冬青 *Ilex micrococca*、光叶柯 *Lithocarpus mairei* 等。

乔木中层高 8 ~ 14m，层盖度 30%，树种稍丰富，有 15 种，其中，杜鹃 *Rhododendron simsii*、厚皮香和五室连蕊茶（*Camellia stuartiana*）较常见，也可见圆叶珍珠花 *Lyonia doyonensis*、云南木犀榄 *Olea tsoongii*、老挝杜英、短梗新木姜子等。

乔木下层 4.8m，盖度仅 20%，种类单一，以杜鹃 *Rhododendron* spp. 最多，也偶见三花假卫矛、团香果 *Lindera latifolia*、红河鹅掌柴、沼楠等。

灌木层高 1~3m，排列密集，层盖度为 50%。绝大多数为上层乔木的幼树，另外还可见到东方古柯、腺柄山矾、樟叶泡花树、乔木茵芋 *Skimmia arborescens*、云南含笑 *Michelia yunnanensis* 等。

草木层高 0.1~1.0m，结构简单，排列稀疏、盖度为 10%，种类单调，仅见到中越蹄盖蕨 *Athyrium christensenii*、羊齿天门冬 *Asparagus filicinus*、弯蕊开门箭 *Campylandra wattii*、浆果薹草等 7 种植物。藤木植物也很单一，仅见白木通、扶芳藤、托柄菝葜 *Smilax discotis*、马甲菝葜 *S. lanceifolia*。而附生植物特别丰富，厚厚地包裹于大树和枝条上，附生灌木有红苞树萝卜 *Agapetes rubrobracteata*、白花树萝卜、樟叶越桔 *Vaccinium dunalianum*、黄杨叶芒毛苣苔；附生蕨类有石莲姜槲蕨 *Drynaria propinqua*、节肢蕨、棕鳞瓦韦等 11 种，也可见点花黄精、小楼梯草 *Elatostema parvum* 以及多种兰科植物。

4.5.3　山地苔藓常绿阔叶林

该类型仅分布于阿姆山山顶下部约海拔 2360~2400m 的山谷中，面积很小，干扰较轻，群落特点极为明显。据调查，保护区只有西畴润楠、中缅木莲、文山鹅掌柴群落一个群落（*Machilus sichouronsis* + *Manglietia hookeri* + *Schefflera fengii* Comm.）。

乔木层可分 3 层。上层乔木高约 18m，外貌波状起伏，色调深绿，树冠半伞形，彼此衔接，盖度达 80%，以西畴润楠、中缅木莲和文山鹅掌柴为优势种，也可见到老挝柯、硬斗石栎、绒毛含笑 *Michelia velutina*、刀把木等。

乔木中层高 8~15m，除上层少量树种外，常见云南紫茎、窄叶南亚枇杷、圆叶珍珠花、大叶虎皮楠 *Daphniphyllum majus* 和重齿藏南枫 *Acer campbellii* var. *serratifolium* 等；乔木下层种类稍丰富，高 5~10m，盖度约 15%，以五室连蕊茶、厚皮香、窄基红褐枵 *Eurya rubiginosa*、檀梨 *Pyrularia edulis* 和大白花杜鹃 *Rhododendron decorum* 较为常见。

灌木层明显，高约 1~2m，盖度为 60%，几乎全为冬竹 *Fargesia hsuehiana*，此外还常见针齿铁仔、三花假卫矛、锈叶杜鹃 *Rhododendron siderophyllum*、五室连蕊茶等，分布稀疏却又整齐。

草本层极为单调，高约 0.1~0.5m，盖度 5%，以糙毛薹草 *Carex hirtiutriculata*、镰叶瘤足蕨 *Plagiogyria distinctissima*、红腺蕨、弯蕊开口箭较常见，也可见宽穗兔儿风、偏瓣花 *Plagiopetalum esquirolii*、疏羽耳蕨等，但分布不均匀。

层间植物很丰富。大藤本有白木通、黑老虎、小木通 *Clematis armandii* 等，小藤本有锈毛忍冬、屏边双蝴蝶 *Tripterospermum pingbianense* 以及多种菝葜（*Smilax* spp.）。附生植物也较丰富，除树干上密被厚约 5cm 苔藓外，附生灌木有白花树萝卜、红苞树萝卜、滇缅花楸 *Sorbus thomsonii* 等；附生草本以蕨类为主，有啄

叶隐子蕨 *Crypsinus rhynchophyllus*、友水龙骨 *Polypodiodes amoena*、二色瓦韦 *Lepisorus bicolor* 和舌蕨 *Elaphoglossum conforme* 等。此外，还常见有小叶楼梯草、豆瓣绿、点花黄精、黄马铃苣苔 *Oreocharis aurea* 以及多种兰科植物。

4.5.4　山顶苔藓矮林

该类型分布于接近山脊或山梁两侧山坡上，海拔 2400～2480m，风大而潮湿的生境特点使得林下矮小植物和苔藓丰富。记录有一个群落，即圆叶珍珠花、西畴润楠、露珠杜鹃群落（*Lyonia doyonensis* + *Machilus sichourensis* + *Rhododendron irroratum* Comm.）。

乔木层仅分 2 层（表 4-7），上层乔木平均高 12m，外貌暗绿色，树冠半球状，林冠较为整齐，色调斑驳多彩，盖度为 80%，以圆叶珍珠花最多，其次是西畴润楠、露珠杜鹃，还常见到长序虎皮楠、挂苦绣球 *Hydrangea xanthoneura*、厚皮香、大喇叭杜鹃 *Rhododendron excellens*、文山鹅掌柴、窄叶南亚枇杷等。

乔木下层平均高 7m，树冠多圆柱状，高矮参差不齐，分层不明显，排列稀疏，盖度为 30%，除一定数量的上层乔木树种外，还常见光叶铁仔、云南木犀榄、大白花杜鹃、乔木茵芋和川钓樟等。

灌木层高 0.5～2.0m，分布稍紧密且均匀，层盖度为 60%，形成明显的冬竹林层片，此外高于 2m 的灌木有五室连蕊茶、南烛、香芙木 *Schoepfia fragrans* 等，矮于 2m 的有檀梨、三花假卫矛、四角柃 *Eurya tetragonoclada*、琵琶叶珊瑚 *Aucuba eriobotryifolia* 等。

草本层高 0.1～0.5m，参差不齐，分布稀疏而零乱，层盖度约为 5%，分 2 层。上层草本高 0.3m，以八蕊花、线腺蕨为主，无盖鳞毛蕨 *Dryopteris scottii*、具柄重楼也偶见；下层草本高约 20cm，有蛇足石杉 *Huperzia serrata*、宽叶兔儿风，地盆草 *Scutellaria discolor* var. *hirta* 等。

层间植物稍丰富。藤本有龙骨酸藤子 *Embelia polypodiodes*、肖菝葜 *Heterosmilax joponica*、乌蔹莓以及托柄菝葜等多种菝葜。附生植物也较丰富，藤状附生植物有大樟叶越桔 *Vaccinium dunalianum* var. *megaphyllum*、黄杨叶芒毛苣苔、小叶楼梯草等。

表 4-7　圆叶珍珠花、西畴润楠、露珠杜鹃群落特征表

样地概况
样地号：AM005；面积：500m²；地点：阿姆山雷击区；调查时间：2012 年 9 月 15 日；坡向：西北坡；坡位：坡上部；坡度：30°；GPS 点：N23°12′30″，E102°15′03″；海拔：2420m；土壤：黄棕壤；生境特点：土壤薄，干扰较小；乔木层：盖度 85%；灌木层：盖度 60%；草本层：盖度 5%

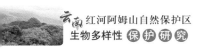
（续）

乔木层

植物名	层次	株数	胸径（cm）	高度（m）	相对多度	相对显著度	重要值
圆叶珍珠花 Lyonia doyonensis	Ⅰ	12	19.5	12.8	15.4	24.5	39.8
西畴润楠 Machilus sichourensis	Ⅰ	6	15.0	12.9	7.7	9.4	17.1
露珠杜鹃 Rhododendron irroratum	Ⅰ/Ⅱ	7	9.1	10.5	9.0	6.7	15.6
厚皮香 Ternstroemia gymnanthera	Ⅰ	4	15.6	12.3	5.1	6.5	11.7
文山鹅掌柴 Schefflera fengii	Ⅰ/Ⅱ	3	18.7	12.6	3.8	5.9	9.7
窄叶南亚枇杷 Eriobotrya bengalensis var. angustifolia	Ⅰ	4	15.0	10.6	5.1	6.3	11.4
长序虎皮楠 Daphniphyllum longeracemosum	Ⅰ/Ⅱ	4	18.4	11.9	5.1	7.7	12.8
中缅木莲 Manglietia hookeri	Ⅰ	1	17.3	13.1	1.3	1.8	3.1
光叶柯 Lithocarpu smairei	Ⅰ	1	32.0	15.6	1.3	3.3	4.6
柳叶润楠 Machilus salicina	Ⅰ	2	29.8	12.9	2.6	6.2	8.8
重齿藏南枫 Acer campbellii var. serratifolium	Ⅰ	1	25.7	14.8	1.3	2.7	4.0
挂苦绣球 Hydrangea xanthoneura	Ⅰ	1	12.5	11.5	1.3	1.3	2.6
大喇叭杜鹃 Rhododendron excellens	Ⅰ	1	6.3	11.0	1.3	0.7	1.9
光叶铁仔 Myrsine stolonifera	Ⅱ	19	5.1	6.2	24.4	10.1	34.5
乔木茵芋 Skimmia arborescens	Ⅱ	1	1.8	4.5	1.3	0.2	1.5
碎米花 Rhododendron spiciferum	Ⅱ	2	6.2	6.0	2.6	1.3	3.9
云南木犀榄 Olea tsoongii	Ⅱ	3	5.9	5.3	3.8	1.9	5.7
东方古柯 Erythroxylum sinense	Ⅱ	2	6.3	6.8	2.6	1.3	3.9
八角枫 Alangium chinense	Ⅱ	1	3.9	6.4	1.3	0.4	1.7
大白花杜鹃 Rhododendron decorum	Ⅱ	1	7.5	9	1.3	0.8	2.1
川钓樟 Lindera pulcherrima var. hemsleyana	Ⅱ	1	6.0	7.4	1.3	0.6	1.9
窄基红褐柃 Eurya rubiginosa var. attenuate	Ⅱ	1	4.5	6.7	1.3	0.5	1.8
合计		78					

灌木层

植物名	多度	高度（m）	盖度（%）	物候
五室连蕊茶 Camellia stuartiana	cop¹	2.6	35	营养体
露珠杜鹃 Rhododendron irroratum	sp	2.0	4	果期
南烛 Vaccinium bracteatum	sp	1.7	3	营养体
香芙木 Schoepfia fragrans	sp	1.9	3	营养体
云南木犀榄 Olea tsoongii	sp	1.3	2	营养体

146

（续）

植物名	多度	高度（m）	盖度（%）	物候
四角枔 Eurya tetragonoclada	sp	1.3	2	营养体
琵琶叶珊瑚 Aucuba eriobotryifolia	sp	1.0	2	营养体
朱砂根 Ardisia crenata	un	1.3	<1	果期
三花假卫矛 Microtropis triflora	un	0.9	<1	花期
檀梨 Pyrularia edulis	un	1.2	<1	营养体
窄基红褐枔 Eurya rubiginosa var. attenuate	un	1.5	<1	营养体

草本层

植物名	多度	高度（m）	盖度（%）	物候
沿阶草 Ophiopogon bodinieri	sp	0.4	2	营养体
宽叶兔儿风 Ainsliaea latifolia	sp	0.3	1	花期
八蕊花 Sporoxeia sciadophila	sp	0.5	1	花期
红腺蕨 Diacalpe aspidioides	sp	0.3	1	花期
开口箭 Campylandra chinensis	sol	0.3	<1	营养体
具柄重楼 Paris fargesii var. petiolata	sol	0.3	<1	营养体
中越蹄盖蕨 Athyrium christensenii	sol	0.3	<1	孢子体
滇兰 Hancockia uniflora	un	0.4	<1	营养体
地盆草 Scutellaria discolor var. hirta	un	0.2	<1	营养体
无盖鳞毛蕨 Dryopteris scottii	un	0.5	<1	孢子体
蛇足石杉 Huperzia serrata	un	0.1	<1	孢子体

层间植物（藤本或附生植物）

植物名	多度	高度（m）	盖度（%）	物候
龙骨酸藤子 Embelia polypodioides	sp	4.1	2	花期
托柄菝葜 Smilax discotis	sol	3.5	1	花期
乌蔹莓 Cayratia japonica	sol	2.8	1	营养体
肖菝葜 Heterosmilax japonica	sol	4.2	1	果期
扶芳藤 Euonymus fortunei	sol	1.0	1	营养体
竹叶吉祥草 Spatholirion longifolium	un	0.5	<1	营养体
齿叶吊石苣苔 Lysionotus serratus	un	0.3	<1	花期
黄杨叶芒毛苣苔 Aeschynanthus buxifolius	un	0.8	<1	花期
大樟叶越桔 Vaccinium dunalianum var. megaphyllum	un	1.2	<1	营养体
钩序唇柱苣苔 Chirita hamosa	un	0.3	<1	花期
小叶楼梯草 Elatostema parvum	un	0.2	<1	营养体
二色瓦韦 Lepisorus bicolor	un	0.3	<1	孢子体
节肢蕨 Arthromeris lehmanni	un	0.3	<1	孢子体
篦齿蕨 Metapolypodium manmeiense	un	0.4	<1	孢子体
胎生铁角蕨 Asplenium yoshinagae	un	0.4	<1	孢子体

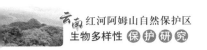

4.5.5　暖温性针叶林

保护区暖温性针叶林主要为云南松林（Form. *Pinus yunnanensis*），在云南松林中或其他阔叶林中有零星的华山松 *Pinus armandii* 分布。

云南松林分布于保护区西北端山体上部较高海拔地段，在海拔1800m以上一直到山顶都零星有云南松的分布，或以纯林的形式出现，或以其他乔木树种组成针阔混交林。它们主要是在原有的季风常绿阔叶林、中山湿性常绿阔叶林消失之后形成的次生植被，大多为人工飞播的中龄林，其树龄15～20年。

但值得一提的是，这些云南松林，由于飞播时有大量的天然植被残余物或次生植被存在，所以云南松纯林占的比重比较小，而是云南松与其他阔叶树种混交，形成物种相对较多、生态服务功能较强的针阔混交林；从现有的植被演替系统看，这些植被正朝着更稳定的演替阶段发生变化。这种正向演替也是近年来这些地段得到严格管护的结果。

保护区云南松群系包括云南松群落和云南松、红木荷群落共2个群落。

4.5.5.1　云南松群落

样地GPS点N23°13′10″、E102°06′26″，海拔2100m，北坡，坡度18°，坡位为中山上部，黄棕壤。

乔木层几乎全部为云南松组成，有少量的尼泊尔桤木、多变柯、枹丝锥、毛果栲间杂其中。盖度仅为60%～70%，层高8～12m，在500m²的样地面积内共有云南松150株，平均胸径13cm，最高14.5m，最大胸径18cm，枝下高2～3m。

灌木层种类不太丰富，共有12种，多为喜阳耐旱、耐牧、耐火的种类，盖度30%。占优势的是樟叶越桔 *Vaccinium dunalianum*、水红木 *Viburnum cylindricum*、刺花椒 *Zanthoxylum acanthopodium*、三桠苦 *Melicope pteleifolia*、驳骨丹 *Buddleja asiatica* 等。此外，黑叶木蓝 *Indigofera nigrescens*、毛叶珍珠花 *Lyonia villosa*、亮毛杜鹃 *Rhododendron microphyton*、针齿铁仔 *Myrsine semiserrata* 也比较多见。刺蒴麻 *Triumfetta rhomboidea*、云南绣线梅 *Neillia serratisepala*、多毛悬钩子 *Rubus lasiotrichos*、碎米花等在灌木层中偶见。

草本层植物种类丰富，但主要为广布性杂草或外来种，共有20种，盖度70%，层高度1m左右。种类以禾本科、菊科、唇形科、蝶形花科植物为主，如茅叶荩草、二色金茅 *Eulalia siamensis*、小叶三点金 *Desmodium microphyllum*、金茅 *Eulalia speciosa*、长波叶山蚂蝗 *Desmodium sequax*、宽叶兔儿风 *Ainsliaea latifolia*、百能葳 *Blainvillea acmella*、珠光香青 *Anaphalis margaritacea*、棉毛尼泊尔天名精 *Carpesium nepalense* var. *lanatum*、白头婆 *Eupatorium japonicum*、刺芒野古草 *Arundinella setosa*、东紫苏、心叶山黑豆 *Dumasia cordifolia*、假地蓝 *Crotalaria*

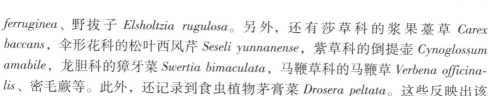

ferruginea、野拔子 *Elsholtzia rugulosa*。另外，还有莎草科的浆果薹草 *Carex baccans*，伞形花科的松叶西风芹 *Seseli yunnanense*，紫草科的倒提壶 *Cynoglossum amabile*，龙胆科的獐牙菜 *Swertia bimaculata*，马鞭草科的马鞭草 *Verbena officinalis*、密毛蕨等。此外，还记录到食虫植物茅膏菜 *Drosera peltata*。这些反映出该群落生境的土壤贫瘠，较干燥。

4.5.5.2　云南松、红木荷群落

样地位于腊哈村利北大梁子，面积 500m²，GPS 点 N23°13′17″、E102°07′36″，海拔 2143m，东南坡，坡度 15°，坡位为中山下部，黄棕壤。

乔木层树种有 13 种，高 18~20m，郁闭度 0.7。云南松占了 3 成，其他树种为红木荷、灯台树 *Cornus controversa*、小果锥、截果柯 *Lithocarpus truncatus*、毛杨梅 *Myrica esculenta*、西南桦、尼泊尔桤木、山鸡椒 *Litsea cubeba*、多变柯 *Lithocarpus variolosus*、滇青冈 *Cyclobalanopsis glaucoides*、高山栲 *Castanopsis delavayi*、毛脉青冈 *Cyclobalanopsis tomentosinervis*。

灌木层 3~5m，盖度 55%，除乔木层的幼树外，主要种为披针叶毛枸 *Eurya henryi*、云南枸 *E. yunnanensis*，云南越桔、云南杨梅 *Myrica nana*、香面叶、锈叶杜鹃 *Rhododendron siderophyllum*、吊钟花 *Enkianthus quinqueflorus*、山黄麻 *Trema tomentosa*、黄花倒水莲 *Polygala fallax*、猴子木 *Camellia yunnanensis*、白檀 *Symplocos paniculata*，还有多种悬钩子。

草本层盖度较低，仅 30%。主要种类有密毛蕨、凤尾蕨 *Pteris nervosa*、瑶山瓦韦 *Lepisorus kuchenensis*、饿蚂蝗 *Desmodium multiflorum*、火炭母 *Polygonum chinense*、三角叶须弥菊 *Himalaiella deltoidea*、滇南狗脊蕨、木防己 *Cocculus orbiculatus*、葛 *Pueraria montana*、毛脉附地菜 *Trigonotis microcarpa*、遍地金 *Hypericum wightianum*、尖子木 *Oxyspora paniculata*、茅叶荩草、大籽獐牙菜 *Swertia macrosperma*、漆姑草 *Sagina japonica*、石芒草 *Arundinella nepalensis* 等。

4.5.6　暖性落叶阔叶林

保护区的落叶阔叶林大多是一类次生类型，它的形成与人为砍伐和火烧有关。尼泊尔桤木林丰富的结实量、细小的种子极有利于在拓荒地新土上更新。较大面积的尼泊尔桤木林分布还与当地农民习惯于保留这一树种，利用其固氮能力以恢复地力有关。尼泊尔桤木林要求较湿的环境条件，分布海拔较高，常呈零星小块状分布。这一类次生落叶阔叶林，也是季风常绿阔叶林、中山湿性常绿阔叶林更新演替系列的一个阶段。在东喜马拉雅南翼和印缅山地直到阿萨姆地区都有这类森林分布。

尼泊尔桤木林（*Alnus nepalensis* Comm.）在保护区 1700~2250m 的局部地段都有分布。

在保护区阿姆山管护站周边分布有大片的尼泊尔桤木林，部分林下还有过去当地人利用尼泊尔桤木的遮阴效果和在冬天落叶后能提供足够的光照给下层植物的特性，在林下种植茶叶 Camellia taliensis、板蓝 Strobilanthes cusia，形成了较好的人工天然复合经济林系统和混农林复合系统。在撂荒地上靠天然下种更新的尼泊尔桤木林，林相参差不齐，林分稀疏，有的植株是砍伐后伐根上萌生的，群落结构简单，只分乔木层、灌木层、草本层。

尼泊尔桤木林由于年龄与生境不同，随伴生的乔木树种种类与多少也有差异，但建群树种主要以尼泊尔桤木为主，所以只将该类林分划分为一个群落。

样地位于保护区西北端妥女大山，海拔 2120m，GPS 点 N23°13′10″、E102°07′03″，东北坡，坡度 17°，坡位为坡中部，黄棕壤，土壤腐殖层厚 20～30cm，地表枯枝落叶较多，生境干扰较小。

乔木层高 16～18m，郁闭度 0.85。除尼泊尔桤木，分布有少量的滇青冈 Cyclobalanopsis glaucoides、白枝石砾 Lithocarpus leucodermis、云南山楂 Crataegus scabrifolia、毛果槠（元江槠）Castanopsis orthacantha、西南桦、多变柯、云南松、枹丝锥等。

灌木层 3～5m，盖度 25%，主要种为金珠柳 Maesa montana、云南越桔 Vaccinium duclouxii、香面叶、香叶树 Lindera communis、腺柄山矾 Symplocos adenopus，还有多种悬钩子。

草本层盖度较低，仅 5%，主要种类有大里白 Diplopterygium giganteum、山莓 Rubus corchorifolius、尖裂隐子蕨 Crypsinus oxylobus、棕叶狗尾叶 Setaria palmifolia、茅叶荩草、小丽草 Coelachne simpliciuscula、海南马唐 Digitaria setigera 等。

4.5.7 稀树灌木草丛

草丛是以中生或旱生性的多年生草本植物为建群种的一类植被类型。大多数草丛是由于原有的森林、灌丛经反复破坏之后，导致水土流失、土壤贫瘠、生境趋于旱化的情况下形成的。草丛在云南热带、亚热带及干热河谷地区分布较为普遍，是这些地区荒山、荒坡、荒地上的主要植被类型之一。

保护区生境较干旱的地段分布有一定面积的草丛植被。根据本区草丛分布的海拔范围与热量条件，可将其分为热性稀树灌木草丛和暖温性稀树灌木草丛两个植被亚型。

4.5.7.1 热性稀树灌木草丛

热性稀树灌木草丛主要指由热性旱生、中生草本植物为优势所组成的草丛植被，它是热带、南亚热带地区荒山荒地上的主要植被类型，组成群落的草类多具有耐干旱和耐贫瘠的能力。

保护区的热性稀树灌木草丛主要分布于区内海拔 1750m 以下的区域。根据群落优势种的不同和生态结构特征，保护区的热性草丛只有一个群系，记录有一个群落，即棕叶芦、五节芒草丛（*Thysanolaena latifolia* + *Miscanthus floridulus* Comm.）。

本群落是以禾本科高草棕叶芦、五节芒等为优势所组成的一类热性高草草丛，分布于中山阳坡或顶部以及开阔河谷的向阳坡面，多呈小面积零散分布。分布地带具有暖热多风、光照强的特征，土壤以红壤为主，土壤结构较紧实，水分条件相对偏干。该群落主要是季风常绿阔叶林被反复破坏后，生境趋于旱化，地力衰退后逐渐生长的次生草丛植被。

群落以 1～2m 高的禾本科高草为背景，密集的草丛呈团块状构成了群落主要层，除棕叶芦、五节芒外，其他种类仍较多，但优势不明显，细柄草、类芦 *Neyraudia reynaudiana*、刺芒野古草 *Arundinella setosa*、乱子草 *Muhlenbergia huegelii*、密毛蕨、石芒草 *Arundinella nepalensis*、四脉金茅 *Eulalia quadrinervis* 等，约占草本层组成的 30%～40%。草丛生长茂盛，盖度较密集，约为 90%～95%。在草丛较稀疏处或通过草丛的小道或及近山脊之处常有呈丛生状的小灌木，主要有鸡骨柴 *Elsholtzia fruticosa*、斑鸠菊 *Vernonia esculenta*、刺蒴麻 *Triumfetta rhomboidea*、红紫珠、地桃花等，平均高度 1.0～1.5m，呈不平均之星散状分布，盖度仅10% 左右。

在草丛稀疏处或群落边缘尚有呈单株零星分布的阳性小乔木及其他残留树种，如云南松、中平树 *Macaranga denticulata*、红木荷、杜英 *Elaeocarpus decipiens* 等，一般高度为 7～10m，胸径 18～20cm。该群落分布于不同的地段，其疏密度很不一致，在靠山脊或被反复开垦过的缓坡地段，很少有树，植被为背景化的高草草丛，在一些沟谷两侧陡坡处则有稀树草丛景观。

该群落主要由禾本科中高草组成，草丛生长茂盛，群落覆盖度大，产草量高，亦是保护区草食性动物的食源地与栖息所之一。在立地条件较好、伴生树种较多的群落，有可能向暖热性常绿阔叶林恢复演替。该群落为保护区动物摄食、迁徙、隐蔽、繁衍等提供生存条件，为防止群落进一步退化，应注意保护好这类群落，主要是防止火灾与破坏性开垦。

4.5.7.2　暖温性稀树灌木草丛

暖温性稀树灌木草多在 1750mm 以上，因原有森林植被遭反复破坏之后导致水土流失，土壤变得干旱贫瘠，形成了这一类较耐干旱贫瘠的草丛植被。保护区的暖热性草丛主要是原天然森林经严重破坏之后在立地条件较干旱贫瘠的地段由禾本科和菊科为优势组成的一类适应性很强的次生性草丛植被。保护区记录有一个群系，即含云南松中草草丛（Form. Medium grassland containing *Pinus yunnanensis*），只包含一个群落，即云南松、四脉金茅、黄背草群落（*Eulalia quadrinervis* + *Themeda triandra* containing *Pinus yunnanensis* Comm.）。

　　该群落生长茂盛，结构简单。分布地段处于山体上部向阳的缓坡地带或近山脊山顶较平坦之处，在靠村寨附近的一些台地上也较常见。这一地带的原始植被为季风常绿阔叶林或中山湿性常绿阔叶林，因地势较为平缓，过早地被开垦利用作为轮歇地，经多年的耕种后，地力下降，土壤保水性变差，周围森林也很少，多是一些灌丛，生境趋于旱化，在保护区建立后虽已撂荒多年，也难再恢复成林。四脉金茅、黄背草凭借耐干旱贫瘠的特性和很强的生活力形成了较稳定的单优群落。

　　群落一般高 50 ~ 100cm，分布密集，覆盖度 95% 左右，形成背景化盖度。四脉金茅、黄背草地下茎很发达，相互交织成网，其他植物很难侵入，在一些地段可以形成几乎全是四脉金茅、黄背草的草丛。在一般情况下，四脉金茅、黄背草草丛中仍有少量其他草本植物伴生，主要有乱子草 *Muhlenbergia huegelii*、五节芒等，均为禾本科旱生性中草，局部地段有棕叶芦、二色金茅 *Eulalia siamensis* 等出现。在草丛中小路两侧，群落边缘地段或草丛稍疏散处还会出现少量灌木或耐旱的小乔木，如云南松、中平树等，一般高度 2 ~ 3m，盖度不及 10%，分布呈斑点状。

4.5.8　暖性灌丛

　　灌丛一般指由那些无明显主干，高度多在 5m 以下的以灌木为主及部分小乔木所组成的木本植物群落。它多具丛生或簇生的结构和丛林状的外貌，其覆盖度达 60% 以上，并占有一定的面积。

　　暖性灌丛主要指分布在云南亚热带中部、南部地区和热带山地海拔 1100m 以上，南亚热带季风常绿阔叶林受干扰破坏后发育的植被，是具有南亚热带性质的灌丛类型。这类灌丛多是当地季风常绿阔叶林、分布海拔较低的中山湿性常绿阔叶林被破坏之后所形成的并不十分稳定的次生植被，一旦停止人为破坏，在暖热的气候条件下能恢复成常绿阔叶林。

　　保护区暖性灌丛包括栎栲类灌丛（Form. Fagaceae spp.）及珍珠花灌丛（Form. *Lyonia ovalifolia*）2 个群系。

4.5.8.1　栎栲类灌丛

　　该灌丛主要分布于海拔 1700 ~ 2000m 的中山坡面和山上部近山脊地带，是这一地带原有的季风常绿阔叶林、中山湿性常绿阔叶林遭反复破坏后形成的。大多数分布地段处于边缘地带、路旁人为活动较频繁的地方，过去曾是当地群众薪炭林或柴山，被反复砍伐后形成萌生林，生境多退化，土层较瘠薄，土壤水分较差。

　　样地位于保护区西北端妥女大山，海拔 2120m，GPS 点 N23°13′17″、E102°07′33″，东坡，坡度 23°，坡位为坡下部，小冲沟，黄棕壤；土壤腐殖层厚

10～20cm，地表枯枝落叶较多。

群落由壳斗科的一些常见树种组成，一般高4～6m，树冠深绿色，但有明显季相变化，春季较浅，林冠起伏不大。主要优势树种有：栓皮栎、滇南青冈、毛果栲（元江栲）、小果锥、短刺锥 *Castanopsis echinocarpa*、罗浮栲 *C. fabri*、刺栲 *C. hystrix* 及几种石栎等壳斗科树种，这些栎类多为萌生状，萌枝为3～5枝或更多，直径4～6cm，一般高度3～5m，约占灌丛种类组成的75%以上。其他还有穗序鹅掌柴 *Schefflera delavayi*、红紫珠 *Callicarpa rubella*、腺毛莸 *Caryopteris siccanea*、地桃花 *Urena lobata*、东方古柯、毛果柃 *Eurya trichocarpa*、红花杜鹃 *Rhododendron spanotrichum*、密蒙花 *Buddleja officinalis*、猴耳环 *Archidendron clypearia* 等，灌丛总盖度达80%～90%。

由于灌层盖度较大，地表土壤较干，草本植物相对较少，主要有密毛蕨、棕叶芦、皱叶狗尾草、长节耳草 *Hedyotis uncinella*、密穗野古草 *Arundinellabeghalensis*、合萌 *Aeschynomene indica*、细柄草 *Capillipedium parviflorum*、金丝草 *Pogonatherum crinitum*、柄菵竹 *Microstegium petiolare*、野牡丹 *Melastoma malabathricum*、瑶山瓦韦 *Lepisorus kuchenensis* 等，一般高度0.4～1.0m，覆盖度15%～20%。灌丛中还有少数中小藤本植物，如葛 *Pueraria montana*、平叶酸藤子 *Embelia undulata*、飞龙掌血 *Toddalia asiatica*、土茯苓 *Smilax glabra* 等。

该灌丛的演替方向和演替速度与人为干扰程度和立地条件优劣有密切关系，若停止人为破坏，如砍薪、火烧等，而且土壤、水分等立地条件较好，很容易向暖性常绿阔叶林方向恢复演替；倘若继续人为破坏，生境条件会进一步恶化，则会迅速向旱生中高草丛逆向演替。因此，对栎栲类灌丛不论分布地段立地条件如何都应采取积极切实的保护措施，促进其恢复演替。

4.5.8.2 珍珠花灌丛

该灌丛分布的海拔高度较栎栲类灌丛的高，主要分布于保护区西北端海拔1900～2300m中山上部近山脊坡面和山脊地带。它是这一地带原有的中山湿性常绿阔叶林遭破坏之后，在水分和土壤状况较差的地段形成的一种次生植被类型。由于该灌丛分布地势较高，多在近山脊的迎风多石地段，在原森林破坏后生境变得更加干旱和贫瘠，因此该灌丛呈现较稳定的状态，在短时间内较难恢复成森林。

该群落一般高3～5m，外貌呈灰绿色，不十分整齐。以圆叶珍珠花 *Lyonia ovalifolia*、滇南杜鹃 *Rhododendron hancockii*、云南假木荷 *Craibiodedron yunnanense* 占优势，分枝多呈丛生、扭曲状，一般高1～2m，生长较好的滇南杜鹃可到2～3m。上述优势种约占群落灌木种类的50%以上。其他伴生灌木种类还有毛枝柯（毛枝石砾）*Lithocarpus rhabdostachyus*、水红木、多变柯、锐齿槲栎 *Quercus aliena* var. *Acutiserrata*、硬斗柯、深绿山龙眼（母猪果）*Helicia nilagirica*、黄果安息香(毛果野茉莉) *Styrax chrysocarpus*、金珠柳 *Maesa montana*、毛杨梅、笔罗子 *Meliosma rigida*、茶梨、紫珠、地桃花等。灌丛总覆盖度 70% ~ 80%。

灌丛中伴生草本植物也多为亚热带山地常见的耐旱种类,主要有硬秆子草 *Capillipedium assimile*、旱茅 *Schizachyrium delavayi*、细柄草 *Capillipedium parviflorum*、囊颖草、黄背草 *Themeda triandra*、狭翅兔儿风 *Ainsliaea apteroides* 等,平均高度 30 ~ 80cm,盖度 15% ~ 20%,分布均匀。灌丛中尚有少量草质藤本植物,如葛、土茯苓、平叶酸藤子等。

保护区此类灌丛所分布的立地条件较差,若遭受破坏,生境条件会进一步恶化,多年生的旱生中高草会趁势而入,进而会向荒山草坡退化,恢复森林就更加困难。目前该群落分布地点都在较偏远的山上部,人为干扰不多,群落结构相对稳定,是有利的一面,如果继续受到保护,禁止砍薪,防止火灾,保护群落在稳定中得到恢复与发展,则有可能向常绿阔叶林演替。

4.5.9　山顶寒温性灌丛

该类型多分布于海拔 2400 ~ 2534m 的山顶、山脊和山梁及其附近陡坡上,地势峻峭,岩石破碎,裸露达 40% 左右,土层浅薄;该地带终年被云雾笼罩,并盛行强风。这种特定的地形和气候条件使该灌丛具有两大特点:第一,优势种主要为杜鹃花科植物;第二,枝干地表多密被厚厚的青苔地衣植物。

保护区内共记录 3 个寒温性灌丛群落。

4.5.9.1　硬叶柯、红花杜鹃灌丛(*Lithocarpus crassifolius + Rhoddendron spanotrichum* Comm.)

该群落集中分布于海拔 2450 ~ 2534m 近山顶较平缓的山脊上,呈条状、块状分布。灌木层平均高 1.5 ~ 2.0m,外貌平整,色调暗绿色,排列致密,植物分枝成丛状,圆球形,盖度约 85%(表 4-8),以硬叶柯 *Lithocarpus crassifolius*、红花杜鹃 *Rhoddendron spanotrichum* 为主要建群种,芳香白珠 *Gaultheria fragrantissima* 也较常见,而光叶铁仔 *Myrsine stolonifera*、厚皮香 *Ternstroemia gymnanthera*、矮越桔 *Vaccinium chamaebuxus*、毛滇白珠 *Gaultheria leucocarpa* var. *crenulata*、大喇叭杜鹃 *Rhododendron excellens*、鹅掌柴 *Schefflera heptaphylla*、窄叶青冈 *Cyclobalanopsis augustinii* 等也星散其中。此外,在山脊近山沟一侧有高约 2m 的云南桤叶树 *Clethra delavayi*,近绝壁一侧有一定数量的亮毛杜鹃 *Rhododendron microphyton* 和苍山越桔 *Vaccinium delavayi*。

草本层高 0.1 ~ 0.3m,分布极零乱,盖度约 5%,以宽叶兔儿风 *Ainsliaea latifolia*、金茅 *Eulalia speciosa*、旋叶香青 *Anaphalis contorta* 为主,偶有山梗菜 *Lobelia sessilifolia*、黄茅 *Heteropogon contortus*、金发草 *Pogonatherum paniceum*、东紫苏 *Elsholtzia bodinieri*、滇川山罗花 *Melampyrum klebelsbergianum* 星散其中;地

面时有石松 *Lycopodium japonicum*、扁枝石松 *Diphasiastrum complanatum* 蔓生。

　　藤本植物仅见屏边双蝴蝶和肖菝葜 *Heterosmilax japonica*，附生植物发达而种类单调，枝状地衣分散于地表裸石而青苔包裹树干上。此外，树干上还有二色韦瓦 *Lepisorus bicolor* 附生。

表 4-8　硬叶柯、红花杜鹃群落特征表

样地概况

样地号：AM001；面积：20m×25m；地点：阿姆山山顶；坡向：北坡；坡位：上部；
GPS 点：N23°12′30″，E102°15′15″；海拔：2530m；母岩：砂岩；土壤：黄棕壤；
生境特点：土壤浅薄，石砾含量多，干扰较低；灌木层：10 种，盖度 85%；草本层：盖度 4%；藤本植物、附生植物较少

灌木层	硬叶柯 *Lithocarpus crassifolius*	cop^2	1.6~2.0	55	灌木
	红花杜鹃 *Rhoddendron spanotrichum*	cop^1	1.2~1.5	25	灌木
	芳香白珠 *Gaultheria fragrantissima*	sp	0.6	3	灌木
	光叶铁仔 *Myrsine stolonifera*	sp	1.2	2	灌木
	厚皮香 *Ternstroemia gymnanthera*	sp	1.0	3	灌木
	矮越桔 *Vaccinium chamaebuxus*	sol	0.4	<1	灌木
	毛滇白珠 *Gaultheria leucocarpa* var. *crenulata*	sol	0.4	<1	灌木
	大喇叭杜鹃 *Rhododendron excellens*	un	0.4	<1	灌木
	鹅掌柴 *Schefflera heptaphylla*	un	0.9	<1	灌木
	窄叶青冈 *Cyclobalanopsis augustinii*	un	1.0	<1	灌木
草本层	宽叶兔儿风 *Ainsliaea latifolia*	cop^1	0.5	1	草本
	金茅 *Eulalia speciosa*	cop^1	0.7	1	草本
	旋叶香青 *Anaphalis contorta*	sp	0.5	<1	草本
	山梗菜 *Lobelia sessilifolia*	sol	0.7	<1	草本
	黄茅 *Heteropogon contortus*	un	0.5	<1	草本
	金发草 *Pogonatherum paniceum*	un	0.2	<1	草本
	东紫苏 *Elsholtzia bodinieri*	un	0.2	<1	草本
	滇川山罗花 *Melampyrum klebelsbergianum*	un	0.5	<1	草本
	石松 *Lycopodium japonicum*	un	0.2	<1	草本
	扁枝石松 *Diphasiastrum complanatum*	un	0.2	<1	草本
层间植物（胶漆或附生）	屏边双蝴蝶 *Tripterospermum pingbianense*	un	1.3	<1	藤本
	肖菝葜 *Heterosmilax japonica*	un	1.7	<1	藤本
	二色韦瓦 *Lepisorus bicolor*	un	0.3	<1	草本

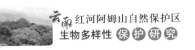

4.5.9.2 窄叶青冈、光叶铁仔灌丛(*Cyclobalanopsis augustinii + Myrsine stolonifera* Comm.)

该群落分布在阿姆山山顶附近海拔 2350~2400m 的平缓山梁上，坡度 25°，岩石裸露达 10%，母岩为石英，土壤为多砾质沙壤土，土层厚度 0~8cm，之下为石英石碎块。灌木高 1.6~1.9m，色调暗绿色，排列致密。灌木层盖度 85%，以狭叶青冈、光叶铁仔、锈叶杜鹃 *Rhododendron siderophyllum* 为主。群落中散生有厚皮香、斜基叶柃 *Eurya obliquifolia*、芳香白珠、碎米花 *Rhododendron spiciferum*、滇隐脉杜鹃 *Rhododendron maddenii*、矮越桔、樟叶越桔、乌鸦果、冬竹等。

草本层高 0.1~0.3m，盖度约 3%，以宽叶兔儿风、金茅 *Eulalia speciosa*、旋叶香青 *Anaphalis contorta* 为主，偶有异腺草 *Anisadenia pubescens*、黄茅、云南对叶兰 *Neottia yunnanensis*、金发草、东紫苏星散其中；地面时有扁枝石松 *Diphasiastrum complanatum* 蔓生。

藤本植物有屏边双蝴蝶和肖菝葜；附生植物不发达而且种类单调，枝状地衣分散于地表裸石而青苔包裹树干上。此外，树干上有瓦韦 *Lepisorus thunbergianus* 附生。

4.5.9.3 云上杜鹃、厚皮香灌丛(*Rhododendron pachypodum + Ternstroemia gymnanthera* Comm.)

该群落分布于 2450m 的孤峰上，因不同的小气候及地形条件而呈小片零乱分布。灌木层平均高 1.5~1.7m，外貌参差不齐，色调绿色，排列致密，盖度 80%，以硬叶柯、云上杜鹃 *Rhododendron pachypodum*、厚皮香分布较多。群落中散生有大樟叶越桔 *Vaccinium dunalianum* var. *megaphyllum*、毛滇白珠、红花杜鹃、珍珠花 *Lyonia ovalifolia*、硬斗柯等物种。

草本层高 0.1~0.3m，分布极零乱，盖度约 4%，以狭翅兔儿风 *Ainsliaea apteroides*、旋叶香青为主，偶有无毛粉条儿菜 *Aletris glabra* Bureau、绣球防风 *Leucas ciliata*、羽唇叉柱兰 *Cheirostylis octodactyla*、山梗菜、黄茅、滇川山罗花星散其中；地面时有扁枝石松蔓生。

4.5.10 挺水植物群落及沼泽植被

保护区分布有小面积的草丛沼泽型湿地，群落类型为圆叶节节菜群系中的圆叶节节菜、球穗扁莎群落(*Rotala rotundifolia + Pycreus flavidus* Comm.)。组成本群落的主要植物扎根于浅水水底泥土中，植物体上部或叶挺出水面。当干季水位下降，全株大部分出露于空气中，甚至大多数植物只是生存于只有少量积水的地段。

现以位于腊哈村利北大梁子沟底的调查样地为例说明该群落的特点与物种

组成。样地 GPS 点 N23°13′20″、E102°07′41″，海拔 2133m，母岩为砂岩，黄棕壤，土层较厚，生境人为破坏较小。

群落高 20～50cm，盖度 95% 以上，主要建群物种有圆叶节节菜、球穗扁莎、红鳞扁莎 Pycreus sanguinolentus、砖子苗 Cyperus cyperoides、尼泊尔酸模 Rumex nepalensis、星花灯心草 Juncus diastrophanthus、溪生薹草 Carex fluviatilis、云贵谷精草 Eriocaulon schochianum 等，常伴生有狗牙根 Cynodon dactylon、双穗雀稗 Paspalum distichum、白花柳叶箬 Isachne albens、积雪草 Centella asiatica、辣蓼 Polygonum hydropiper、獐牙菜 Swertia bimaculata、破铜钱 Hydrocotyle sibthorpioides var. batrachium、过路黄 Lysimachia christiniae、光头稗 Echinochloa colona、茅叶荩草、囊颖草 Sacciolepis indica 等。

偶见有水葱 Schoenoplectus tabernaemontani、短叶水蜈蚣 Kyllinga brevifolia、尼泊尔沟酸浆 Mimulus tenellus var. nepalensis、水毛花 Schoenoplectus mucronatus、习见蓼 Polygonum plebeium、云南荸荠 Eleocharis yunnanensis、戟叶蓼 Polygonum thunbergii、尼泊尔老鹳草 Geranium nepalense、看麦娘 Alopecurus aequalis 等。

4.5.11　人工植被

阿姆山自然保护区分布有一定规模的人工林，如云南松林、杉木林、棕榈林、茶园等。云南松林是当地的速生丰产林，长势良好且面积较大，起着绿化荒山和发展林业、保护森林的作用。棕榈林与茶园是当地主要的经济林。另外，棕榈树与其他农作物混作所形成的混农林复合生态系统，能充分利用系统营养空间，物种间互利共生，促进复合系统中的物质循环与能量流动，维护系统内的生态平衡。混农林生态系统是热带山地土地资源利用的最好方式之一，对于稳定山地生态系统，降低水土流失，减少河道泥沙淤积，减少山体滑坡等地质灾害具有一定的作用，应该在山地土地资源利用中推广这种混农林种植模式。

4.6　植被评价与主要监测植被

（1）保护区为藤条江与红河的分水岭，是红河这条国际河流的直接汇水区域之一，对红河水源涵养和保护具有直接作用。

（2）保护区植被以常绿阔叶林为主，分布于海拔 1610～2450m 范围之间，由于海拔、坡向及地形的变化，不仅表现出明显的垂直分布，也体现一定的水平分布。植被的多样性分布，在一定程度上反映出了该地区植被的过渡性质，即受东南季风控制的湿性阔叶林向受西南季风影响的干性阔叶林的过渡，因此，这片过渡地带的植被对研究云南南亚热带常绿阔叶林的演变和关系具有重要意义。

(3)保护区的季风常绿阔叶林人工干扰较严重。

(4)中山湿性常绿阔叶林主要分布于阿姆山海拔 1980~2350m 的地带，是分布面积最大、保留最完好的植被，是云南同类植被分布海拔比较低的中山湿性常绿阔叶林，因地形和海拔差异而呈现的 4 个群落充分体现了该类型的多样性和水平分布明显的特点，面积连片，森林较为古老原始，群落演替和更新正常，是云南省南部地区保存最好的同类植被类型之一，也是阿姆山最为重要的水源涵养林，具有重要的保护和研究价值。

(5)由于阿姆山的地理位置、山地条件与气候特征，保护区的植被具有一些特殊的群落类型，这些类型以阿姆山为集中分布区，如属于季风常绿阔叶林的南亚泡花树、梭子果群落以及中山湿性常绿阔叶林中的青冈、瑞丽蓝果树、小果锥群落等，具有极大的保护价值和科研价值。

(6)保护区具有完整的山地垂直带谱，虽然相对高差不大(924m)，最高海拔 2534m，在滇南、滇东南不是最高的山峰，但由于东西跨度大，山体庞大，所以整个保护区发育了完整的南亚热带中山山地植被垂直带谱。从季风常绿阔叶林开始，到中山湿性常绿阔叶林、山地苔藓常绿阔叶林、山顶苔藓矮林，山顶最上部为山顶灌丛。

针对阿姆山自然保护区各类植被类型的特点，从植被类型的稀有度、特有性、生态重要性、生物多样性、珍稀物种的丰富度、发生演替的难易程度以及人为影响程度等方面，提出需监测研究的主要植被类型有以下 7 种植被类型：①南亚泡花树、梭子果群落；②青冈、瑞丽蓝果树、小果锥群落；③截果柯、小果锥、米心水青冈群落；④疏齿锥、硬斗石砾、中缅木莲群落；⑤小果锥、截果柯林、樟叶泡花树群落；⑥老挝柯、截果柯、红花木莲群落；⑦次生植被（演替、人为影响程度）。

参考文献

陈琳，廖鸿志. 云南可持续发展. 昆明：云南大学出版社，1997. 73 – 77.

陈永森，郭萌卿. 云南省志·地理志. 昆明：云南人民出版社，1998. 356 – 474.

高明贤，邵会祥. 生物多样性与生态系统稳定性关系的探讨. 钱迎倩，等. 主编. 生物多样
性研究进展. 北京：中国科学技术出版社，1995，476.

郭萌卿，杨宇明，等. 西双版纳自然保护区植被考察报告. 见：徐永春，主编. 西双版纳自
然保护区综合考察报告集. 昆明：云南科技出版社，1987. 44 – 57.

红河州环境科学学会，红河州城乡建设环境保护局，红河州林业局等. 红河阿姆山自然保护
区综合考察报告(内部资料)，1994：1 – 89.

李锡文. 中国特有种子植物属在云南的两大生物多样性中心及其特征. 见：吴征镒，主编.
云南生物多样性学术讨论论文集. 昆明：云南科技出版社，1993. 198 – 209.

陆树刚. 云南物种的富源与生态系统类型多样性. 见：许建初，主编. 民族植物学与植物资
源可持续利用的研究. 昆明：云南科技出版社，2000. 76 – 82.

吴征镒，王荷生. 中国自然地理·植物地理(上册). 北京：科学出版社，1983. 105 – 185.

吴征镒，朱彦丞. 云南植被. 北京：科学出版社，1987. 123 – 271.

伍业钢，李哈滨. 景观生态学理论和发展. 见：刘建国. 当代生态学理论. 北京：中国科学
技术出版社，1992. 30 – 39.

席承藩，刘东来，等. 中国自然区划概要. 北京：科学出版社，1984. 50 – 75.

薛纪如，杨宇明. 高黎贡山国家自然保护区. 北京：中国林业出版社，1996.

杨宇明，杜凡. 南滚河国家级自然保护区. 昆明：云南科技出版社，2003.

张荣祖. 中国自然地理·动物地理. 北京：科学出版社，1979. 1 – 35.

中国人与生物圈国家委员会. 中国自然保护区可持续管理政策研究. 北京：科学技术文献出
版社，2001. 10 – 14.

Grumbine, E. R. (ed). Environment Policy and Biodiversity Island Press, Washington, DC. 1994.

Mc Naughto. S. J. Ecosystems and Conservation in the twenty – first century, New York：Dxfort University Press, 1989, 109 ~ 120.

Reid, W. V. The Unittecl States Needs a National Biodiversity Policy. Issues and Ideas. Would Resources Insitute. Washington. D. C. 1992.

Scott J. M. , B. Csuti and F. Daris. Gap analysis：An application of Geographic information System for wildlife species. A practitioner Guide. Boulder. CO. Westiew Press, 1991. 167 ~ 179.

第五章

森林资源与土地利用[*]

5.1 土地资源

（1）土地总面积

保护区总面积 17211.9hm²，按林地和非林地分，林地面积 17180.2hm²，占 99.8%；非林地面积 31.7hm²，占 0.2%。保护区各类土地面积统计详见表 5-1 及附图 4。

（2）林业用地结构

保护区的林地中，有林地面积 16049.8hm²，占林地总面积的 93.42%；灌木林地面积 1114.2hm²，占林地总面积的 6.48%；未成林造林地面积 3.3hm²，占林地总面积的 0.02%；宜林地 12.9hm²，占林地总面积的 0.08%。

有林地按起源分，其中，天然林面积 14439.5hm²，占有林地总面积的 89.97%；人工林面积 1610.3hm²，占有林地面积的 10.03%。

（3）非林地用地结构

在非林业用地中，农地面积 20.8hm²，占 65.62%；水域面积 9.6hm²，占 30.28%；其他非林地面积 1.3hm²，占 4.10%。

（4）森林覆盖率

阿姆山自然保护区有林地覆盖率 93.2%，灌木林地覆盖率 6.5%，森林覆盖率 93.9%（有林地和国家特别规定灌木林地）。

5.2 林分面积和蓄积

保护区林分面积 16030.3hm²，活立木蓄积 1568533m³。其中，针叶林面积

---

* 本章编写人员：国家林业局昆明勘察设计院杨文杰、孙鸿雁、张国学、尹志坚、王恒颖；红河县阿姆山自然保护区管护局张红良、高正林。

表 5-1 各类土地面积统计表

hm²

统计单位	森林类别	土地总面积	林地合计	有林地计	乔木林地小计	纯林	混交林	乔木经济林	竹林	灌木林地计	国家特别规定灌木林小计	灌木经济林	其他特别规定灌木林	其他灌木林	未成林造林地小计	人工造林未成林地	宜林地小计	宜林荒山荒地	非林地合计	农地	水域	其他非林地	森林覆盖率(%)
1	2	3	4	5	6	7	8	9	10	11	12	13	14	15	16	17	18	19	20	21	22	23	24
阿姆山保护区	合计	17211.9	17180.2	16049.8	16049.8	11386.1	4644.2	19.5		1114.2	111.2	50.3	60.9	1003.0	3.3	3.3	12.9	12.9	31.7				24
	公益林	17084.9	17084.9	16019.0	16019.0	11374.8	4644.2			1063.9	60.9		60.9	1003.0	1.1	1.1	0.9	0.9	31.7				93.9
	商品林	95.3	95.3	30.8	30.8	11.3		19.5		50.3	50.3	50.3			2.2	2.2	12.0	12.0					
	非林地	31.7																	31.7	20.8	9.6	1.3	

161

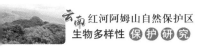

2962.8hm²，蓄积256624m³，分别占林分总面积和总蓄积的18.5%和16.4%；阔叶林面积8423.3hm²，蓄积786128m³，分别占森林总面积和总蓄积的52.5%和50.1%；混交林面积4644.2hm²，蓄积525781m³，分别占森林总面积和总蓄积的29.0%和33.5%。

阿姆山自然保护区各林分面积和蓄积统计详见表5-2。

5.3 林种面积和蓄积

保护区有林地和灌木林地面积蓄积按林种分：特用林（自然保护区林）面积11756.8hm²，蓄积1044165m³，分别占保护区面积和蓄积的68.3%和66.6%；防护林（水土保持林）面积5092.4hm²，蓄积502737m³，分别占保护区面积和蓄积的29.6%和32.0%；用材林（其他用材林）面积245.0hm²，蓄积21631m³，分别占保护区面积和蓄积的1.4%和1.4%；经济林面积69.8hm²，占保护区面积的0.4%。

保护区各林种、亚林种面积和蓄积统计详见表5-3。

5.4 乔木林面积和蓄积

保护区乔木林面积蓄积按龄组分，幼龄林面积4459.5hm²，蓄积253743m³，分别占乔木林总面积和总蓄积的27.8%和16.2%；中龄林面积6266.8hm²，蓄积615722m³，分别占乔木林总面积和总蓄积的39.0%和39.3%；近熟林面积3291.0hm²，蓄积402165m³，分别占乔木林总面积和总蓄积的20.5%和25.6%；成熟林面积1137.1hm²，蓄积159581m³，分别占乔木林总面积和总蓄积的7.1%和10.2%；过熟林面积895.4hm²，蓄积137322m³，分别占乔木林总面积和总蓄积的5.6%和8.8%。

乔木林面积蓄积按优势树种分，栎类面积8987.0hm²，蓄积874200m³，分别占乔木林总面积和总蓄积的55.99%和55.73%；云南松面积3538.8hm²，蓄积321899m³，分别占乔木林总面积和总蓄积的22.05%和20.52%；尼泊尔桤木面积411.3hm²，蓄积64274m³，分别占乔木林总面积和总蓄积的2.56%和4.10%；杉木面积8.6hm²，蓄积843m³，分别占乔木林总面积和总蓄积的0.05%和0.05%；其他阔叶林面积3084.6hm²，蓄积307317m³，分别占乔木林总面积和总蓄积的19.22%和19.59%；乔木经济林面积19.5hm²，占乔木林总面积比例为0.12%，其中棕榈面积7.2hm²，核桃面积12.3hm²。

保护区树种统计表及乔木林面积蓄积按优势树种、龄组统计详见表5-2。

162

表5-2　乔木林面积蓄积按起源、优势树种、龄组统计表

统计单位	起源	乔木林	优势树种	合计		幼龄林		中龄林		近熟林		成熟林 盛产期		过熟林 衰产期	
				面积 (hm²)	蓄积 (m³)	面积 (hm²)	蓄积 (m³)	面积 (hm²)	蓄积 (m³)	面积 (hm²)	蓄积 (m³)	面积 (hm²)	蓄积 (m³)	面积 (hm²)	蓄积 (m³)
1	2	3	4	5	6	7	8	9	10	11	12	13	14	15	16
阿姆山保护区	阿姆山保护区汇总	乔木林	合计	16049.8	1568533	4459.5	253743	6266.8	615722	3291.0	402165	1137.1	159581	895.4	137322
			栎类	8987.0	874200	3161.8	191996	3624.5	349691	1868.8	256978	331.9	75535		
			尼泊尔桤木	411.3	64274	0.3		13.6	1029	188.1	23899	97.0	9325	112.6	30021
			杉木	8.6	843			8.3	843						
			云南松	3538.8	321899	1232.8	60888	1988.1	222385	165.9	18818	152.0	19808		
			核桃	12.3		12.3									
			棕榈	7.2				3.2				4.0			
			其他阔叶林	3084.6	307317	52.3	859	629.1	41774	1068.2	102470	552.2	54913	782.8	107301
		纯林	合计	11386.1	1042752	3790.2	199592	4116.5	399591	1889.0	205311	1041.4	151106	549.0	87152
			栎类	5861.3	519785	2591.5	145288	2218.0	210417	732.8	89858	319.0	74222		
			尼泊尔桤木	100.8	18144	0.3				44.6	4665	18.2	2163	38.0	11316
			杉木	8.6	843			8.3	843						
			云南松	2954.2	255781	52.3	859	1490.2	163710	165.9	18818	152.0	19808		
			其他阔叶林	2461.2	248199	1146.1	53445	400.0	24621	945.7	91970	552.2	54913	511.0	75836
		混交林	合计	4644.2	525781	657.0	54151	2147.1	216131	1402.0	196854	91.7	8475	346.4	50170
			栎类	3125.7	354415	570.3	46708	1406.5	139274	1136.0	167120	12.9	1313		
			尼泊尔桤木	310.5	46130			13.6	1029	143.5	19234	78.8	7162	74.6	18705

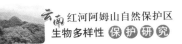
（续）

统计单位	起源	乔木林	优势树种	合计 面积(hm²)	合计 蓄积(m³)	幼龄林 面积(hm²)	幼龄林 蓄积(m³)	中龄林 面积(hm²)	中龄林 蓄积(m³)	近熟林 面积(hm²)	近熟林 蓄积(m³)	成熟林/盛产期 面积(hm²)	成熟林/盛产期 蓄积(m³)	过熟林/衰产期 面积(hm²)	过熟林/衰产期 蓄积(m³)
		乔木林	云南松	584.6	66118	86.7	7443	497.9	58675						
			其他阔叶林	623.4	59118			229.1	17153	122.5	10500			271.8	31465
		乔木经济林	合计	19.5		12.3		3.2				4.0			
			核桃	12.3		12.3									
			棕榈	7.2				3.2				4.0			
	天然林	天然林	合计	14439.5	1451702	3674.2	229162	5556.0	537722	3208.1	389877	1105.8	157619	895.4	137322
			栎类	8987.0	874200	3161.8	191996	3624.5	349691	1868.8	256978	331.9	75535		
			桤木	411.3	64274			13.6	1029	188.1	23899	97.0	9325	112.6	30021
			云南松	1983.9	207873	460.1	36307	1288.8	145228	83.0	6530	152.0	19808		
			其他阔叶林	3057.3	305355	52.3	859	629.1	41774	1068.2	102470	524.9	52951	782.8	107301
		纯林	合计	9795.3	925921	3017.2	175011	3408.9	321591	1806.1	193023	1014.1	149144	549.0	87152
			栎类	5861.3	519785	2591.5	145288	2218.0	210417	732.8	89858	319.0	74222		
			桤木	100.8	18144					44.6	4665	18.2	2163	38.0	11316
			云南松	1399.3	141755	373.4	28864	790.9	86553	83.0	6530	152.0	19808		
			其他阔叶林	2433.9	246237	52.3	859	400.0	24621	945.7	91970	524.9	52951	511.0	75836
		混交林	合计	4644.2	525781	657.0	54151	2147.1	216131	1402.0	196854	91.7	8475	346.4	50170
			栎类	3125.7	354415	570.3	46708	1406.5	139274	1136.0	167120	12.9	1313		
			桤木	310.5	46130			13.6	1029	143.5	19234	78.8	7162	74.6	18705

（续）

统计单位	起源	乔木林	优势树种	合计 面积(hm²)	合计 蓄积(m³)	幼龄林 面积(hm²)	幼龄林 蓄积(m³)	中龄林 面积(hm²)	中龄林 蓄积(m³)	近熟林 面积(hm²)	近熟林 蓄积(m³)	成熟林/盛产期 面积(hm²)	成熟林/盛产期 蓄积(m³)	过熟林/衰产期 面积(hm²)	过熟林/衰产期 蓄积(m³)
人工林	人工林	人工林	云南松	584.6	66118	86.7	7443	497.9	58675						
			其他阔叶林	623.4	59118			229.1	17153	122.5	10500			271.8	31465
			合计	1610.3	116831	785.3	24581	710.8	78000	82.9	12288	31.3	1962		
			杉木	8.6	843	0.3		8.3	843						
			云南松	1554.9	114026	772.7	24581	699.3	77157	82.9	12288				
			其他阔叶林	27.3	1962							27.3	1962		
			核桃	12.3		12.3									
			棕榈	7.2				3.2				4.0			
		纯林	合计	1590.8	116831	773.0	24581	707.6	78000	83	12288	27	1962		
			杉木	8.6	843	0.3		8.3	843						
			云南松	1554.9	114026	772.7	24581	699.3	77157	82.9	12288				
			其他阔叶林	27.3	1962							27.3	1962		
		乔木经济林	合计	19.5		12.3		3.2				4.0			
			核桃	12.3		12.3									
			棕榈	7.2				3.2				4.0			

表 5-3　林种分类统计表

统计单位	林种	亚林种	面积合计	蓄积合计	幼龄林 面积(hm²)	幼龄林 蓄积(m³)	中龄林 面积(hm²)	中龄林 蓄积(m³)	近熟林 面积(hm²)	近熟林 蓄积(m³)	成熟林 面积(hm²)	成熟林 蓄积(m³)	过熟林 面积(hm²)	过熟林 蓄积(m³)	其他特别灌木林 面积(hm²)	其他灌木林地 蓄积(m³)
1	2	3	4	5	6	7	8	9	10	11	12	13	14	15	16	17
阿姆山保护区		合　计	17164.0	1568533	4477.9	253743	6288.7	615722	3291.0	402165	1137.2	159581	905.4	137322	60.0	1003.8
生态公益林	特用林	合　计	11756.8	1044165	2911.5	150299	4431.1	435745	2083.4	259380	924.5	134985	411.4	63756	26.6	968.3
		自然保护区林	11756.8	1044165	2911.5	150299	4431.1	435745	2083.4	259380	924.5	134985	411.4	63756	26.6	968.3
	防护林	合　计	5092.4	502737	1532.3	103089	1591.4	158738	1207.2	142748	208.7	24596	483.9	73566	33.4	35.5
		水土保护林	5092.4	502737	1532.3	103089	1591.4	158738	1207.2	142748	208.7	24596	483.9	73566	33.4	35.5
	用材林	合　计	245.0	21631	3.6	355	241.0	21239	0.4	37						
		其他用材林	245.0	21631	3.6	355	241.0	21239	0.4	37						
商品林	能源林	木质能源林														
	经济林	合　计	69.8		30.5		25.2				4.0		10.1			
		果树林	12.3		12.3											
		食用原料林	50.3		15.0		21.2				4.0		10.1			
		林化工业原料林	7.2		3.2		4.0									

5.5 森林资源组成

阿姆山自然保护区内多为天然植被，森林以栎类等阔叶树种为主。

（1）天然林资源

保护区内现有天然林资源面积14439.5hm²，天然活立木蓄积1451702m³。其中，栎类面积8987.0hm²，林木蓄积874200m³；尼泊尔桤木林面积411.3hm²，林木蓄积64274m³；云南松林面积1983.9hm²，林木蓄积207873m³；其他阔叶林面积3057.3hm²，林木蓄积305355m³。

（2）人工林资源

保护区内现有人工林资源1610.3hm²，林木蓄积116831m³。其中，杉木林面积8.6hm²，林木蓄积843m³；云南松林面积1554.9hm²，林木蓄积114026m³；其他阔叶林面积27.3hm²，林木蓄积1962m³。经济林19.5hm²，其中棕榈面积7.2hm²，核桃面积12.3hm²。

保护区内森林资源组成详见表5-2。

5.6 森林资源特点及评价

5.6.1 特 点

（1）保护区内林地面积比例大，且在林地中，以有林地占优势，其他林地类型占少部分。

（2）森林主要以阔叶林为主，林下植物种类较多，人为活动很少，在自然演替过程中已经形成较为稳定的森林群落。

（3）乔木林起源以天然林为主，人工林为辅。

（4）保护区内森林以乔木林为主，灌木林较少。

（5）林龄结构较为合理，以中龄林、幼龄林为主，有一部分近熟林和成熟林，少量过熟林。

（6）按林种分，保护区森林以自然保护区林和水土保持林为主，有少部分一般用材林和经济林。

5.6.2 评 价

（1）保护区现有森林资源在涵养水源、保持水土、净化空气、美化环境等方面发挥着重要作用，也为野生动植物提供了栖息、生存环境。

（2）森林资源以原生植被为主，森林类型多样，较好地保留了区内原生植

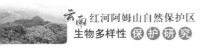

被特点，更新能力较强。

（3）保护区内大部分地段立地条件较好，林木长势较好。

（4）保护区核心区部分森林生态系统的完整性、连续性较好，人为干扰较少；但周边由于与村寨、农地接壤，人为活动频繁，干扰较大。

5.7 森林资源面临的压力、威胁和对策

5.7.1 压力和威胁因子

通过森林资源调查结果、周边社区状况、森林资源利用情况等数据的综合分析，筛选出保护区及周边地区的森林威胁因子。

5.7.1.1 人口增长

保护区周边人口密度较大，特别是架车乡附近，随着人口增长，需要垦殖大面积的土地，消耗大量的用材和烧柴，直接影响着周边森林的结构和成分，进而改变了森林的演替过程与演替方向，致使一些地段森林生态系统的结构不良、成分组成单一、生态服务功能减弱。

5.7.1.2 社会经济发展滞后

周边社区的村民教育程度普遍较低、缺乏科技知识、村寨距离城镇较远、交通不便利、土地生产力低下、种植模式单一、农产品商品化率低、收入来源渠道少、资金短缺等客观条件严重制约了经济的发展，并且发展不均衡，贫富差距较大，部分农户尚未脱贫，入不敷出，增加了对森林的依赖程度。

5.7.1.3 土地开垦

由于人口的增加，毁林开垦土地种植农作物和经济林时有发生，出现了林地被蚕食的现象。

5.7.1.4 薪材、自用材采伐

薪材是最大的森林资源消耗，村民在砍伐烧柴时主要考虑方便、省时省力，因而普遍存在就近集中砍伐、砍大留小、砍直留弯的现象。加上熟食喂猪、煮笋子、烤茶、烤烟、烤菌等，大大增加了薪材的消耗。

随着周边社区经济的发展，农民收入的增多，建新房的农户也逐年增加，自用材的消耗呈上升趋势。

5.7.1.5 非木材林产品采集

多数的非木材林产品采集，如采菌、药材、野菜等对森林的影响轻微，但对其他一些非木材林产品，若过量采集将会使这些资源在野生状态数量减少甚至消失，如石斛资源、兰花、屏边三七等。

5.7.1.6 人为活动

森林内的人为活动主要是采伐林木、采集非木材林产品、放牧和旅游，这

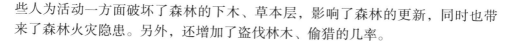

些人为活动一方面破坏了森林的下木、草本层，影响了森林的更新，同时也带来了森林火灾隐患。另外，还增加了盗伐林木、偷猎的几率。

5.7.2 对策措施

5.7.2.1 加强管理

（1）健全保护区管理机构，完善管理措施，提高管理人员的素质和能力，加强巡护。

（2）加强对周边社区村民的宣传力度，提高当地政府、官员、村民的保护意识。

（3）周边地区以自然村为单位定制有关森林保护和利用的村规民约，切实推行自然保护区与社区共管制度。

（4）加强林政资源管理，严格执行用材审批制度，打击偷砍、盗猎等行为。

（5）调查落实野生动物损害社区农作物、家畜的损失情况，给予及时、合理的补偿。

5.7.2.2 发展经济

（1）对周边居民进行农业科技知识特别是茶叶、中药材、核桃种植管理技能的培训，重视和发展教育，提高村民发展经济的能力。

（2）改变单一的种植模式，把握市场需求，种植经济效益高的作物。发展庭院经济，在四旁广泛种植经济林木，增加牲畜、家禽养殖。

（3）部分坡度大、生产力较低的农地退耕，发展经济林，并对现有低产经济林地进行改造。

（4）政府及相关部门加大农户在农作物、经济作物、经济林产品的种植和市场销售方面的指导和扶持力度。

5.7.2.3 降低消耗

（1）推广混农林种植系统和坡耕地植物治理技术，减少水土流失，也可生产薪材。

（2）改变村民习惯的薪材砍伐方式，收集枯枝、修剪枝作为薪材。

（3）扶持村民建沼气池、改用节能灶，开展以电代柴、以气代柴等惠民工程。

（4）鼓励和推广牲畜圈养，加大生食喂猪的示范、推广和普及力度。

5.7.2.4 合理利用

（1）根据非木材林产品各种类的资源状况，在村民的参与认可下制定相应规定，在采集方式和采集数量上指导村民采集利用，防止过量采集。

（2）扶持发展经济林及非木材产品的深加工和规模化生产。

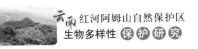

参考文献

王娟，杜凡，杨宇明，等. 中国云南澜沧江自然保护区科学考察研究. 昆明：科学出版社，
　　2010，420 - 428.
喻庆国，曹善寿，等. 无量山国家级自然保护区. 昆明：云南科技出版社，2004，139 - 162.

第六章

动物资源*

关于阿姆山自然保护区的动物物种多样性，此前仅云南省林业学校、红河哈尼族彝族自治州环境科学学会及州、县林业局等单位于1994年进行过一次综合调查，此后再未见相关调查报道。阿姆山地处哀牢山脉南缘，华南区与西南区分界线——田中线附近，是多个动物区系成分交汇地带，地理位置特殊。此外，由于这一区域调查研究工作开展得较少，不时又有珍稀濒危野生动物出没的见闻出现，亟待开展一次深入的、系统的科学调查，为自然保护区的管理提供参考。

2012年8~9月，国家林业局昆明勘察设计院联合西南林业大学对阿姆山的动物资源进行了一次较为深入的野外调查工作，较全面地揭示了阿姆山自然保护区的动物物种多样性以及珍稀濒危物种的分布情况。

6.1 两栖、爬行类

6.1.1 调查方法

2012年8~9月，对阿姆山自然保护区的两栖、爬行动物进行了为期18天的系统科学考察。

在阿姆山自然保护区范围内，选择山间溪流、林间小路、水塘、林地等两栖、爬行类的栖息生境或易发现的区域作为调查地点，采用样线调查法进行调查。调查队由国家林业局昆明勘察设计院4名调查队员以及当地保护区工作人员（人员不固定）组成。

调查采用野外样线调查与访问调查的方法进行。样线法调查时，样线单侧宽度为10m，以2km/h的速度步行调查，在样线范围内搜寻两栖、爬行动物。调查时段分别在09:00~11:00（主要调查有尾两栖动物、蜥蜴类和游蛇类爬行

---

*本章编写人员：国家林业局昆明勘察设计院孙国政、罗伟雄（两爬及哺乳动物）；西南林业大学的韩联宪、邓章文、岩道（鸟类）。

动物)、14:00~17:00(主要调查有尾两栖动物、蜥蜴类和游蛇类爬行动物)和 20:00~00:00(主要调查毒蛇类、水蛇类爬行动物和无尾两栖动物),调查时记录观察和采集到的物种、数量以及相关海拔、地理坐标、栖息地生境等信息,并拍摄照片,未能在野外调查时鉴定的物种采集少量标本带回室内鉴定。在野外实地调查的同时,对调查地点社区居民进行访谈,通过非诱导式问题设置并辅助图片识别来调查特征较鲜明的部分两栖、爬行动物种类、分布及数量状况。此外,对有文献记录但于野外未发现的实体、未访问调查到的两栖爬行动物,通过查找凭证标本和查阅资料确定其在该保护区是否有分布。

6.1.2　两栖、爬行类多样性

根据此次调查并结合以往的调查和文献资料,记录到保护区两栖爬行动物 11 科 24 属 32 种,其中,两栖类 6 科 14 属 19 种,爬行类 5 科 10 属 13 种。从物种组成来看,两栖类中角蟾科 Megophryidae 4 属 6 种、蛙科 Ranidae 2 属 4 种、树蛙科 Rhacophoridae 3 属 3 种和蟾蜍科 Bufonidae 2 属 3 种为该区域优势类群;姬蛙科 Microhylidae 仅发现 1 属 2 种,蝾螈科 Salamandridae 仅 1 属 1 种(详见附录 2)。

爬行类中,游蛇科的数量占绝对优势,为 5 属 8 种;鬣蜥科 Agamidae 为 2 属 2 种;石龙子科 Scincidae、眼镜蛇科 Elapidae 和蝰科 Viperidae 各 1 属 1 种(详见附录 2)。

6.1.3　区系分析

6.1.3.1　两栖动物的区系成分

动物区系组成显示,阿姆山自然保护区的 19 种两栖类物种中,广布种仅 1 种,即华西蟾蜍 Bufo bufo;南中国广布有小角蟾 Megophrys minor、黑眶蟾蜍 Bufo melanostictus、双团棘胸蛙 Rana yunnanensis、斑腿泛树蛙 Polypedates leucomystax、粗皮姬蛙 Microhyla butleri 和小弧斑姬蛙 Microhyla heymonsi 6 种;西南—华南区共有种有红瘰疣螈 Tylototriton verrucosus、景东角蟾 Megophrys jingdongensis、掌突蟾 Leptolalax pelodytoides、哀牢髭蟾 Leptobrachium ailaonicum、安氏臭蛙 Odorrana andersonii 和滇蛙 Rana pleuraden 6 种;华南区有费氏短腿蟾 Brachytarsophrys feae、沙巴拟髭蟾 Leptobrachium chapaensis、棘肛蛙 Rana unculuanus、白颊小树蛙 Philautus palpebralis 和红蹼树蛙 Rhacophorus rhodopus 5 种;西南区物种仅 1 种,即无棘溪蟾 Torrentophryne aspinia。

通过分析可以发现,地处云南南部的阿姆山自然保护区,其两栖动物的区系组成在剔除共有种后,呈现出较大比例的华南区物种成分,在我国动物地理区划中属东洋界华南区动物区系(表 6-1)。

表 6-1　阿姆山自然保护区两栖爬行类区系组成统计

类群	种数	广布	南中国广布	西南—华南	华南	西南
两栖类	19	1（5.26%）*	6（31.58%）	6（31.58%）	5（26.32%）	1（5.26%）
爬行类	13	1（7.69%）*	3（23.08%）	6（46.15%）	3（23.08%）	—
合计	32	2（6.25%）*	9（28.12%）	12（37.5%）	8（25%）	1（3.13%）

　　* 括弧前面数字表示物种数。

6.1.3.2　爬行动物的区系成分

　　与两栖动物区系组成基本相似，阿姆山自然保护区的 13 种爬行动物中，广布种仅 1 种，即黑眉锦蛇 *Elaphe taeniura*；南中国广布有 3 种，即斜鳞蛇 *Pseudoxenodon macrops*、灰鼠蛇 *Ptyas korros* 和银环蛇 *Bungarus muliticinctus*；西南—华南区共有种有 6 种，为云南攀蜥 *Japalura yunnanensis*、长肢滑蜥 *Scincella doriae*、绿锦蛇 *Elaphe prasina*、棕网腹链蛇 *Amphiesma johannis*、八线腹链蛇 *Amphiesma octolineata* 和云南竹叶青 *Trimeresurus yunnanensis*；华南区有 3 种，蚌西树蜥 *Calotes kakhienensis*、三索锦蛇 *Elaphe radiate* 和绿瘦蛇 *Ahaetulla prasina*；无西南区物种。

　　对上述物种成分分析后可以发现，阿姆山自然保护区爬行动物的区系组成在剔除共有种后，均为华南区物种成分，在我国动物地理区划中亦属东洋界华南区动物区系（表 6-1）。

6.1.3.3　区系特征

　　从以上统计可以看出，阿姆山自然保护区的两栖、爬行类动物主要以南中国广布、西南—华南区和华南区物种为主，占保护区两栖、爬行动物物种数的 90.62%。因此，从整体属性来看，该地区区系组成上兼具了华东区、华南区和西南区动物区系，呈现出多种成分混杂的特点，说明该区处在三大区系交汇地带，其地理位置具有一定的特殊性。

　　特有种分为三类：中国特有种、云南特有种以及本区特有种。这种区分可以从不同尺度上比较全面地反映物种的分布特有性。

　　中国特有种是指仅分布在中国境内的物种，阿姆山自然保护区共有 4 种。其中两栖类 2 种，包括滇蛙、棘肛蛙（亦属云南特有）；爬行类 2 种，包括棕网腹链蛇、八线腹链蛇。

　　云南特有种包括非中国特有但在中国境内只分布在云南省和中国特有且只分布在云南省的物种。本次调查中共发现阿姆山自然保护区内，云南特有两栖、爬行动物 11 种。其中两栖类有 9 种，包括红瘰疣螈、费氏短腿蟾、掌突蟾 *Leptolalax pelodytoides*、景东角蟾 *Megophrys jingdongensis*、沙巴拟髭蟾、哀牢髭蟾、无棘溪蟾、安氏臭蛙、棘肛蛙（亦属中国特有）；爬行类 2 种，包括蚌西树蜥、云南攀蜥。

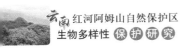

本区特有种是指在分布上仅见于阿姆山地区的种类，但本次调查还尚未发现本区特有分布物种。

6.1.4 资源评价与建议

6.1.4.1 资源评价

阿姆山自然保护区所记录到的两栖、爬行类动物以南中国广布、西南—华南区和华南区物种为主，区系组成较为复杂，呈现出多种成分混杂的特点，是多个区系物种的汇集地带。此外，阿姆山地区山谷溪流密布，季风常绿阔叶林、中山湿性常绿阔叶林、山地苔藓常绿阔叶林、山顶苔藓矮林、山顶灌丛、针叶林、落叶阔叶林等植被类型多样，这也为各区系成分提供了多样化的栖息环境。

陆生脊椎动物中，列入国家重点野生保护名录的两栖、爬行类物种相对较少。本区列入国家级保护名录的物种仅红瘰疣螈1种，为国家Ⅱ级重点野生保护动物。双团棘胸蛙已被列为"IUCN红色名录""濒危"物种和《中国濒危动物红皮书》"易危"物种。本区未发现CITES收录物种。

（1）红瘰疣螈

生活于海拔1000～2700m林木繁茂、杂草丛生及其水稻田附近的区域。皮肤粗糙，体两侧各有1排球形瘰粒；背面及体侧棕黑色；头部、尾部、四肢以及背脊棱和瘰疣部位均为红棕色或棕黄色；非繁殖期成体营陆地生活，夏秋季常发现于水田、水塘等潮湿多杂草的地方，觅食昆虫及其他小动物。5～8月进入水中进行繁殖，多在静水塘、水稻田内配对产卵，卵单粒或呈串粘附在水草上。在云南分布较广，数量也较多，在阿姆山地区不同海拔段都能见到其身影，为常见种。

（2）双团棘胸蛙

体形大，成体一般雄蛙98mm、雌蛙95mm左右。在云南成体一般喜居于海拔1500～2400m的山溪或隐蔽于水沟中、水凼内，常蹲在岸边长有苔藓的石头上。卵产于水淹没的石下，粘连成串，一端附于水的石块上，另一端悬于水中。蝌蚪生活在山溪水凼内，多隐于水中的石头下或腐叶中。云南省境内多数县有分布，省外见于四川、贵州和湖南。由于肉鲜味美、个体硕大，双团棘胸蛙是当地居民重要的捕食对象，现已分别被IUCN和"中国濒危动物红皮书"列为"濒危"和"易危"物种，该物种也是比较理想的人工养殖对象。

此外，阿姆山自然保护区属滇中哀牢山系的南延部分，保留了部分原始物种，如短腿蟾属 *Brachytarsophrys*、角蟾属 *Megophrys*、掌突蟾属 *Leptolalax* 等。这些原始物种作为地质变迁、环境变化的历史见证，常被生物学家、自然地理学家作为科学研究的重要对象，故而具有很高的科研价值。其他类群，如溪蟾属 *Torrentophryne*、树蛙属 *Rhacophorus*、树蜥属 *Calotes* 等，由于已有的研究有限，

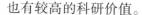

也有较高的科研价值。

6.1.4.2　保护管理建议

　　几乎所有两栖类和爬行类中的蜥蜴类都以林下昆虫、软体动物为食，是控制农林害虫发生的重要天敌；多数蛇类捕食鼠类，在维系自然生态系统中具有重要功能和作用。同时，两栖、爬行动物又是其他肉食动物的重要食物来源之一。因此，在复杂的自然生态系统中，两栖、爬行动物在维系整个系统平衡中有着多种功能和不可忽视的作用。

　　阿姆山保护区周边地区，林下种植草果的现象较为普遍。草果种植过程中，会侵占和破坏部分两栖动物的栖息地。建议当地林业主管部门加强引导，尽可能避免草果种植等林下经济的发展对野生动物栖息地的侵蚀和破坏。

6.2　鸟　类

　　20 世纪 50 年代期间，中国科学院组织的中苏联合考察队对红河哈尼族彝族自治州大围山地区的鸟类进行过较为全面的考察；20 世纪 80 年代，中国科学院昆明动物研究所和云南大学等单位也对红河哈尼族彝族自治州部分地区的鸟类进行过多次调查；1985 年，中国科学院昆明动物研究所与红河哈尼族彝族自治州城乡建设环境保护局也在全州范围内进行了为期数月的脊椎动物综合考察，此类调查或多或少覆盖了红河县阿姆山地区。1994 年，有关部门筹建阿姆山自然保护区时，由红河哈尼族彝族自治州环境科学学会牵头，由红河哈尼族彝族自治州城乡建设环境保护局、红河哈尼族彝族自治州林业局、红河哈尼族彝族自治州水电局、红河哈尼族彝族自治州林科所以及红河县林业局等单位共同组成"拟建红河阿姆山自然保护区"综合考察组，对阿姆山地区进行了综合考察，其中记录到鸟类 11 目 29 科 100 种。自此之后，没有对阿姆山自然保护区范围内的鸟类进行调查。

6.2.1　调查方法

6.2.1.1　常规路线调查法

　　在阿姆山自然保护区范围内，采用不定宽样线法对鸟类进行调查，利用保护区内及周边地区现有公路、小路作为鸟类调查路线。调查时间通常为上午7：30～11：00，下午 5：00～7：30。如果因调查区域路途较远，调查则从上午8 点开始至下午 5：00～6：30 结束。调查人员共 3 人，1 人 1 组，每组单独进行样线调查。调查时使用蔡司 10×40mm、北辰 8×42mm 和 Asika 8×42mm 双筒望远镜观察鸟类种类，记录看到或者听到的鸟类种类和数量。

　　调查时携带《中国鸟类野外图鉴》和《中国鸟类野外手册》，对少数鉴定有困

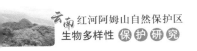

难的鸟，现场查对《中国鸟类野外手册》确定。转点乘车时在保护区内及周边地区沿途所见鸟类也予以记录种类和数量。

调查区域包括：天生桥管护站管辖林区及周边地区、天生桥李都红、哈龙乡岔路、天生桥打衣村岔路、么底水库老普村、阿姆山管护站管辖林区及周边地区、阿姆山主峰片区及周边地区、红星水库周边林区、架车乡普依村及周边地区、架车乡学校附近及周边地区、架车乡至垭玛乡公路沿线、垭玛乡洛红垭口周边、垭玛乡利博村周边。共设置样线33条，所有样线总长度为174km，每条样线调查1~6次，33条样线共调查56次。

6.2.1.2　访问调查法

野外调查过程中，访问保护区护林员和当地在山上放牧的群众等，请他们通过图鉴辨认能识别的鸟类，并访问其分布区域和遇见地点。调查期间，访问保护区护林员、放牧人和村民共7人。

6.2.2　鸟类多样性

6.2.2.1　多样性

鸟类资源主要参照杨岚等（1995，2004）的分类系统，并采纳郑光美（2011）的部分观点，将鹟科 Muscicapidae 分为鸫科 Turdidae、画鹛科 Timaliidae、莺科 Sylviidae 和鹟科，将山雀科 Paridae 分为山雀科和长尾山雀科 Aegithalidae。

根据本次调查结果，综合1994年《阿姆山自然保护区综合考察报告》记载的鸟类种类数据，阿姆山自然保护区共记录到鸟类14目40科106属188种（详见附录2）。约占云南省记录的903种鸟类的20.82%，占全国记录鸟类1371种的13.71%。

（1）保护鸟类

依据目前鸟类调查结果，阿姆山自然保护区及周边地区共记录到中国国家重点保护鸟类16种（均为国家Ⅱ级重点保护野生鸟类），分别是鸳鸯 Aix galericulata、凤头蜂鹰 Pernis ptilorhynchus、松雀鹰 Accipiter virgatus、普通鵟 Buteo buteo、游隼 Falco subbuteo、红脚隼 Falco vespertinus、白鹇 Lophura nycthemera、原鸡 Gallus gallus、白腹锦鸡 Chrysolophus amherstiae、楔尾绿鸠 Treron sphenurus、褐翅鸦鹃 Centropus sinensis、小鸦鹃 Centropus bengalensis、领鸺鹠 Glaucidium brodiei、斑头鸺鹠 Glaucidium cuculoides、领角鸮 Otus bakkamoena 和雕鸮 Bubo bubo。

CITES 附录Ⅱ收录物种共11种，分别是凤头蜂鹰、松雀鹰、普通鵟、游隼、红脚隼、领鸺鹠、斑头鸺鹠、领角鸮、雕鸮、银耳相思鸟 Leiothrix argentauris 和红嘴相思鸟 Leiothrix lutea。列入《中国物种红色名录》"近危"物种（NT）的共7种，分别是鸳鸯、褐翅鸦鹃、小鸦鹃、黑喉噪鹛 Garrulax chinensis、银耳相思鸟、红嘴相思鸟和树麻雀 Passer montanus。上述受威胁或受保护鸟类共20种，占阿姆山自然保护区已知鸟类种数的10.64%，其中凤头蜂鹰和红嘴相思鸟数量相对较多，为常见种，其余的种类均为少见种，据当地护林员介绍，白鹇也为当地森林中的常见鸟，但本次调查所获数据显示其为少见种。

（2）特有鸟类

依据雷富民等人所著《中国鸟类特有种》一书记载的中国特有鸟类，阿姆山自然保护区内记录的中国特有鸟有白腹锦鸡和白领凤鹛 *Yuhina bakeri* 2 种。

6.2.2.2 鸟类多样性特点

本次调查加上过去的鸟类资料，阿姆山自然保护区共记录到鸟类 14 目 40 科 106 属 188 种。与相邻的元阳观音山相比，鸟类种数相近，与云南省位于哀牢山地区或相邻其他保护区相比，较大围山自然保护区少 188 种，比分水岭自然保护区少 86 种（表6-2）。

表6-2　阿姆山自然保护区鸟类与邻近自然保护区鸟类多样性比较

地点	目数	科数	种数	种占全国比例（%）	种占全省比例（%）
全国	21	85	1387	100.00	—
云南	20	71	904	65.00	100.00
分水岭	13	40	274	19.99	30.34
大围山	16	44	376	27.43	41.64
观音山	13	38	186	13.40	20.60
阿姆山	14	40	188	13.60	20.80

注：分水岭为云南金平分水岭国家级自然保护区，大围山为云南大围山国家级自然保护区，观音山为云南元阳观音山省级自然保护区。

阿姆山自然保护区属于哀牢山的南延部分，是云南亚热带北部与亚热带南部的过渡区，气候属于北回归线以南的滇南低纬度高原气候，鸟类种类以画鹛科鸟类、鹟科鸟类、莺科鸟类和鹟科鸟类的种类居多，共 87 种，占记录到 188种的46.28%。就现有鸟类资料分析，阿姆山自然保护区鸟类区系具有以下特点。

（1）区系成分南北交汇

保护区位于哀牢山山脉南段，哀牢山是横断山系的一部分。横断山脉在中国动物地理区划上划为东洋界中印亚界西南区西南山地亚区。横断山区高差显著的高山深谷地形不仅为动物的垂直性地带分布提供了条件，而且使南方喜热动物能沿河谷北进，北方耐寒动物能顺山脊向南扩张，形成动物区系成分混杂、南北种类交汇的分布格局。动物中不仅有相当数量的西南山地特有种类，而且东洋种和广布种也占有相当大的比例，而古北种相对较少。区系成分相对复杂，既有广布华中区的亚热带种类，又有少量华南区热带成分，还有寒温带以及分

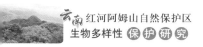

布于欧亚大陆北部的种类。南北动物区系成分混杂现象突出，以鸟类为例，属于南中国型南方鸟类的矛纹草鹛 *Babax lanceolatus* 等，属于东南亚热带型的黑卷尾 *Dicrurus macrocercus* 和灰卷尾 *Dicrurus leucophaeus* 等，均在该地区记录到，表明该地区正好处在古北、东洋两动物地理界的过渡地带。区系成分有南北混杂交汇的特点。

（2）垂直地带性分布明显，西南山地特有种类较多

阿姆山的山地峡谷地貌特征虽然不及云南西北部地区典型，但仍然是中等切割的山地，气候和植被的垂直分布变化明显，有较多的西南山地特有种在动物地理区划上属于横断山脉—喜马拉雅山型。调查中所记录到的纹喉凤鹛 *Yuhina gularis*、白领凤鹛、黑头金翅雀 *Carduelis ambigua* 均属于横断山脉—喜马拉雅山型种类。

阿姆山所在的红河西岸山地及其红河河谷是候鸟的迁飞通道，2009 年 5 月 15 日西南林业大学研究生王剑曾在红河河谷蛮耗镇附近观察到数量超过 3000 只的红脚隼迁徙过境。因此推测在迁徙季节应有很多候鸟经过该地区红河河谷，但因此次鸟类调查受时间所限，考察覆盖范围有限，所获鸟类资料仅能反映阿姆山地区的鸟类多样性概貌。如继续深入开展调查，所记录鸟类物种数量还会有所增加。

6.2.3　区系分析

6.2.3.1　居留类型

记录的 188 种鸟，有留鸟 156 种，占总种数的 83%；夏候鸟 15 种，占总数的 8%；冬候鸟 17 种，占 9%。留鸟在所记录的鸟类中占绝对优势，可能与此次调查时间有关，调查时间为 9 月，这一时间段是候鸟迁徙的初期，客观上可能导致调查者不容易观察到迁徙的旅鸟和冬候鸟。

6.2.3.2　鸟类区系特点

根据郑作新《中国鸟类分布名录》中按鸟类主要繁殖地区划分鸟类区系成分的标准，依据繁殖鸟对阿姆山自然保护区鸟类进行区系分析，保护区共记录到留鸟 156 种，夏候鸟 15 种，因此繁殖鸟为 171 种，其中属于东洋区的种类共有 130 种，占 171 种繁殖鸟的 76%；跨东洋区和古北区两区广布种有 39 种，占繁殖鸟类总种数的 22.8%；属古北区的 2 种，占繁殖鸟类总种数的 1.2%。区系分析数据表明阿姆山自然保护区的鸟类以东洋种为主，其次是广布种，古北种很少。

6.2.4 鸟类多样性评价与建议

6.2.4.1 评　价

　　哀牢山被学者认为是云南省重要的地理分界线，因此，这一地区受到世界生物学界瞩目。在此地开展生物多样性保护和研究，具有其他地区所不能替代的独特性和重要性。在云南省境内，哀牢山山脉北段建有哀牢山国家级自然保护区，南段建有元阳县观音山自然保护区、金平县分水岭国家级自然保护区和红河县阿姆山自然保护区，这些保护区使哀牢山脉的保护区布局及保护管理更为全面和系统，也能更好地保护当地的森林生态系统和栖息于其中的野生动物。阿姆山自然保护区记录到鸟类 188 种，有中国国家 II 级重点保护鸟类共 16 种，鸟类多样性较为丰富，具有一定的保护价值。

6.2.4.2 保护管理建议

　　依据野外考察期间收集的资料和观察的有关情况，从自然保护区管理和有效保护鸟类考虑，对阿姆山自然保护区鸟类保护提出如下建议，供有关部门参考。

　　保护区管理部门可与保护区周边地区学校合作，对少年儿童加强保护宣传教育，使他们从小具备保护野生动物和鸟类的法律意识和科学认识。对村民和少年儿童加强保护环境和野生动物的教育，使其成为自然保护区日常管理工作的一部分。

　　经访问了解当地村民尚有少数人捕杀鸟类，主要猎杀体型较大的鸟类。调查期间发现，多数鸟类见人就躲，鸟类怕人一定程度旁证有人对其进行猎杀。因此，保护区管理机构要把禁止偷猎的工作进一步落实抓好。

　　阿姆山自然保护区范围内及周边公路有关宣传保护野生动物的标牌和警示标语很少。保护区管理机构若能在各个路口和进入保护区的重要通道设置宣传牌和禁令牌，告知进入保护区的人员，根据国家有关法律和条例，保护区内允许做什么，禁止做什么，违反管理规定将会受到何种处罚等。实施这类宣传管理措施，会收到一定的宣传效果。

6.3 哺乳动物

　　2012 年 8 ~ 9 月，国家林业局昆明勘察设计院对整个阿姆山自然保护区的哺乳动物进行了为期 18 天的科学考察。野外调查的同时，也对调查点附近社区进行了访问调查。

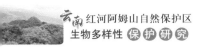

6.3.1 调查方法

6.3.1.1 资料收集

查阅之前阿姆山有关哺乳动物考察的资料，收集阿姆山及其邻近地区的相关文献，查询、整理阿姆山及其邻近地区哺乳动物标本，初步拟出该地区的哺乳动物名录。

6.3.1.2 实地调查

哺乳动物，因体形大小、食性、生活习性和栖息地的不同，其调查方法有明显差异。

（1）大中型哺乳动物的调查方法

访问调查：走访当地老猎手和村民，请他们介绍在当地见到过的哺乳动物，并描述其主要特征，以了解当地大中型哺乳动物的种类、数量和分布。

样线调查：尽管野外很难见到野生动物的实体，但只要该地区还有分布，便可能遗留下活动痕迹。因此，聘请当地经验丰富的向导，在每一工作点设计2~5条调查样线，记录各种可用信息，包括：动物实体、足迹（形状、大小、新旧）、粪便（形状、大小、残留物、新旧）、卧迹（大小、新旧）及残留在其中的体毛（毛色、粗细、整体结构）、擦痕及抓痕（高度与长度）及残留在树干上的体毛（毛色、粗细、整体结构）、洞穴（大小、形状）及残留在周围的体毛（毛色、粗细、整体结构）等诸多痕迹，记录各种痕迹出现的海拔高度、经纬度、栖息地类型等。

（2）小型兽类的调查方法

笼捕及陷阱法：食虫类、啮齿类及一些小型食肉类动物体形较小，在外形上有一定的相似性，通常又是夜间活动，有一定的隐蔽性，因此对于这些动物的分类鉴定，必须采集标本，并根据其头骨和牙齿等的特征弄清保护区的哺乳动物种类。本次调查，在系统取样的基础上选取有代表性区域作为考察点，在每一考察点设置2~5条采集样线，每一样线置放一定数量的鼠夹、鼠笼及埋设一定数量的小桶（陷阱）采集小型兽类标本。每个工作点至少工作2天。记录每一样线的生境、起止点位置（经纬度与海拔）、采集到的种类及数量，同时记录每一标本采集点的海拔（特殊物种记录经纬度）及微生境描述。

网捕与手捕法：主要适用于翼手类，因其特殊的生活习性——白天多栖息于山洞中，傍晚飞行取食，因此一般采取以下两种方法对其进行抓捕：一是在每一采集点的林中或林缘支鸟网，在傍晚时分每30分钟左右检查一次，以防止蝙蝠咬破鸟网并逃逸；二是访问群众，了解有蝙蝠出入的蝙蝠洞情况，聘请当地向导，前往蝙蝠洞，若洞径较小则直接用树枝扑打捕获；若洞径较大则在洞内支鸟网，通过驱赶洞内蝙蝠逼其撞向鸟网。同时记录捕网地点的经纬度、海

拔及生境特征。

本次野外调查过程中，3 名考察队员在 2~4 名向导的配合下，共完成了 6 个考察点、18 条样线的野外调查工作，并访问 26 人次。

6.3.2 哺乳动物多样性

6.3.2.1 物种多样性

经本次野外调查并整理前人调查研究结果，迄今，阿姆山共记录有哺乳动物 66 种，隶属于 10 目 26 科 48 属。所记录的 66 种哺乳动物中，受国家重点保护野生动物 13 种，其中国家 I 级重点保护野生动物有西黑冠长臂猿 *Nomascus concolor*、印支灰叶猴 *Trachypithecus crepusculus*、蜂猴 *Nycticebus bengalensis*、云豹 *Neofelis nebulosa* 4 种，另有 9 种国家 II 级重点保护野生动物。此外，阿姆山所记录哺乳动物中，有 2 种为云南省省级保护动物；还有 13 种被《濒危野生动植物种国际贸易公约》（CITES）收录，有 8 种被 IUCN 界定为受威胁物种（1 种为濒危，另外 7 种被界定为易危物种），有 24 种被中国哺乳动物红色名录认定为受威胁物种（濒危 8 种，易危 16 种）（详见附录 2）。

6.3.2.2 哺乳动物的组成

（1）目的组成

阿姆山自然保护区目前记录的 66 种哺乳动物隶属于 10 个目，其中以啮齿目 RODENTIA 的种数最多，计 22 种；其次是食肉目 CARNIVORA 15 种。这 2 个目共计 37 种，占阿姆山哺乳动物种数的 56.06%，可见它们在阿姆山哺乳动物区系组成中所起的决定性作用。另外，剩下的 8 目仅有 29 种，其中翼手目 CHIROPTERA 8 种，鼩形目 SORICOMORPHA 7 种，灵长目 PRIMATES 和偶蹄目 ARTIODACTYLA 均为 5 种，猬形目 ERINACEOMORPHA、攀鼩目 SCANDENTIA、鳞甲目 PHOLIDOTA 和兔形目 LAGOMORPHA 分别只有 1 种。

（2）科的组成

阿姆山自然保护区的哺乳动物隶属于 26 个科，其中最大的科是松鼠科 Sciuridae（5 属 12 种），其次是鼩鼱科 Soricidae（4 属 6 种），鼠科 Muridae（3 属 6 种），灵猫科 Viverridae（5 属 5 种），鼬科 Mustelidae（3 属 5 种），这 5 个科占到阿姆山哺乳动物种数的 51.52%，体现出它们在阿姆山哺乳动物区系构成中的作用。其余的科均在 3 种以下，依次为：鹿科 Cervidae、菊头蝠科 Rhinolophidae、蝙蝠科 Vespertilionidae 和猴科 Cercopithecidae 均 2 属 3 种；蹄蝠科 Hipposideridae、猫科 Felidae 和豪猪科 Hystricidae 各 2 属 2 种；猬科 Erinaceidae、鼹科 Talpidae、树鼩科 Tupaiidae、长臂猿科 Hylobatidae、懒猴科 Lorisidae、鲮鲤科 Manidae、熊科 Ursidae、犬科 Canidae、獴科 Herpestidae、牛科 Bovidae、猪科 Suidae、仓鼠科 Cricetidae、鼹形鼠科 Spalacidae 和兔科 Leporidae 14 科在阿姆山均以单属种的形

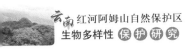

式出现，它们在科的组成上占了 53.85%，但在物种组成上仅占 21.21%。

（3）属的组成

阿姆山自然保护区的 66 种哺乳类分别隶属于 48 属，缺乏明显的优势属，更多的是以单种属（36 属）的形式出现，占本地区哺乳动物总属数的 75%、物种数的 54.55%，其中一些属甚至为单型属：鼩猬属 *Neotetracus*、白尾鼹属 *Parascaptor*、云豹属 *Neofelis*、长颌带狸 *Chrotogale*、花面狸属 *Paguma* 和毛冠鹿属 *Elaphodus*，这些类群在本地区哺乳动物区系组成及多样性构成中均起到重要作用；其余 12 属（占本地区总属数的 25%）的物种数（占本地区的 45.45%），其中最大属也只有 3 种，即麝鼩属 *Crocidura*、白腹鼠属 *Niviventer*、鼬属 *Mustela*、花松鼠属 *Tamiops*、长吻松鼠属 *Dremomys*、鼯鼠属 *Petaurista* 各有 3 种，菊头蝠属 *Rhinolophus*、黄蝠属 *Scotophilus*、猕猴属 *Macaca*、麂属 *Muntiacus*、家鼠属 *Rattus*、丽松鼠属 *Callosciurus*、花松鼠属 *Tamiops* 各有 2 种。

6.3.3　区系分析

6.3.3.1　分布型

保护区分布的 66 种哺乳动物，根据种的分布类型，可归属于以下类型。

（1）旧大陆热带、亚热带至温带分布型

这一分布型系指分布区可从热带非洲到地中海沿岸、欧洲以及整个亚洲（包括热带在内）的种，是埃塞俄比亚界、古北界和东洋界三大动物地理界的广布种，为保护区哺乳动物分布最广的类型。属于这一分布型的有 2 种：野猪 *Sus scrofa*、赤狐 *Vulpes vulpes*，这 2 种也见于美国，并被引入澳大利亚，在非洲仅分布到北非。

（2）亚洲热带至温带分布型

这一分布型为从东南亚的南洋群岛或（和）印度南部热带一直分布到俄罗斯西伯利亚的古北—东洋泛布，但主要分布于东洋区的物种，在本区域内有 11 种。

①南亚、东南亚至西伯利亚分布：黄喉貂 *Martes flavigula*、豹猫 *Prionailurus bengalensis*。

②南亚、中南半岛至东北亚分布：黄胸鼠 *Rattus tanezumi*、东亚伏翼 *Pipistrellus abramus*、黑熊 *Ursus thibetanus*。

③喜马拉雅、中南半岛、中国至东北亚分布：黄鼬 *Mustela sibirica*。

④南亚、东南亚至中国分布：花面狸 *Paguma larvata*、喜马拉雅水鼩 *Chimarrogale himalayica*。

⑤南亚、中南半岛至华北分布：猕猴 *Macaca mulatta*。

⑥中南半岛北部至华北分布：社鼠 *Niviventer confucianus*、隐纹松鼠 *Tamiops*

swinhoei。

（3）亚洲热带、亚热带分布型

这一分布型的物种系亚洲热带起源，其分布地从印度、斯里兰卡、缅甸、泰国、南中国、中南半岛至南洋群岛，其在我国的分布北限为秦岭山地—淮河—长江流域。保护区内属于这一分布型的多达 29 种。

①南亚、东南亚至南中国分布：云豹 *Neofelis nebulosa*、红背鼯鼠 *Petaurista petaurista*、黄腹鼬 *Mustela kathiah*。

②南亚、中南半岛至南中国分布：大灵猫 *Viverra zibetha*。

③喜马拉雅、南中国至东南亚分布：大蹄蝠 *Hipposideros armiger*、中国穿山甲 *Manis pentadactyla*、豪猪 *Hystrix brachyura*、灰麝鼩 *Crocidura attenuata*、刺毛鼠 *Niviventer fulvescens*、大足鼠 *Rattus nitidus*。

④喜马拉雅、南中国至中南半岛分布：皮氏菊头蝠 *Rhinolophus pearsonii*、鼬獾 *Melogale moschata*（中国南部至越南和老挝北部）、珀氏长吻松鼠 *Dremomys pernyi*（南至越南和缅甸北部）。

⑤中南半岛至南中国分布：赤腹松鼠 *Callosciurus erythraeus*、银星竹鼠 *Rhizomys pruinosus*、中华鬣羚 *Capricornis milneedwardsii*、菲菊头蝠 *Rhinolophus pusillus*、黑腹绒鼠 *Eothenomys melanogaster*、食蟹獴 *Herpestes urva*。

⑥华中、西南至中南半岛北部分布：短尾鼩 *Anourosorex squamipes*、倭松鼠 *Tamiops maritimus*。

⑦中南半岛、中国西南至东喜马拉雅分布：锡金小鼠 *Mus pahari*、斑灵狸 *Prionodon pardicolor*、长尾大麝鼩 *Crocidura fuliginosa*、印支小麝鼩 *Crocidura indochinensis*、北树鼩 *Tupaia belangeri*、明纹花松鼠 *Tamiops mcclellandii*。

⑧东南亚至中国西南分布：帚尾豪猪 *Atherurus macrourus*、白斑小鼯鼠 *Petaurista elegans*。

（4）热带亚洲分布型

这一分布型为典型的热带种类，它们大多分布在亚洲南部的热带和南亚热带，在我国可向北延伸到南岭以南，阿姆山地区这一分布型的哺乳动物种类较多为 17 种，并可进一步分为下述几个亚型。

①南亚、东南亚至华南分布：这一分布型可以从南洋群岛、印度南部向北分布到喜马拉雅山南坡和横断山区南部，向东分布到云南、两广、福建东南沿海以南地区，包括赤麂 *Muntiacus muntjak*、椰子狸 *Paradoxurus hermaphroditus*、大黄蝠 *Scotophilus heathii*、小黄蝠 *Scotophilus kuhlii*、南洋鼠耳蝠 *Myotis muricola*、巨松鼠 *Ratufa bicolor*。

②南亚、中南半岛至华南分布：蜂猴 *Nycticebus bengalensis*（西至阿萨姆，东到广西西南部）、纹鼬 *Mustela strigidorsa*、霜背大鼯鼠 *Petaurista philippensis*、红

颊长吻松鼠 *Dremomys rufigenis*。

③中南半岛至华南分布：短尾猴 *Macaca arctoides*、三叶蹄蝠 *Aselliscus stoliczkanus*、长颌带狸 *Chrotogale owstoni*（中南半岛东北部至云南、广西）。

④中南半岛至云南南部、西南部分布：西黑冠长臂猿 *Nomascus concolor*（中南半岛北部至云南）、印支灰叶猴 *Trachypithecus crepusculus*（中南半岛北部至云南）、印支松鼠 *Callosciurus imitatoe*（中南半岛北部至云南南部）、红喉长吻松鼠 *Dremomys gularis*（越南北部至云南分布）。

（5）特有分布型

特有分布指中国特有分布或中国特定区域特有分布。分布该区的特有分布物种有7种。

①横断山—南中国特有分布（横断山—华中—华南分布）：毛冠鹿 *Elaphodus cephalophus*、灰黑齿鼩鼱 *Blarinella griselda*（甘肃、陕西、湖北、云南至越南北部分布）。

②南中国特有分布：小麂 *Muntiacus reevesi*。

③喜马拉雅—横断山特有分布：白尾鼹 *Parascaptor leucura*。

④沿青藏高原和喜马拉雅的东缘特有分布：安氏白腹鼠 *Niviventer andersoni*。

⑤云、贵、川特有分布：鼩猬 *Neotetracus sinensis*、云南兔 *Lepus comus*。

6.3.3.2　区系从属

基于分布型和表6-3的统计，阿姆山自然保护区66种哺乳动物中，仅有野猪和赤狐2种广布种，另有8种为主要起源和分布在亚洲热带、南亚热带而向北延伸分布到温带的东洋区和古北区的共有种，包括黄喉貂、豹猫、黄鼬、花面狸、喜马拉雅水鼩、黄胸鼠、东亚伏翼和黑熊。因此，完全属于东洋界的物种计有56种（占84.85%）。

表6-3　阿姆山自然保护区哺乳动物分布型和区系分析

分　布　区　类　型	物种数	区　系　从　属
1. 旧大陆热带、亚热带至温带分布型	2	广布种
2. 亚洲热带至温带分布型	11	东洋界与古北界共有
南亚、东南亚至西伯利亚分布	2	
南亚、中南半岛至东北亚分布	3	
喜马拉雅、中南半岛、中国至东北亚分布	1	
南亚、东南亚至中国分布	2	

（续）

分 布 区 类 型	物种数	区 系 从 属
南亚、中南半岛至华北分布	1	东洋界泛布
中南半岛北部至华北分布	2	
3. 亚洲热带、亚热带分布型	29	
南亚、东南亚至南中国分布	3	东洋界泛布
南亚、中南半岛至南中国分布	1	
喜马拉雅、南中国至东南亚分布	6	
喜马拉雅、南中国至中南半岛分布	3	
中南半岛至南中国分布	6	
华中、西南至中南半岛北部分布	2	东洋界华中区、西南区共有种
中南半岛、中国西南至东喜马拉雅分布	6	
东南亚至中国西南分布	2	东洋界西南区、华南区共有种
4. 热带亚洲分布型	17	东洋界华南区种
5. 特有分布型	7	
横断山—南中国特有分布	2	东洋界泛布
南中国特有分布	1	
喜马拉雅—横断山特有分布	1	东洋界西南区、华南区共有种
沿青藏高原和喜马拉雅的东缘特有分布	1	东洋界华中区、西南区共有种
云、贵、川特有分布	2	
总计	66	

　　在东洋界种中，东洋界广泛分布的种有云豹、红背鼯鼠、黄腹鼬、大灵猫、大蹄蝠、中国穿山甲、豪猪、灰麝鼩、刺毛鼠、大足鼠、皮氏菊头蝠、鼬獾、珀氏长吻松鼠、赤腹松鼠、银星竹鼠、中华鬣羚、菲菊头蝠、黑腹绒鼠、食蟹獴等25种（占东洋界种数的44.64%）；为华中和西南共有的东洋界种有短尾鼩、倭松鼠、安氏白腹鼠、鼩猬和云南兔5种；华南区与西南区共有的种有锡金小鼠、斑灵狸、长尾大麝鼩、印支小麝鼩、北树鼩、明纹花松鼠、帚尾豪猪、白斑小鼯鼠和白尾鼹9种；而属于华南区的东洋界种有赤鹿、椰子狸、大黄蝠、小黄蝠、南洋鼠耳蝠、巨松鼠、蜂猴、纹鼬、霜背大鼯鼠、红颊长吻松鼠、短尾猴、西黑冠长臂猿、印支灰叶猴、三叶蹄蝠、长颌带狸、印支松鼠和红喉长吻松鼠17种（占东洋界种数的30.36%）。由此可见，地处云南南部的阿姆山自然保护区，其哺乳动物的区系组成具较大比例的华南区物种，在我国动物地理

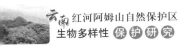

区划中属东洋界华南区动物区系。

6.3.4 资源评价与建议

通过此次调查，发现保护区栖息有多个珍稀濒危物种，但却多处于绝灭边缘。

6.3.4.1 西黑冠长臂猿 *Nomascus concolor*

国家 I 级重点保护野生动物，栖息于阿姆山自然保护区的冠长臂猿属于西黑冠长臂猿指名亚种（*N. c. concolor*），是各亚种中种群数量最多、分布范围最广、栖息面积最大的亚种，主要分布于哀牢山及其南延部分的绿春的黄连山，以及金平的西隆山、芭蕉河地区。阿姆山自然保护区，在 1994 年综合考察中就有西黑冠长臂猿分布的报道，但由于并未给出充分的证据或说明，一直未被业内的学者所采信。本次调查过程中，调查人员详细访问了在阿姆山见到过西黑冠长臂猿的护林员及附近村民，通过他们对其行为和鸣叫声的细致描述可以断定，阿姆山仍有西黑冠长臂猿存在，且他们最近一次目击到西黑冠长臂猿个体近在 2012 年 3 月。然而，笔者在西黑冠长臂猿被发现区域附近设立的 3 个监听点，经过 2 个早上均未听到西黑冠长臂猿的鸣叫。即便如此，笔者依然有理由相信，阿姆山自然保护区内很可能仍有西黑冠长臂猿的存在，但其种群数量可能很低，其生存状况不容乐观。

6.3.4.2 印支灰叶猴 *Trachypithecus crepusculus*

国家 I 级重点保护野生动物，属猴科疣猴亚科乌叶猴属。Liedigk 等 2009 年经分子生物学比对，将栖息于云南中南部（包括阿姆山）地区的原灰叶猴印支亚种（*T. p. crepuscula*）认定为印支灰叶猴 *Trachypithecus crepusculus*，在我国仅分布于云南澜沧江以东地区。本次访问调查过程中，受访对象最近一次见到印支灰叶猴是在 2010 年的宝华乡兀底村委会龙门寨后山一带，但笔者在野外样线调查中并未见到。印支灰叶猴在阿姆山地区可能有分布但极为罕见，其个体数量应该很少。

6.3.4.3 蜂猴 *Nycticebus bengalensis*

国家 I 级重点保护野生动物，在国外分布于印度阿萨姆至越南和泰国西南部的克拉地峡，在国内分布于云南西部、南部和广西西南部，主要取食蚱蜢、蟋蟀等大型昆虫，但也取食果实、嫩叶和嫩芽。生殖率低，一般一胎生一仔，偶有两仔，孕期一般为 184 ～ 200 天，存活寿命一般为 20 年左右。此次访问调查中发现，保护区内多个地方都有人见到过蜂猴，但其在阿姆山地区的种群数量并不高。根据倪庆永 2015 年的专项调查数据，该区域蜂猴的种群数量仅为 20 只左右。

阿姆山自然保护区共记录到哺乳动物 66 种，其中受国家重点保护哺乳动物达就到了 13 种，珍稀濒危物种所占比例较高。但各哺乳动物物种，尤其是珍稀濒危物种的种群数量普遍较低。既被划归为国家重点保护的珍稀濒危物种，其种群数量固然偏低，但一些珍稀濒危种类在阿姆山的生存状况则更为严峻。

参考文献

哀牢山自然保护区综合考察团．哀牢山自然保护区综合考察报告集．昆明：云南民族出版社，
  1988：1 – 285.

红河哈尼族彝族自治州城乡建设环境保护局，中国科学院昆明动物研究所，红河哈尼族彝族
  自治州科学技术委员会．云南南部红河地区生物资源科学考察报告：第一卷：陆栖脊椎动
  物．昆明：云南民族出版社，1987：1 – 161.

红河州环境科学学会，红河州城乡建设环境保护局，红河州林业局，等．红河阿姆山自然保
  护区综合考擦报告（内部资料），1994：1 – 89.

红河州建设环保局，红河州水电局，红河州林业局，等．观音山自然保护区综合考察报告（内
  部资料），2004：1 – 150.

解焱．中国哺乳动物野外手册．长沙：湖南教育出版社，2009，470.

雷富民，卢汰春，等．中国鸟类特有种．北京：科学出版社，2006：1 – 615.

李致祥，林正玉．1983．云南灵长类动物的分类与分布．昆明：动物学研究，4（2）：
  116 – 117.

潘清华，王应祥，岩崑．中国哺乳动物彩色图鉴．北京：中国林业出版社，2007.

许建初，杨永平，周浙昆，等．金平分水岭自然保护区综合考察报告集．昆明：云南科技出
  版社，2002，91 – 124.

颜重威，赵正阶，郑光美，等．中国野鸟图鉴．台北：翠鸟文化事业有限公司，1996：1 – 521.

杨大同，饶定齐．2008．云南两栖爬行动物．昆明：云南科技出版社．

杨岚，文贤继，韩联宪，等．云南鸟类志（上卷）：非雀形目．昆明：云南科技出版社，1995：
  1 – 634.

杨岚，杨晓君，文贤继，等．云南鸟类志（下卷）：雀形目．昆明：云南科技出版社，2004：1 –
  1056.

杨晓君．云南鸟类物种多样性现状 保护鸟类 人鸟和谐．北京：中国林业出版社，2009：
  1 – 45.

约翰·马敬能，卡伦·菲利普斯，何芬奇，等．中国鸟类野外手册．长沙：湖南教育出版社，
  2000：1 – 571.

张荣祖．中国动物地理．北京：科学出版社，1999.

赵尔宓．1998．两栖类和爬行类，中国濒危动物红皮书．北京：科学出版社．

郑光美．中国鸟类分类与分布名录．北京：科学出版社，2011.

郑作新．中国鸟类分布名录．北京：科学出版社，1976：1 – 1070.

中国观鸟年报编辑．中国观鸟年报—中国鸟类名录2.0 版．2011.

IUCN．2012．IUCN Red List of Threatened Species. Version 2012. 2. ＜www.iucnredlist.org＞.

Liedigk, R. , Thinh, V. N. , Nadler, T. , Walter, L. , & Roos, C. 2009. Evolutionary history and
  phylogenetic position of the indochinese grey langur (*Trachypithecus crepusculus*). 日本外科学会
  杂志，2009，3，325 – 329.

第七章
社会经济与社区发展*

采用参与式农村评估方法（participatory rural appraisal，PRA）、收集第二手资料、开放式访谈、半结构式访谈（semi-structured interview）、关键人物访问（key informant interview）、典型农户调查等技术方法，对保护区周边的社区传统文化、社会经济、土地权属、生产生活方式、森林资源利用及市场化状况等方面展开调查。关键人物主要选择保护区管护局的管理者、保护区周边各乡各部门的领导与主要工作人员、保护区周边社区（adjacent community）的各族群众以及保护区周边3km之内对保护区自然资源有较大影响的社区。

在历时25天的调查过程中，共走访了保护区周边宝华乡的俄垤、洛恩乡的哈龙、阿扎河乡的俄比东、甲寅乡的阿撒、浪堤乡的虾里、乐育乡的窝火垤、车古乡的阿期等9个乡的9个村委会10个村寨，涉及的民族主要有哈尼族、苗族、汉族和彝族4个民族；收集乡规民约2份、毁林事件材料8份等资料，并对采访的内容做了大量的笔记。整理分析后就红河县、保护区的行政范围、交通状况、社会经济状况、土地利用现状等方面的内容进行论述。

7.1 地理位置与行政区划

7.1.1 地理位置概况

红河县位于云南省南部，红河哈尼族彝族自治州西部，红河中游南岸，地跨东经101°49′~102°37′，北纬23°05′~23°26′。东接元阳县，南连绿春县，西与西北分别和普洱市墨江县、玉溪市元江县接壤，北与石屏县隔红河相望。国土面积2028.48km²，县人民政府驻迤萨镇，海拔1000m，城区建设面积4.5km²，人口3万余人，北距省会昆明342km，东距州府蒙自150km，西距玉元高速公路（元江县）74km。

---

* 本章编写人员：国家林业局昆明勘察设计院和霞、孙鸿雁、张国学、闫颜、张天星；红河阿姆山自然保护区管护局的张红良、高正林、白帆。

阿姆山自然保护区位于云南省红河哈尼族彝族自治州红河县中南部，地理坐标为东经102°02′17″~102°25′54″、北纬23°09′10″~23°17′15″，地跨架车、宝华、洛恩、乐育、阿扎河、甲寅、车古、浪堤、垤玛9个乡27个行政村。东起阿扎河乡普马村，西至垤玛乡利北大梁子沟底，南从切初后山起，北至红星水库大坝。东西横跨41.7km，南北最宽处9.3km，最狭窄处仅1.0km，呈狭长形。

7.1.2 红河县建置沿革

红河县地处元江（红河）下游，故名。西汉、东汉皆属益州郡。三国蜀汉属益州兴古郡。两晋及南朝梁属宁州兴古郡，北朝周属南宁州。隋属南宁州总管府。唐初属岭南道和蛮部，唐南诏国时属通海都督。宋（大理）时，被列入"三十七部蛮"，属秀山郡。元代，先后隶属于和尼路和元江路，其间曾设落恐万户、溪处副万户，属南路总管府，推行羁縻政策。明朝洪武年间，正式在境内建立世袭土司制度，分别封设亏容甸、思陀甸、落恐甸、溪处甸、瓦渣甸和左能甸6个长官司，均属临安府，为云南边疆诸县土司较多的地区之一。

清初属临安府。清雍正八年（1730）7月，临安府属迤东道；乾隆三十一年（1766）10月，临安府属迤南道；光绪十三年（1887）10月，临安府属临安开广道。民国时期分属元江、石屏、建水三县。

1950年1月27日由元江县所辖的迤萨、大兴、骑马3个乡；石屏的思陀、瓦渣、落恐、左能、上方容、下方容6个乡和建水县永平（又名溪处）、三猛、哈播、曼车独立保等土司管辖区域，设立红河县，隶属蒙自专区。1951年1月10日，政务院批准：撤销红河县，设立红河县爱尼族自治区（县级）。1953年，撤销红河县爱尼族自治区，恢复设立红河县。1954年1月，设立红河哈尼族彝族自治区（地级），将红河县划入红河哈尼族彝族自治区。1957年11月18日，红河哈尼族彝族自治州正式成立，红河县划入红河哈尼族彝族自治州。

1987年2月23日，经中共云南省委、云南省人民政府批准：将红河哈尼族彝族自治州红河县垤玛、三村两个区所辖12个乡131个自然村157个合作社4357户24238人、面积363.8km²，与思茅地区墨江哈尼族自治县龙坝、那哈两个区所辖14个乡177个自然村4706户33589人面积456km²合并成立黑树林特区，为副县级建制，设立中共黑树林特区工委和黑树林特区办事处，由墨江代管。1988年5月，黑树林特区撤销，垤玛、三村两个区仍划回红河县。

1997年，红河县辖1个镇13个乡：迤萨镇、勐龙傣族乡、甲寅乡、石头寨乡、阿扎河乡、洛恩乡、宝华乡、乐育乡、浪堤乡、大羊街乡、车古乡、架车乡、垤玛乡、三村乡。县政府驻迤萨镇。

2005年10月，经省政府批准，红河县撤销迤萨镇和勐龙傣族乡，设立新

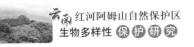

的迤萨镇，镇政府驻原勐龙傣族乡勐甸村委会凹腰山。现全县辖 13 个乡（镇），即迤萨镇、甲寅乡、石头寨乡、阿扎河乡、洛恩乡、宝华乡、乐育乡、浪堤乡、大羊街乡、车古乡、架车乡、垤玛乡、三村乡。

7.1.3 行政区划及人口

红河县辖 1 镇 12 乡 3 个社区居民委员会 88 个村委会 824 个自然村 1088 个村民小组。

至 2015 年末，全县总户数 81112 户，总人口 336278 人，分别比上年减少 712 户、4359 人。其中：男 177596 人，女 158682 人；农业人口 305872 人，非农业人口 30406 人；少数民族人口 323855 人，占 96.31%，其中，哈尼族 268048 人，占总人口的 79.71%，彝族 43921 人，占 13.06%，傣族 8637 人，占 2.57%，瑶族 2883 人，占 0.86%；其他少数民族 366 人，占总人口的 0.11%。

人口与计划生育事业稳步推进。全县 2015 年末常住人口 30.82 万人，比上年增长 0.69%。人口出生率 15.49%，人口死亡率 7.51%，人口自然增长率 7.98%。全县城镇化率达 21.2%，比"十一五"末提高了 11.9%，年均提高 2.38%。

阿姆山自然保护区涉及宝华、乐育、阿扎河、浪堤、垤玛、车古、甲寅、洛恩、架车 9 个乡，主要的少数民族是哈尼族、彝族、傣族、瑶族。保护区内没有社区居民点分布，周边距离 3km 以内的社区共有 9 个乡 27 个村委会 116 个自然村。保护区周边分布社区见表 7-1 所示。

7.2 社会经济发展状况

7.2.1 交通状况

红河全县通公路里程 1258.921km，其中省道 141.03km，县道 454.056km，乡道 588.771km，村道 75.064km。全年货运量 49.16t、客运量 60.93 万人；货运周转量 6703 万 t/km、客运周转量 5789.18 万人/km。

保护区涉及的 9 个乡均通公路，从乡到村民委员会（原称村公所）通乡村公路，从村民委员会到自然村的通路率较低，多为弹石路、砂石路。通过现场调查了解到交通条件较差的俄比东村委会有 5 个自然村，但通水泥路的仅 2 个自然村，其余的都是土路，路面状况较差，存在晴通雨阻现象，难以保障周边地区与外界的及时交流。农产品较难运送到市场上流通以获取现金收入，对社区经济发展带来了一定的影响。例如，阿扎河乡的棕榈产量高，但是由于交通等条件较差，运输成本高，其经济效益较低。

表 7-1　阿姆山自然保护区周边社区统计

| 乡镇 | 村民委员会 | | 自然村 | |
	数量（个）	村委会	数量（个）	自然村
阿扎河乡	3	阿扎河、俄比东、切初	6	麻栗寨、俄比东、娘普、普马、切龙、嘎达
宝华乡	3	俄垤、噶他、期垤	16	达依、俄垤、规垤海上寨、规垤海下寨、吉垤龙门、龙翁、普施上寨、普施下寨、苏们、达普、规遮、垤燃、龙普、玛普、期垤、作夫
车古乡	4	阿期、车古、腊娘垤、利博	15	阿期、鲁龙、玛莫、玛莫瑶家、妥昆、期马、红龙瑶寨、腊娘垤、腊娘垤上寨、妥丛、窝龙、俄龙、利博、娘普、普然
垤玛乡	2	牛红、腊哈	2	洛玛、洛红
甲寅乡	1	阿撒	4	阿撒、阿撒下寨、龙宗、作夫
架车乡	4	规普、架车、牛威、扎垤	27	达得、规普、翁龙、翁培、白龙、比龙、茨浦、达龙、哈冲上寨、架车、龙尼、龙施、洛玛昆、摸垤、娘龙、小龙施、宗腊、吹腊、龙普、娘普、牛威、普依、沙博上寨、宗普、女东、妥女、扎垤
浪堤乡	2	洛那、虾里	9	阿龙普施、茨阿、洛那、木冲、阿施垤、扒里夺、娘龙、坡垤、虾里
乐育乡	3	大新寨、尼美、窝火垤	8	阿女垤、坝美、比姿、龙虾、尼美、阿孟、龙为、窝伙垤
洛恩乡	5	茨农、多脚、哈龙、洛恩、普咪	29	茨农、茨孔上寨、茨孔下寨、茨农下寨、期马、仰德、多脚、多脚新寨、格普、苏红、台安、妥得、哈龙、红果普施、几然、梭罗、夫龙、夫龙普施、夫龙伍作、洛恩、美俄、红然上寨、红然下寨、南安普施、娘宗、朋普旧寨、朋普新寨、普咪上寨、塔马

　　保护区及周边社区通水、通路、通电基本情况如表 7-2 所示。从表中可看出，在人畜用水方面，各乡镇的状况不同。有的乡镇饮水工程完备，有些乡镇的部分村社没有人畜饮水设施，生活和生产用水困难。保护区周边社区通自来水率最低的是洛恩乡，为 46.05%，最高的是宝华乡，为 100%；所有的乡均已通电；除了甲寅乡的部分地区还未通电话外，其余乡均已通电话。

表 7-2   保护区及周边各乡镇通路、电基本情况统计

乡（镇）	自然村数	通自来水的自然村		通公路的自然村		通电的自然村		通电话的自然村	
		数量（个）	百分比（%）	数量（个）	百分比（%）	数量（个）	百分比（%）	数量（个）	百分比（%）
甲寅乡	41	32	78.05	41	100.00	41	100.00	27	65.85
宝华乡	61	61	100.00	60	98.36	61	100.00	61	100.00
洛恩乡	76	35	46.05	59	77.63	76	100.00	76	100.00
阿扎河乡	97	83	85.57	80	82.47	97	100.00	97	100.00
乐育乡	51	48	94.12	51	100.00	51	100.00	51	100.00
浪堤乡	72	64	88.89	72	100.00	72	100.00	72	100.00
车古乡	48	47	97.92	40	83.33	48	100.00	48	100.00
架车乡	60	52	86.67	59	98.33	60	100.00	60	100.00
垤玛乡	72	44	61.11	63	87.50	72	100.00	72	100.00

7.2.2   红河县经济概况

2015 年，全县实现生产总值（GDP）310510 万元（按可比价计算，下同），比上年增长 13.1%，完成"十二五"规划目标的 112.9%，年均增长 14.2%，其中，第一产业实现增加值 107211 万元，增长 6.5%，年均增长 6.4%；第二产业实现增加值 85024 万元，比上年增长 24.7%，年均增长 27.0%（其中，全部工业增加值 22259 万元，比上年增长 37.9%；建筑业增加值 62765 万元，比上年增长 20%）；第三产业实现增加值 118275 万元，比上年增长 10.2%，年均增长 14.2%。三次产业比重由"十一五"末的 42:18.1:39.9 调整到 34.5:27.4:38.1。三次产业对 GDP 的贡献率分别为 13.5%、47.8%、38.7%，分别拉动 GDP 增长 2 个、6.9 个、4.2 个百分点，仅投资一项便拉动 GDP 增长 4.1 个百分点。人均 GDP 由"十一五"末的 4654 元增加到 10108 元，比上年增长 12.2%，完成"十二五"规划目标的 114.6%，年均增长 13.2%。非公经济增加值 146952 万元，占全县 GDP 的 47.3%，比重比"十一五"末增加了 5.3%，比上年同期增长 17.9%。单位 GDP 能耗下降 5.51%。

农村经济稳步增长。全年实现农林牧渔及其服务业总产值 168744 万元，按可比价，比上年增长 6.4%，完成"十二五"规划目标的 125%，年均增长 7.1%，其中，农业产值 63785 万元，增长 6.5%；林业产值 12348 万元，增长 6.3%；牧业产值 83707 万元，增长 6.3%；渔业产值 6007 万元，增长 6.4%；农林牧渔服务业产值 165847 万元，增长 7.2%。农村经济总收入达 203386 万元，

同比增长 24.0%，"十二五"期间年均增长 16.8%。农作物播种面积 596295 亩，同比增长 5.7%。粮食播种面积 345695 亩，同比增长 0.7%；经济作物播种面积 156011 亩，增长 4.5%，其中，甘蔗面积 75860 亩，增长 4.1%；木薯面积 44620 亩，增长 17.5%。粮经种植比例为 58:26.2%。

农业生产条件持续改善。全县 2015 年末农村劳动力总资源 174385 人，比上年增长 0.1%；总耕地面积 235935 亩，比上年增长 0.3%；有效灌溉面积 172350 亩（11490hm²），水库蓄水量 $3.633 \times 10^7 m^3$，水利工程供水量 $1.1100 \times 10^8 m^3$；农用化肥施用量（折吨）9100t，增长 1.8%；农村用电量 4155 万 kW/h，增长 6.3%。

7.2.3 教育文化与医疗卫生

7.2.3.1 教 育

截至 2015 年末，全县共有各级各类学校 257 所，其中，中等职业学校 3 所，普通高中 1 所，九年一贯制 1 所，初级中学 13 所，小学 203 所（完小 97 所、教学点 106 所），幼儿园 36 所（含民办 9 所）；共有在校学生 56801 人，其中，高中生 3188 人，职高生 268 人，初中生 12959 人，小学生 31707 人，在园儿童 8679 人；教职工 2869 人，其中，高中教职工 138 人，职业中学教职工 33 人，初中教职工 922 人，小学教职工 1621 人，幼儿园教职工 155 人。共有专任教师 2756 人，其中，高中专任教师 132 人，职业中学专任教师 31 人，初中专任教师 897 人，小学专任教师 1580 人，幼儿园专任教师 116 人。幼儿入园（班）率 70.1%，小学适龄儿童入学率 99.57%，初中毛入学率达 98.26%，高中阶段毛入学率 50.62%；小学辍学率 0.52%，初中辍学率 2.66%。全县各级各类学校校舍建筑面积 376158m²，各级各类学校藏书 996908 册。

保护区周边社区每个村委会平均至少有 1 所小学，多数自然村的学校仅有学前班到 3 年级的教学。如果自然村离村委会较远，学生在路途上花费的时间较长，也可能存在安全隐患，只有条件相对好的学校，才能提供住宿。

7.2.3.2 文 化

全县广播覆盖率达 97.03%、电视覆盖率达 97.45%；无线覆盖发射台 12 座，其中，县级 1 座，乡级 11 座。发射机总功率 2470W，其中，电视发射机功率 1070W，广播发射机功率 1400W。全县放映 1064 场农村公益电影。此外，2015 年建成红河县第一家 3D 数字影院。

保护区周边村民的文化生活较单调，几乎所有的村寨都没有娱乐设施及场所，缺乏文化活动中心。调查发现仅有甲寅乡的阿撒村委会设置了一个可供群众借书、翻阅资料的文化室。虽收藏的书籍和报刊等资料种类少，但也有助于提高居民的素质。

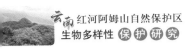

7.2.3.3 医疗卫生

全县拥有卫生机构数 21 个；卫生机构床位数 582 张，每千人拥有医院床位数 1.71 张；专业卫生技术人员 664 人，每千人拥有卫技人员 2.16 个；传染病发病率 257.94/10 万人；农村卫生厕所普及率达 15.77%；无害化卫生普及率 14.66%。

保护区周边社区地处偏远，医疗条件较差。平均每个村委会仅有 2 名医生，而且居民购买常用药物较困难。由于缺乏资金、设备、技术等，加之居住的环境卫生条件较差、交通不便等原因，社区居民的健康状况不能得到必要的医疗保障。同时，畜牧兽医服务体系也不健全，缺乏兽医，部分家禽、牲畜未实行圈养，所以牲畜的发病、死亡偶有发生。

7.3 土地利用现状

2015 年，红河县全县总耕地面积 235935 亩①，比上年增长 0.3%（水田 96022 亩，旱地 139913 亩），（总耕地面积与上年持平）与上年持平。有效灌溉面积 172350 亩，农作物总播种面积 479671 亩，比上年 472736 亩增加 6935 亩，同比增长 1.47%；粮食作物播种面积 290658 亩，比上年 287283 亩增加 3375 亩，同比增长 1.17%；经济作物播种面积 138668 亩，比上年 137464 亩增加 1204 亩，同比增长 0.88%。

在保护区周边社区，土地的生产利用方式主要有以下几种类型：主要包括水田、旱地（固定旱地和轮歇地）、林地（经济果木地和有林地）及少量的牧地。各乡农地利用与农民人均粮食产量见表 7-3。

7.3.1 水田、旱地（固定旱地和轮歇地）

各社区大多数耕地为旱地，有部分水田。旱地占总耕地面积的约 59%。人均拥有旱地面积依各村所有的土地面积、人口及海拔高度而有不同。较高海拔地区土地较为贫瘠，农作物的亩产量较低，经济效益较差。

保护区及周边社区旱地主要种植玉米、土豆、荞麦等农民日常生活主食。除种植各类主食外，村民在房前、屋后及较为肥沃湿润的土地上常种植蔬菜和果树等以满足家庭消费需要，基本不对外销售。有部分地区种植了甘蔗、棕榈等经济林产品和龙胆草、板蓝根等中草药，但由于交通不便、科技含量低等因素的影响，产量低，经济效益差。

总体来说，由于耕种土地较为贫瘠、缺水，有些农产品产量较低的居民生

---

① 1 亩 = 1/15hm²。下同。

活所需尚不能完全自给自足，还需购买粮食和蔬菜。

表7-3　保护区周边社区的农地利用现状统计

乡（镇）	土地面积（km²）	人口密度（人/km²）	耕地面积（亩）	水田（亩）	旱地（亩）	农作物总播种面积（亩）	农民人均所得粮食（kg）
甲寅乡	87.57	320	15696	9802	5894	43986	327
宝华乡	121.70	203	25851	11078	14773	44957	339
洛恩乡	194.76	137	16446	7763	8340	34359	259
阿扎河乡	167.90	254	20009	11234	8775	43944	263
乐育乡	94.12	269	19709	11180	722	42699	334
浪堤乡	109.24	284	16822	8440	6182	43540	207
车古乡	117.71	114	9118	3887	5231	18087	323
架车乡	332.25	64	13333	6297	7036	31857	274
垤玛乡	219.89	73	15428	3985	7924	32172	284

7.3.2　林地（经济果木地和有林地）

由于当地村社居民生活、生产长期依赖林业资源，在对整个保护区进行封山育林后仍给各村社留有少量集体林，以便当地居民的生活习惯得以继续。在保护区内，有些居民在林下种植草果，对保护区的森林资源具有一定的影响。俄比东村委会的乡规民约中明令禁止砍伐集体林地林木，故农户对集体林地的林木砍伐现象较少，甚至会自发补植树木。其中，约有400亩的集体林地已承包给了36个农户，并签订合同，允许在林下种植草果，在生态保护与社区发展之间找到了一个契合点，农户参与了社区集体林的保护与可持续利用。

7.3.3　牧　地

多数农户都有少量的牲口，以饲养猪、牛、马为主，牧业收入也是他们的主要经济来源。在实地调查中，保护区及其周边社区有少量放牧活动，基本没有大规模的放牧行为，仅有少量的放牧行为。

7.4　社区经济发展与保护区的关系

7.4.1　保护区周边社区经济概况

保护区周边社区的经济来源主要依靠传统农业生产和外出务工。农业生产至今仍保持传统耕作方式，村民收入主要以种植业、养殖业为主。农民主要种植水稻、玉米、豆类等农作物，有些也种植了杉木、茶叶、草果、棕榈、核桃、

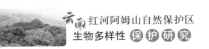

草药等。养殖业一般以猪、鸡、牛、羊为主。年人均收入大约为4000元。

据调查，60%左右的劳动力均已外出务工。但大部分外出务工者由于缺乏科技知识和技能，只能从事较为简单的劳动力服务工作，收入少，同时，也难以从外界引进资金、技术促进当地经济的发展。多数劳动力打工挣钱后，受当地"房子建得好，有面子"观念的影响，倾向于把挣得的钱投入到钢筋混泥土房屋的建设和修缮中。但因为在外长期打工，房屋的使用率低。钢筋混凝土房屋的建设，以及当地常住人口的减少，导致木材和薪柴的使用量减少，居民对保护区森林及其他资源的依赖有所减缓。但由于他们把钱几乎全部投入房屋建设，很难把已经获得的资本积累再周转，创造更多的价值。

保护区周边产业结构单一而且发展滞后，以粮食生产和牧业生产为支柱的资源依赖型初级产业占绝大比重。农户主要从事农业生产，林副产品生产相对薄弱，第二、第三产业欠缺，农产品缺乏深加工，产出效率低。

第一产业主要由种植业和养殖业组成。保护区周边的耕地主要是旱地和坡耕地，主要种植玉米、马铃薯、甘蔗等。虽然自然条件较优越，水肥条件良好，但劳动者素质较低，普遍年龄偏长，受传统观念影响较重，仍然沿袭粗放耕作、广种薄收的种植习惯，加之投入不高，生产设施不足，仍以手工劳动为主。由于农地处于海拔较高区域，一些新的实用技术推广较慢，因此粮食产量低。在养殖方面，由于饲养方法落后，品种没有得到改良，家禽、牲畜产量低，疾病较多。

由于还没形成完善的管理体制，旅游和其他产业开发缺乏统一管理和统筹全局的总体规划，存在条块分割的管理状况，旅游业发展缓慢，还没有充分发挥促进经济发展的作用。

7.4.2 制约保护区周边社区经济发展的因素

7.4.2.1 社会经济封闭性强

保护区居民大多居住在偏远的林缘地带，远离城市及交通主干线，交通不便，制约了居民与外界的有效沟通，人员流动性低，通讯条件差，造成了经济上的闭塞。其经济系统不能和外部世界发生物质、能量、信息、资金等方面的有效交流，市场发育迟缓。

保护区周边交通落后，信息闭塞，社区居民经济来源少，收入低，农产品商品化率低，生产力发展水平缓慢，居民生活水平相对低下，贫困面大，是比较典型的"资源丰富、经济落后"地区。随着经济发展和保护区周边人口逐年增加，周边社区群众对保护区资源的依赖性会有所增强，蚕食、盗伐、偷采、偷猎保护区土地与生物资源的现象极有可能发生，保护区管理部门要有可行的应对策略。

7.4.2.2 对自然资源依赖度过高

保护区周边社区对保护区自然资源特别是森林资源的依赖度过高。采集薪材、砍伐建材、收集肥料、放牧等都会影响保护区生物多样性的组成与分布。

农户对薪柴和用材的大量消耗给保护区管理工作带来压力。薪柴是保护区周边农村主要的能源。据调查，农户一般一周需要烧柴 4～6 背，约 80～100kg，年需烧柴 5000～6000kg。如果周边农户完全依靠保护区周边林木做烧柴和用材，对保护区是个极大的威胁。

当地政府与保护区主管部门应就周边社区与保护区进行统一规划，增加政策与资金倾斜力度，以电代柴，以气代柴，发展替代能源，减少薪材消耗。

天然森林环境非常适合草果种植，但草果种植破坏了保护区的生物多样性。阿扎河乡、甲寅乡、宝华乡、洛恩乡等地接近保护区边缘的农户侵占集体林种植草果，种植最多的农户达到 2～4hm^2。在种植和经营草果的过程中，经营者将林下灌木、幼草及草本植物铲除，仅保留高大乔木使所种植的草果有足够的空间生长和提供适当遮阴环境，由此导致林下许多植物种群消失、森林更新困难、许多动植物栖息地破坏以及原生植被生态系统不复存在。

保护区管理部门应采取切实可行的措施，严厉打击破坏森林种植草果的行为，同时推广人工林下种植草果的技术，防止草果种植进一步扩大。对于过去已在保护区种植的草果，可通过购买、置换等办法使其逐渐退出。

7.4.2.3 产业结构、消费结构、生产结构单一低下

保护区周边社区产业结构单一且低下。土地、劳动力、资本和技术对农业发展的约束较大。社区耕地面积较少，土地资源相对匮乏，劳动力素质低下，资金短缺，尤其是技术水平相对落后，制约农业生产的集约化、产业化发展。保护区居民人均收入低，个人没有能力对农业生产进行较大投入；农业生产装备差，生产手段落后，整个生产以低投入、低产出的方式进行。

虽有种植甘蔗、棕榈、茶叶等经济作物，但数量少。如阿扎河乡的俄比东村委会个体棕榈加工作坊有 11 户，但整个村委会约有 439 户，棕榈加工农户仅占整个村委会农户数量的 2.5%。多数都是种植玉米、稻谷、小麦等生活必需品，一般仅能自给自足，还有部分林下采集非木材林产品，如食用菌、野菜、竹笋等，但都未进行深加工，自食或直接出售，收益有限。这种低下的产业结构导致农民收入少，抗风险能力弱。社会性资源长期得不到积累，农民素质难以提高，农村经济难以发展。

7.4.2.4 文化结构陈旧，劳动力素质偏低

保护区居民旧有的生产、生活方式阻碍了经济、社会发展和科技进步。影响保护区农业经济发展的又一关键性因素是农业劳动力素质偏低，农业科技发展滞后，区内农民受教育程度普遍偏低。农业科技发展滞后的主要表现在农业

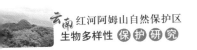

基础研究落后，农业科技储备不足，农业成果得不到及时有效的利用，科技成果转化率低。虽有农户外出务工，转移部分剩余劳动力，但是外出务工人员缺乏有组织的系统的技能培训，高层级人才匮乏，传统的生产和经营方式仍处于主导地位。

7.4.3　周边社区经济发展与保护区的关系

7.4.3.1　周边社区与保护区的矛盾关系

保护区周边社区群众经济来源与保护区的资源有着密切的联系，如建盖房屋所需的木料、生活所需的燃料部分来源于保护区内，特别对薪材的大量需求是保护区森林的主要威胁因子。保护区建立以后，不允许村民到保护区砍伐，当地村（社）传统利用的部分林地也划入保护区，阻断了他们取得薪材的来源，不仅增加了保护区管护难度，也加重了保护区与周边社区的矛盾。

7.4.3.2　保护区的建设有利促进社区的发展

保护区进行科研、试验与推广服务，培育旅游、生物为支柱产业，可以带动社区发展。保护区为当地群众提供了就业机会，消化了部分剩余劳动力。开展《中华人民共和国自然保护区管理条例》等法律法规教育宣传，增强当地群众保护自然资源、自觉维护生态平衡的法律意识，特别是有效保护森林生态，为社区的经济发展创造了一个良好的法制环境和生态环境。保护区的建设会提高红河县在国内的知名度，有利于促进红河县生态建设和生态旅游的发展，对吸引科学研究都十分有利。保护区的建设吸引了外部资金进入，各级政府也加大投入，减轻地方财政负担，加大社区基础设施建设的力度，使社区经济发展加快，减少对保护区资源的依赖，最终参与到保护区的建设与发展中来。

7.4.3.3　社区的发展有利于促进保护区的发展

只有社区经济发展了，才能在教育事业上投入更多的资金，促进当地教育水平的提高。教育的发展使人口素质提高，这对于保护区的建设也更加有利。

保护区与周边社区是一个连接在一起的自然人文综合体。只有保护好保护区的生物多样性资源，周边社区的群众才能有一个良好的发展经济的环境；只有周边社区群众的经济发展和生活水平得到了提高，才能减轻周边社区群众因发展经济而对保护区造成的压力。因此，要正确处理好保护区与周边社区的关系，使周边社区的发展和保护区建设有机结合，和谐发展。

7.4.4　保护区及其周边地区经济发展建议

根据对保护区及其周边地区经济情况的调查分析，对保护区及其周边社区的经济发展提出如下建议。

7.4.4.1　抓住机遇，加强保护区周边基础设施建设

抓住国家重视生态文明建设和在西部农村实施农村公路建设等机遇，完善

保护区及周边社区交通体系网络，着力改善保护区周边社区及内部的交通状况，充分发挥交通对经济社会发展和保护区生态环境保护的促进作用。

7.4.4.2 营造经济林和加强农村能源建设

借助国家实施"天然林资源保护"和"退耕还林"工程的机遇，引导社区居民发展高效经济林，积极做好技术指导，营造生态友好的人工林，在其下种植草果、棕树、茶叶等经济作物，不但可以增加居民的收入，也可以减少对自然资源的依赖。

在保护区周边社区居民比较集中的乡村，扶持农户建设沼气池。使用沼气可节省大量薪柴，也可减少部分居民用电，降低生活成本。

7.4.4.3 促进社区可持续发展

对当地的农业加大资金投入，推广新的农业技术来提高粮食的亩产量。阿姆山保护区周边社区居民外出务工人员的增加，已转移了部分劳动力，加之当地土地相对匮乏，因此必须依靠科技支撑提高劳动效率和粮食产量。所以，为了更有效地保护森林生态，应将改善当地农户的生活条件、提高生活水平放在首位。为此，建议由保护区管理部门牵头，根据当地实际情况，开展实用技术的推广，大力发展特色产业，为当地农户提供致富之路。

7.4.4.4 对保护区的旅游业可持续发展进行研究

阿姆山保护区旅游资源丰富，可通过开展旅游业带动社区及当地经济的发展。旅游业的发展和对当地生态环境的保护是一对矛盾共同体。在大力发展旅游业的同时，要加强对保护区管理，加大保护力度，完善管理体制机制，限制游客数量，努力寻找发展与保护的完美契合点，周密统筹，统一安排，解决旅游设施建设资金的筹集和投入。

7.4.4.5 重视保护区及其周边社区的教育问题

经过调查，当地的教育程度还比较落后，人口素质普遍偏低，为了社区经济的长远利益，必须大力发展教育，把经济增长方式逐步转移到依靠科技进步和提高劳动者素质的轨道上来，从而实现社会经济的可持续发展。例如提高学校的教学和师资水平，广泛开展就业人员新技术培训和再就业技能培训等。

参考文献

红河县国民经济与社会发展统计摘要(2015 年). 红河县统计局，2016.

红河县年鉴. 红河县地方志编纂委员会，2016.

王娟，杜凡，杨宇明，等. 中国云南澜沧江自然保护区科学考察研究. 昆明：科学出版社，2010，431 - 432.

吴宪，赖庆奎，王亚军. 阿姆山自然保护区社区共管情况调查分析. 林业调查规划，2006，31(6)：155 - 158.

云南省红河阿姆山自然保护区管理局. 云南省红河阿姆山自然保护区管理计划(2011—2015 年). 2011.

第八章

传统文化与生物多样性保护[*]

　　人类依靠自然环境提供的生物多样性和非生物环境，创造了文化多样性。生物多样性及其所栖息的自然环境与文化多样性二者之间相互作用，相互促进，二者协同演化发展（co-evolutionary development）。文化塑造着环境，影响着人们对生物多样性的态度和所采取的行为，它不仅决定着个人或群体对自然资源的利用和管理方式，而且影响了生物多样性的地理分布、种群数量、生态系统的质量，在一定范围内增加或减少了生物多样性的内容和组成，特别是动植物的遗传多样性和景观多样性。

　　文化多样性保护已成为生物多样性保护和管理中不容忽视的重要方面。文化多样性对生物多样性的重要性已越来越被生物多样性研究者和保护者所认识和接受。珍惜、保护、借鉴与自然和谐相处的民族传统生态文化与相关的伦理道德，将其融入到现代保护管理实践中，促进生物多样性的有效保护，构建和谐的人与自然关系。相比过去，生物多样性保护工作者也认识到了传统生态文化的重要性。

　　保护自然界的生物多样性和保护社会的文化多样性同样重要，二者息息相关，互相影响，不可分割，二者都是可持续发展的基本保证。1992 年世界环境与发展高峰会议通过的《生物多样性公约》和 2005 年 10 月联合国教育、科学及文化组织会议正式通过的《保护和促进文化表现形式多样性公约》充分表达了国际社会对生物多样性和文化多样性相互关系的共识。在保护生物多样性的过程中，必须高度重视一些超越生物多样性本身的相关问题的保护和解决，如伦理道德、民族文化、社会经济等，这些问题是生物多样性保护能否取得成功的关键。

　　调查研究保护区周边社区各民族传统管理、保护、利用生物资源的传统知识及其动态变化过程，了解各民族传统文化影响下的生态景观系现状及其管理

---

　　* 本章编写人员：国家林业局昆明勘察设计院张国学、孙鸿雁、尹志坚；红河阿姆山自然保护区管护局白批福、张红良、高正林。

机制，研究保护区周边社区民族文化所表达出的人与生物多样性之间的互动关系，分析其动态变化过程产生的原因及其对生物多样性的影响，进而评估传统文化融入现代保护管理体系的可能性，充分发挥传统文化在生物多样性保护中的积极作用，为促进社区和谐发展、生物多样性有效保护和可持续利用提供参考，使生物多样性与文化多样性之间的协同演化关系向着良性的方向发展。

通过对阿姆山保护区周边 3 个少数民族的 10 个社区(瑶族、彝族各 1 个村寨，哈尼族 8 个村寨)保护、管理他们森林实践的调查，让生物多样性保护工作者了解这些民族与自然相处的方式与保护自然生态系统的可贵努力。如哈尼族，这个创造了几十万亩梯田的民族，给大山绘制脸谱的民族，留给人类的遗产还不仅仅是供人参观的梯田和蘑菇房，更有尊崇大地的教诲。红河哈尼族的传统保护实践，让我们知道，人类作为一个物种，必须调适自己的观念与行为，方能与其他物种共同生存在这个星球上。人类要知道自己的位置与价值，就必须尊重其他生命的位置与价值。人类也完全可以与大自然建立一种和谐互动而又亲近如一的关系，这也是人类的希望所在和存在使命。

8.1 保护区周边民族文化的多样性

红河县地处云南省南部，红河哈尼族彝族自治州西南部，是集山、少、边、穷为一体的国家级贫困山区县，全县土地面积2028.48km^2，全县辖12 个乡1 个镇 3 个社区 88 个村委会(行政村)824 个自然村 1088 个村民小组。

涉及阿姆山自然保护区的乡有宝华、乐育、阿扎河、浪堤、垤玛、车古、甲寅、洛恩、架车 9 个乡。保护区界外 3km 公里范围内分布有 9 个乡 27 个村委会，116 个自然村。保护区周边社区及人口以少数民族为主，民族有哈尼、彝、瑶、汉 4 个民族，以哈尼族为主，哈尼族村寨占了95%以上。

8.1.1 哈尼族

哈尼族属氐羌族群民族，语言属汉藏语系藏缅语族哈尼语支。红河县境内哈尼族相传三四百年前从蒙自、个旧、石屏三个方向迁入。在自然保护区周边村寨中，以哈尼族聚居的村寨占多数。哈尼族居住在海拔1500～2100m 的山区，村寨周围竹木苍翠、梯田层层、水清山秀、环境优美。

哈尼历法每年分 3 季 12 个月，每季 4 个月，以农历十月为岁首，过十月节，即哈尼新年，哈尼人称"扎勒特"，于农历十月第一个属龙的日子过节，一般 5 天，哈尼语称"霍斯打 huo shi da"。除十月节外，哈尼族的重要节日主要有农历二月第一个属龙的日子庆贺的"昂玛突"，有的村寨称为"普玛米扎"；三月第一个属牛日过的"霍嗖嗖"(外界称红蛋节)及六月的"苦扎扎"。

三月的"红蛋节",可谓哈尼儿童节,每家为小孩染红蛋,挂于脖子上。也染饭祭祖,通常染成 2~3 个颜色,用观音草 *Peristrophe baphica* 全草染成浅紫色到深紫色,于观音草染液中加草木灰可以染成蓝色;用蜜蒙花 *Buddleja officinalis* 的花序提取染液染糯米饭成黄色。染好之后先在家供奉祖先,然后到坟山祭祀祖先,一个村或一个家族有统一的坟地,但此坟地的森林并没有得到很好的保护。

哈尼族崇拜祖先、信仰万物有灵。每个村寨都有自己的"寨神林"(哈尼语:pu ma,或 a ma a zi,pu ma a zi,即神树、龙树之意),视之为保护神,每年农历二月的第一个属龙日都要举行他们一年中最隆重的节日"昂玛突"——祭"寨神林"活动。在这个节日中,也会大摆"长街宴",同时也是强化村民环境保护意识和宣传必须保护村寨周围森林的重要节日。当地哈尼族认为,没有"寨神林",就不是哈尼村寨。他们将村旁树林比之为围墙,不让祸事、疫病进寨,将之拦堵在外。

哈尼人能歌善舞,"铓鼓"、"巴乌"是主要乐器,"昂玛突"节上敲铓鼓跳铓鼓舞,热闹非凡。

哈尼族男子多穿对襟或右襟上衣,无色长筒裤,以黑布缠头或戴瓜形帽子,现在受汉文化影响,多穿着汉装;妇女着装较有本民族特点,着右襟无领长衣,左右开衩,穿大管裤,头发编成辫子盘于头顶。

哈尼族充分利用当地环境资源,辟梯田种稻谷,从河谷到山半腰或更高,宛如天梯,错落有致,宏伟壮观,令人震撼。哈尼族在梯田中养鱼,使一座座大山成为当之无愧的鱼米之乡。哈尼梯田成为哈尼族的标签与名片,走入世界,成为世界文化遗产。

8.1.2 瑶 族

瑶族属苗瑶族群民族之一,语言属汉藏语系苗瑶语族瑶语支。境内瑶族系元朝、明朝、清朝从广东、广西等地迁入文山后又陆续来到红河县。

瑶族一般居住在海拔 1500~2000m 的温凉山区,祖先崇拜和多神崇拜并存,栽种、建房要祭祀神灵。男子在 16、19、22 岁时举行一次"度戒"。"度戒"期间住在戒师家,不能出门,不可见天,走路时戴帽低头,不得与戒师以外的人讲话,不得吃荤腥食物。"度戒"是瑶族中最为隆重的宗教仪式。

红河县车古乡阿期村委会玛姆瑶寨每年农历二月初二,是专门祭祀"龙树林"(瑶语称 se you 色尤)的节日,瑶人称"规色尤 gui se you",另外在农历的十月"盘王节"还要祭祀"龙树林"。全村每家一个男子,由瑶族祭师"贡江木器 gong jiang mu qi"带领到"色尤"(龙树林)中杀猪宰牛,修缮祖宗"盘王"的庙宇,祭祖祭龙树。妇女们采集当地的色素植物染糯米饭,颜色鲜艳,色彩丰富,用花米饭供奉祖先，祈求庇佑。瑶族另外几个比较重要的节日是农历七月十四与十五的"规天略 gui tian lüe"祭天；十月是瑶族的"盘王节"。

这个在中国与苗族同被称为医生的民族，熟知草药，在医治风湿关节炎、接骨、妇科病等方面有丰富的医疗经验，尤其是产妇分娩后用草药煮水口服、沐浴，三天后即可下床做家务，七八天后下田栽种，让人惊异。

瑶族喜欢种植板蓝根 *Strobilanthes cusia*，制成蓝靛，把衣服染成蓝色，故有"蓝靛瑶"之支系称呼。女性服装色彩鲜明、庄重大方，手工银饰品精细，富有地方少数民族特色。

8.1.3 彝 族

彝族属氐羌族群民族，语言属汉藏语系藏缅语族彝语支。红河县阿姆山保护区周边的彝族一般居住在海拔 1600～2150m 的村寨，崇拜自然神和祖先神灵，认为山神主管山中万物，保护六畜兴旺、五谷丰登、森林茂盛。彝族男子服饰与当地汉族相似，未婚女子戴有银泡的鸡冠帽，已婚女子多用黑线与头发编成辫子盘于头顶。

浪堤乡虾里村委会虾里村及扒里夺村的村民于农历正月第一个属牛日，全村每户出一男子，杀猪烹牛，由"米嘎呆阔诺色坡 mi ga dai kuo ruo se po"（彝族龙头，或祭师）带领大众到"寨神林"祭祀，讨论全村的大事，祈求村寨平安，为村民祈福，提醒人们要注意"寨神林"的保护，不得破坏"寨神林"。

农历六月二十四的"火把节"是彝族狂欢的节日，人们手持火把举行各种仪式，以此表达消除灾难、追求幸福吉祥的心愿。"举燎逼裙，撒松香燃之，火焰满身，谓之送福"。村民们持火把在家里各个角落及房前屋后照一遍，以此表达消除邪气、迎来光明之憧憬。还要举火把在村寨四周及田坝里绕行，表示驱除病邪虫害、迎来丰收之期望。

彝族喜歌善舞，谈情说爱有"情歌"，打猎有"猎歌"，耕田种地有"生产调"，形式多样，歌词朗朗上口。每逢节日或农闲之夜，村寨中男女老少常聚会在草坪、操场，载歌载舞，通宵达旦。

8.2 传统文化保护生物多样性的形式与类型

当地文化习俗、信仰、生产生活方式深刻而全面地影响着当地的生物多样性，从物种、种群、群落、生态系统直到景观层次。这些受传统文化、习俗、信仰影响的生态系统和景观可称为文化景观（cultural landscape），它们是当地民族文化与自然地理结合所形成的人文地理复合景观（integrated cultural eco-landscape）。而在所有的人文地理复合景观中，有一类由于与当地人的宗教信仰、祖先崇拜、图腾信仰和其他信仰习俗相联系，而成为被当地人赋予精神和信仰文化意义的自然地域，具有神圣性，警示人们不可冒犯和任意改变，并得到具有这种信仰的民族全体成员的自觉保护。这类文化景观系统，可以称为传统信仰保护地(traditional protected areas in belief)或者自然圣境(sacred natural sites，SNS)。

本章主要对传统信仰保护林进行探讨，以了解民族文化多样性与生物多样性之间的相互关系；调查这类传统保护林的存在状况与保护机制，分析其受到的威胁与所蕴藏的生物多样性和生态学意义与价值。

阿姆山自然保护区周边的民族，对这类"传统信仰保护林"，除了有他们自己本民族的名称外，也受外来文化的影响，当你说"龙林"或"龙树林"时，当地人也完全了解你所说的意思。因此，可以称这类森林为"龙树林"、"龙林"、"自然圣境"、"圣林(holy forest)"、"圣山(sacred hill)"。这些称谓所指是同一现象。在讨论某一民族的自然圣境时，通常使用这个民族的称呼或将这个称呼翻译成中文；而在总体讨论时，使用"龙林"或"自然圣境"来概括这个"传统信仰保护林"。

8.2.1 调查地的传统信仰保护林类型

在访谈调查的3个少数民族10个社区中，都有自己的"传统信仰保护林"，见表8-1。

8.2.1.1 哈尼族景观分类与"寨神林文化"

保护区周边的哈尼族将不同类型的生态系统分成梯田(虾红 xia hong 或虾得 xia de)、旱地(尼虾 ni xia)、村寨(普砍 pu kan)、河流水库(倮 luo)、森林(米多 mi duo)、寨神林(普玛阿忠 pu ma a zhong 或普玛阿姿 pu ma a zi)、山(洪胎 hong tai)七大类。其中，又进一步将河流分成大河(倮帕 luo pa)与小溪流(倮国 luo guo)，而称小型水库为昂活(ang huo)。

从以上的分类可以看出，哈尼族对"普玛阿忠"——"寨神林"的重视，专门将"寨神林"分成一类。哈尼族有"寨头祭神(林)，寨脚祭坡(林)"的习俗。由于受各种原因的干扰，一般坡脚森林破坏严重，一些村仅留下了一点象征性的祭祀地点，部分村子已没有坡脚祭祀林。

当问及为什么"寨神林"要单独分开以区别于其他森林时，当地的"贝玛"(哈尼祭师，有的村寨称追玛)说："'寨神林'不是一般的森林，是护佑我们的天神居住的神圣之地。"据当地传说，普玛本来是哈尼先民中用智慧战胜鬼怪的英雄，在"人鬼分家"以后就演变成为"护寨的天神"，所以后来哈尼人就专门用一个节日来祭祀这位守护哈尼人心灵与家园的天神，而"寨神林"中的高大龙树"普玛阿姿"便是天神普玛上下于天地之间的通道。

表8-1 阿姆山自然保护区周边少数民族社区传统信仰保护林体系

村寨名	海拔（m）	地理坐标	主体民族	圣林名称	主祭树种①	植被类型	群系	面积（亩）	保护状况
宝华乡期垤村委会作福村	1800	N23°13'45" E102°19'30"	哈尼族	普玛 pu ma	红木荷	季风常绿阔叶林	云南松—厚皮香林	约1	受到蚕食，活立木稀疏
宝华乡俄垤村委会规垤海村	1777	N23°12'58" E102°21'35"	哈尼族	普玛 pu ma	榄绿红豆	季风常绿阔叶林	榄绿红豆—红木荷—茶梨林	30	保护很好，古树林立，物种极丰富，几乎没有优势物种
宝华乡俄垤村委会打依村	1782	N23°12'39" E102°12'10"	哈尼族	普玛阿姿 pu ma a zi	马蹄荷	季风常绿阔叶林	枹丝锥—香面叶林	20	保护很好，乔木层郁闭度达70%
甲寅乡阿撒村委会夫咪村	1786	N23°13'39" E102°23'23"	哈尼族	普玛阿姿 pu ma a zi	三尖杉	严重受干扰的季风常绿阔叶林	南酸枣—香叶树林	0.5	干扰极为较重，乔木层郁闭度30%，无灌草层
车古乡阿期村委会阿期村	1734	N23°16'32" E102°6'13"	哈尼族	普玛阿姿 pu ma a zi	云南油杉	季风常绿阔叶林	白皮柯—红木荷林	50	保护很好，物种极丰富
车古乡阿期村委会玛姆瑶瑶寨	1873	N23°15'40" E102°6'11'	瑶族	色尤 se you	云南油杉	季风常绿阔叶林遭破坏后的次生林	栓皮栎—云南松林	30	保护很好，干扰小，乔木层郁闭度80%
浪堤乡虾里村委会虾里村	1904	N23°16'31" E102°14'40"	彝族	米嘎呆 mi ga dai	红木荷	季风常绿阔叶林	香叶树—红木荷林	2	干扰严重，树种单一，有外来物种入
乐育乡尼美村委会坝美村	2056	N23°17'14" E102°17'44"	哈尼族	普玛阿姿 pu ma a zi	红花木莲	季风常绿阔叶林	红花木莲—云南栲林	20	虽有围栏围护，干扰也较大
乐育乡窝伙垤村委会窝伙垤村	1830	N23°17'47" E102°17'47"	哈尼族	普玛阿姿 pu ma a zi	白皮柯	季风常绿阔叶林遭破坏后的次生林	白皮柯—尼泊尔桤木—香面叶林	3	干扰严重，外来物种人侵严重
洛恩乡哈龙村委会哈龙小组	1950	N23°09'24" E102°23'24"	哈尼族	普玛阿姿 pu ma a zi	阔叶蒲桃	季风常绿阔叶林遭破坏后的次生林	阔叶蒲桃林	1	干扰极为严重，只有几棵乔木树当遮荫树

①主祭树种指村民在祭祀时，将祭品放于其树脚，有明显祭祀物品留下的树，当地人也将这棵树当成神树。

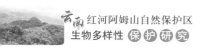

这是集英雄崇拜和祖先崇拜为一体的信仰，任何一个民族都有，就如汉族将三国时期的关羽当成"武神"、"武圣"一样的崇拜是一个道理，只是对先民和英雄的崇敬，没有必要用是否科学来评判，也无所谓迷信与愚昧。

8.2.1.2 瑶族传统信仰保护林——"色尤"的保护管理

红河县车古乡阿期村委会玛姆瑶寨海拔 1873m，寨子中心点 GPS 坐标为 N23°15′40″、E101°6′11″，居民全为瑶族蓝靛瑶支系，建寨历史短，是 1958—1959 年从红河县宝华乡搬至此处。瑶族的传统是只要建立村寨，就必须于村寨上方选择一片很好的森林作为"寨神林"，并每年祭祀。玛姆瑶寨有 45 户 220 人，皆是蓝靛瑶支系。

玛姆瑶寨有两片"寨神林"，一片位于现在村寨的下方，由于过去山体滑坡，老寨房屋倒塌损毁，村寨不得不于 2009 年上移逾 1km，所以原有的"寨神林"便位于现在村子的下方，但瑶族认为神圣的"寨神林"是不能位于村寨下方的，所以重新于村寨的左侧方选择一片森林作为"寨神林"。

玛姆瑶寨新的"寨神林"面积约 30 亩，为栓皮栎 Quercus variabilis、云南松林，保护较好，乔木层郁闭度在 0.8 以上，主要乔木树种为栓皮栎、云南松、短刺栲 Castanopsis echinocarpa、云南油杉 Keteleeria evelyniana、林地山龙眼 Helicia silvicola、毛杨梅 Myrica esculenta、硬斗柯 Lithocarpus hancei 等。整个"寨神林"围绕主祭树——人们在其树根旁供献祭品，该片"寨神林"主祭树为滇油杉。灌木层盖度 65%，草本层盖度 25%。上与该村的集体林相连，集体林以上便是自然保护区，有效地减缓了外界对保护区的各种干扰因素，对保护区起到一定屏障和缓冲作用。

与部分哈尼族村寨不同的是，在整个被划为"色尤 se you"范围之内的森林，一草一木不能动也不敢动，连枯枝落叶都不能拾回家。瑶语称龙树为"色尤秧 se you yang"，意为神圣的树。

每年农历二月二及十月的"盘王节"，全村每家一个男子，到"色尤"林杀猪宰牛，修缮祖宗"盘王"的庙宇，祭祖祭龙树。

8.2.1.3 彝族传统信仰保护林——"米嘎呆"的保护管理

浪堤乡虾里村委会虾里大寨海拔 1900m，村中心点 GPS 坐标为 N23°16′31″、E102°14′40″，皆彝族。彝族称他们的信仰保护林为"米嘎呆 mi ga dai"，称龙树或主祭树为"米嘎呆色坡 mi ga dai se po"，意为神居住的地方；祭师或龙头称"米嘎呆若色坡 mi ga dai ruo se po"。彝族的龙林同哈尼族的一样，分成两部分。以主祭树（龙树）为中心的几平方米通常用竹篾、木棍或用绳索、石头围起来，只有司祭人员才可以进入。其余被划为"米嘎呆"地块的树也不能砍伐，得到当地村民的绝对保护。

村民于农历正月第一个属牛日，全村每户出一男子，杀猪或宰牛，由祭师带领大众到"圣林"祭祀，讨论全村大事，提醒人们要注意"圣林"、村寨周边森林、大树、古树的保护。

8.2.2 传统信仰保护体系的神圣性与保护方式

所调查的保护区周边社区的哈尼族、瑶族、彝族 3 个少数民族中，各族村寨居民对"寨神林"都充满了敬意，都认为"寨神林"是神灵居住的地方，里面的万物都是神灵的化身，破坏它们就会触怒神灵而带来灾难，而保护好它们则会得到神灵的保佑，村寨才会繁荣，村民才会安康。

哈尼族各村寨的"寨神林"面积大小不一，从几棵树、几亩到几十亩不等。当地人称"寨神林"为"普玛 pu ma"、"普玛阿姿 pu ma a zi"，由两部分森林地块组成，"普玛阿姿"（神树、龙树）和其周围的其余森林地块，后者面积从几亩到几十亩不等。面积小的主要原因是由于村寨扩大后，受到不经意的"蚕食"或其他自然灾害而减少。

大多数村寨整片森林都绝对保护，相信里面的一草一木都有灵性，不能也不敢采集、砍伐；而少数村寨对以"龙树"为中心的小块林地和之外的大片森林，采取了一定程度的"区别对待"。因为这些村寨的"寨神林"面积比较大，以"龙树"为中心的小块林地，不但得到绝对保护，并且只有司祭人员才可以进入；而其外围的森林地段也会得到保护，但一般人也可以进入。

"普玛阿姿 pu ma a zi"指一棵被当地村寨选为神树的大树或此树及周围几十平方米到几百平方米不等的面积，通常被当地人用竹篾、木棍或用绳索、石头围起来，祭祀地点的大树基部留有许多祭祀痕迹，如碗、酒瓶、摆放供品的石台、树上的牛头或猪牙等，很容易辨识，可称之为"主祭林"或"绝对保护祭祀林"。这个小范围的植物受到具有这种信仰的当地人的绝对保护，一草一木不能动也不敢动，连枯枝落叶都不能采拾回家，所有的植物让其自生自灭；村中除"贝玛"（哈尼祭师）可以进去之外，其他人是不能进入也不敢进入，包括欢庆"昂玛突"节那天也不能进入。多数村寨"主祭林"为固定的地点，如果主祭的大树死亡了，倒了也不换地点，只是用旁边较小的树来替代；少部分村寨会换地点，在这棵树的周围重新找一棵大树，以其为祭祀中心。

8.2.3 传统保护体系管理方法与维系机制

如何能使"寨神林"及相关的森林得到有效的保护和可持续利用，代代相传而不会出现严重的破坏现象呢？每个民族差不多都有共通的手段与方法，一是通过祭祀活动中的各种礼仪与宣传，强化传统信仰保护体系的神圣不可侵犯性，在每个具有这种信仰文化的人心中产生自觉保护的愿望与力量；另外，为了防止由于信仰、礼仪的约束作用减弱而出现破坏现象，社区订立了保护"寨神林"

及村里其他森林的乡规民约，而且乡规民约对没有此种信仰文化的外来人也具有约束作用。

现以哈尼族对"寨神林"的管理来说明当地人管理自己森林的机制与所做的可贵努力。

8.2.3.1　哈尼族用祭祀仪式强化、宣传"寨神林"的神圣性

在哈尼族的传统文化里，"寨神林"对社区来说具有传统文化上的重要意义，它是村民举行祭祀活动的场所，是他们表达宗教信仰、寄托美好愿望的一种载体。集体祭祀是增强社区村民凝聚力的一种有效手段。通过宗教信仰活动及相关的乡规民约两种手段强化"寨神林"的神圣，使这种保护措施能够代代相传下去。

"昂玛突"即是祭祀寨神的日子。"昂玛突"节的仪式包括祭"普玛阿忠"、敲铓鼓跳铓鼓舞、吃长街宴。节日的第一天，由祭师贝玛率领四名品德纯正、举止得体并且要求有儿有女、老婆在世、全身无刀枪伤的壮年男子，抬着全村人准备好的祭品——煮熟的猪头、烟、酒、茶、花米饭等，来到"寨神林"龙树下，众人在龙树下叩头跪拜，祈求神灵保佑村寨，由祭师吟诵让全寨风调雨顺、五谷丰登和六畜兴旺的诚挚祝词。有的村社，要求每户派出一位男性村民参加祭奉仪式，祭师会当众唱诵保护"寨神林"的古规古纪。有的村社则是在敲铓鼓跳铓鼓舞的广场上唱诵这些古规古纪。阿姆山主峰旁边的村寨还会由贝玛带领几人到阿姆山顶进行祭祀。

节日的第二天举行敲铓鼓跳铓鼓舞的活动。当村民们都聚集在舞场时，隆重的开铓仪式开始了。头人双手高举铓鼓，向四方及苍天行礼之后，口中念道："一年一度的节日开始了，敲铓鼓跳铓鼓舞是前辈古人兴起来的。古人离我们远去了，铓鼓却一代代传下来……老辈的规矩不能不兴，人虽然不是过去的古人，但还需要执行祖宗的古规。"接着敲铓鼓三响，象征请来天神"普玛"与民同乐。

接着祭师唱诵哈尼族古歌《哈尼阿培聪坡坡》里的词：

听哦！
七十个贝玛高声把话讲：
分寨的哈尼人，古规古矩最要紧，
后代的子孙来相认，还看这古规忘不忘！
一家最大的是供台，一寨最大的是神山；
神山上块块石头都神圣，
神山上棵棵大树都吉祥。
砍着神树和神石，抵得违犯父母一样。
——引自于希谦、于希贤在《云南，人与自然和谐共处的人间乐园》

在响彻云霄的鼓声中，男性村民按照老辈、青壮年、小孩的先后顺序，一边敲铓鼓，一边跳舞，舞场的气氛极为热烈。这一天，从铓鼓场祭台开始沿街道摆开如同长龙般的街宴。各家各户都制作了一桌精美的山珍佳肴，全村男女老少不分彼此，随席而坐。人们边吃边喝，欢声笑语浸润着哈尼山寨，整个山寨笼罩在喜悦、热情、幸福、祥和的欢声笑语之中。这便是闻名于全世界的"长街宴"。身临其境，朴素而浓郁的群体情感在不知不觉之中注入心田，用不着智者谆谆说教，人们自然而然地领悟到邻里乡亲之间友情的珍贵、团结的重要。

无所对立与无所分别中，人们心情怡然，知足惬意，将一切幸福总结为"三麻柯"。告子言，食色性也！衣食住行，人生大事，世人为此头出头没。然而这个懂得与自然和谐相处的民族却以"三麻柯"表达自己的心情，诉说生活中的快乐与无奈。

姬八麻多霍扎麻柯——朋友相聚，酒不喝够心情不愉快！
辣批麻痴霍扎麻柯——生活如水，辣椒不辣心情不愉快！
燃妮麻摸霍扎麻柯——我的姑娘，见不到你心情不愉快！
注：以上哈尼谚语，前半部分是哈尼语的汉语音译，后半部分是哈尼语的意译。

生活的简单需要智慧！这个民族在复杂中找到了简单，又将简单扩散到万物，这就是通用与合一的智慧。

祭师唱诵的古歌让人将保护"寨神林"牢记于潜意识之中，当成一种信仰，内化成自觉的意识和行动，成为民族的文化自觉。于希谦、于希贤（2001）肯定这种活动所产生的心理凝聚力量：哈尼族梯田农事活动的各个重要环节，从梯田的开挖、田埂的修筑、水沟的修建、用水的分配及施肥入田，通常都不能由单家独户自行其是，而需要遵循传统规矩，由全村寨采取统一行动，需要有互谅互让的精神。通过"昂玛突"节的上述仪式表达共同目标，培育巩固团结意识，增强全体村民的群体凝聚力，是庄稼取得较好收成的重要保证。

这令人想起了一百多年前的印第安索瓜米希族酋长著名的《希雅典宣言》："我们红人，视大地每一方土地为圣洁。在我们的记忆里，在我们的生命里，每一根晶亮的松针，每一片沙滩，每一缕幽林里的气息，每一种鸣叫的昆虫，都是神圣的。树液的芳香在林中穿越，也渗透了红人自亘古以来的记忆。"

8.2.3.2 乡规民约强制管理"寨神林"和村集体林

长期以来，哈尼族各村寨制定形成了一套关于森林保护的成文的、不成文的规定和准则——乡规民约，并使之深入民心。乡规民约规定：除祭师外，任何人任何时候不准进入以"普玛"（寨神林或龙树林）为中心点所圈起来的范围；严禁偷砍盗伐"寨神林"里的树木，甚至不得采收其中的一草一木。如果违反这

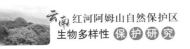

些规定，会遭到经济处罚，心理还要承担很大的压力，即如果村寨中出现了异常灾害，人们会认为是由于违反规定者的破坏行为才导致的。

同样，对于村(社)的集体林，人们制定了详细的乡规民约。如对集体林的利用仅限于以下5种情况才可以上山砍树或拾柴。①家中办婚宴或丧事等重大事宜，可以砍1~2棵大树作为薪材。②盖房子允许砍2~3棵，盖牲畜房子只能砍1棵。③过去每年春季、秋冬季全村统一行动，每家可以砍六背柴。主要砍伐的对象是枯枝、枯死树、耐烧易萌发的树种。由于使用了沼气和电能，现在一般不砍了，林权制度后，即使要烧柴也只能到自己的私有林地中砍。④林内的落叶可以拾为肥料。⑤林内的非木材林产品，如草药、菌子可以采集利用。

另外，规定了以下禁止破坏、砍伐集体林的措施及处罚方式。①盗伐木材者(可以使用作为建材的)，不论大小，以树的基部直径测算，每厘米处罚6元。②砍干柴处罚50元，如超出一个人的劳力背得动的量，则按量加倍处罚。③砍活材处罚100元，如超出一个人的劳力背得动的量，则按量加倍处罚。

8.2.4 传统保护管理体系产生的合理性

在我国，包括"寨神林"在内的各种自然圣境常常被人们理解为宗教信仰的产物，或者基于我们这个时代的思维模式与我们有限的认识去妄加臆断"寨神林"是迷信、愚昧的产物，因而在许多情况下受到排斥和淡化。目前，对自然圣境缺乏科学研究，因而对它的了解甚少，社会伦理的支持不足，相应的政策尚未形成。

但如果仔细观察"寨神林"所在的位置，以及听一些哈尼族老人讲破坏森林所带来的灾难后，便会理解为什么要保护这些"寨神林"。其实，传统信仰保护体系是一种生计策略(livelihood strategy)；是人类反思自己行为之后所做出的文化调适与行为调适；是理性思考后，应对大自然所产生的"诗性智慧"。

可以做一个假设，而这个假设是可推导和想象的。当地社区对资源、生态系统的管理和利用是在经过了一个长期的试验和总结错误与正确经验的基础上建立起来的。一种长期、全体的错误行为如果导致了灾难，灾难让人反思自己的行为，然后人类知道了行为效果与自然对人类的报复之间有着密切的联系，于是一些保护观念和措施便产生了。如何保护呢？通过一些乡规民约、禁忌、图腾崇拜等成为维护自然动态平衡的一种有效手段。保护周围环境、生物资源的信仰、手段与方法并不是靠什么传说中的"天神"传授，也不是自然而然就产生的，更不是当地人为了愚弄他们的后代而弄出来的花招，而是一种生存策略。

这种推断可以从哈尼族一首古歌中得到答案。在《哈尼阿培聪坡坡》这首长诗中，讲述了由于人们破坏自然而产生的灾害：

萨——哝——萨！

粗树围得过来，长藤也能丈量；

什虽湖好是好了，好日子也不久长。

先祖去撵野物，烈火烧遍大山，

燎着的山火难熄，浓烟罩黑四方；

烧过七天七夜，天地变了模样。

老林是什虽湖的阿妈，大湖睡在老林下方。

这下大风吼着来了，黄沙遮没了太阳；

大湖露出了湖底，哈尼惹下了祸殃。

栽下的姜秆变黑，蒜苗像枯枝一样；

谷秆比龙子雀脚杆还细，

出头的嫩芽缩进土壤。

天神地神发怒了，灾难降到先祖头上。

身背不会走路的婴儿，

手牵才会蹦跳的小娃，

哈尼先祖动身上路了，

去寻找休养生息的地方。

——引自于希谦、于希贤在《云南，人与自然和谐共处的人间乐园》

于希谦、于希贤认为，人类与自然界之间是相互作用的。主观盲干必然会导致灾难性的后果，而在过去遇到灾难就意味着饥饿和死亡。因此，人们在采取行动作用于自然界时是十分慎重的，敬畏大自然的权威，密切关注自然界施加于人的反作用力或大自然的报复，密切观察自己的行为效果并及时地或定期地检查纠正自己不恰当的行为。在这种思想意识的指导下，各民族居民经过世世代代的积累，各自在不同的环境条件下形成了一系列因地制宜、因时制宜的生产习俗和对周围特定生态环境的保护态度和文化。如哈尼人对森林、水、田、人的认识，他们不只是形成了一种朴素的生态观，而是认识到了一个生态链循环中的各关键生态因子的作用与价值，并且认识到人只是生态进程的一种结果，只是生态系统中的一个因子而已。

哈尼族的一段谚语，表达了他们对生态系统中生态因子关联性的认识，可以以"山水林田湖人是一个生命共同体"这句话来概括。

阿姿麻芽阿柯麻芽——没有森林就没有水！

阿柯麻芽虾得麻芽——没有水就没有田！

虾得麻芽霍扎麻芽——没有田就没有粮！

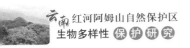

霍扎麻芽搓底麻作柯——没有粮就没有人！

注：以上哈尼谚语，前半部分是哈尼语的汉语音译，后半部分是哈尼语的意译。

8.3 传统保护体系的价值与功能

8.3.1 高度重视的"心灵保护区"，原生物种的贮藏地

"寨神林"实际是每个村寨自己建立的小型自然保护区，并用信仰加以保护，是"心灵中的保护区"，不花一分钱，不需要专门的看护人员，就可以得到很好的保护。这里的一切动植物、土地、水源都得到了有效的保护，这里严禁砍伐、采集、狩猎、开垦。

"寨神林"具有重要的保护生物多样性的功能。它是重要树种、药用植物和非木材林产品的贮藏之地。如宝华乡俄垤村委会打依村的"寨神林"总面积约20亩，是保护较好、干扰较小的季风常绿阔叶林。据快速评估调查，物种至少在100种以上，群落层次丰富，乔木层郁闭度达0.7，灌木层盖度40%，草本层盖度20%。

"寨神林"与其他社区森林相比，具有更丰富的生物多样性和更多的乔木树种，这是"寨神林"长期得到社区居民有效保护的结果。

由于当地保护、管理生物多样性的传统知识完全是依照传统信仰系统、价值观和生计需要而形成的，所以比经典的法定保护物种的方式更具持续性和有效性。事实上，他们长期的保护导致了"自愿保护"的结果，能使生物演替过程长期存在于人工或自然的生态系统中，这类长期利用和保护实践可以用作公众认知的示范点，证明在保护生物多样性和维持人们生计的长期过程中，能够提供积极的可持续利用资源并切合当地自然环境条件的可行模式。传统知识系统采纳的土地利用实践具有相似特征并被发现于"传统信仰保护体系"中。许多"传统信仰保护体系"起到"物种庇护所"和物种传播"踏步石（stepping stones）"的作用。

8.3.2 梯田农业正常运转的保障和家园的守护者

在红河阿姆山地区，哈尼族传统的"蘑菇房"组成的村寨坐落于大山的半山腰，层层梯田，宛如云梯，从村寨到山脚河谷上边。山脚下是河流，从山腰以上直至山顶，覆盖着不同类型的森林，村寨周围也有森林环绕。从上至下，森林、村落、梯田、河流构成一个"四度同构"的立体垂直景观。

"寨神林"具有重要的生态学意义，除提供木材、动物蛋白质来源及种类丰富的非木材林产品之外，更为重要的是保持水土、涵养水源，使水源、肥料源源不断地供给梯田。"寨神林"还是生物多样性的储存库及农作物病虫害天敌的

繁殖基地。只有这些森林的功能得到充分的发挥，才能启动整个农业生态系统的正常运转，这是良性农业生态环境的重要维持因素。

"寨神林"既是调节地方小气候的空调器，又是预防风灾、火灾、寒流冻害的自然屏障，保护着哈尼族的家园。很多村寨的"寨神林"位于寨子上方，整个村寨建在半山腰，坡度大于35°以上，村寨后面的"寨神林"坡度更大。这个地方的森林如果破坏了，可能会发生严重的山体滑坡，必须保护好这片森林，村寨才可能安全。有的"寨神林"也是村寨的水源林，破坏了意味着只有从其他地方寻找饮用水。

8.3.3　保护区有效而巨大的"缓冲区"，物种传播的"踏步石"

大量不同生境的自然圣境构成了不同气候、不同生态条件下的异质生态系统，点状、片状镶嵌于保护区周边，组合而成保护区有效而巨大的"缓冲区"，对杜绝、防止或缓和保护区资源被过度利用起着重要作用。同时，这些不同村寨的"龙树林"，构成了物种传播的生物走廊带或"踏步石"。如果这些森林被破坏，当地人对保护区的依赖必然加大，蚕食、掠取保护区的资源在所难免，保护的难度将会加大，保护成效自然不好，最终可能会由于一些保护对象的消失或变质而失去保护价值。正如国际自然保护联盟（IUCN）强调的："如果小型保护区被不友善的景观所包围，而且在地区或流域范围缺乏保护努力，那它们将会逐渐失去其有特色的种类。"

8.3.4　人类适度利用生态系统的典范

传统保护管理体系是人与植物、自然交互作用、协同演化（co-evolution）的结果，是特定人类群体建立的"文化自然复合生态系统"，它保存了人类保护、利用、管理森林生态系统和物种连续进化的过程，它的存在使得这一进程可以延续下去；它是人类适度利用自然、克己复礼的结果，是特定人群的文化与自然和谐互动的典范，已然成为人类适度利用自然的文化景观。

传统保护体系向世人展示了人类利用自然生态系统的环境友好实践，具有重大的研究价值，给现代人以重要启示，也具有重要的借鉴价值。

8.3.5　为未来植被修复提供参考作用

这些传统信仰保护林是当地集体土地中不多见的阔叶林，为当地原生植被的残余，是当地村寨周围最好的风景林，甚至是一些村寨唯一的水源林，是当地肥料、水源的主要来源地。无疑这些"寨神林"的存在，可以为当地物种的传播提供种源和植被恢复提供"指导参考"。

8.3.6　非物质文化遗产的重要组成部分

传统保护体系保护的森林不但具有丰富的物种多样性，而且是生态伦理文明的关键载体，是当地民族文化的主要载体和重要表现形式，对于当地民族文化的传承、繁衍与发展起到重要的作用，无疑属于高保护价值森林（high conservation value forests）所界定的范畴，应该引起生物保护、民族文化、社会发展等涉及"三农"问题的工作者或相关专家的重视。人们通过不同类型的"传统信仰保护林"传承本民族的生态伦理观，并通过不同形式的"传统信仰保护林"崇拜来使人们共同遵守那些有关自然保护与利用的道理和规则，因此"传统信仰保护林"是当地生态伦理的关键载体。

作为传统文化和传统信仰系统的动态表达，传统文化所保存的生态系统景观有着极高的文化价值，许多情况表明它们是文化、宗教和民族特性可供参考的地方。"口头和非物质文化"应属于保存文化多样性的范畴之内，应承认这些保存完好的生态系统为那些脆弱的和正在消失的文化系统提供了可能性支持，可以作为传统价值观存在状况的信号灯；另外，承认和保护文化信仰寄托之地还有助于承认民族的整体权益和文化价值以及支撑他们的生计方式，是关系生物资源保护、开发利用和民族文化产业建设工程的大事。重视这类文化自然复合地理景观的保护可谓思维创新，符合事实的实践行为，将给民族文化的保护和发展带来全新的理念。

8.4　传统保护体系的现状与威胁

由于众多主客观因素（诸如外来文化、商品经济的冲击、生活环境的变化等）的影响，当地文化、民族生态知识和所依赖的生物多样性一样，面临着丧失和消亡的危险，民族传统知识系统面临迅速消失和解体的危险。对生物多样性有积极保护作用的传统知识体系，常被认为是迷信、愚昧和不科学的，或者仅被认为它们是在特定时期、特定的环境条件下曾经起过作用的"死去的文明"，或者被认为是处于野蛮时代的民族无法抗拒自然力量而对自然产生的"盲目崇拜"和"非理性认识"，而在现代社会中没有引起足够的重视，处于边缘化境地。当地人由于受商品经济的冲击和整个大环境思想文化的影响，对他们曾经当成神山圣林的地块的观念和行为有所变化，当地的传统保护地呈现出以下现状，受到一定程度的威胁。

8.4.1　持续受到干扰

虽然当地人用精神教育和乡规民约对"传统信仰保护林"进行保护和管理，

不破坏、不利用、不砍伐里面的一草一木，却很少采取积极的保护措施，如建立围栏以防止牲畜进入其中。而"传统信仰保护林"一般位于村寨边，有的"传统信仰保护林"已被村寨所包围，受到强烈而持续的干扰，受到不经意蚕食，范围、面积逐渐减少，林相层次少，群落结构失调，树种组成单一外来物种入侵严重。

在所调查的村寨中，如果"传统信仰保护林"比较平缓，或位于村民进出村寨的位置，或面积较小，几乎都会受到鸡、猪、牛、马的啃食、践踏，当地居民不经意的持续干扰以及生活垃圾的污染。

8.4.2 范围、面积减少

受多种因素影响，一些村寨的"龙树林"面积逐渐减少，有的已不能称为林了，只有几棵祭祀的树和祭祀地点存在。如甲寅乡阿撒村委会作夫村，该村海拔 1786m，是近年来红河县旅游开发的"民俗文化生态村"，是红河县观光哈尼族民俗文化主要景点之一，但由于作夫村的"寨神林"位于村子中间，没有围栏保护，牲畜随意进入，干扰严重，面积约 0.5 亩，只有乔木层，没有灌草层。当地人说过去寨神林至少有 30 多亩，现在只剩下 10 多棵树，地表裸露，无灌木和草本覆盖。

8.4.3 群落结构失调

大多数"龙树林"群落结构失调，林相单一，一些龙树林只有一个乔木层，一些有乔木层和灌木层，但缺少草本层，地表几乎没有草本覆盖。整个森林是"壳青青，空空心"的"空心林"，造成林内近成熟、成熟、过成熟树木和衰退种群比例增加，植物种类和动物种类减少，严重影响到物种的天然更新、森林群落的自然演替，群落稳定性和物种多样性水平降低。

8.4.4 林下层区系成分单一

下层物种区系成分单一也是群落结构失调的特点之一，特别是草本层物种少且正在改变。

8.4.5 外来物种入侵

外来物种入侵严重，一些"龙树林"严重受到破坏草（紫茎泽兰）*Ageratina adenophora* 的入侵。

8.5 维护与稳定传统保护体系的措施

当地文化和社区是保护生物多样性的可靠社会力量，保护区首先是当地人

赖于生存、繁衍、发展的资源分布地，然后才是国家总体生物多样性可持续发展战略的一个组成部分，只有保护区成为当地人"心灵中的保护区"，当地人依法对待保护区，或自觉自愿参与保护区建设，资源的有效管理和可持续利用才有可能。

生物多样性的可持续利用和有效保护依赖于当地文化是否属于维护、推动生态系统可持续发展的力量。如果这种文化不利于生物多样性保护，或朝着不利于生物多样性保护的方向变化，那么必须要创新出适当而有效的管理体制，否则，当地生态系统的破坏将是不可避免的。生物资源及其所营造的环境，是当地居民改善生计、过上美好生活的保障。无论社会如何变迁，经济如何发展，生态系统保持动态的平衡是农业之本，也是人类可持续发展之本，"绿水青山也是金山银山"。

在生态文明(eco-civilization)体系还没有构建起来之前，或者生态文明还没有深入人心成为人类共同心理认知，生态文明的理念还没有得到自觉遵守以指导人类行为之前，道德礼仪、法律法规还不能完全约束人类破坏自然的贪婪行为，可持续发展和保护生物多样性的理念还难以变成人类自觉、理性、潜意识的准则。这个时候，让全社会不同知识背景和生活背景的人，都明白生态规律以及物种之间复杂的关联关系，定性或定量认识人类的行为对自然所产生的长期或短期的影响结果，到目前还只是一种理想。人类应该对自然存有基本的尊重，甚至于要有一定的敬畏，人类只有在自觉顺应自然规律的前提下才有可能脱离大自然的羁绊。

传统知识系统中生物多样性保护、利用有关的方面，对生物资源的保护和开发利用具有直接的参考价值。尊重文化的多样性与阶段性，重视不同文化中保护自然的传统策略，帮助当地人维护与完善他们传统的生态系统保护机制，应引起生物多样性保护工作者的重视。促进传统保护体系与现代自然保护体系有机融合，构建全新、多元参与的生物多样性保护体系，对于区域生态平衡，不同层次的生物多样性保护与可持续利用都将有着极大的意义。

8.5.1 重视和建构另一类保护体系

从对红河县阿姆山自然保护区周边3个少数民族的调查中可以看出，各个民族都有传统保护体系，都保存有他们认为"神圣"而不可随意破坏的森林，并得到一定程度的保护，这种传统习俗使得即使到现在，村寨周围除了农田和人工经济林外，还可以见到一些有许多原生阔叶树种组成的斑块状的天然林，并且这样的保护实践在云南全省普遍存在。

8.5.1.1 "传统保护体系"存在的普遍性

据阿姆山自然保护区管护局的工作人员多年的调查，在红河，几乎每个村都有自己的"传统信仰保护林"。红河县有 88 个村委会 824 个自然村，平均每个自然村按 30 亩传统信仰保护林计算，整个红河县有近 2.5 万亩这样的"圣林"，成片状镶嵌于红河县各村寨。这些森林村民都不会有意去破坏，也不敢去破坏，也未成为集体林权制度改革的对象。原因有二，首先当地人不敢要、不敢砍这些森林；其次当地人认为这些森林不能分。

此种自然圣境，在云南省普遍地存在，各个民族都有自己文化传统保护的"圣林"、"圣山"。这些自然圣境常常与民族文化和宗教文化联系在一起，包含着十分丰富的人与自然关系的内容，具有保护生物物种和生态系统的作用，如西双版纳的"竜山"；许多的佛教、道教圣地，如云南迪庆藏族自治州梅里雪山、大理白族自治州宾川县的鸡足山、保山市腾冲县的道教名山云峰山等，还有汉族保护水源林的地方都被称为"龙潭"和"龙潭林"。

除了大面积被纳入国家现代保护管理体系之中的自然圣境，云南各民族村寨拥有的"神山"、"圣林"、传统祭祀林大概有多少亩呢？云南全省有 12 个市辖区，9 个县级市，79 个县，29 个自治县，扣除 12 个市辖区不计算在内，共有 117 个县、自治县和县级市，每个县（市）按 2 万亩传统信仰保护林（主要指传统祭祀林及传统信仰保护的森林），云南全省就有 234 万亩传统信仰保护林！假设一个保护区平均面积 20 万亩，则相当于 10 个左右的保护区，如果愿意和重视这些森林的保护，也许只需要前期投入现在 10 个保护区一年的保护经费，而后期投入极小，就可以把这些"传统信仰保护地"保护起来，那相当于云南全省，又保护了 10 多个保护区的森林，且保护效果还好，不需要设立机构，不需建房，不要买车，既保护了生物多样性，又保护了文化多样性，亦让当地人满意，何乐而不为？

在如何保护这些"传统信仰保护林"方面，有许多成功的例子。如在肯尼亚海岸有许多乡村森林或者通过乡规民约得到保护的"卡亚斯（Kayas）"。肯尼亚政府首先把这些森林当作"国家纪念碑"（national monuments）来给予它们行政上的承认，标示出它们的行政边界，然后再建议它们作为联合国教育、科学及文化组织（UNESCO）的"文化景观"申请世界文化遗产，并得到更好的保护。我们可借鉴这个例子中政府的态度与所采取的行动！

8.5.1.2 加强保护的紧迫性

有人会问，不是已有传统信仰保护这些森林吗？为什么要重视这类森林的保护？因为文化在改变，人的思想与行为在改变，这类森林正在发生着不可逆转的变化，一些民族传统信仰保护林正在消失。社区外部强势驱动的经济发展模式和当地文化对市场经济所采取的被动或自觉调适，影响着生物—文化多样性（bio-cultural diversity）富集地区的生物多样性命运。掠夺式利用自然资源导致大量的原生植被遭到破坏，原有的生态进程被中断，当地社区的传统文化正面

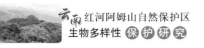

临消失的危险。

在所有的自然圣境中，大面积的神山圣境，如西双版纳勐级（即几个大的社区共有的自然圣境）的竜山竜林及藏族的神山圣境很大一部分已纳入各级政府的保护范围之内，从法律、人才、资金、政策等多方面得到了有效的保障。除此之外，各民族村级"神山"、"圣林"、传统祭祀林（其中90%是水源林），由于没有纳入各级政府部门的自然保护体系之中，随着传统文化的淡化、消失和市场经济压力下单一高产种植模式的推广，无数拥有高度物种多样性的自然圣境，甚至是当地村寨周围唯一天然阔叶林存在之地，也在被大量破坏，开垦成经济林果种植地和农地。

8.5.1.3　加强保护的必要性

文化人类学者认为，人的行为首先是文化的行为，然后才是生物个体的行为。各民族群体、个人对环境和动植物有不同的感知与反应，不仅仅取决于人的生物学本性，还决定于他们的信仰、观念。不同文化背景的人，对环境和动植物的态度和行为具有很大的区别。譬如，一个信仰藏传佛教的人见到梅里雪山，认为是圣山，不容玷污，包括其中的一草一木都有灵性；相反，对一个没有这种信仰的人，可能认为只是一座山而已，甚至还会认为是有许多药材、木材可以采集和砍伐出售的资源宝藏；对喜好登山者而言，可能是一座一定要征服的处女山。由于信仰不同和知识背景不同，人们对一件事物感受到的现象不同。人们根据自己的观念、经验、思维模式感受、体验这个世界，然后产生行动和意志，其结果也可能完全不一样。不同文化和背景的人管理同一个生态系统，这个生态系统的完整性、生态系统和生物多样性的命运可能有较大的差异，文化、观念、思想、经验决定了行动和行动后的结果。

文化的作用就是人们需要保持一种处理衣食住行、生老病死及其他社会生活事宜的准则和基点。整个人类的所有发展和努力都是为了创造一种"更优秀、更柔和、更富有弹性、更理想"的文化，让共享这种文化的人安居乐业、心理满足而幸福，而并非只是为了追求外在的物质刺激。

文化多样性与生物多样性相互支撑，协同演化发展。一方破坏或消失，将影响另一方的存在或发展。韩群力（2007）指出，当传统家园被彻底改变，传统生计方式无法维持的时候，社会组织和文化纽带（cultural fabric）必然出现断裂，最终导致民族文化的衰落、消失和文化多样性的丧失。

保护和尊重不同文化的特质，本来就是和谐社会的直接表达，本来就是优秀文化应有的包容心态。民族传统文化在自然资源的有效管理和持续利用生物资源以及生态环境的良性维持等方面的积极作用应当引起足够的重视。民族传统文化与乡规民约等组成的乡土保护体系的优越性和有效性值得借鉴和推广。

8.5.2 维护与稳定传统信仰保护林的措施

8.5.2.1 转变观念

我国民族植物学家裴盛基(2007)认为："保护神山、圣林、龙潭林、受到崇拜的动植物，并不仅是为了保护和倡导这种在特定历史时期人类对宇宙、世界、人生的探索所得到的信仰哲学和相关仪式，而是为了保护这些曾经、现在、还有将来为人类的生存和发展提供庇护和物质的自然生态系统，是为了保护人类可持续发展的基础，是为了保护民族文化赖以生存和发展的土壤。"

科学并非探索知识的唯一途径，以"人是万物之灵长，能够征服、战胜自然"的世界观去对待自然已经产生了许多可怕的生态灾难。"人与自然和谐相处"的实现决定于我们的观念和观念所驱使的行动。要实现这一目标，需要对各民族已有的生态意识、保护传统、保护手段加以整合、推广才有可能。现代社会对传统文化的认识和评价应采取科学的态度，对自然圣境的识别定位也要讲科学，不能把自然圣境与宗教信仰视为等同，更不能把民间流传的一些非科学的信仰活动统统纳入到民族传统文化的圣洁园地里来。

民族传统文化中的主流是有利于自然保护的，现代自然保护工作者应重视和挖掘传统文化在保护自然中的作用和潜力。

8.5.2.2 开展调查，科学分类

到目前为止，对中国各省(自治区、直辖市)自然圣境的形式、分布、数量、面积、价值还没有一个综合深入的调查，所以应尽快成立省级"生物与文化多样性保护领导小组"，各市(州)、县成立相应的管理机构。由民族植物学、生物多样性保护、林业、民族文化等学科研究专家组成"省级生物与文化多样性调查研究队"。在林业厅主管野生动植物部门的统一领导下，各县建立"生物与文化多样性领导小组"负责组织各乡(镇)林业工作站完成所管辖区自然圣境的调查工作，内容包括自然圣境的位置、面积、类型、保护手段、传统知识、保护民族等，数据由县(市)林业局汇总上报市(州)林业局，然后统一上报省级林业主管部门。

8.5.2.3 成立村级"生物与文化多样性保护小组"

成立村级的"生物与文化多样性保护小组"，带领村民自愿保护当地的自然圣境，落实共管协议，是自然圣境能否得到成功保护的关键。

对自然圣境的保护，不应采取"冻结"式的保护，而应采取"参与式"、"动态式"、"共管式"、"利用式"的保护，以保护民族文化赖以存在和发展的物质和精神系统，建成生物文化多样性保护区(bio-cultural diversity conservation area)。

8.5.2.4 制定共管协议

作为社区民众参与式保护与管理生物多样性实践的重要内容之一，应与国

际接轨，制定相关的政府层面的保护规章制度和当地切实可行的乡土保护措施和共管协议。共管协议的内容包括受保护的自然圣境的地点、面积，保护理由，保护者即由谁来执行保护，保护措施，保护者可以得到的权益，破坏自然圣境后的处理方式，由谁执行处理等内容。

8.5.2.5　设立保护标志

设立自然圣境保护标志，与当地人共同制定共管协议。自然圣境保护标志名称可写成"自然圣境"、"生物与文化多样性保护区"、"竜山神林"、"龙潭水源保护林"、"传统祭祀林"等多种名称，根据实际情况而定。受到信仰崇拜的孤立木可以纳入"古树名木"进行保护。

8.5.2.6　开展有效监管

林业部门应对已设立保护标志的自然圣境保护进行有效的监管，防止对自然圣境的破坏。不管这种破坏力量是来自于村民，还是来自于外来者，或是来自于政府的开发行为，都应该按照相关的法律法规采取相应的制止、惩罚、补偿和补救措施。

参考文献

高宇，田恬. 植物资源在我国文化及文化发展中的作用. 生态经济，2003，（1）：212 - 215.

郭辉军，龙春林. 云南的生物多样性. 昆明：云南科技出版社，1998. 1 ~ 13.

韩群力. 我们到了这样一个阶段：关注文化多样性. 人与生物圈，2007，5，卷首语.

联合国教科文组织. 保护和促进文化表现形式多样性公约. 巴黎：联合国教科文组织，2005.

刘爱忠，裴盛基，陈三阳. 云南楚雄彝族植物崇拜的调查研究. 生物多样性，2000，8（1）：130 - 136.

龙春林，裴盛基. 文化多样性促进生物多样性的保护与利用. 云南植物研究，2003，增刊 XIV：11 ~ 22.

裴盛基，贺善安. 民族植物学手册. 昆明：云南科技出版社，1998. 100 ~ 126.

裴盛基. 人与自然不仅是物质的关系，还是文化的关系——裴盛基谈两个多样性(三). 人与生物圈，2007，5：41.

裴盛基. 云南民族文化多样性与自然保护. 云南植物研究，2004，增刊 XV：111.

汪宁生. 文化人类学：正确认识社会的方法. 北京：文物出版社，1996. 26 ~ 35.

王丽珠. 彝族祖先崇拜研究. 昆明：云南人民出版社，1995. 11 ~ 18.

乌丙安. 生态民俗链——中国生态民俗学的构想. 科学中国人，2002，（10）：26 ~ 29.

谢继胜. 藏族的山神神话及其特征. 西藏研究，1998，（4）：12 ~ 25.

杨六金. 红河哈尼族谱牒. 北京：民族出版社. 2005. 60 ~ 65.

杨知勇，秦家华，李子贤. 云南少数民族生产习俗志. 昆明：云南民族出版社，1990. 25 ~ 60.

尹绍亭. 人与森林——生态人类学视野中的刀耕火种. 昆明：云南教育出版社，2000.

45~90.

于长江. 一个小民族带给世界的大课题. 人与生物圈, 2007, 5: 53~64.

于希谦, 于希贤. 云南——人与自然和谐相处的人间乐园. 昆明: 云南教育出版社, 2001. 101~168.

张国学, 裴盛基, 杨宇明. 阿佤人与巨龙竹. 人与生物圈, 2007, 5: 34~40, 2007.

Alcorn J. Indigenous people and conservation. Conservation Biology, 1993, 7 (2): 424~426.

Arizpe L. Culture and environment. Nature & Resources, 1996, 32 (1): 1.

Ishwaran, N. 1994. 生物多样性、保护区与持续发展. 济南: 中国人口、资源与环境, 1994, 4(4): 63~72.

Long C L, Pei S J. Methodologies for biodiversity studies. In: Chen YY et al. (eds.), Advances in Biodiversity Studies. Beijing: China Sci. & Tech. Press, 1995. 117~119.

Norton B G. Why preserve natural variety? Princeton N J: Princeton University Press, 1987. 6~15.

Pei SJ. Bio-cultural diversity and development of Western China. Journal of the Graduate School of the Chinese Academy of Science (中国科学院研究生院学报), 2002, 19(2): 107~115.

Sinha, R K. Conservation of cultural diversity of indigenous people essential for protection of biological diversity. In: Jain, S K (ed), Ethnobotany in human welfare. New Delhi: Deep Publications, 1996. 280~283.

第九章
生态旅游资源[*]

　　生态旅游资源是指以自然生态、人文生态为特色，具有较高的观光、欣赏价值，可以吸引游客前来进行旅游活动，为旅游业所用，并在保护的前提下，能实现资源的优化组合、物质能量的良性循环、环境与经济和社会的协调发展，能够产生可持续的旅游综合效益的旅游活动对象物。生态旅游资源普查则是进行旅游资源评价、开发规划及合理利用与保护的前提和基础工作。通过普查，可以系统而全面地掌握生态旅游资源的数量、质量、性质、特点、级别、成因及价值，并为生态旅游资源评价、开发规划及合理利用等做好准备，为旅游业发展提供决策依据。

9.1　自然旅游资源

9.1.1　地域景观

　　阿姆山自然保护区位于红河县中南部，属哀牢山南缘部分，海拔在 1610～2534m，地形复杂，峰峦起伏，沟壑纵横，立体气候明显。保护区山势陡峭，山高谷深，整个地形呈长条状，山体景观丰富，山形奇特壮观。同时，位于保护区周边的哈尼梯田，更为壮丽与独特，梯田与云海、日出日落、民族村寨等景色融为一体，异常秀美壮丽。

　　红河县有"梯田之乡"的美誉。2013 年 6 月 22 日，红河哈尼族彝族自治州内的哈尼梯田在柬埔寨金边召开的第 37 届世界遗产大会上被列入"世界文化遗产名录"，大大提高了红河哈尼梯田的知名度。

　　古今中外，梯田并不鲜见，但在云南红河南岸、哀牢山南端，红河县人民修建的梯田的台数之多、规模之大、技术之精，堪称世界梯田农耕史上的奇迹。在这里，农业生态与自然生态通过互相补充、完美融合，从而创造了一个自然、

---

　　* 本章编写人员：国家林业局昆明勘察设计院的王丹彤、张国学、和霞、王梦君、张天星。

良性的人居环境。

红河县梯田主要集中在宝华乡，这里距县城 37km，全乡国土面积 121km²。这里的梯田规模宏大，气势磅礴，与阿姆山特殊的自然景观相结合，成为农耕文明的典范。

红河县最有名的梯田是撒玛坝梯田。撒玛坝梯田被誉为世界规模最大的梯田，总面积达 1.4 万余亩，4300 多层梯田，最低海拔 600m（利莫电站），最高海拔 1880m（龙甲村）。四周森林近 4000 余亩，村落 21 个，为文字记载以来最早开垦之哈尼梯田。撒玛坝梯田以气势磅礴而著称，梯田上游为阿姆山保护区中的落恐尖山，海拔 2436m。游人赞美撒玛坝："山外有山，天外有天；不到撒玛坝，不知梯田大。"

9.1.2　水域风光

阿姆山自然保护区降雨量丰富，河网发育密布，多为小型河流或溪，水质清澈，景观优美，保护区内及附近主要水库与河流有红星水库、俄垤水库、清水河、拉密河等，在地势落差较大处形成瀑布，如清水河瀑布，其周围植被葱郁，是极好的自然水域景观。同时，保护区也是元江（红河，国际上称 Red River）、藤条江的分水岭与重要水源涵养地。

保护区内及保护区周边有红星水库和俄垤水库，属高山河源水库，在改善保护区生态环境、调节气候、防止水土流失、防洪调节等方面起到了极为重要的作用。同时，水库周边森林植被葱郁，水域风光与生物景观交相辉映。

9.1.3　生物景观

阿姆山自然保护区生态资源环境保存完好，森林生态系统具有完整的植被垂直带谱，包括季风常绿阔叶林、中山湿性常绿阔叶林、山地苔藓常绿阔叶、山顶苔藓矮林、山顶灌丛等植被类型。其植被特点是处于云南南部南亚热带湿性植被和干性植被的交汇处，水平分布较明显，原生性和天然性极强，在开展多学科综合研究以及生态旅游，促进周边社会经济发展等方面有重要价值。

红河县有"棕榈之乡"之称。全县种植棕榈面积约达 16 万余亩，是目前全国最大的棕榈原料生产基地。红河县种植棕榈历史悠久，棕榈与农耕生产生活紧密相连，产生特有的棕榈文化，人们吃棕榈花，用棕榈制作牛绳、蓑衣、扫帚、鞋子、踏垫及桌椅、梯子等生活日用品。同时，以天然山棕为原料生产的乳胶棕床垫、坐垫等系列产品深受消费者的青睐，堪称绿色环保产品，畅销省内外。

9.1.4　天象与气象景观

阿姆山自然保护区周边哈尼梯田上的晨雾、云海、落日余晖都极富诗情画

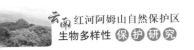

意，也是摄影爱好者创作的源泉。清晨，哈尼梯田掩映在雾色中，犹如仙境；傍晚，哈尼人家炊烟袅袅，为保护区增添了特有的韵味。

9.2 人文旅游资源

红河县少数民族众多，人文旅游资源丰富独特，素有"滇南侨乡"、"歌舞之乡"、"棕榈之乡"、"奕车之乡"（奕车是哈尼族支系之一）和"梯田之乡"等诸多美誉。保护区周边有"千年古村"之誉的作夫村；有举世闻名的哈尼长街宴；有被国务院批准的第一批非物质文化遗产的《哈尼族多声部》以及被列为第二批国家级非物质文化遗产的"乐作舞"；同时，还有着丰富的民族民间传统节日及多姿多彩的民族文化，地方特色鲜明且独特，旅游资源类型丰富。

9.2.1 滇南侨乡

红河县素有"侨乡"之称。华侨、归侨和侨眷多集中在县城迤萨镇，在国内外均有一定影响。清光绪年间，境内有人开始到越南的莱州和老挝的琅勃拉邦山区经商。红河县华侨现分布在亚洲的老挝、越南、泰国、缅甸、新加坡、菲律宾、日本，美洲的美国、加拿大，欧洲的英国、法国、瑞士、联邦德国，大洋洲的澳大利亚、新西兰，非洲的多哥等世界五大洲的 25 个国家或迁居祖国的台湾、香港、澳门等地区。截至 2015 年年底，全县有 872 户 3557 人侨居各国，国内归侨、侨眷 808 户 3405 人。广大华侨在侨居国不忘自己是炎黄子孙，他们坚持正义、爱国爱乡，对当地人民以诚相待，友好相处，共同建设家园，为促进中外经济、文化交流，发展爱国统一战线做出了卓越贡献。

9.2.2 歌舞之乡

红河县以"歌舞之乡"著称，民族民间歌舞资源丰富，2009 年被国家文化部命名为"中国民间文化艺术之乡"。

早在 1964 年，红河县代表云南省到北京参加建国十五周年演出，哈尼族女子歌手李莫努以一曲《太阳没有照不到的地方》唱响了北京城，表演队得到了毛主席等党和国家领导人的接见，歌曲《阿波毛主席》唱响了大江南北。以乡土素材创作的各类歌舞多次在中央、省、州举办的大赛中获奖，民间艺人王里亮多次受邀到美国、法国以及中国台湾等地讲学，阿扎河乡普春村原生态哈尼古歌多声部合唱《栽秧山歌》漂洋过海，到荷兰、日本等地交流展演。

县境内民族民间文学蕴藏丰富，民族歌舞颇具特色。《阿扎》、《出嫁歌》、《狐狸和他的朋友》等哈尼族、彝族民间故事和风俗诗歌获得省级奖励，哈尼族多声部民歌被国家文化部命名为国家级首批非物质文化遗产，红河"乐作舞"被列入了第二批国家级非物质文化遗产，舞蹈《奕车鼓舞》、《地鼓舞》、《棕扇舞》《捉泥鳅》是红河县民族民间舞蹈的典范。

"乐作舞"是红河县县舞，经过几年的推广普及，形成了人人学跳"乐作舞"，个个会跳"乐作舞"的文化氛围。此外，哈尼"十月年"、"六月年"、"长街宴"，彝族"火把节"、"万人歌舞节"、"仰阿娜节"，瑶族"度戒"等民风民俗也颇为丰富。"以歌会友、以舞传情"，深切地表达了红河人民对民族文化艺术的热爱，对美好生活的追求。红河人民使民族文化艺术这朵奇葩在红河大地上绚丽绽放，也吸引了外来人来此共享优秀民族文化。

9.2.3 奕车之乡

大羊街、浪堤、车古3个乡是全国仅有的2.2万哈尼族奕车支系的唯一集居地，在2005年《中国国家地理》杂志组织的"选美中国"活动中，大羊街乡以其如诗如画的哈尼村落美景脱颖而出，哈尼奕车人以独特的民族服饰，奇异的奕车风情，多彩的民族节庆，原始的宗教观念，灿烂的农耕文化，生态的饮食文化，奇妙的婚姻习俗等构成了文化内涵丰富而又独具魅力的奕车文化，被誉为是人类与自然和谐相处的范本。

9.2.4 "千年古村"——作夫村

作夫村位于阿姆山自然保护区周边的东北部，民族文化浓郁，四周遍布繁茂的森林，民居房屋以哈尼特有的"蘑菇房"居多，占全村房屋的90%左右。作夫村内常年流水不断，蘑菇房参差错落于棕榈、梯田、流水间。作夫村有"千年古村"之称，是集哈尼梯田文化、生态文化、魅力民居、民族节庆、民族服饰、民族歌舞为一体的原生态文化大观园。

9.2.5 哈尼长街宴

哈尼族十月年又称"扎勒特"，意在期盼人寿年丰，是哈尼族辞旧迎新的盛大节日。节日的最后一天，各村寨在其主街道上举行隆重的节日盛宴，每家都端出最拿手的菜肴，桌椅相连，俗称千桌"长街宴"，远远望去像一条长龙，席间人们吃肉喝酒，吹拉弹唱，歌颂幸福生活，晚上男女老幼尽情唱歌跳舞。

9.3 生态旅游资源评价

阿姆山自然保护区的生态旅游资源，从整体上看，人文景观和自然景观互相交错，融为一体，自然和谐。从个体上看，各种景观类别清晰，各具特色，互相衬托，突出表现了阿姆山自然保护区神奇、秀丽、险峻、独特的美感。

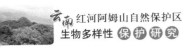

9.3.1 旅游资源类型丰富

阿姆山自然保护区拥有高山、峡谷、河流、瀑布、森林等众多自然旅游资源，且类型结构合理，整体品质较高。同时，受哈尼民族文化、梯田文化等多种文化影响，历史底蕴深厚，也集中展示了森林、村寨、梯田、水系"四度同构"的农业生态系统和各民族和睦相处的社会景观。

9.3.2 自然旅游资源质量优良

阿姆山自然保护区森林生态系统具有完整的植被垂直带谱，从低海拔到高海拔依次是季风常绿阔叶林、中山湿性常绿阔叶林、山地苔藓常绿阔叶林、山顶苔藓矮林、山顶灌丛，其生态植被保存完好，加之河流、峡谷、瀑布等众多自然旅游资源，具有重要的美学价值。以阿姆山主峰、哈尼梯田、原始森林、杜鹃花林等为代表的景观资源品质优良，分别形成具有特色的生态旅游资源群落。阿姆山复杂的地形、山体的落差、丰富的水流形成了众多风格各异、景观不同的瀑布群，空间分布自然协调，环境幽静，风光秀丽。

9.3.3 人文旅游资源浓郁

阿姆山自然保护区周边地区聚居着哈尼、彝、傣、汉、瑶5个世居民族，各民族在漫长的历史长河中孕育了丰富且独特的民族文化，各民族习俗和风土人情具有浓郁的民族特色和鲜明的地域特点，古朴醇厚的民间节庆活动绚丽多彩。部分少数民族还保留着本民族传统的生活方式，与深厚的民族文化底蕴编织成一幅幅优美画卷，形成独特的民族文化景观。

9.3.4 生态旅游资源开发还处于初级阶段

红河县境内旅游资源丰富，境内的梯田纵横壮观，民族民间歌舞独具特色。阿姆山自然保护区生态资源环境保存完好，具有完整的山地植被垂直带谱景观。目前，保护区生态旅游发展仍处于初级阶段，旅游设施较为落后，旅游道路级别低，接待能力不足，其生态旅游发展无论是从产品上还是接待设施上都需进一步提高。

9.4 生态旅游资源的合理利用与可持续发展

9.4.1 可合理利用的生态旅游资源

9.4.1.1 森林生态景观资源

阿姆山自然保护区生态景观资源保存完好，形成了独具特色的森林生态旅游资源群。因此，以保护区森林生态资源可持续利用发展为原则，在严格保护森林生态系统的基础上，在保护区的实验区适当开展森林生态旅游活动。一方面有利于对保护区的宣传与教育；另一方面也可通过生态旅游的方式，保护森林生态系统，实现生态系统的可持续利用与有效保护，促进生态民生林业发展，带动周边社区转变森林利用方式，变消耗性、破坏性利用为可持续利用，充分发挥森林的生态服务功能。

9.4.1.2　水域生态景观资源

红星水库位于阿姆山自然保护区北部，是一座集防洪、农业灌溉及城镇供水为一体的小（一）型水利工程，水库总库容量450.5万 m^3 ，年供水量700万 m^3 。以红星水库优美的水域风光、森林植被资源及周边区域良好的自然生态景观为依托，按最山水、最生态、最休闲的合理利用理念，在生态旅游开发过程中，以生态保护为主，保护森林植被和自然生态环境，并与保护区内规划开发的其他生态旅游产品相配合，从而提高旅游吸引力。

9.4.1.3　民族文化资源

在阿姆山自然保护区东部周边区域的甲寅乡作夫村，民族文化浓郁，四周遍布繁茂的森林，作夫村内以保存完好的哈尼族特有的"蘑菇房"为主。通过对作夫村民居建筑的修缮与保护，可以适当开展蘑菇房参观、住宿、用餐等体验性项目，充分演绎哈尼人传统风韵。同时，作夫村周围有樱花梯田、棕榈梯田等梯田景观，可开展观光摄影等生态旅游活动。

9.4.1.4　梯田摄影资源

红河哈尼梯田规模宏大，景色壮观，依托其独特的梯田景观资源优势，根据一年四季气候变化，打造春之耕、夏绿海、秋金山、冬明镜四季景致。同时，围绕红河县浓郁的哈尼民族文化，营造体现梯田"风姿"的主体性经典项目，增加哈尼梯田说不完、道不尽的系列景致。根据阿姆山自然保护区周边区域旅游资源特点及分布，可开展红河梯田摄影生态游，将宝华—尼美—乐育构建一条梯田摄影游览线，不仅体现哈尼族人民的智慧和特有的哈尼族文化风格，也给人以耳目一新的感觉。

9.4.1.5　科考探险资源

由阿姆山自然保护区俄垤村南部向北延伸至俄垤茶场，这部分区域有蜿蜒曲折的山间小路、平缓起伏的低山丘陵、保存完好的林木植被和幽静怡人的乡野田园，以此可作为科考探险生态旅游的基底背景，契合开展科考探险生态旅游活动，在提高旅游资源利用率的同时，也达到了在保护区内开展生态教育、生态学科普的目的。

9.4.2　生态旅游资源的可持续发展措施

根据国家2009年10月1日起施行的《中华人民共和国规划环境影响评价条

例》的规定和阿姆山自然保护区旅游业可持续发展的需求，阿姆山自然保护区未来旅游发展要认真做好生态旅游管理规划，加强旅游生态环境保护，促进优质的自然景观资源和多样的人文景观资源的合理开发和利用，确保实现生物多样性保护和当地可持续发展，促进旅游的可持续发展和生态环境更加和谐。因此，保护区管理部门作为资源的管理者和守护者，必须按照相关法律法规对区内开展的生态旅游活动进行严格管理，加强保护，适度利用，维护生态、生物和文化资源的多样性，避免以破坏生态环境、自然和人文旅游资源为代价的旅游开发，建立生态环境与旅游开发良性循环的可持续发展系统，实现生态旅游资源的可持续开发利用。

9.4.2.1 保护优先，合理开发

在保护区内开展生态旅游，必须严格遵守《中华人民共和国自然保护区管理条例》的规定，将生态旅游活动范围严格控制在自然保护区的实验区内。制定保护区旅游管理条例，控制旅游点的设置规模，规定审批单位及其权限，明确管理单位及其职责。

9.4.2.2 加强监管，严格控制保护区内基础设施建设

对于在实验区内已开展的旅游活动，保护区管护局要充分发挥管理者的作用，加强监督管理。对进入保护区的旅游人数进行严格控制，在旅游区内安排专人巡护，对破坏旅游资源者要按规章制度进行处罚。要加强保护区内及其周边区域的护林防火和生态环境保护工作。必须严格控制保护区内的基础设施和旅游接待设施建设规模，其建设应尽可能不破坏生物资源，并应与周围环境相协调，不得已造成影响的要及时进行恢复。

9.4.2.3 提高环保意识、实现社区参与

认真贯彻执行有关环境质量标准、污染排放标准等环境标准的规定。对旅游区内的"三废"要按国家的有关规定进行处理，安置配套的环境保护设施，确保区内有一个良好的生态环境。把环保工作列为保护区旅游目标管理的重要内容之一，强化环境质量责任制，监测保护区特别是旅游区内的生态环境质量，以便及时改进保护措施。

环境保护是一项系统工程，为了创造舒适优美的旅游环境，要提高公众参与度，不断强化宣传教育，提高环保意识。需要管理部门、政府部门、当地居民和旅游者的全体参与，通过法制教育、观念教育和生态教育，使当地社区居民乃至入境游客能够自觉爱护旅游区自然资源和人文资源，提高旅游区环境保护意识。

9.4.2.4 完善旅游区标牌建设，规范游客线路

在保护区内各旅游景点竖立标牌，宣传引导，规范游客的旅游线路，对游人进行不超越线路旅游的导向教育；建立旅游警示标志，如不吸烟标志、严禁

烟火标志、不准攀折树枝和花木标志等，达到让游人自觉维护旅游秩序和环境的目的。

9.4.2.5 保护和传承少数民族优秀文化

红河县居住着哈尼、彝、傣、汉、瑶等五个世居民族，少数民族人口占96.31%，哈尼族人口占总人口的79.71%，各民族只有通过不断认识和把握自身优劣之处，提高民族自觉意识，才能使旅游资源更具民族性、世界性和特色性。要注重把文明的、淳朴的、自然的民族文化等进行合理地保存、包装、宣传，并保证其文化的合理内核和民族特色，实现生态旅游的目的。

9.4.2.6 大力发展生态旅游

保护区应以丰富的森林资源为依托，加强资源保护，发展生态旅游，加快"绿色经济"发展。不断更新乡村生态旅游发展和管理理念，对生态旅游区林农、业主开展专门培训，使其能充分利用资源优势做大做强生态旅游，实现可持续发展。丰富生态旅游产品供给，完善徒步、骑行、户外探险等专项生态旅游的服务设施。

参考文献

红河哈尼梯田遗产主题公园旅游总体规划.华成名旅旅游管理咨询有限公司.

红河县年鉴(2015年).2016，红河县地方志编纂委员会.

红河县水利志.2012.水务局水利志编纂委员会.

红河县旅游局2011年—2015年旅游产业发展规划.2010.红河县旅游局.

红河县"十二五"生态建设及环境保护发展规划.2010.红河县环境保护局.

保护区有效管理与可持续发展*

  阿姆山自然保护区已编制了总体规划，划分了核心区、缓冲区与实验区，实行分区管理，建立了"管护局—管护站—管护点"三级管理体系，制定了一系列管理制度。近年来，红河县加大了保护区基础设施投入力度，基础设施得到一定程度的改善，管理能力不断提高。保护区管理部门还就保护区存在的主要威胁，制定了新的管理制度，提出新的管理策略和管理措施。为有效保护阿姆山自然保护区的自然资源，探索、总结保护区有效管理与可持续发展策略，显得非常必要和紧迫。

10.1 保护区类型、主要保护对象和保护目标

10.1.1 保护区类型

  阿姆山自然保护区重点保护由古热带植物区向东亚植物区过渡的原始森林生态系统，同时保护各种珍稀濒危物种、生物类群和整个汇水区的水资源及其环境。阿姆山原始森林是长期历史演变形成的，属于热性阔叶林向暖性阔叶林过渡的暖热性阔叶林。除了作为暖热性阔叶林研究对象具有重要的科研价值外，还具有涵养水源、保持水土、改良土壤、改善小气候，促进民族聚居地区经济持续发展和社会安定等重要的生态服务功能、经济价值和社会效益。

  按保护性质划分，阿姆山属于以保护自然地理综合体及其森林生态系统为主的南亚热带山地森林生态系统保护区，以有效保护珍稀濒危和特有动植物类群的南亚热带山地常绿阔叶林及野生动植物为主要目标。

10.1.2 主要保护对象

  ①保护由季风常绿阔叶林、中山湿性常绿阔叶林、山地苔藓常绿阔叶林、

---

* 本章编写人员：国家林业局昆明勘察设计院黎国强、张国学、孙鸿雁、杨文杰、王梦君、陈飞；红河阿姆山自然保护区管护局张红良、高正林。

山顶苔藓矮林、山顶灌丛等植被类型构成的南亚热带山地森林生态系统及其生物类群多样性。

②保护以伯乐树、中华桫椤、苏铁蕨、水青树、十齿花等为代表的，和以蜂猴、印支灰叶猴、白鹇等为代表的珍稀、濒危野生动植物类群及其栖息繁衍地。

10.1.3 保护目标

以科学发展观为指导，遵循"全面保护自然环境，积极开展科学研究，大力发展生物资源，为国家和人民造福"的自然保护区建设方针，坚持以自然环境和自然资源保护为中心，针对阿姆山自然保护区特点，将其保护目标确定为：确保以伯乐树、中华桫椤、苏铁蕨、水青树、十齿花等为代表的，和以蜂猴、印支灰叶猴、白鹇等为代表的珍稀、濒危野生动植物类群及其栖息地的安全、稳定。运用科学方法、技术和手段，在全面保护的前提下，积极开展科研监测、宣传教育、社区共管、生态旅游等活动，大力发展生物资源，增强水源涵养功能，把有效保护原始生态系统和合理利用自然资源有机地结合起来，为维护生态平衡，保障社会、经济、资源的可持续发展，加快周边地区的经济发展发挥重要作用；努力提高科学保护及规范管理的水平和能力，探索自然资源可持续利用的有效途径，增强自养能力，促进周边社区的经济发展，使保护与社区建设相互促进、协调发展。

10.2 建制沿革与法律地位

10.2.1 建制沿革

10.2.1.1 阿姆山水源林管护区的成立

20世纪50年代到70年代的"大跃进"和"文化大革命"运动，使阿姆山的森林遭受到了较大的破坏，大面积的森林植被被砍伐，形成了荒草坡，但由于阿姆山在红河县的经济建设、清洁水源提供、生态平衡维护方面具有不可替代的作用，为改变这种状况，1981年红河县人民政府以红政发（1981）243号文批准设立阿姆山水源林管护区。在县财政十分困难的情况下，每年拨出1.5万元的专项管护经费，建立了2个水源林管理站——摸垤水源林管理站和清水河水源林管理站；设立了摸垤和天生桥2个林区派出所，建立了1个瞭望台。配备了专职护林人员，使阿姆山有了管理机构和人员。

10.2.1.2 阿姆山自然保护区管理所的成立

鉴于阿姆山自然保护区在红河县的经济建设和生态平衡维护方面所具有的不可取代的作用，其现有的县级水源林管护区级别远不能保护好这一片自然生

态环境。1994 年，红河县委、县政府为提高阿姆山的保护级别，委托了红河哈尼族彝族自治州环境科学学会等多个单位对保护区开展了综合科学考察。

经综合考察后，红河县委、县政府报请省政府将阿姆山水源林管护区列为省级自然保护区。1995 年 4 月，云南省人民政府正式批复阿姆山为省级自然保护区（云政复〔1995〕31 号）。同时设立了阿姆山自然保护区管理所，下设 3 个林区管理站。

10.2.1.3 阿姆山自然保护区管理局的成立

2007 年 7 月，红河县林业局上报《关于成立阿姆山自然保护区管理局的请示》，红河县机构编制委员会下发了《关于县林业局阿姆山自然保护区管理站更名及有关事项的批复》（红机编〔2007〕18 号），同意将阿姆山自然保护区管理站更名为阿姆山自然保护区管理局（属副科级局），为县林业局下属财政全额拨款的二级局事业单位。

2016 年，云南省林业厅进行保护区管理机构改革，将云南红河阿姆山自然保护区管理局更名为云南红河阿姆山自然保护区管护局，并提升为副处级。

阿姆山自然保护区现有在编在职职工 22 人，其中本科学历 3 人，大专学历 4 人，中专学历 5 人，高中学历 2 人，初中学历 3 人，小学学历 5 人。在 22 个干部职工中，专业人才只有 8 人，年龄在 55 岁以上的有 6 人。大部分职工是外单位分流来的非专业、半文盲、老弱病残。共有非在编的护林员 30 人，人均管护面积近 527hm^2，且大部分区域交通不便，遇到雨季，道路塌方和交通瘫痪频繁发生，工作环境非常辛苦，日常管护工作十分困难。

10.2.2 法律地位

1995 年 4 月，根据《云南省人民政府关于将红河县阿姆山列为省级自然保护区的批复》（云政复〔1995〕31 号），正式批复阿姆山为省级自然保护区。2007 年 7 月，红河县机构编制委员会下发了《关于县林业局阿姆山自然保护区管理站更名及有关事项的批复》（红机编〔2007〕18 号），明确了阿姆山自然保护区的人员编制及机构性质。以上文件确定了阿姆山自然保护区的法律地位。

10.3 功能分区管理

保护区总面积 17211.9hm^2，按核心区、缓冲区、实验区划分为 3 个功能区。核心区面积 6028.2hm^2，占保护区总面积的 35.0%；缓冲区面积 4325.1hm^2，占保护区总面积的 25.1%；实验区面积 6858.6hm^2，占保护区总面积的 39.9%。

保护区国有土地 10938.1hm^2，占 63.5%；集体土地 6273.8hm^2，占

36.5%。

10.3.1 核心区

10.3.1.1 面积与比例

核心区面积 6028.2hm^2，占保护区总面积的 35.0%。核心区是保护区自然生态系统保存最为完整、主要保护对象集中分布的区域，该区域人为干扰较少。核心区为严格保护区域，实行封闭式的严格保护，除经过批准的科学研究、生态监测等活动外，严禁任何单位和个人进入。主要任务是保护其生态系统质量不受人为干扰，在自然状态下进行更新、演替和繁衍，保持其物种多样性，成为所在地区的一个遗传基因库。

10.3.1.2 管理目标

（1）最大限度地保护珍稀、濒危物种的自然栖息地和保持完整的森林生态系统。

（2）进行严格保护，没有人为干扰，自然生态系统任其自然演变。

（3）提供观察自然生态系统、生物多样性演变规律的考察场所。

10.3.1.3 管理措施

（1）禁止乱砍滥伐、乱捕滥猎、乱采滥挖、毁林开荒。

（2）禁止没有经过保护区主管部门批准的人为活动。

（3）禁止建设任何生产设施。

10.3.2 缓冲区

10.3.2.1 面积与权属

缓冲区是核心区与实验区或核心区与保护区外界之间的过渡地带，对核心区起保护和缓冲作用，有效减少外界对核心区的干扰。缓冲区也是严格保护区域，可以适当开展非破坏性的科学研究，严禁开展生产经营活动。阿姆山自然保护区缓冲区面积 4325.1hm^2，占保护区总面积的 25.1%。

10.3.2.2 管理目标

（1）通过对这一区域的控制和管理，减少对核心区的压力，有效保护核心区。

（2）促进自然植被得以恢复；通过改善栖息地条件，促进珍稀濒、危野生动植物的生长繁衍。

（3）满足教学实习和科学研究的需要。

10.3.2.3 管理措施

（1）封山育林，恢复植被。

（2）禁止建设任何生产设施。

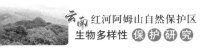

（3）禁止开展生产经营活动。

（4）可以建立定位观测站。

10.3.3 实验区

10.3.3.1 面积与权属

位于缓冲区外围，是保护区人为活动相对频繁的地区，为一般保护区域，可以在国家法律、法规允许的范围内，适度集中建设和安排生产、生活和管理项目与设施，从事科研教学、参观考察、宣传教育以及自然资源可持续利用等活动。实验区面积6858.6hm²，占保护区总面积的39.9%。

10.3.3.2 管理目标

（1）探索自然保护区可持续发展的途径，提供可持续利用基地。

（2）提供环境宣传教育和科研场所。

（3）提供理想的生态旅游区域。

（4）促进保护区保护管理水平的提高。

10.3.3.3 管理措施

（1）实施宣教培训工程，发展科普型生态旅游业，绿化和美化环境。

（2）开展恢复、扩大珍稀动植物种群数量的科学研究。

（3）制定社区经济发展的扶持计划，选择适合当地经济发展的项目，引进相关技术，促进社区经济发展；引导社区农业由粗放经营转为集约经营和管理。

（4）建设必要的公益性设施，使地方和保护区共同受益。

（5）添置必要的保护、科研、宣教及交通设备，满足保护、科研、宣教及旅游的需要。

10.4 有效管理与可持续发展对策

10.4.1 加强保护区能力建设

10.4.1.1 完善基础设施建设

针对自然保护区周边经济社会发展的新形势，建好管护站点，改善各管护站点的生活和办公条件，完善基础设施建设，购置精良、高效的专业设备仪器，提高保护区管理与生物多样性监测能力。对保护力量、管理资源进行有效配置，提升协调运作能力，集中人力物力，采取多种措施，加强资源保护。

10.4.1.2 建立稳定的管理队伍

制定措施，鼓励具有创新精神的、热爱自然保护事业的人才加入到保护区管理工作之中，从制度、经费、政策等措施方面，保证保护区建立起稳定的管理团队，使保护区得到有效保护的人才保障。

10.4.1.3　提升科研监测水平

充实科研队伍，加强科学研究，提升科研水平。应逐步开展珍稀、濒危野生动植物保护的基础研究、应用研究、可持续利用研究，把伯乐树、中华桫椤、水青树和蜂猴、印支灰叶猴、白鹇等作为科研的主攻方向，结合森林资源清查、全国野生植物监测，建立自然保护区野生动植物监测站，布设监测样地，积极开展生物多样性监测工作，为自然保护区科学管理提供科学依据，提升自然保护区的科研监测水平。

今后应重视以下几个方面的工作。

（1）开展保护区鱼类、昆虫以及苔藓植物、大型真菌的调查研究。

（2）开展珍稀濒危以及具有高经济价值的资源动植物种类、种群、更新、繁殖、生长现状、分布范围、栖息地生态环境特点及动态变化研究，为制定管理措施和资源可持续利用提供可行的数据支持。

（3）研究如何构建保护区与社区之间和谐的共管关系，争取各级政府部门社区发展项目，推进社区共管工作。

（4）重点开展伯乐树、中华桫椤、水青树和蜂猴、印支灰叶猴、白鹇等珍稀濒危物种的种群监测工作。

（5）采取"走出去、请进来"的方式，提高保护区管理人员、科技人员的科研水平，欢迎任何有正式手续的科研人员和科研机构进入保护区开展相关研究，并留下研究资料，包括提供给保护区管理部门后续的研究结果。

10.4.1.4　扩大宣传教育引导

自然保护区应积极宣传引导，组织号召全社会参与到自然保护区建设中，形成全社会保护和建设自然保护区的良好局面。把自然保护区建设计划纳入省级财政部门预算，纳入当地国民经济社会发展计划，使自然保护区的保护目标与地方社会经济发展目标相一致，与当地党政领导和业务部门取得共识，与各个利益群体相互协调，共同开展管理机制研究，制定环境和野生动植物资源保护、社区发展措施。吸引社会各阶层力量主动参与到自然保护区建设和管理工作中来，将自然保护区建设成为生态效益良好、资源丰富、社会效益明显的和谐自然保护区。

10.4.2　切实推进社区整体发展，促进社区参与式管理

保护区的使命除了让区内生态系统中的生物多样性得到有效保护之外，转变当地人利用资源的传统方式，让当地人从保护区的建设与发展中受益并尽快脱贫致富，使社区具有获得感，与保护区共同发展，自觉参与到保护区的发展与自然资源的有效管理和可持续利用实践中来，也是保护区最具说服力的目标与使命。

保护区要改变单纯的资源保护理念，把森林资源保护和发展社区经济、文化有机结合起来，转变工作方法，建设服务型自然保护区，发挥自然保护区学科专业技术人员的优势，依托保护站点与当地群众建立起良好的合作关系，主动为"三农"工作服务，妥善化解各类社区矛盾，建设人与自然和谐相处的自然保护区，积极推进以资源监管和社区共管为主要内容的保护理念。

管理制度的创新常常可以让当地相关利益群体改变对保护地的态度；如果制度因循守旧，采取"绝对保护"的方式，或者保护区管理者没有让当地人从保护中受益，最终保护区将失去生机与活力，得不到当地人的支持，破坏也就在所难免。

要能让社区自觉参与到保护区的管理工作中来，必须切实推进社区全面发展。阿姆山自然保护区可以采取以下措施，推进当地社区的发展，让当地社区参与到保护区的管理工作中来。

10.4.2.1 加强农村能源建设

解决好保护区周边社区的3F问题——food（食物），fodder（饲料），fuel（薪材燃料）——能极大地降低社区对保护区资源的依赖程度。据调查，阿姆山周边社区现在对保护区生物多样性最具破坏力的便是当地人对薪材的需求。

全县要以保护区周边社区为重点，抓好节柴改灶工作，推广液化气、商品炉、电器炊具的使用，推广太阳能发电、太阳能热水器的使用，采取各级政府、保护区管理部门、社区农户各承担一定比例的建设资金，做好以电代柴、以气代柴工作，给予社区适当补贴。在保护区周边社区（离保护区边界3～5km范围内的村社）推广这些新能源措施，将会大量减少社区对保护区森林资源的低效使用，保持生态系统的自然演替。

10.4.2.2 资助社区公益性基础设施建设

保护区所在乡政府、村委会、村民小组要用好各级政府的扶贫及其他各种资金，多渠道筹集资金；保护区管理部门也应力所能及地筹集资金，资助当地社区的公益性基础设施建设，并将这些资助写进共管协议之中，让社区有义务参与保护区的管理。

10.4.2.3 为当地社区建立混农林生态系统

保护区周边山体破碎，切割深，耕地坡度大。哈尼族先民智慧地将热带山地开垦成梯田种植，并注意保护山腰村寨边和村寨以上直至山顶的森林，有效地防止了水土流失和山体滑坡，使热带山地稻作农业生态系统成为世界上热带山地三大农业生态系统之一（热带山地轮歇农业与热带山地定耕旱作农业），但一些地方由于水源缺乏，不能改造成为梯田，如果种植单一的农作物，将会导致严重的水土流失，土壤肥力降低；而且坡度大的地方，土地生产力低，广种薄收，农民收入低。如何提高坡度大、肥力下降、水土流失严重的耕地生产力，稳定农户收入，是极为重要的生态治理与农业发展必须要解决的重要问题。建立热带山地混农林生态系统是合理的选择——既耕作又避免水土流失，在坡地上种植适宜的乔木、大灌木经济树种、薪材树种，如阿姆山自然保护区周边普遍存在的棕榈 *Trachycarpus fortunei* 林下间种各种农作物的混农林模式以及元阳县观音山省级自然保护区周边尼泊尔桤木林下间种草果的混农林模式，都是值得推广的举措。

混农林系统比起单一种植模式农业生态系统，保水固土能力提高，土壤肥力不易流失，病虫害发生概率减少，危害程度降低，肥料、农药用量节省；不同物种可以充分利用生态位和营养空间，提高单位面积的生物产量；收获物多样化，降低了单一种植给农户可能产生的风险。

近年一些地方采用沿坡地等高线相隔一定距离种植不同宽度的植物篱(plant hedge)，逐渐地实现坡改梯，防止水土流失，提高作物产量，增加农户收入，已经取得了非常好的经验，可以在阿姆山自然保护区周边甚至整个红河县推广这种模式。

10.4.2.4　引种高经济价值的林下植物

在建立的混农林生态系统中可以引种适应当地自然生态条件的高经济价值的药材或经济物种，提高单位面积土地收入。

10.4.2.5　重视民族传统文化，充分发挥传统文化保护生物多样性的作用

保护区周边的哈尼族、瑶族、彝族，都拥有丰富的民族生态文化，并应用这种传统生态文化管理着社区的生物多样性、生态系统，特别是村村都有"龙树林"，并得到自觉的保护。

保护区管理部门应重视传统文化在保护生物多样性方面的积极作用，用实际行动促进、帮助当地社区管理好他们的传统信仰保护地。基于民族传统文化信仰，构建自然保护与管理的有效模式，能够综合协调社区经济和自然保护之间、民族文化多样性和生物多样性之间的关系，促进以社区为基础的自然保护。

10.4.2.6　适度利用可再生资源

从各种保护地的管理实践看，目前还没有非常令人满意的社区共管机制。但有的经验已足可以借鉴，如云南白马雪山国家级自然保护区管护局与当地社区就松茸的采集制定了一套很好的保证松茸资源可持续采收的可行制度，使得当地人每年的松茸采收量与收入相对稳定，得到了当地人的支持。保护地管理机构可以利用保护区内生长快、周期短、经济价值高的资源，如可食用的菌类，以及生长快、周期短的竹类资源等，与当地社区共同商议、共同制定可持续利用这些资源的策略，用这些资源唤起当地社区居民积极投入到保护中来，也使当地社区从保护地的建设与发展中受益。这种管理方式才是管理制度的创新，不是冷冰冰的上对下的管理。想当然的"绝对保护"不但剥夺了当地人的传统资

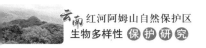

源利用权利，而且使当地社区对保护区采取不友好的资源利用方式。基于社区的保护模式，让社区参与共管，构建和谐的社区关系，资源有效保护才有可能实现。

阿姆山自然保护区的实验区拥有大量的食用菌和竹类植物资源。部分区域的阔叶林下有成片集中分布的宁南方竹林、箭竹林。由于竹类特殊的生态生物学特性，人工干预这类植物种群的年龄结构、秆龄结构和密度结构，会产生理想的经济收入与生态效益。如果根本不使用这些竹类资源，采用"绝对保护"的方式，则大量的竹类资源腐坏于保护区内，对竹林生物多样性的影响也是负面的，成片的竹林纯林减少了其他生物特别是植物生存的空间，火险等级高，甚至有可能成片开花死亡。适当利用这些生长快、周期短、资源丰富的植物资源，可以提高当地社区的经济收入；通过制度设计，让当地人参与到保护区的管理中来。因此，探索这类植物资源的有效保护与可持续利用，显得十分重要。

10.4.3 多渠道解决保护区的资金来源

10.4.3.1 保护经费应纳入政府公共年度财政预算

我国政府每年预算中有巨大的生态环境治理支出，如"天然林资源保护工程"、"退耕还林"、"治沙"、"治水"、"生态恢复"、"生态补偿"等，如何把省级自然保护区建设纳入政府预算是一个亟待解决的问题。

10.4.3.2 多渠道开辟资金来源

从国内外的成功经验看，保护区的投入不能仅仅只依靠政府，还应开辟多元化的融资渠道，其中在公共资金筹款(public funding)方面更应加大力度。

首先是把保护区管理和发展资金纳入政府预算，其次是多渠道开辟公共资金来源，如公共资金的其他方面(企业、税收、银行、社会公益资金等)。建立阿姆山自然保护区保护基金十分必要。从居民消费的水费、电费中抽出一定比例的资金，专门用于保护区资源保护管理、植被修复、社区生计支持等项目，使保护区资金有固定而多渠道的来源。

另外，公共资金之外的个人融资，对中国保护区建设似乎是十分渺茫，然而用历史的眼光看，中国历史上的自然保护全靠私人捐助和文化力量。要从公共资金之外的私人资金融资用于自然保护，一靠政策引导(包括相应减免税收政策和其他激励政策)；二靠教育宣传，建立社会捐赠融资的保障机制和管理机构。

10.4.3.3 落实国家已执行的生态补偿机制

除公共资金争取之外，还应加快对保护区的生态服务价值进行评估及建立融资体系的工作。在此基础上提出合理的自然保护资金公共补偿办法(可参照淡水供应办法收取一定费用)。

目前，国家对国家级公益林的补偿仅为每亩每年 15 元，标准仍然太低，且补偿资金来源渠道单一，没有真实体现"谁受益谁补偿、谁破坏谁恢复、谁污染谁治理"的原则，不利于预防生态破坏。

生态环境保护与建设的根本出路在于消除这一地区生态环境恶化的社会成因。通过生态补偿，从根本上转变人对资源的过度依赖和掠夺性生产生活方式，最终把生态环境保护与建设建立在可持续发展的轨道上。尽快启动实施生态保护与综合治理项目，加快推进生态修复工程；大力扶持新兴产业开发和生态经济发展，妥善处理好生态保护与地方经济发展和农民增收的关系，解决生态服务功能区人的生存和发展问题，才可能对自然保护区实行有效保护，确保区域生态安全。

10.4.3.4　合理规划、有序开发

科学合理的开发利用自然保护区实验区资源，既满足周边社区居民生产生活的需要，也满足自然保护区自身发展的需要。坚持保护优先，进而科学、合理地进行资源的有序开发利用，于实验区内开展一定的科学种植、养殖等多种经营活动，开展非木材林产品可持续采集试验，为社区生计发展提供解决方案。

自然保护区要抓紧研究生态旅游规划，保障旅游开发的科学、合理和有序。要合理利用保护区的资源开展生态旅游、环境教育，在不影响物种和生态系统保护的前提下开展资源可持续利用研究试验；同时在周边社区共建特色经济发展项目，如种植、养殖、天然林产品加工等生态友好型产业，减少社区对保护区的压力。

要严格禁止破坏性开发自然资源的行为，严格保证保护对象的栖息环境不受干扰，同时加强执法和宣传工作。提高游客的环保意识，让人们积极地参与到资源保护工作中来。

10.4.4　重视和加强保护区实验区的管理

实验区对于核心区和缓冲区起到了良好的缓冲作用，是核心区与缓冲区的天然屏障，同时给保护区及外来科研机构开展定位监测研究、生物资源可持续利用、植被修复、社区共管试验留下了空间。如果管理、保护策略适当，实验区中的试验地可以为当地社区提供可持续利用生物资源的技术推广地。实验区处于公众接触保护区的最前沿，是保护区向公众展示、宣传保护区生物资源、保护特色、生态地位、保护价值的窗口，可以为公众提供生物资源发展技术，是公众认识保护区的起点。

实验区可成功展示保护区生动活泼、丰富多彩的管理模式与智慧。实验区能显示保护区管理策略是否有效，可识别到保护区管理的最优行动，成功的实验区管理可以显示保护区管理部门对不适当管理策略的改进行为与努力结果。

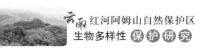

失败的实验区管理意味着保护区的缓冲区与核心区又将被不友好的生态环境包围，最终将逐渐失去其特色，实验区也将变成没有保护价值的区域。

因此，必须加强对实验区的管理。

10.5 管理措施

10.5.1 确标定界

为明确保护区界线，提醒外来人员注意事项，实现有效管理，对保护区界址点、界址线位置要现场落实，并定标确定，记录说明。以上工作为了得到当地社区的同意与认可，应在社区参与下完成。然后根据保护区周边道路、社区、地形、人为干扰情况，规划设立标桩及标牌，设立指示性、限制性、解说性标桩标牌。

（1）区碑：介绍保护区的范围面积、主要保护对象及保护价值，具有宣传性、标志性的标示牌，设立于保护区边或进入保护区的主要路口。

（2）界桩（界碑）：埋设在保护区边界线上，目的是确定保护区周边界线，告知群众进入保护区要遵守的保护条例，普及保护知识。在自然地形比较明显的地方，如陡岩、河流、小溪，不设立保护区界桩（界碑），主要埋设于保护区与外界连通的路口等。可按每隔1000m设置一个，人为活动频繁的地段可多增加。

（3）指示性、限制性标桩、标牌设置：设置在与保护区交界的道口上，以提示规定、规则，提醒人们注意，控制人为活动。

（4）解说性标牌、标桩：解说性标牌、标桩起到宣传和介绍保护区情况的作用。通过标牌设置以警示人们对生态环境的注意，增强生态保护意识。

10.5.2 确定重点区域，加强巡护力度

根据保护区主要管护对象的分布格局，保护区各片区人员活动情况，确定保护管理的重点区域，合理配置管理人员与巡护力量，加强对这些区域的重点巡护。加强并规范巡护管理工作，完善巡护管理要求和巡护准则，尽力使日常巡护工作程序化、规范化。

10.5.3 建立分片管理责任制

在确定保护管理的重点区域后，逐级落实分片管护责任制，实现保护区资源的网格化管理，并保证每个网格都有指定的负责人，管理局与片区网格负责人签订责任书，片区负责人与管理、巡护人员签订责任书，把保护区分片管理细化到每个基层站的职工和护林员。切实执行阿姆山管理局制定的《林区管理站

巡山线路管理制度》《林区管理站"三重"考勤制度》以及《林区管理站护林员分片负责制》。一旦所承担的保护片区出现问题，要根据具体案情，追究片区负责人的责任，并做出相应的管理措施与管理力量调整。

10.5.4 重视社区宣传教育工作，依法打击破坏保护区资源的行为

保护区管理部门要充分调动社区群众在资源保护与管理上的积极性和参与性，通过与社区村委会、村小组合作，利用广播、电视、发宣传材料等多种形式，深入宣传阿姆山自然保护区的重要性和保护的必要性，并印刷保护区主要保护的动植物图片、保护区严禁事项材料，发送和粘贴到各乡（镇）、村、居民点，以获得周边社区的支持。

保护区应认真贯彻落实"打防并举"的管护措施，重点抓好林火防控工作、乱砍滥伐和乱捕滥猎整治工作，积极配合协助森林公安依法打击破坏野生动植物资源的违法犯罪活动。

10.5.5 成立社区共管小组，保护好社区森林

社区共管是寻求保护区最大影响力量支持的最好措施。无论从历史事实，还是从现实状况看，当地社区居民都是影响、保护、改变当地生态系统的重要力量，包括正面的保护力量与负面的破坏力量，文化传统、制度设计、资源的权属、农村发展策略决定着当地人对待周围生态系统和自然资源的态度，进而产生正面与负面的行为结果。

没有当地公众参与决策、参与管理，或者当地公众没有从保护区的建设与发展中得到较大益处的管理实践，最终结果只可能是与周边社区冲突不断、矛盾升级、生态破坏、资源消失，现实当中如此案例不胜枚举。

自然保护区管理部门应广泛宣传动员，积极组织协调当地政府和社区公众，使其主动参与到自然保护区建设发展中。积极开展农村科技宣传工作，积极开展社区共管，帮助社区建立起集体林、寨神林共管小组，制定共管协议，选出代表村民执行管理的人员，保护和管理好村社的集体林、寨神林，让其成为保护区外围巨大的生态屏障，减少社区对保护区的资源依赖性。在此基础上，将共管小组的工作延伸到保护区的资源管理中来。

参考文献

陈琳，廖鸿志. 云南可持续发展. 昆明：云南大学出版社，1997，73 - 77.
席承藩，刘东来，等. 中国自然区划概要. 北京：科学出版社，1984，50 - 75.

阿姆山自然保护区维管束植物名录

编写说明

1. 阿姆山维管束植物名录共记录阿姆山地区维管束植物 190 科 638 属 1243 种（包括 18 亚种及 54 变种）。其中，蕨类植物 32 科 61 属 102 种（包括 1 变种）；裸子植物 5 科 8 属 9 种（包括 1 变种）；被子植物 153 科 569 属 1132 种（包括 18 亚种及 52 变种）。

2. 本名录是在对笔者于阿姆山地区所采的 1300 余号植物标本进行系统鉴定以及查询 CVH 数字标本信息库中所有本区域范围内的种子植物标本的基础上，并参考了《Flora of China》《中国植物志》《云南植物志》《滇东南红河地区种子植物》等文献资料编撰而成的（所有资料截止日期为 2013 年 1 月 30 日）。

3. 本名录按科、属、种的顺序进行排列。蕨类植物按秦仁昌（1978）的系统排列；裸子植物按郑万钧先生《中国植物志》第七卷（1978）的系统排列；被子植物按 Hutchinson《The Families of Flowing Plants》（1926，1934）的系统排列。属、种的概念依《Flora of China》、科的概念按类别分别依上述三个系统。科内按植物属名的拉丁顺序、属内按种加词的拉丁字母顺序进行排列。

4. 本名录中，凡是馆藏历史标本以及笔者所采的标本，都列出了采集人及采集号，因篇幅关系，此处只列一个号头；没有采集号的标本都注明了出处。

5. 名录中每种植物包括：中文名、拉丁学名、采集号（或出处）、采集地点、采集海拔及分布区类型（编号依表 3-9 及表 3-10）。

6. 采集号中：G = 高正林；H = 和霞；W = 王恒颖；Y = 尹志坚；Z = 张国学；Yin Z. J. et al. = 尹志坚等。

蕨类植物门 PTERIDOPHYTA

F2. 石杉科 Huperziaceae

蛇足石杉 *Huperzia serrata*（Thunb. ex Murray）Trevisan
1994 年《红河阿姆山自然保护区综合考察报告》（内部资料）。

椭圆马尾杉 *Phlegmariurus henryi*（Baker）Ching
1994 年科考报告记载。

F3. 石松科 Lycopodiaceae

扁枝石松 *Diphasiastrum complanatum*（L.）Holub
YZHG0191；甲寅乡阿撒上寨至宝华乡打依村路口，2100m。

藤石松 *Lycopodiastrum casuarinoides*（Spring）Holub ex Dixit
YZHG0259；甲寅乡阿撒上寨至宝华乡打依村路口，2100m。

石松 *Lycopodium japonicum* Thunb
1994 年科考报告记载。

F4. 卷柏科 Selaginellaceae

深绿卷柏 *Selaginella doederleinii* Hieron.
1994 年科考报告记载。

异穗卷柏 *Selaginella heterostachys* Bak.
YZHG0010；宝华乡打依村路口至天生桥管护站，2050m。

F6. 木贼科 Equisetaceae

披散问荆 *Equisetum diffusum* D. Don
YZHG0041；宝华乡打依村路口至天生桥管护站，2050m。

F13. 紫萁科 Osmundaceae

紫萁 *Osmunda japonica* Thunb.
照片凭证 IMG_ 3801；洛恩乡普咪村至宝华乡俄垤村规垤海，2000m。

F14. 瘤足蕨科 Plagiogyriaceae

镰叶瘤足蕨 *Plagiogyria distinctissima* Ching
1994 年科考报告记载。

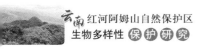

F15. 里白科 Gleicheniaceae

芒萁 *Dicranopteris pedata*（Houtt.）Nakaike
照片凭证 IMG_ 3273；宝华乡打依村路口至天生桥管护站，2050m。

大里白 *Diplopterygium giganteum*（Wall. ex Hook. et Bauer）Nakai
照片凭证 IMG_ 3263；宝华乡打依村路口至天生桥管护站，2050m。

里白 *Diplopterygium glaucum*（Thunb. ex Houtt.）Nakai
照片凭证 IMG_ 3409；甲寅乡阿撒上寨至宝华乡打依村路口，2150m。

F18. 膜蕨科 Hymenophyllaceae

波纹蔏蕨 *Mecodium crispatum*（Wall.）Cop.
1994 年科考报告记载。

F20. 桫椤科 Cyatheaceae

中华桫椤 *Alsophila costularia* Bak.
照片凭证 IMG_ 3433；甲寅乡阿撒上寨至宝华乡打依村路口，2150m。

F21. 稀子蕨科 Monachosoraceae

稀子蕨 *Monachosorum henryi* Christ
1994 年科考报告记载。

F22. 碗蕨科 Dennstaedtiaceae

碗蕨 *Dennstaedtia scabra*（Wall. ex Hook.）Moore
YZHG0143；甲寅乡阿撒上寨至宝华乡打依村路口，2100m。

西南鳞盖蕨 *Microlepia khasiyana*（Hook.）Presl
1994 年科考报告记载。

F23. 鳞始蕨科 Lindsaeaceae

鳞始蕨 *Lindsaea odorata*（Roxb.）Lehtonen et Christenhusz
Yin Z. J. *et al.* 1107；架车乡牛威村，2000m。

乌蕨 *Odontosoria chinensis*（Linn.）J. Smith
Yin Z. J. *et al.* 0763；天生桥管护站至俄垤公路边，2070m。

F26. 蕨科 Pteridiaceae

密毛蕨 *Pteridium revolutum*（Bl.）Nakai
照片凭证 IMG_ 4362；么垤茶场至瞭望塔，2100m。

F27. 凤尾蕨科 Pteridaceae

紫轴凤尾蕨 *Pteris aspericaulis* Wall. ex Hieron.
1994 年科考报告记载。

狭眼凤尾蕨 *Pteris biaurita* Linn.
1994 年科考报告记载。

溪边凤尾蕨 *Pteris excelsa* Gaud.
1994 年科考报告记载。

粗糙凤尾蕨 *Pteris laeta* Wall. ex Ettingsh.
照片凭证 IMG_ 3800；洛恩乡普咪村至宝华乡俄垤村规垤海，2000m。

欧叶凤尾蕨 *Pteris cretica* Linn.
1994 年科考报告记载。

半边旗 *Pteris semipinnata* Linn.
1994 年科考报告记载。

F30. 中国蕨科 Sinopteridaceae

粉背蕨 *Aleuritopteris pseudofarinosa* Ching et S. K. Wu
照片凭证 IMG_ 4764；乐育乡窝伙垤村，1850m。

栗柄金粉蕨 *Obychium lucidum*（D. Don）Spreng
1994 年科考报告记载。

F33. 裸子蕨科 Hemionitidaceae

普通凤了蕨 *Coniogramme intermedia* Hieron.
Yin Z. J. *et al.* 1205；红星水库后山，2050m。

F35. 书带蕨科 Vittariaceae

唇边书带蕨 *Vittaria elongata* Sw.
YZHG0207；甲寅乡阿撒上寨至宝华乡打依村路口，2100m。

书带蕨 *Vittaria flexuosa* Fee
Yin Z. J. *et al.* 0976；此孔上寨至阿姆山山顶，2100m。

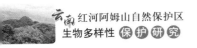

F36. 蹄盖蕨科 Athyriaceae

毛柄短肠蕨 *Allantodia dilatata*（Bl.）Ching
1994 年科考报告记载。

篦齿短肠蕨 *Allantodia hirsutipes*（Bedd.）Ching
YZHG0173；甲寅乡阿撒上寨至宝华乡打依村路口，2100m。

假镰羽短肠蕨 *Allantodia petri*（Tard.–Blot）Ching
1994 年科考报告记载。

中越蹄盖蕨 *Athyrium christensenii* Tard.–Blot
1994 年科考报告记载。

红苞蹄盖蕨 *Athyrium nakanoi* Makino
1994 年科考报告记载。

林下蹄盖蕨 *Athyrium silvicola* Tagawa
1994 年科考报告记载。

软刺蹄盖蕨 *Athyrium strigillosum*（Moore ex Lowe）Moore ex Salom
1994 年科考报告记载。

F38. 金星蕨科 Thelypteridaceae

干旱毛蕨 *Cyclosorus aridus*（D. Don）Tagawa
1994 年科考报告记载。

红色新月蕨 *Pronephrium lakhimpurense*（Rosenst.）Holtt.
1994 年科考报告记载。

云贵紫柄蕨 *Pseudophegopteris yunkweiensis*（Ching）Ching
1994 年科考报告记载。

F39. 铁角蕨科 Aspleniaceae

剑叶铁角蕨 *Asplenium ensiforme* Wall. ex Hook. et Grev.
Yin Z. J. *et al.* 0933；阿姆山管护站后山至红星水库，1900m。

246

撕裂铁角蕨 *Asplenium laciniatum* D. Don
YZHG0456；车古乡阿期村，2200m。

倒挂铁角蕨 *Asplenium normale* D. Don
1994 年科考报告记载。

长叶铁角蕨 *Asplenium prolongatum* Hook.
1994 年科考报告记载。

胎生铁角蕨 *Asplenium yoshinagae* Makino
1994 年科考报告记载。

印度铁角蕨 *Asplenium yoshinagae* Makino var. *indicum* Ching et S. K. Wu
Yin Z. J. *et al.* 1028；此孔上寨至阿姆山山顶，2200m。

巢蕨 *Neottopteris nidus* （L.） J. Sm.
1994 年科考报告记载。

F42. 乌毛蕨科 Blechnaceae

苏铁蕨 *Brainea insignis* （Hook.） J. Sm.
1994 年科考报告记载。

滇南狗脊蕨 *Woodwardia magnifica* Ching et P. S. Chiu
YZHG0029；宝华乡打依村路口至天生桥管护站，2050m。

单芽狗脊蕨 *Woodwardia unigemmata* （Makino） Nakai
1994 年科考报告记载。

F44. 球盖蕨科 Peranemaceae

红腺蕨 *Diacalpe aspidioides* Blum
YZHG0512；么垤茶场至瞭望塔，2000m。

滇红腺蕨 *Diacalpe christensenae* Ching
YZHG0141；甲寅乡阿撒上寨至宝华乡打依村路口，2100m。

F45. 鳞毛蕨科 Dryopteridaceae

弯轴假复叶耳蕨 *Acrorumohra diffracta* （Bak.） H. Ito

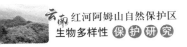

Yin Z. J. *et al.* 1027；此孔上寨至阿姆山山顶，2200m。

西南复叶耳蕨 *Arachnides assamica*（Kuhn）Ohwi
1994 年科考报告记载。

暗鳞鳞毛蕨 *Dryopteris atrata*（Kunze）Ching
1994 年科考报告记载。

红褐鳞毛蕨 *Dryopteris rubrobrunnea* W. M. Chu
1994 年科考报告记载。

无盖鳞毛蕨 *Dryopteris scottii*（Bedd.）Ching ex C. Chr.
1994 年科考报告记载。

狭鳞鳞毛蕨 *Dryopteris stenolepis*（Bak.）C. Chr.
YZHG0442；阿姆山管护站至架车乡公路边，1900m。

半育鳞毛蕨 *Dryopteris sublacera* Christ
YZHG0518；么堆茶场至瞭望塔，2000m。

四回毛枝蕨 *Leptorumohra quadripinnata*（Hayata）H. Ito
1994 年科考报告记载。

肉刺蕨 *Nothoperanema squamisetum*（Hook.）Ching
1994 年科考报告记载。

滇耳蕨 *Polystichum chingae* Ching
1994 年科考报告记载。

疏羽耳蕨 *Polystichum disjunctum* Ching ex W. M. Chu et Z. R. He
1994 年科考报告记载。

F46. 叉蕨科 Aspidiaceae

大齿叉蕨 *Tectaria coadunata*（Wall. ex Hook. et Grev.）C. Chr.
1994 年科考报告记载。

F49. 舌蕨科 Elaphoglossaceae

舌蕨 *Elaphoglossum conforme*（Sw.）Schott ex J. Sm.
1994 年科考报告记载。

F52. 骨碎补科 Davalliaceae

细裂小膜盖蕨 *Araiostegia faberiana*（C. Chr.）Ching
YZHG0279；甲寅乡阿撒上寨至洛恩乡哈龙村后山，2100m。

鳞轴小膜盖蕨 *Araiostegia perdurans*（Christ）Copel.
1994 年科考报告记载。

半圆盖阴石蕨 *Humata platylepis*（Bak.）Ching
1994 年科考报告记载。

F53. 雨蕨科 Gymnogrammitidaceae

雨蕨 *Gymnogrammitis dareiformis*（Hook.）Ching ex Tard. -Blot et C. Chr.
1994 年科考报告记载。

F56. 水龙骨科 Polypodiaceae

节肢蕨 *Arthromeris lehmanni*（Mett.）Ching
1994 年科考报告记载。

康定节肢蕨 *Arthromeris tatsienensis*（Franch. et Bureau.）Ching
YZHG0211；甲寅乡阿撒上寨至宝华乡打依村路口，2100m。

滇线蕨 *Colysis pentaaphylla*（Bak.）Ching
1994 年科考报告记载。

灰鳞隐子蕨 *Crypsinus albopes*（C. Chr. et Ching）Tagawa
1994 年科考报告记载。

黑鳞隐子蕨 *Crypsinus ebenipes*（Hook.）Copel.
Yin Z. J. *et al.* 0843；宝华乡期埪龙普村，1800m。

大果隐子蕨 *Crypsinus griffithianus*（Hook.）Copel.
Yin Z. J. *et al.* 0988；此孔上寨至阿姆山山顶，2100m。

尖裂隐子蕨 *Crypsinus oxylobus*（Wall. ex Kunze）Sledge
Yin Z. J. *et al.* 1113；架车乡牛威村，2000m。

喙叶隐子蕨 *Crypsinus rhynchophyllus*（Hook.）Copel.
Yin Z. J. *et al.* 1064；阿姆山山顶至瞭望塔，2000m。

肉质伏石蕨 *Lemmaphyllum carnosum*（J. Sm. ex Hook.）Presl
YZHG0215；甲寅乡阿撒上寨至宝华乡打依村路口，2100m。

伏石蕨 *Lemmaphyllum microphyllum* Presl
1994 年科考报告记载。

二色瓦韦 *Lepisorus bicolor*（Takeda）Ching
Yin Z. J. *et al.* 0859；梭罗村塔马山，2000m。

瑶山瓦韦 *Lepisorus kuchenensis*（Y. C. Wu）Ching
YZHG0454；车古乡阿期村，2200m。

带叶瓦韦 *Lepisorus loriformis*（Wall. ex Mett.）Ching
Yin Z. J. *et al.* 1183；腊哈村栗北大梁子沟谷，1700m。

大瓦韦 *Lepisorus macrosphaerus*（Bak.）Ching
YZHG0148；甲寅乡阿撒上寨至宝华乡打依村路口，2100m。

棕鳞瓦韦 *Lepisorus scolopendrum*（Ham. ex D. Don）Menhra et Bir
YZHG0238；甲寅乡阿撒上寨至宝华乡打依村路口，2100m。

滇瓦韦 *Lepisorus sublinearis*（Bak. ex Takeda）Ching
YZHG0142；甲寅乡阿撒上寨至宝华乡打依村路口，2100m。

瓦韦 *Lepisorus thunbergianus*（Kaulf.）Ching
YZHG0264；甲寅乡阿撒上寨至宝华乡打依村路口，2100m。

金平篦齿蕨 *Metapolypodium kingpingense* Ching et W. M. Chu
Yin Z. J. *et al.* 1029；此孔上寨至阿姆山山顶，2200m。

篦齿蕨 *Metapolypodium manmeiense*（Christ）Ching
照片凭证 DSC_ 0266；腊哈村栗北大梁子沟谷，1700m。

膜叶星蕨 *Microsorium membranaceum*（D. Don）Ching
YZHG0355；甲寅乡阿撒上寨至洛恩乡哈龙村后山，2100m。

表面星蕨 *Microsorium superficiale*（Bl.）Ching
1994 年科考报告记载。

盾蕨 *Neolepisorus ovatus*（Bedd.）Ching
1994 年科考报告记载。

似薄唇蕨 *Paraleptochilus decurrens*（Blume）Copel.
1994 年科考报告记载。

友水龙骨 *Polypodiodes amoena*（Wall. ex Mett.）Ching
1994 年科考报告记载。

贴生瓦韦 *Pyrrosia adnascens*（Sw.）Ching
YZHG0282；甲寅乡阿撒上寨至洛恩乡哈龙村后山，2100m。

石韦 *Pyrrosia lingua*（Thunb.）Farwell
YZHG0217；甲寅乡阿撒上寨至宝华乡打依村路口，2100m。

斑点毛鳞蕨 *Tricholepidium maculosum*（Christ）Ching
1994 年科考报告记载。

F57. 槲蕨科 Drynariaceae

石莲姜槲蕨 *Drynaria propinqua*（Wall. ex Mett.）J. Sm. ex Bedd.
1994 年科考报告记载。

F60. 剑蕨科 Loxogrammaceae

中华剑蕨 *Loxogramme chinensis* Ching
Yin Z. J. *et al.* 1011；此孔上寨至阿姆山山顶，2200m。

F61. 蘋科 Marsileaceae

蘋 *Marsilea quadrifolia* Linn.

251

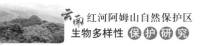

照片凭证 DSC00324。

F63. 满江红科 Azollaceae

满江红 *Azolla imbricata*（Roxb.）Nakai
照片凭证 DSC00328。

种子植物门 SPERMATOPHYTA

裸子植物亚门 GYMNOSPERMAE

G4. 松科 Pinaceae

云南油杉 *Keteleeria evelyniana* Masters
YZHG0478；车古乡阿期村，2200m。
分布区类型：7－4。

华山松 *Pinus armandii* Franchet
《滇东南红河地区种子植物》记载。
分布区类型：15－2－c。

云南松 *Pinus yunnanensis* Franchet
《滇东南红河地区种子植物》记载。
分布区类型：15－2－a。

G5. 杉科 Taxodiaceae

柳杉 *Cryptomeria japonica*（Thunberg ex Linn. f.）D. Don var. *sinensis* Miquel
1994 年科考报告记载。
分布区类型：16。

杉木 *Cunninghamia lanceolata*（Lambert）Hooker
《滇东南红河地区种子植物》记载。
分布区类型：15－2－c。

G6. 柏科 Cupressaceae

翠柏 *Calocedrus macrolepis* Kurz
《滇东南红河地区种子植物》记载。
分布区类型：7－4。

侧柏 *Platycladus orientalis*（Linn.）Franco
《滇东南红河地区种子植物》记载。
分布区类型：16。

G8. 三尖杉科 Cephalotaxaceae

三尖杉 *Cephalotaxus fortunei* Hooker
YZHG0608；甲寅乡阿撒村，1800m。
分布区类型：15 – 2 – c。

G11. 买麻藤科 Gnetaceae

垂子买麻藤 *Gnetum pendulum* C. Y. Cheng
《滇东南红河地区种子植物》记载。
分布区类型：15 – 2 – a。

被子植物亚门 ANGIOSPERMAE

1. 木兰科 Magnoliaceae

山玉兰 *Magnolia delavayi* Franchet.
Yin Z. J. *et al.* 1204；虾里村，2000m。
分布区类型：15 – 2 – a。

滇桂木莲 *Manglietia forrestii* W. W. Smith ex Dandy
YZHG0225；甲寅乡阿撒上寨至宝华乡打依村路口，2100m。
分布区类型：15 – 2 – a。

红河木莲 *Manglietia hongheensis* Y. M. Shui et W. H. Chen
《滇东南红河地区种子植物》记载。
分布区类型：15 – 1 – d。

中缅木莲 *Manglietia hookeri* Cubitt et W. W. Smith
YZHG0218；甲寅乡阿撒上寨至宝华乡打依村路口，2100m。
分布区类型：15 – 1 – d。

红花木莲 *Manglietia insignis*（Wall.）Bl.
Yin Z. J. *et al.* 0710；天生桥管护站至俄垤公路边，2070m。
分布区类型：7 – 3。

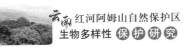

南亚含笑 *Michelia doltsopa* Buchanan-Hamilton ex Candolle

《滇东南红河地区种子植物》记载。

分布区类型：14 – SH。

多花含笑 *Michelia floribunda* Finet et Gagnepain

Yin Z. J. *et al.* 0894；阿姆山管护站后山至红星水库，1900m。

分布区类型：7 – 4。

金叶含笑 *Michelia foveolata* Merrill ex Dandy

《滇东南红河地区种子植物》记载。

分布区类型：15 – 2 – b。

绒毛含笑 *Michelia velutina* Candolle

《滇东南红河地区种子植物》记载。

分布区类型：14 – SH。

云南含笑 *Michelia yunnanensis* Franch. ex Finet et Gagnep.

Yin Z. J. *et al.* 1012；此孔上寨至阿姆山山顶，2450m。

分布区类型：15 – 2 – a。

2a. 八角茴香科 Illiciaceae

野八角 *Illicium simonsii* Maximowicz

《滇东南红河地区种子植物》记载。

分布区类型：14 – SH。

3. 五味子科 Schisandraceae

黑老虎 *Kadsura coccinea*（Lemaire）A. C. Smith

照片凭证 DSC_ 0141；此孔上寨至阿姆山山顶，2200m。

分布区类型：7 – 4。

翼梗五味子 *Schisandra henryi* C. B. Clarke

Yin Z. J. *et al.* 1094；架车乡牛威村，2000m。

分布区类型：15 – 2 – c。

小花五味子 *Schisandra micrantha* A. C. Smith

YZHG0194；甲寅乡阿撒上寨至宝华乡打依村路口，2100m。

分布区类型：14 – SH。

6b. 水青树科 Tetracentraceae

水青树 *Tetracentron sinense* Oliver

《滇东南红河地区种子植物》记载。

分布区类型：14 – SH。

8. 番荔枝科 Annonaceae

多苞瓜馥木 *Fissistigma bracteolatum* Chatterjee

《滇东南红河地区种子植物》记载。

分布区类型：15 – 1 – d。

11. 樟科 Lauraceae

毛尖树 *Actinodaphne forrestii*（C. K. Allen）Kostermans

YZHG0607；甲寅乡阿撒村，1800m。

分布区类型：15 – 2 – a。

倒卵叶黄肉楠 *Actinodaphne obovata*（Nees）Blume

《滇东南红河地区种子植物》记载。

分布区类型：14 – SH。

马关黄肉楠 *Actinodaphne tsaii* Hu

《滇东南红河地区种子植物》记载。

分布区类型：15 – 1 – c。

粗壮琼楠 *Beilschmiedia robusta* C. K. Allen

《滇东南红河地区种子植物》记载。

分布区类型：15 – 2 – a。

稠琼楠 *Beilschmiedia roxburghiana* Nees

1994 年科考报告记载。

分布区类型：7 – 3。

滇琼楠 *Beilschmiedia yunnanensis* Hu

1994 年科考报告记载。

分布区类型：15 – 2 – b。

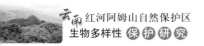

黄樟 *Cinnamomum parthenoxylon*（Jack）Meisner
YZHG0441；阿姆山管护站至架车乡公路边，1900m。
分布区类型：7。

刀把木 *Cinnamomum pittosporoides* Handel – Mazzetti
《滇东南红河地区种子植物》记载。
分布区类型：15 – 2 – a。

岩生厚壳桂 *Cryptocarya calcicola* H. W. Li
《滇东南红河地区种子植物》记载。
分布区类型：15 – 2 – a。

香面叶 *Iteadaphne caudata*（Nees）H. W. Li
YZHG0051；甲寅乡阿撒上寨至宝华乡打依村路口，2100m。
分布区类型：7 – 2。

香叶树 *Lindera communis* Hemsley
YZHG0198；车古乡阿期村，2200m。
分布区类型：7 – 2。

团香果 *Lindera latifolia* J. D. Hooker
《滇东南红河地区种子植物》记载。
分布区类型：7 – 4。

滇粤山胡椒 *Lindera metcalfiana* C. K. Allen
《滇东南红河地区种子植物》记载。
分布区类型：15 – 2 – b。

网叶山胡椒 *Lindera metcalfiana* C. K. Allen var. *dictyophylla*（C. K. Allen）
H. P. Tsui
《滇东南红河地区种子植物》记载。
分布区类型：15 – 2 – b。

绒毛山胡椒 *Lindera nacusua*（D. Don）Merrill
《滇东南红河地区种子植物》记载。
分布区类型：14 – SH。

川钓樟 *Lindera pulcherrima*（Nees）J. D. Hooker var. *hemsleyana*（Diels）H.
P. Tsui
《滇东南红河地区种子植物》记载。
分布区类型：15－2－b。

无梗钓樟 *Lindera tonkinensis* Lecomte var. *subsessilis* H. W. Li
《滇东南红河地区种子植物》记载。
分布区类型：15－2－a。

金平木姜子 *Litsea chinpingensis* Yen C. Yang et P. H. Huang
《滇东南红河地区种子植物》记载。
分布区类型：15－1。

山鸡椒 *Litsea cubeba*（Lour.）Pers.
YZHG0047、0049；宝华乡打依村路口至天生桥管护站，2050m。
分布区类型：7。

近轮叶木姜子 *Litsea elongata*（Nees）J. D. Hooker var. *subverticillata*（Yen
C. Yang）Yen C. Yang et P. H. Huang
《滇东南红河地区种子植物》记载。
分布区类型：15－2－b。

黄丹木姜子 *Litsea elongata*（Nees）J. D. Hooker
《滇东南红河地区种子植物》记载。
分布区类型：14－SH。

华南木姜子 *Litsea greenmaniana* C. K. Allen
《滇东南红河地区种子植物》记载。
分布区类型：15－2－b。

黄椿木姜子 *Litsea variabilis* Hemsley
《滇东南红河地区种子植物》记载。
分布区类型：7－4。

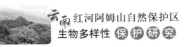

粗壮润楠 *Machilus robusta* W. W. Smith
YZHG0107；宝华乡打依村路口至天生桥管护站，2050m。
分布区类型：15-2-b。

红梗润楠 *Machilus rufipes* H. W. Li
YZHG0378；洛恩乡普咪村至宝华乡俄垤村规垤海，1800m。
分布区类型：15-2-a。

柳叶润楠 *Machilus salicina* Hance
《滇东南红河地区种子植物》记载。
分布区类型：7-4。

瑞丽润楠 *Machilus shweliensis* W. W. Smith
《滇东南红河地区种子植物》记载。
分布区类型：15-1-b。

西畴润楠 *Machilus sichourensis* H. W. Li
《滇东南红河地区种子植物》记载。
分布区类型：15-1-c。

疣枝润楠 *Machilus verruculosa* H. W. Li
YZHG0256；甲寅乡阿撒上寨至宝华乡打依村路口，2100m。
分布区类型：15-1-d。

文山润楠 *Machilus wenshanensis* H. W. Li
《滇东南红河地区种子植物》记载。
分布区类型：15-2-a。

下龙新木姜子 *Neolitsea alongensis* Lecomte
《滇东南红河地区种子植物》记载。
分布区类型：15-2-a。

短梗新木姜子 *Neolitsea brevipes* H. W. Li
YZHG0138；甲寅乡阿撒上寨至宝华乡打依村路口，2100m。
分布区类型：14-SH。

沼楠 *Phoebe angustifolia* Meisner
《滇东南红河地区种子植物》记载。
分布区类型：7 – 2。

长毛楠 *Phoebe forrestii* W. W. Smith
《滇东南红河地区种子植物》记载。
分布区类型：15 – 2 – a。

粉叶楠 *Phoebe glaucophylla* H. W. Li
YZHG0057；宝华乡打依村路口至天生桥管护站，2050m。
分布区类型：15 – 1 – e。

13. 莲叶桐科 Hernandiaceae

红花青藤 *Illigera rhodantha* Hance
Yin Z. J. *et al.* 1130；腊哈村栗北大梁子沟谷，1700m。
分布区类型：7 – 4。

15. 毛茛科 Ranunculaceae

草玉梅 *Anemone rivularis* Buchanan – Hamilton ex de Candolle
《滇东南红河地区种子植物》记载。
分布区类型：7 – 1。

小木通 *Clematis armandii* Franchet
Yin Z. J. *et al.* 0950；阿姆山管护站后山至红星水库，1900m。
分布区类型：15 – 2 – c。

毛木通 *Clematis buchananiana* de Candolle
Yin Z. J. *et al.* 0816；宝华乡期垤龙普村，1800m。
分布区类型：14 – SH。

西南毛茛 *Ranunculus ficariifolius* H. Leveille et Vaniot
《滇东南红河地区种子植物》记载。
分布区类型：14 – SH。

钩柱毛茛 *Ranunculus silerifolius* H. Leveille
YZHG0061；宝华乡打依村路口至天生桥管护站，2050m。
分布区类型：14。

偏翅唐松草 *Thalictrum delavayi* Franchet

照片凭证 DSC0492。

分布区类型：15 - 2 - a。

19. 小檗科 Berberidaceae

川八角莲 *Dysosma delavayi*（Franchet）Hu

《滇东南红河地区种子植物》记载。

分布区类型：15 - 2 - a。

21. 木通科 Lardizabalaceae

白木通 *Akebia trifoliata*（Thunberg）Koidzumi subsp. *australis*（Diels）
T. Shimizu

YZHG0481；车古乡阿期村，2200m。

分布区类型：15 - 2 - c。

猫儿屎 *Decaisnea insignis*（Griffith）J. D. Hooker et Thomson

照片凭证 IMG_ 4051；甲寅乡阿撒村，1800m。

分布区类型：14 - SH。

23. 防己科 Menispermaceae

球果藤 *Aspidocarya uvifera* J. D. Hooker et Thomson

Yin Z. J. et al. B0684；腊哈村北大梁子沟谷，1500m。

分布区类型：7 - 2。

木防己 *Cocculus orbiculatus*（Linn.）Candolle

照片凭证 IMG_ 3157；宝华乡打依村路口至天生桥管护站，2050m。

分布区类型：7。

雅丽千金藤 *Stephania elegans* J. D. Hooker et Thomson

Yin Z. J. *et al.* 0845；宝华乡期埕龙普村，1800m。

分布区类型：14 - SH。

28. 胡椒科 Piperaceae

豆瓣绿 *Peperomia tetraphylla*（G. Forster）Hooker et Arnott

照片凭证 IMG_ 4546；瞭望塔至红星水库，2000m。

分布区类型：2。

粗梗胡椒 *Piper macropodum* C. de Candolle
《滇东南红河地区种子植物》记载。
分布区类型：15 – 1 – a – 3。

角果胡椒 *Piper pedicellatum* C. de Candolle
Yin Z. J. *et al.* 0858；哈龙岔路口后山，2050m。
分布区类型：7 – 2。

假蒟 *Piper sarmentosum* Roxburgh
《滇东南红河地区种子植物》记载。
分布区类型：7。

球穗胡椒 *Piper thomsonii* (C. de Candolle) J. D. Hooker
YZHG0302；甲寅乡阿撒上寨至洛恩乡哈龙村后山，2100m。
分布区类型：7 – 2。

景洪胡椒 *Piper wangii* M. G. Gilbert et N. H. Xia
1994 年科考报告记载。
分布区类型：15 – 1 – a – 3。

29. 三白草科 Saururaceae

蕺菜 *Houttuynia cordata* Thunberg
YZHG0234；甲寅乡阿撒上寨至宝华乡打依村路口，2100m。
分布区类型：14。

30. 金粟兰科 Chloranthaceae

鱼子兰 *Chloranthus erectus* (Buchanan-Hamilton) Verdcourt
Yin Z. J. *et al.* 1140；腊哈村栗北大梁子沟谷，1700m。
分布区类型：7 – 1。

33. 紫堇科 Fumariaceae

重三出黄堇 *Corydalis triternatifolia* C. Y. Wu
《滇东南红河地区种子植物》记载。
分布区类型：15 – 1 – b。

紫金龙 *Dactylicapnos scandens* (D. Don) Hutchinson
Yin Z. J. *et al.* 1017；此孔上寨至阿姆山山顶，2200m。
分布区类型：7 – 2。

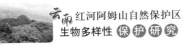

39. 十字花科 Brassicaceae

荠 *Capsella bursa – pastoris*（Linn.）Medikus
照片凭证 IMG_ 4816；乐育乡窝伙垤村，1850m。
分布区类型：16。

露珠碎米荠 *Cardamine circaeoides* J. D. Hooker et Thomson
Yin Z. J. *et al.* 1210；红星水库后山，2050m。
分布区类型：7 - 2。

碎米荠 *Cardamine hirsuta* Linn.
Yin Z. J. *et al.* 0755；天生桥管护站至俄垤公路边，2070m。
分布区类型：4。

云南碎米荠 *Cardamine yunnanensis* Franchet
YZHG0332；甲寅乡阿撒上寨至洛恩乡哈龙村后山，2100m。
分布区类型：14 - SH。

蔊菜 *Rorippa indica*（Linn.）Hiern
YZHG0506；车古乡阿期村，2200m。
分布区类型：7 - 1。

40. 堇菜科 Violaceae

灰叶堇菜 *Viola delavayi* Franchet
YZHG0565；瞭望塔至红星水库，2200m。
分布区类型：15 - 2 - a。

42. 远志科 Polygalaceae

荷包山桂花 *Polygala arillata* Buchanan-Hamilton ex D. Don
《滇东南红河地区种子植物》记载。
分布区类型：7。

黄花倒水莲 *Polygala fallax* Hemsley
YZHG0032；宝华乡打依村路口至天生桥管护站，2050m。
分布区类型：15 - 2 - b。

密花远志 *Polygala karensium* Kurz
YZHG0391；洛恩乡普咪村至宝华乡俄垤村规垤海，1800m。
分布区类型：7 – 3。

岩生远志 *Polygala saxicola* Dunn
Yin Z. J. *et al.* 1079；架车乡牛威村，2000m。
分布区类型：15 – 2 – a。

47. 虎耳草科 Saxifragaceae

溪畔落新妇 *Astilbe rivularis* Buchanan-Hamilton ex D. Don
YZHG0014；宝华乡打依村路口至天生桥管护站，2050m。
分布区类型：7 – 1。

山溪金腰 *Chrysosplenium nepalense* D. Don
《滇东南红河地区种子植物》记载。
分布区类型：14 – SH。

48. 茅膏菜科 Droseraceae

茅膏菜 *Drosera peltata* Smith ex Willdenow
照片凭证 IMG_ 4493；瞭望塔至红星水库，2000m。
分布区类型：5。

52. 沟繁缕科 Elatinaceae

长梗沟繁缕 *Elatine ambigua* Wight
YZHG0365；甲寅乡阿撒上寨至洛恩乡哈龙村后山，2100m。
分布区类型：7 – 1。

53. 石竹科 Caryophyllaceae

荷莲豆草 *Drymaria cordata*（Linn.）Willdenow ex Schultes
YZHG0590；洛恩乡哈龙村，1900m。
分布区类型：16。

鹅肠菜 *Myosoton aquaticum*（Linn.）Moench
YZHG0529；么垤茶场至瞭望塔，2000m。
分布区类型：1。

漆姑草 *Sagina japonica*（Swartz）Ohwi
YZHG0221；甲寅乡阿撒上寨至宝华乡打依村路口，2100m。
分布区类型：14。

箐姑草 *Stellaria vestita* Kurz

YZHG0504；车古乡阿期村，2200m。

分布区类型：7 – 1。

57. 蓼科 Polygonaceae

金荞麦 *Fagopyrum dibotrys*（D. Don）H. Hara

Yin Z. J. *et al.* 1239；阿姆山管护站至雷区，2050m。

分布区类型：14 – SH。

何首乌 *Fallopia multiflora*（Thunberg）Haraldson

《滇东南红河地区种子植物》记载。

分布区类型：14 – SJ。

头花蓼 *Polygonum capitatum* Buchanan-Hamilton ex D. Don

照片凭证 IMG_ 4724；甲寅乡阿撒村，1800m。

分布区类型：7。

火炭母 *Polygonum chinense* Linn.

YZHG0291；甲寅乡阿撒上寨至洛恩乡哈龙村后山，2100m。

分布区类型：7 – 1。

硬毛火炭母 *Polygonum chinense* Linn. var. *hispidum* J. D. Hooker

Yin Z. J. *et al.* 0730；天生桥管护站至俄垤公路边，2070m。

分布区类型：7 – 2。

宽叶火炭母 *Polygonum chinense* Linn. var. *ovalifolium* Meisner

Yin Z. J. *et al.* 0985；此孔上寨至阿姆山山顶，2100m。

分布区类型：7。

窄叶火炭母 *Polygonum chinense* Linn. var. *paradoxum*（H. Leveille）A. J. Li

YZHG0541；么垤茶场至瞭望塔，2000m。

分布区类型：15 – 2 – a。

辣蓼 *Polygonum hydropiper* Linn.

YZHG0622；乐育乡窝伙垤村，1850m。

分布区类型：8 – 4。

马蓼 *Polygonum lapathifolium* Linn.
《滇东南红河地区种子植物》记载。
分布区类型：8 – 4。

长鬃蓼 *Polygonum longisetum* Bruijn
YZHG0208；甲寅乡阿撒上寨至宝华乡打依村路口，2100m。
分布区类型：7。

小头蓼 *Polygonum microcephalum* D. Don
YZHG0469；车古乡阿期村，2200m。
分布区类型：14 – SH。

绢毛神血宁（绢毛蓼） *Polygonum molle* D. Don
Yin Z. J. *et al.* 1043；此孔上寨至阿姆山山顶，2200m。
分布区类型：7 – 1。

倒毛神血宁（倒毛蓼） *Polygonum molle* D. Don var. *rude* (Meisner) A. J. Li
YZHG0085；宝华乡打依村路口至天生桥管护站，2050m。
分布区类型：14 – SH。

小蓼花 *Polygonum muricatum* Meisner
Yin Z. J. *et al.* 1067；阿姆山山顶至瞭望塔，2000m。
分布区类型：14。

尼泊尔蓼 *Polygonum nepalense* Meisner
照片凭证 IMG_ 4761；甲寅乡阿撒村，1800m。
分布区类型：6。

草血竭 *Polygonum paleaceum* Wallich ex J. D. Hooker
YZHG0570；瞭望塔至红星水库，2200m。
分布区类型：7 – 3。

习见蓼 *Polygonum plebeium* R. Brown
YZHG0476；车古乡阿期村，2200m。
分布区类型：4。

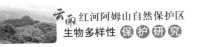
丛枝蓼 *Polygonum posumbu* Buchanan-Hamilton ex D. Don
YZHG0538；么垤茶场至瞭望塔，2000m。
分布区类型：7。

羽叶蓼 *Polygonum runcinatum* Buchanan-Hamilton ex D. Don
照片凭证 IMG_ 4418；么垤茶场至瞭望塔，2100m。
分布区类型：7－1。

平卧蓼 *Polygonum strindbergii* J. Schuster
Yin Z. J. *et al.* 1245；阿姆山管护站至雷区，2100m。
分布区类型：15－2－a。

戟叶蓼 *Polygonum thunbergii* Siebold et Zuccarini
YZHG0037；宝华乡打依村路口至天生桥管护站，2050m。
分布区类型：14－SJ。

尼泊尔酸模 *Rumex nepalensis* Sprengel
《滇东南红河地区种子植物》记载。
分布区类型：7。

59. 商陆科 Phytolaccaceae

商陆 *Phytolacca acinosa* Roxburgh
照片凭证 IMG_ 4256；么垤茶场至瞭望塔，2100m。
分布区类型：14。

61. 藜科 Chenopodiaceae

藜 *Chenopodium album* Linn.
照片凭证 IMG_ 4806；乐育乡窝伙垤村，1850m。
分布区类型：1。

小藜 *Chenopodium ficifolium* Smith
照片凭证 IMG_ 4803；乐育乡窝伙垤村，1850m。
分布区类型：10。

土荆芥 *Dysphania ambrosioides*（Linn.）Mosyakin et Clemants
照片凭证 IMG_ 4786；甲寅乡阿撒村，1800m。
分布区类型：16。

63. 苋科 Amaranthaceae

土牛膝 *Achyranthes aspera* Linn.
照片凭证 IMG_ 4419；么垤茶场至瞭望塔，2100m。
分布区类型：4。

浆果苋 *Deeringia amaranthoides*（Lamarck）Merrill
《滇东南红河地区种子植物》记载。
分布区类型：5。

65. 亚麻科 Linaceae

异腺草 *Anisadenia pubescens* Griffith
YZHG0468；车古乡阿期村，2200m。
分布区类型：14 – SH。

67. 牻牛儿苗科 Geraniaceae

尼泊尔老鹳草 *Geranium nepalense* Sweet
照片凭证 IMG_ 4785；甲寅乡阿撒村，1800m。
分布区类型：7 – 1。

69. 酢浆草科 Oxalidaceae

白花酢浆草 *Oxalis acetosella* Linn.
《滇东南红河地区种子植物》记载。
分布区类型：11。

酢浆草 *Oxalis corniculata* Linn.
YZHG0090；宝华乡打依村路口至天生桥管护站，2050m。
分布区类型：1。

71. 凤仙花科 Balsaminaceae

黄金凤 *Impatiens siculifer* J. D. Hooker
YZHG0363；甲寅乡阿撒上寨至洛恩乡哈龙村后山，2100m。
分布区类型：15 – 2 – b。

72. 千屈菜科 Lythraceae

圆叶节节菜 *Rotala rotundifolia*（Buchanan-Hamilton ex Roxburgh）Koehne
照片凭证 IMG_ 4866；乐育乡窝伙垤村，1850m。
分布区类型：7 – 4。

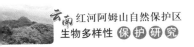

77. 柳叶菜科 Onagraceae

高原露珠草 *Circaea alpina* Linn. subsp. *imaicola*（Ascherson et Magnus）Kitamura

Yin Z. J. *et al.* 1103；架车乡牛威村，2000m。

分布区类型：14 – SH。

南方露珠草 *Circaea mollis* Siebold et Zuccarini

Yin Z. J. *et al.* 1216；红星水库后山，2050m。

分布区类型：11。

腺茎柳叶菜（广布柳叶菜）*Epilobium brevifolium* D. Don subsp. *trichoneurum*

（Haussknecht）P. H. Raven

Yin Z. J. *et al.* 0768；天生桥管护站至俄垤公路边，2070m。

分布区类型：14 – SH。

滇藏柳叶菜（大花柳叶菜）*Epilobium wallichianum* Haussknecht

Yin Z. J. *et al.* 1110；架车乡牛威村，2000m。

分布区类型：14 – SH。

丁香蓼 *Ludwigia prostrata* Roxburgh

Yin Z. J. *et al.* 0846；宝华乡期垤龙普村，1800m。

分布区类型：7。

78. 小二仙草科 Haloragidaceae

小二仙草 *Gonocarpus micranthus* Thunberg

YZHG0422；洛恩乡普咪村至宝华乡俄垤村规垤海，1800m。

分布区类型：5。

81. 瑞香科 Thymelaeaceae

尖瓣瑞香 *Daphne acutiloba* Rehder

《滇东南红河地区种子植物》记载。

分布区类型：15 – 2 – c。

白瑞香 *Daphne papyracea* Wallich ex G. Don

Yin Z. J. *et al.* 1224；阿姆山管护站至雷区，2050m。

分布区类型：14 – SH。

84. 山龙眼科 Proteaceae

小果山龙眼 *Helicia cochinchinensis* Loureiro

Yin Z. J. *et al.* 1122；腊哈村栗北大梁子沟谷，1700m。

分布区类型：7 – 4。

大山龙眼 *Helicia grandis* Hemsley

《滇东南红河地区种子植物》记载。

分布区类型：15 – 1 – d。

深绿山龙眼（母猪果）*Helicia nilagirica* Beddome

YZHG0255；甲寅乡阿撒上寨至宝华乡打依村路口，2100m。

分布区类型：7 – 4。

焰序山龙眼 *Helicia pyrrhobotrya* Kurz

《滇东南红河地区种子植物》记载。

分布区类型：15 – 1 – d。

林地山龙眼 *Helicia silvicola* W. W. Smith

YZHG0201；甲寅乡阿撒上寨至宝华乡打依村路口，2100m。

分布区类型：15 – 1 – d。

87. 马桑科 Coriariaceae

马桑 *Coriaria nepalensis* Wallich

《滇东南红河地区种子植物》记载。

分布区类型：14 – SH。

88. 海桐花科 Pittosporaceae

披针叶聚花海桐 *Pittosporum balansae* Aug. de Candolle var. *chatterjeeanum*
（Gowda）Z. Y. Zhang et Turland

Yin Z. J. *et al.* 0826；宝华乡期垤龙普村，1800m。

分布区类型：15 – 1 – b。

柄果海桐 *Pittosporum podocarpum* Gagnepain

《滇东南红河地区种子植物》记载。

分布区类型：7 – 3。

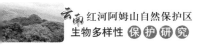

101. 西番莲科 Passifloraceae

镰叶西番莲 *Passiflora wilsonii* Hemsley
YZHG0006；宝华乡打依村路口至天生桥管护站，2050m。
分布区类型：15－2－a。

103. 葫芦科 Cucurbitaceae

金瓜 *Gymnopetalum chinense*（Loureiro）Merrill
《滇东南红河地区种子植物》记载。
分布区类型：7－1。

绞股蓝 *Gynostemma pentaphyllum*（Thunb.）Makino
Yin Z. J. *et al.* 0781；普咪林场，2000m。
分布区类型：7。

圆锥果雪胆 *Hemsleya macrocarpa*（Cogniaux）C. Y. Wu ex C. Jeffrey
YZHG0150；甲寅乡阿撒上寨至宝华乡打依村路口，2100m。
分布区类型：14－SH。

帽儿瓜 *Mukia maderaspatana*（Linn.）M. Roemer
《滇东南红河地区种子植物》记载。
分布区类型：4。

大苞赤瓟 *Thladiantha cordifolia*（Bl.）Cogn.
Yin Z. J. *et al.* 0903；阿姆山管护站后山至红星水库，1900m。
分布区类型：7。

异叶赤瓟 *Thladiantha hookeri* C. B. Clarke
Yin Z. J. *et al.* 0841；宝华乡期垤龙普村，1800m。
分布区类型：14－SH。

钮子瓜 *Zehneria bodinieri*（H. Leveille）W. J. de Wilde et Duyfjes
YZHG0308；甲寅乡阿撒上寨至洛恩乡哈龙村后山，2100m。
分布区类型：7。

104. 秋海棠科 Begoniaceae

黄连山秋海棠 *Begonia coptidimontana* C. Y. Wu
Yin Z. J. *et al.* 1255；阿姆山管护站至雷区，2100m。
分布区类型：15 – 1 – d。

齿苞秋海棠 *Begonia dentatobracteata* C. Y. Wu
《滇东南红河地区种子植物》记载。
分布区类型：15 – 1 – b。

紫背天葵 *Begonia fimbristipula* Hance
1994 年科考报告记载。
分布区类型：15 – 2 – b。

心叶秋海棠(丽江秋海棠) *Begonia labordei* H. Leveille
Yin Z. J. *et al.* 1251；阿姆山管护站至雷区，2100m。
分布区类型：15 – 2 – a。

红孩儿 *Begonia palmata* D. Don var. *bowringiana*
(Champion ex Bentham) Golding et Karegeannes
Yin Z. J. *et al.* 0824；宝华乡期垤龙普村，1800m。
分布区类型：15 – 2 – b。

刚毛秋海棠 *Begonia setifolia* Irmscher
YZHG0191；甲寅乡阿撒上寨至宝华乡打依村路口，2100m。
分布区类型：15 – 1 – d。

108. 山茶科 Theaceae

粗毛杨桐 *Adinandra hirta* Gagnepain
YZHG0087；宝华乡打依村路口至天生桥管护站，2050m。
分布区类型：15 – 2 – b。

大叶杨桐 *Adinandra megaphylla* Hu
《滇东南红河地区种子植物》记载。
分布区类型：15 – 1 – e。

屏边杨桐 *Adinandra pingbianensis* L. K. Ling
YZHG0147；甲寅乡阿撒上寨至宝华乡打依村路口，2100m。
分布区类型：15 – 1 – d。

茶梨 *Anneslea fragrans* Wallich
YZHG0394；洛恩乡普咪村至宝华乡俄垤村规垤海，1800m。
分布区类型：7 – 4。

长尾毛蕊茶 *Camellia caudata* Wall.
Yin Z. J. *et al.* 0871；梭罗村塔马山，2000m。
分布区类型：7 – 3。

云南连蕊茶 *Camellia forrestii*（Diels）Cohen-Stuart
《滇东南红河地区种子植物》记载。
分布区类型：15 – 1 – d。

秃房茶 *Camellia gymnogyna* Hung T. Chang
Yin Z. J. *et al.* 0927；阿姆山管护站后山至红星水库，1900m。
分布区类型：15 – 2 – b。

油茶 *Camellia oleifera* C. Abel
YZHG0390；洛恩乡普咪村至宝华乡俄垤村规垤海，1800m。
分布区类型：7 – 4。

滇山茶 *Camellia reticulata* Lindley
《滇东南红河地区种子植物》记载。
分布区类型：15 – 2 – a。

怒江山茶 *Camellia saluenensis* Stapf ex Bean
《滇东南红河地区种子植物》记载。
分布区类型：15 – 2 – a。

茶 *Camellia sinensis*（L.）Kuntze
《滇东南红河地区种子植物》记载。
分布区类型：14。

五室连蕊茶 *Camellia stuartiana* Sealy
Yin Z. J. *et al.* 1015；此孔上寨至阿姆山山顶，2350m。
分布区类型：15 – 1 – d。

大理茶 *Camellia taliensis*（W. W. Smith）Melchior
YZHG0530；么垤茶场至瞭望塔，2000m。
分布区类型：7 – 3。

猴子木 *Camellia yunnanensis*（Pitard ex Diels）Cohen-Stuart
YZHG0384；洛恩乡普咪村至宝华乡俄垤村规垤海，1800m。
分布区类型：15 – 2 – a。

尖萼毛枴 *Eurya acutisepala* Hu et L. K. Ling
YZHG0245；甲寅乡阿撒上寨至宝华乡打依村路口，2100m。
分布区类型：15 – 2 – b。

岗枴 *Eurya groffii* Merrill
《滇东南红河地区种子植物》记载。
分布区类型：7 – 4。

披针叶毛枴 *Eurya henryi* Hemsl.
Yin Z. J. *et al.* 0736；天生桥管护站至俄垤公路边，2070m。
分布区类型：15 – 1 – d。

偏心叶枴 *Eurya inaequalis* P. S. Hsu
《滇东南红河地区种子植物》记载。
分布区类型：15 – 1 – c。

金叶细枝枴 *Eurya loquaiana* Dunn var. *aureopunctata* Hung T. Chang
《滇东南红河地区种子植物》记载。
分布区类型：15 – 2 – b。

斜基叶枴 *Eurya obliquifolia* Hemsley
照片凭证 DSC0862。
分布区类型：15 – 1 – c。

窄基红褐柃 *Eurya rubiginosa* Hung T. Chang var. *attenuata* Hung T. Chang
《滇东南红河地区种子植物》记载。
分布区类型：15 – 2 – b。

四角柃 *Eurya tetragonoclada* Merrill et Chun
《滇东南红河地区种子植物》记载。
分布区类型：15 – 2 – c。

毛果柃 *Eurya trichocarpa* Korthals
YZHG0188；甲寅乡阿撒上寨至宝华乡打依村路口，2100m。
分布区类型：7 – 1。

文山柃 *Eurya wenshanensis* Hu et L. K. Ling
Yin Z. J. *et al.* 0792；普咪林场，2000m。
分布区类型：15 – 1 – c。

云南柃 *Eurya yunnanensis* P. S. Hsu
YZHG0154；甲寅乡阿撒上寨至宝华乡打依村路口，2100m。
分布区类型：15 – 1 – a – 1。

黄药大头茶 *Polyspora chrysandra*（Cowan）Hu ex B. M. Bartholomew et T. L. Ming
YZHG0578；洛恩乡哈龙村，1900m。
分布区类型：15 – 2 – a。

银木荷 *Schima argentea* E. Pritzel
《滇东南红河地区种子植物》记载。
分布区类型：7 – 4。

红木荷 *Schima wallichii*（Candolle）Korthals
YZHG0257；甲寅乡阿撒上寨至宝华乡打依村路口，2100m。
分布区类型：7 – 4。

云南紫茎 *Stewartia calcicola* T. L. Ming et J. Li
《滇东南红河地区种子植物》记载。
分布区类型：15 – 2 – a。

老挝紫茎 *Stewartia laotica*（Gagnepain）J. Li et T. L. Ming
1994 年科考报告记载。
分布区类型：7 - 4。

翅柄紫茎 *Stewartia pteropetiolata* W. C. Cheng
YZHG0115；宝华乡打依村路口至天生桥管护站，2050m。
分布区类型：15 - 1 - a。

厚皮香 *Ternstroemia gymnanthera*（Wight et Arnott）Beddome
YZHG0610；乐育乡窝伙垤村，1850m。
分布区类型：7 - 4。

思茅厚皮香 *Ternstroemia simaoensis* L. K. Ling
《滇东南红河地区种子植物》记载。
分布区类型：15 - 1 - a - 3。

108b. 肋果茶科 Sladeniaceae

肋果茶 *Sladenia celastrifolia* Kurz
Yin Z. J. *et al.* 1217；红星水库后山，2050m。
分布区类型：7 - 4。

112. 猕猴桃科 Actinidiaceae

蒙自猕猴桃 *Actinidia henryi* Dunn
《滇东南红河地区种子植物》记载。
分布区类型：15 - 2 - b。

红茎猕猴桃 *Actinidia rubricaulis* Dunn
YZHG0339；甲寅乡阿撒上寨至洛恩乡哈龙村后山，2100m。
分布区类型：15 - 2 - b。

113. 水东哥科 Saurauiaceae

朱毛水东哥 *Saurauia miniata* C. F. Liang et Y. S. Wang
YZHG0593；洛恩乡哈龙村，1900m。
分布区类型：15 - 2 - a。

尼泊尔水东哥 *Saurauia napaulensis* Candolle
YZHG0307；甲寅乡阿撒上寨至洛恩乡哈龙村后山，2100m。
分布区类型：7 - 4。

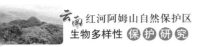

118. 桃金娘科 Myrtaceae

阔叶蒲桃 *Syzygium megacarpum*（Craib）Rathakrishnan et N. C. Nair

《滇东南红河地区种子植物》记载。

分布区类型：7 - 4。

四角蒲桃 *Syzygium tetragonum*（Wight）Walpers

《滇东南红河地区种子植物》记载。

分布区类型：7 - 3。

120. 野牡丹科 Melastomataceae

刺毛异形木 *Allomorphia baviensis* Guillaumin

YZHG0327；甲寅乡阿撒上寨至洛恩乡哈龙村后山，2100m。

分布区类型：7 - 4。

药囊花 *Cyphotheca montana* Diels

YZHG0157；甲寅乡阿撒上寨至宝华乡打依村路口，2100m。

分布区类型：15 - 1 - a - 2。

野牡丹 *Melastoma malabathricum* Linn.

《滇东南红河地区种子植物》记载。

分布区类型：5。

星毛金锦香 *Osbeckia stellata* Buchanan-Hamilton ex Kew Gawler

YZHG0553；瞭望塔至红星水库，2200m。

分布区类型：7 - 4。

尖子木 *Oxyspora paniculata*（D. Don）Candolle

照片凭证 DSC_ 0178；此孔上寨至阿姆山山顶，2200m。

分布区类型：7 - 4。

偏瓣花 *Plagiopetalum esquirolii*（H. Leveille）Rehder

YZHG0097；宝华乡打依村路口至天生桥管护站，2050m。

分布区类型：7 - 4。

肉穗草 *Sarcopyramis bodinieri* H. Leveille et Vaniot

《滇东南红河地区种子植物》记载。

分布区类型：15 - 2 - b。

楮头红 *Sarcopyramis napalensis* Wallich
Yin Z. J. *et al.* 0747；天生桥管护站至俄垤公路边，2070m。
分布区类型：7 – 1。

直立蜂斗草 *Sonerila erecta* Jack
YZHG0270；甲寅乡阿撒上寨至宝华乡打依村路口，2100m。
分布区类型：7 – 1。

八蕊花 *Sporoxeia sciadophila* W. W. Smith
《滇东南红河地区种子植物》记载。
分布区类型：15 – 1。

长穗花 *Styrophyton caudatum*（Diels）S. Y. Hu
《滇东南红河地区种子植物》记载。
分布区类型：15 – 2 – a。

122. 红树科 Rhizophoraceae

锯叶竹节树 *Carallia diplopetala* Handel – Mazzetti
《滇东南红河地区种子植物》记载。
分布区类型：15 – 2 – b。

123. 金丝桃科 Hypericaceae

尖萼金丝桃 *Hypericum acmosepalum* N. Robson
《滇东南红河地区种子植物》记载。
分布区类型：15 – 2 – a。

挺茎遍地金 *Hypericum elodeoides* Choisy
《滇东南红河地区种子植物》记载。
分布区类型：14 – SH。

西南金丝桃 *Hypericum henryi* H. Léveillé et Vaniot
YZHG0216；甲寅乡阿撒上寨至宝华乡打依村路口，2100m。
分布区类型：7 – 1。

地耳草 *Hypericum japonicum* Thunberg
YZHG0102；宝华乡打依村路口至天生桥管护站，2050m。
分布区类型：5。

云南小连翘 *Hypericum petiolulatum* J. D. Hooker et Thomson ex Dyer subsp. *yunnanense*（Franchet）N. Robson

Yin Z. J. *et al.* 1225；阿姆山管护站至雷区，2050m。

分布区类型：15 - 2 - b。

遍地金 *Hypericum wightianum* Wallich ex Wight et Arnott

照片凭证 IMG_ 4335；么垤茶场至瞭望塔，2100m。

分布区类型：7 - 2。

126. 藤黄科 Clusiaceae

木竹子 *Garcinia multiflora* Champion ex Bentham

照片凭证 IMG_ 4620；洛恩乡哈龙村，1950m。

分布区类型：15 - 2 - b。

128. 椴树科 Tiliaceae

毛果扁担杆 *Grewia eriocarpa* Jussieu

《滇东南红河地区种子植物》记载。

分布区类型：7。

单毛刺蒴麻 *Triumfetta annua* Linn.

《滇东南红河地区种子植物》记载。

分布区类型：6。

刺蒴麻 *Triumfetta rhomboidea* Jacquin

Yin Z. J. *et al.* 0834；宝华乡期垤龙普村，1800m。

分布区类型：2。

128a. 杜英科 Elaeocarpaceae

滇藏杜英 *Elaeocarpus braceanus* Watt ex C. B. Clarke

YZHG0417；洛恩乡普咪村至宝华乡俄垤村规垤海，1800m。

分布区类型：7 - 2。

杜英 *Elaeocarpus decipiens* Hemsley

Yin Z. J. *et al.* 0904；阿姆山管护站后山至红星水库，1900m。

分布区类型：14 - SJ。

薯豆 *Elaeocarpus japonicus* Siebold et Zuccarini

《滇东南红河地区种子植物》记载。

分布区类型：14 – SJ。

老挝杜英 *Elaeocarpus laoticus* Gagnepain

《滇东南红河地区种子植物》记载。

分布区类型：15 – 1 – d。

仿栗 *Sloanea hemsleyana*（T. Ito）Rehder et E. H. Wilson

《滇东南红河地区种子植物》记载。

分布区类型：15 – 2 – b。

长叶猴欢喜 *Sloanea sterculiacea*（Bentham）Rehder et E. H. Wilson var. *assamica*（Bentham）Coode

YZHG0452；阿姆山管护站至架车乡公路边，1900m。

分布区类型：14 – SH。

130. 梧桐科 Sterculiaceae

梭罗树 *Reevesia pubescens* Masters

《滇东南红河地区种子植物》记载。

分布区类型：7 – 3。

红脉梭罗 *Reevesia rubronervia* H. H. Hsue

《滇东南红河地区种子植物》记载。

分布区类型：15 – 1 – c。

131. 木棉科 Bombacaceae

木棉 *Bombax ceiba* Linn.

照片凭证 IMG_ 4598；洛恩乡哈龙村，1950m。

分布区类型：7。

132. 锦葵科 Malvaceae

野葵 *Malva verticillata* Linn.

照片凭证 DSC00942。

分布区类型：10 – 3。

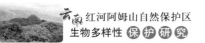

拔毒散 *Sida szechuensis* Matsuda
照片凭证 DSC00533。
分布区类型：15 - 2 - a。

地桃花 *Urena lobata* Linn.
YZHG0228；甲寅乡阿撒上寨至宝华乡打依村路口，2100m。
分布区类型：2。

133. 金虎尾科 Malpighiaceae

多花盾翅藤 *Aspidopterys floribunda* Hutchinson
Yin Z. J. *et al*. 1187；腊哈村栗北大梁子沟谷，1700m。
分布区类型：15 - 1。

135. 古柯科 Erythroxylaceae

东方古柯 *Erythroxylum sinense* Y. C. Wu
《滇东南红河地区种子植物》记载。
分布区类型：7 - 4。

136. 大戟科 Euphorbiaceae

西南五月茶 *Antidesma acidum* Retzius
《滇东南红河地区种子植物》记载。
分布区类型：7 - 1。

钝叶黑面神 *Breynia retusa*（Dennstedt）Alston
照片凭证 IMG_ 3624；宝华乡打依村路口至天生桥管护站，2050m。
分布区类型：7。

小叶黑面神 *Breynia vitis-idaea*（N. L. Burman）C. E. C. Fisch.
YZHG0312；甲寅乡阿撒上寨至洛恩乡哈龙村后山，2100m。
分布区类型：7。

长叶白桐树 *Claoxylon longifolium*（Blume）Endlicher ex Hasskarl
《滇东南红河地区种子植物》记载。
分布区类型：7。

算盘子 *Glochidion puberum*（Linn.）Hutchinson
《滇东南红河地区种子植物》记载。
分布区类型：14 - SJ。

中平树 *Macaranga denticulata*（Blume）Muller Argoviensis
Yin Z. J. *et al.* 1166；腊哈村栗北大梁子沟谷，1700m。
分布区类型：7 – 1。

草鞋木 *Macaranga henryi*（Pax et K. Hoffmann）Rehder
《滇东南红河地区种子植物》记载。
分布区类型：15 – 2 – a。

尾叶血桐 *Macaranga kurzii*（Kuntze）Pax et K. Hoffmann
《滇东南红河地区种子植物》记载。
分布区类型：7 – 4。

泡腺血桐 *Macaranga pustulata* King ex J. D. Hooker
《滇东南红河地区种子植物》记载。
分布区类型：14 – SH。

尼泊尔野桐 *Mallotus nepalensis* Muller Argoviensis
Yin Z. J. *et al.* 1235；阿姆山管护站至雷区，2050m。
分布区类型：14 – SH。

粗糠柴 *Mallotus philippensis*（Lamarck）Muller Argoviensis
《滇东南红河地区种子植物》记载。
分布区类型：5。

云南叶轮木 *Ostodes katharinae* Pax
Yin Z. J. *et al.* 1172；腊哈村栗北大梁子沟谷，1700m。
分布区类型：15 – 2 – a。

落萼叶下珠 *Phyllanthus flexuosus*（Siebold et Zuccarini）Muller Argoviensis
《滇东南红河地区种子植物》记载。
分布区类型：14 – SJ。

青灰叶下珠 *Phyllanthus glaucus* Wallich ex Muller Argoviensis
1994 年科考报告记载。
分布区类型：14 – SH。

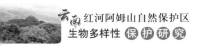

136a. 虎皮楠科 Daphniphyllaceae

喜马拉雅虎皮楠 *Daphniphyllum himalense*（Benth.）Muell. – Arg.
YZHG0359；甲寅乡阿撒上寨至洛恩乡哈龙村后山，2100m。
分布区类型：14 – SH。

长序虎皮楠 *Daphniphyllum longeracemosum* K. Rosenthal
《滇东南红河地区种子植物》记载。
分布区类型：15 – 1 – e。

大叶虎皮楠 *Daphniphyllum majus* Mull. Arg.
YZHG0423；洛恩乡普咪村至宝华乡俄垤村规垤海，1800m。
分布区类型：7 – 3。

142. 绣球花科 Hydrangeaceae

常山 *Dichroa febrifuga* Loureiro
YZHG0042；宝华乡打依村路口至天生桥管护站，2050m。
分布区类型：7 – 4。

冠盖绣球 *Hydrangea anomala* D. Don
《滇东南红河地区种子植物》记载。
分布区类型：14 – SH。

挂苦绣球 *Hydrangea xanthoneura* Diels
《滇东南红河地区种子植物》记载。
分布区类型：15 – 2 – a。

143. 蔷薇科 Rosaceae

龙芽草 *Agrimonia pilosa* var. *pilosa* Ledebour
YZHG0480；车古乡阿期村，2200m。
分布区类型：10。

黄龙尾 *Agrimonia pilosa* Ledebour var. *nepalensis*（D. Don）Nakai
《滇东南红河地区种子植物》记载。
分布区类型：14 – SH。

杏 *Armeniaca vulgaris* Lamarck
YZHG0548；么垤茶场至瞭望塔，2200m。
分布区类型：11。

蒙自樱桃 *Cerasus henryi* （C. K. Schneider） T. T. Yü et C. L. Li
照片凭证 IMG_ 3601；宝华乡打依村路口至天生桥管护站，2050m。
分布区类型：15 – 1。

云南山楂 *Crataegus scabrifolia* （Franchet） Rehder
YZHG0561；瞭望塔至红星水库，2200m。
分布区类型：15 – 2 – a。

云南移柂 *Docynia delavayi* （Franchet） C. K. Schneider
YZHG0227；甲寅乡阿撒上寨至宝华乡打依村路口，2100m。
分布区类型：15 – 2 – a。

蛇莓 *Duchesnea indica* （Andrews） Focke
照片凭证 DSC_ 0381；规普至牛红村，1650m。
分布区类型：7 – 1。

窄叶南亚枇杷 *Eriobotrya bengalensis* （Roxburgh） J. D. Hooker var. *angustifolia* Cardot
《滇东南红河地区种子植物》记载。
分布区类型：15 – 2 – a。

大花枇杷 *Eriobotrya cavaleriei* （H. Leveille） Rehder
YZHG0153；甲寅乡阿撒上寨至宝华乡打依村路口，2100m。
分布区类型：15 – 2 – b。

黄毛草莓 *Fragaria nilgerrensis* Schlechtendal ex J. Gay
YZHG0239；甲寅乡阿撒上寨至宝华乡打依村路口，2100m。
分布区类型：7 – 2。

腺叶桂樱 *Laurocerasus phaeosticta* （Hance） C. K. Schneider
《滇东南红河地区种子植物》记载。
分布区类型：7 – 4。

尖叶桂樱 *Laurocerasus undulata*（Buchanan – Hamilton ex D. Don）M. Roemer
YZHG0470；车古乡阿期村，2200m。
分布区类型：7。

川康绣线梅 *Neillia affinis* Hemsley
《滇东南红河地区种子植物》记载。
分布区类型：15 – 2 – a。

云南绣线梅 *Neillia serratisepala* H. L. Li
《滇东南红河地区种子植物》记载。
分布区类型：15 – 1。

绣线梅 *Neillia thyrsiflora* D. Don
Yin Z. J. *et al.* 0729；天生桥管护站至俄埕公路边，2070m。
分布区类型：7 – 1。

粗梗稠李 *Padus napaulensis*（Seringe）C. K. Schneider
YZHG0437；阿姆山管护站至架车乡公路边，1900m。
分布区类型：14 – SH。

宿鳞稠李 *Padus perulata*（Koehne）T. T. Yu et T. C. Ku
《滇东南红河地区种子植物》记载。
分布区类型：15 – 2 – a。

绢毛稠李 *Padus wilsonii* C. K. Schneider
YZHG0585；洛恩乡哈龙村，1900m。
分布区类型：15 – 2 – c。

柔毛委陵菜 *Potentilla griffithii* J. D. Hooker
《滇东南红河地区种子植物》记载。
分布区类型：14 – SH。

蛇含委陵菜 *Potentilla kleiniana* Wight et Arnott
YZHG0069；宝华乡打依村路口至天生桥管护站，2050m。
分布区类型：14。

西南委陵菜 *Potentilla lineata* Treviranus
照片凭证 DSC_ 0157；此孔上寨至阿姆山山顶，2200m。
分布区类型：14 – SH。

长圆臀果木 *Pygeum oblongum* T. T. Yu et L. T. Lu
1994 年科考报告记载。
分布区类型：15 – 1 – e。

川梨 *Pyrus pashia* Buchanan – Hamilton ex D. Don
照片凭证 IMG_ 3967；宝华乡打依村路口至天生桥管护站，2050m。
分布区类型：14 – SH。

长尖叶蔷薇 *Rosa longicuspis* Bertoloni
照片凭证 DSC_ 0340；规普至牛红村，1650m。
分布区类型：14 – SH。

掌叶覆盆子 *Rubus chingii* H. H. Hu
《滇东南红河地区种子植物》记载。
分布区类型：14 – SJ。

蛇泡筋 *Rubus cochinchinensis* Trattinnick
《滇东南红河地区种子植物》记载。
分布区类型：7 – 4。

小柱悬钩子 *Rubus columellaris* Tutcher
YZHG0022；宝华乡打依村路口至天生桥管护站，2050m。
分布区类型：15 – 2 – b。

山莓 *Rubus corchorifolius* Linn. f.
YZHG0193；甲寅乡阿撒上寨至宝华乡打依村路口，2100m。
分布区类型：14 – SJ。

毛叶高粱泡 *Rubus lambertianus* Seringe var. *paykouangensis*（H. Leveille）
Handel-Mazzetti
Yin Z. J. *et al.* 1254；阿姆山管护站至雷区，2100m。
分布区类型：15 – 2 – b。

多毛悬钩子 *Rubus lasiotrichos* Focke

YZHG0035；宝华乡打依村路口至天生桥管护站，2050m。

分布区类型：7 - 4。

绢毛悬钩子 *Rubus lineatus* Reinwardt

YZHG0113；宝华乡打依村路口至天生桥管护站，2050m。

分布区类型：7 - 1。

光秃绢毛悬钩子 *Rubus lineatus* Reinwardt var. *glabrescens* T. T. Yu et L. T. Lu

《滇东南红河地区种子植物》记载。

分布区类型：15 - 1 - e。

绿春悬钩子 *Rubus luchunensis* T. T. Yu et L. T. Lu

《滇东南红河地区种子植物》记载。

分布区类型：15 - 1 - d。

红泡刺藤 *Rubus niveus* Thunberg

YZHG0050；宝华乡打依村路口至天生桥管护站，2050m。

分布区类型：7 - 1。

圆锥悬钩子 *Rubus paniculatus* Smith

YZHG0164；甲寅乡阿撒上寨至宝华乡打依村路口，2100m。

分布区类型：14 - SH。

掌叶悬钩子 *Rubus pentagonus* Wallich ex Focke

1994 年科考报告记载。

分布区类型：14 - SH。

大乌泡 *Rubus pluribracteatus* L. T. Lu et Boufford

YZHG0031；宝华乡打依村路口至天生桥管护站，2050m。

分布区类型：7 - 4。

五叶悬钩子 *Rubus quinquefoliolatus* T. T. Yu et L. T. Lu

Yin Z. J. *et al.* 1074；阿姆山山顶至瞭望塔，2000m。

分布区类型：15 - 2 - a。

红腺悬钩子 *Rubus sumatranus* Miquel
Yin Z. J. *et al.* 0709；天生桥管护站至俄垤公路边，2070m。
分布区类型：7 – 1。

红毛悬钩子 *Rubus wallichianus* Wight et Arnott
YZHG0078；宝华乡打依村路口至天生桥管护站，2050m。
分布区类型：14 – SH。

疣果花楸 *Sorbus corymbifera* （Miquel） N. T. Kh'ep et G. P. Yakovlev
YZHG0419；洛恩乡普咪村至宝华乡俄垤村规垤海，1800m。
分布区类型：7。

鼠李叶花楸 *Sorbus rhamnoides* （Decaisne） Rehder
YZHG0351；甲寅乡阿撒上寨至洛恩乡哈龙村后山，2100m。
分布区类型：14 – SH。

滇缅花楸 *Sorbus thomsonii* （King ex J. D. Hooker） Rehder
Yin Z. J. *et al.* 1062；阿姆山山顶至瞭望塔，2000m。
分布区类型：14 – SH。

粉花绣线菊 *Spiraea japonica* Linn. f.
YZHG0241；甲寅乡阿撒上寨至宝华乡打依村路口，2100m。
分布区类型：14 – SJ。

红果树 *Stranvaesia davidiana* Decaisne
Yin Z. J. *et al.* 0955；此孔上寨至阿姆山山顶，2000m。
分布区类型：7 – 4。

146. 苏木科 Caesalpiniaceae

滇皂荚 *Gleditsia japonica* Miquel var. *delavayi* （Franchet） L. C. Li
《滇东南红河地区种子植物》记载。
分布区类型：15 – 2 – a。

147. 含羞草科 Mimosaceae

昆明金合欢 *Acacia delavayi* Franchet var. *kunmingensis* C. Chen et H. Sun
Yin Z. J. *et al.* 1139；腊哈村栗北大梁子沟谷，1700m。
分布区类型：15 – 2 – a。

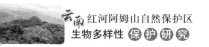

钝叶金合欢 *Acacia megaladena* Desvaux

照片凭证 IMG_ 4088；甲寅乡阿撒村，1800m。

分布区类型：7。

羽叶金合欢 *Acacia pennata* （Linn.）Willdenow

YZHG0484；车古乡阿期村，2200m。

分布区类型：7。

楹树 *Albizia chinensis* （Osbeck）Merrill

照片凭证 IMG_ 4135；么垤茶场至瞭望塔，2100m。

分布区类型：7。

山合欢 *Albizia kalkora* （Roxburgh）Prain

Yin Z. J. *et al.* 0700；天生桥管护站至俄垤公路边，2070m。

分布区类型：7 - 2。

光叶合欢 *Albizia lucidior* （Steudel）I. C. Nielsen ex H. Hara

《滇东南红河地区种子植物》记载。

分布区类型：7。

猴耳环 *Archidendron clypearia* （Jack）I. C. Nielsen

《滇东南红河地区种子植物》记载。

分布区类型：7。

148. 蝶形花科 Papilionaceae

合萌 *Aeschynomene indica* Linn.

Yin Z. J. *et al.* 1155；腊哈村栗北大梁子沟谷，1700m。

分布区类型：2。

锈毛两型豆 *Amphicarpaea ferruginea* Bentham

Yin Z. J. *et al.* 0905；阿姆山管护站后山至红星水库，1900m。

分布区类型：15 - 2 - a。

香花鸡血藤 *Callerya dielsiana* （Harms）P. K. Loc ex Z. Wei et Pedley

1994 年科考报告记载。

分布区类型：15 - 2 - c。

思茅杭子梢 *Campylotropis harmsii* Schindler
《滇东南红河地区种子植物》记载。
分布区类型：15 – 1 – d。

小雀花 *Campylotropis polyantha*（Franchet）Schindler
照片凭证 DSC_ 0170；此孔上寨至阿姆山山顶，2200m。
分布区类型：15 – 2 – a。

槽茎杭子梢 *Campylotropis sulcata* Schindler
1994 年科考报告记载。
分布区类型：15 – 1。

马尿藤 *Campylotropis trigonoclada*（Franchet）Schindler var. *bonatiana*（Pampanini）Iokawa et H. Ohashi
Yin Z. J. *et al.* 0836；宝华乡期垤龙普村，1800m。
分布区类型：15 – 1 – a – 1。

三叶蝶豆 *Clitoria mariana* Linn.
YZHG0357；甲寅乡阿撒上寨至洛恩乡哈龙村后山，2100m。
分布区类型：3。

巴豆藤 *Craspedolobium unijugum*（Gagnepain）Z. Wei et Pedley
YZHG0007；宝华乡打依村路口至天生桥管护站，2050m。
分布区类型：7 – 3。

响铃豆 *Crotalaria albida* Heyne ex Roth
照片凭证 IMG_ 4860；乐育乡窝伙垤村，1850m。
分布区类型：5。

大猪屎豆 *Crotalaria assamica* Bentham
照片凭证 DSC_ 0295；腊哈村栗北大梁子沟谷，1700m。
分布区类型：7 – 4。

假地蓝 *Crotalaria ferruginea* Graham ex Bentham
YZHG0465；车古乡阿期村，2200m。
分布区类型：7。

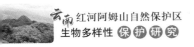

线叶猪屎豆 *Crotalaria linifolia* Linn. f.
照片凭证 DSC01023；红星水库后山，2050m。
分布区类型：7 - 2。

象鼻藤 *Dalbergia mimosoides* Franchet
YZHG0531；么埂茶场至瞭望塔，2000m。
分布区类型：15 - 2 - c。

钝叶黄檀 *Dalbergia obtusifolia*（Baker）Prain
《滇东南红河地区种子植物》记载。
分布区类型：15 - 2 - a。

圆锥山蚂蝗 *Desmodium elegans* Candolle
《滇东南红河地区种子植物》记载。
分布区类型：14 - SH。

疏果山蚂蝗 *Desmodium griffithianum* Bentham
Yin Z. J. *et al.* 0764；天生桥管护站至俄埂公路边，2070m。
分布区类型：7 - 2。

小叶三点金 *Desmodium microphyllum*（Thunberg）Candolle
YZHG0408；洛恩乡普咪村至宝华乡俄埂村规埂海，1800m。
分布区类型：5。

饿蚂蝗 *Desmodium multiflorum* Candolle
YZHG0524；么埂茶场至瞭望塔，2000m。
分布区类型：7 - 3。

长波叶山蚂蝗
Desmodium sequax Wallich
照片凭证 DSC_ 0131；此孔上寨至阿姆山山顶，2200m。
分布区类型：7 - 1。

心叶山黑豆 *Dumasia cordifolia* Bentham ex Baker
Yin Z. J. *et al.* 1109；架车乡牛威村，2000m。
分布区类型：7 - 2。

山黑豆 *Dumasia truncata* Siebold et Zuccarini

Yin Z. J. *et al.* 0783；普咪林场，2000m。

分布区类型：14 – SJ。

柔毛山黑豆 *Dumasia villosa* Candolle

YZHG0125；宝华乡打依村路口至天生桥管护站，2050m。

分布区类型：4。

鹦哥花 *Erythrina arborescens* Roxburgh

照片凭证 DSC_ 0261；腊哈村栗北大梁子沟谷，1700m。

分布区类型：7 – 3。

刺桐 *Erythrina variegata* Linn.

1994 年科考报告记载。

分布区类型：5。

黑叶木蓝 *Indigofera nigrescens* Kurz ex King et Prain

Yin Z. J. *et al.* 1193；腊哈村栗北大梁子沟谷，1700m。

分布区类型：7。

昆明木蓝 *Indigofera pampaniniana* Craib

Yin Z. J. *et al.* 1050；此孔上寨至阿姆山山顶，2200m。

分布区类型：15 – 1 – a – 1。

榄绿红豆 *Ormosia olivacea* L. Chen

YZHG0416；洛恩乡普咪村至宝华乡俄垤村规垤海，1800m。

分布区类型：15 – 2 – a。

云南红豆 *Ormosia yunnanensis* Prain

《滇东南红河地区种子植物》记载。

分布区类型：15 – 1 – a – 3。

紫雀花 *Parochetus communis* Buchanan – Hamilton ex D. Don

照片凭证 DSC_ 0474；规普至牛红村，1650m。

分布区类型：7。

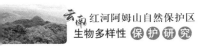

葛 *Pueraria montana*（Loureiro）Merrill

Yin Z. J. *et al.* 0758；天生桥管护站至俄垤公路边，2070m。

分布区类型：5。

苦葛 *Pueraria peduncularis*（Graham ex Bentham）Bentham

《滇东南红河地区种子植物》记载。

分布区类型：14 – SH。

硬毛宿苞豆 *Shuteria ferruginea*（Kurz）Baker

《滇东南红河地区种子植物》记载。

分布区类型：7 – 4。

缘毛合叶豆 *Smithia ciliata* Royle

Yin Z. J. *et al.* 0778；普咪林场，2000m。

分布区类型：7。

显脉密花豆 *Spatholobus parviflorus*（Roxburgh ex Candolle）Kuntze

Yin Z. J. *et al.* 0831；宝华乡期垤龙普村，1800m。

分布区类型：7 – 2。

151. 金缕梅科 Hamamelidaceae

马蹄荷 *Exbucklandia populnea*（R. Brown ex Griffith）R. W. Brown

照片凭证 IMG_ 4643。

分布区类型：7 – 1。

小脉红花荷 *Rhodoleia henryi* Tong

《滇东南红河地区种子植物》记载。

分布区类型：15 – 1 – e。

156. 杨柳科 Salicaceae

大理柳 *Salix daliensis* C. F. Fang et S. D. Zhao

YZHG0212；宝华乡打依村路口至天生桥管护站，2050m。

分布区类型：15 – 2 – c。

四籽柳 *Salix tetrasperma* Roxburgh

YZHG0544；么垤茶场至瞭望塔，2000m。

分布区类型：7。

159. 杨梅科 Myricaceae

毛杨梅 *Myrica esculenta* Buchanan – Hamilton ex D. Don
Yin Z. J. *et al.* 0779；普咪林场，2000m。
分布区类型：7 – 4。

云南杨梅 *Myrica nana* A. Chevalier
《滇东南红河地区种子植物》记载。
分布区类型：15 – 2 – a。

161. 桦木科 Betulaceae

尼泊尔桤木 *Alnus nepalensis* D. Don
照片凭证 DSC00362。
分布区类型：7 – 3。

西南桦 *Betula alnoides* Buchanan – Hamilton ex D. Don
YZHG0192；甲寅乡阿撒上寨至宝华乡打依村路口，2100m。
分布区类型：7 – 4。

华南桦 *Betula austrosinensis* Chun ex P. C. Li
《滇东南红河地区种子植物》记载。
分布区类型：15 – 2 – b。

金平桦 *Betula jinpingensis* P. C. Li
1994 年科考报告记载。
分布区类型：15 – 1 – e。

162. 榛科 Corylaceae

短尾鹅耳枥 *Carpinus londoniana* H. Winkler
1994 年科考报告记载。
分布区类型：7 – 4。

云贵鹅耳枥 *Carpinus pubescens* Burkill
YZHG0026；甲寅乡阿撒上寨至宝华乡打依村路口，2100m。
分布区类型：15 – 2 – c。

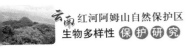

昌化鹅耳枥 *Carpinus tschonoskii* Maximowicz
YZHG0139；甲寅乡阿撒上寨至宝华乡打依村路口，2100m。
分布区类型：14 – SJ。

雷公鹅耳枥 *Carpinus viminea* Lindley
YZHG0001；宝华乡打依村路口至天生桥管护站，2050m。
分布区类型：14 – SH。

163. 壳斗科 Fagaceae

茅栗 *Castanea seguinii* Dode
YZHG0249；甲寅乡阿撒上寨至宝华乡打依村路口，2100m。
分布区类型：15 – 2 – c。

银叶栲 *Castanopsis argyrophylla* King ex J. D. Hooker
YZHG0083；宝华乡打依村路口至天生桥管护站，2050m。
分布区类型：7 – 4。

枹丝锥（杯状栲）*Castanopsis calathiformis*（Skan）Rehder et E. H. Wilson
Yin Z. J. *et al.* 0723；天生桥管护站至俄垤公路边，2070m。
分布区类型：7 – 4。

短刺米槠 *Castanopsis carlesii*（Hemsley）Hayata var. *spinulosa* W. C. Cheng &
C. S. Chao
1994 年科考报告记载。
分布区类型：15 – 2 – b。

高山栲 *Castanopsis delavayi* Franch.
Yin Z. J. *et al.* 1189；腊哈村栗北大梁子沟谷，1700m。
分布区类型：15 – 2 – b。

短刺锥（短刺栲）*Castanopsis echinocarpa* J. D. Hooker et Thomson ex Miquel
YZHG0474；车古乡阿期村，2200m。
分布区类型：7 – 2。

罗浮栲 *Castanopsis fabri* Hance
YZHG0445；阿姆山管护站至架车乡公路边，1900m。
分布区类型：7 – 4。

丝栗栲（栲树）*Castanopsis fargesii* Franchet
《滇东南红河地区种子植物》记载。
分布区类型：15 – 2 – c。

思茅栲 *Castanopsis ferox*（Roxburgh）Spach
《滇东南红河地区种子植物》记载。
分布区类型：7 – 2。

小果锥（小果栲）*Castanopsis fleuryi* Hickel & A. Camus
Yin Z. J. *et al.* 0991；此孔上寨至阿姆山山顶，2100m。
分布区类型：7 – 4。

刺栲 *Castanopsis hystrix* Hook. f. et Thoms. ex A. DC.
Yin Z. J. *et al.* 0884；阿姆山管护站后山至红星水库，1900m。
分布区类型：7 – 4。

红勾栲（鹿角栲）*Castanopsis lamontii* Hance
《滇东南红河地区种子植物》记载。
分布区类型：15 – 2 – b。

毛果栲（元江栲）*Castanopsis orthacantha* Franchet
YZHG0179；甲寅乡阿撒上寨至宝华乡打依村路口，2100m。
分布区类型：15 – 2 – a。

疏齿锥（疏齿栲）*Castanopsis remotidenticulata* Hu
Yin Z. J. *et al.* 0923；阿姆山管护站后山至红星水库，1900m。
分布区类型：15 – 1 – c。

窄叶青冈 *Cyclobalanopsis augustinii*（Skan）Schottky
Yin Z. J. *et al.* 1002；此孔上寨至阿姆山山顶，2450m。
分布区类型：15 – 2 – a。

滇南青冈 *Cyclobalanopsis austroglauca* Y. T. Chang ex Y. C. Hsu et H. W. Jen
Yin Z. J. *et al.* 1120；腊哈村栗北大梁子沟谷，1700m。
分布区类型：15 – 1 – c。

青冈 *Cyclobalanopsis glauca* (Thunb.) Oersted
Yin Z. J. *et al.* 0793；普咪林场，2000m。
分布区类型：14。

滇青冈 *Cyclobalanopsis glaucoides* Schottky
YZHG0499；车古乡阿期村，2200m。
分布区类型：15 – 2 – a。

毛脉青冈 *Cyclobalanopsis tomentosinervis* Y. C. Hsu et H. W. Jen
Yin Z. J. *et al.* 1114；架车乡牛威村，2000m。
分布区类型：15 – 2 – a。

米心水青冈 *Fagus engleriana* Seemen
1994 年科考报告记载。
分布区类型：15 – 2 – c。

水青冈 *Fagus longipetiolata* Seemen
YZHG0089；宝华乡打依村路口至天生桥管护站，2050m。
分布区类型：15 – 2 – c。

猴面柯(猴面石砾) *Lithocarpus balansae* (Drake) A. Camus
YZHG0254；甲寅乡阿撒上寨至宝华乡打依村路口，2100m。
分布区类型：7 – 4。

窄叶柯(窄叶石砾) *Lithocarpus confinis* C. C. Huang ex Y. C. Hsu et H.
W. Jen
YZHG0185；甲寅乡阿撒上寨至宝华乡打依村路口，2100m。
分布区类型：15 – 2 – a。

白穗柯(白穗石栎) *Lithocarpus craibianus* Barnett
《滇东南红河地区种子植物》记载。
分布区类型：15 – 1 – d。

硬叶柯(硬叶石栎) *Lithocarpus crassifolius* A. Camus
Yin Z. J. *et al.* 0993；此孔上寨至阿姆山山顶，2550m。
分布区类型：7 – 4。

白皮柯（滇石砾）*Lithocarpus dealbatus* （ J. D. Hooker et Thomson ex Miquel）Rehder
《滇东南红河地区种子植物》记载。
分布区类型：14 – SH。

壶壳柯（壶斗石栎 *Lithocarpus echinophorus*（Hickel et A. Camus）A. Camus
Yin Z. J. *et al.* 0897；阿姆山管护站后山至红星水库，1900m。
分布区类型：7 – 4。

泥椎柯（华南石栎）*Lithocarpus fenestratus*（Roxb.）Rehder
Yin Z. J. *et al.* 1125；腊哈村栗北大梁子沟谷，1700m。
分布区类型：14 – SH。

密脉柯（密脉石栎）*Lithocarpus fordianus*（Hemsley）Chun
《滇东南红河地区种子植物》记载。
分布区类型：15 – 2 – a。

硬斗柯（硬斗石砾）*Lithocarpus hancei*（Bentham）Rehder
YZHG0461；车古乡阿期村，2200m。
分布区类型：15 – 2 – b。

港柯（东南石栎）*Lithocarpus harlandii*（Hance ex Walpers）Rehder
《滇东南红河地区种子植物》记载。
分布区类型：15 – 2 – b。

老挝柯（老挝石栎）*Lithocarpus laoticus*（Hickel et A. Camus）A. Camus
Yin Z. J. *et al.* 0909；阿姆山管护站后山至红星水库，1900m。
分布区类型：7 – 4。

白枝柯（白枝石砾）*Lithocarpus leucodermis* Chun et C. C. Huang
YZHG0463；车古乡阿期村，2200m。
分布区类型：15 – 1 – e。

光叶柯（光叶石栎）*Lithocarpus mairei*（Schottky）Rehder
1994 年科考报告记载。
分布区类型：15 – 1 – a。

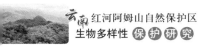

大叶柯(大叶石砾) *Lithocarpus megalophyllus* Rehder et E. H. Wilson

YZHG0002；宝华乡打依村路口至天生桥管护站，2050m。

分布区类型：15 - 2 - a。

单果柯(单果石砾) *Lithocarpus pseudoreinwardtii* A. Camus

YZHG0203；甲寅乡阿撒上寨至宝华乡打依村路口，2100m。

分布区类型：7 - 4。

毛枝柯(毛枝石砾) *Lithocarpus rhabdostachyus* (Hick. et A. Camus) A. Camus subsp. *dakhaensis* A. Camus

Yin Z. J. *et al.* 0885；阿姆山管护站后山至红星水库，1900m。

分布区类型：15 - 2 - a。

平头柯(平头石柝) *Lithocarpus tabularis* Y. C. Hsu et H. W. Jen

《滇东南红河地区种子植物》记载。

分布区类型：15 - 1 - e。

截果柯(截头石柝) *Lithocarpus truncatus* (King ex J. D. Hook.) Rehder et E. H. Wilson

Yin Z. J. *et al.* 1178；腊哈村栗北大梁子沟谷，1700m。

分布区类型：7 - 4。

多变柯(多变石砾) *Lithocarpus variolosus* (Fr.) Chun

YZHG0559；瞭望塔至红星水库，2200m。

分布区类型：15 - 2 - a。

木果柯(木果石砾) *Lithocarpus xylocarpus* (Kurz) Markgraf

YZHG0203；甲寅乡阿撒上寨至宝华乡打依村路口，2100m。

分布区类型：7 - 4。

锐齿槲栎 *Quercus aliena* Blume var. *acutiserrata* Maximowicz ex Wenzig

YZHG0298；甲寅乡阿撒上寨至洛恩乡哈龙村后山，2100m。

分布区类型：14 - SJ。

栓皮栎 *Quercus variabilis* Bl.

Yin Z. J. *et al.* 1121；腊哈村栗北大梁子沟谷，1700m。

分布区类型：14 - SJ。

165. 榆科 Ulmaceae

四蕊朴 *Celtis tetrandra* Roxburgh

Yin Z. J. *et al.* 1196；腊哈村栗北大梁子沟谷，1700m。

分布区类型：7 - 1。

狭叶山黄麻 *Trema angustifolia*（Planchon）Blume

YZHG0053；宝华乡打依村路口至天生桥管护站，2050m。

分布区类型：7。

羽脉山黄麻 *Trema levigata* Handel - Mazzetti

YZHG0305；甲寅乡阿撒上寨至洛恩乡哈龙村后山，2100m。

分布区类型：15 - 2 - b。

银毛叶山黄麻 *Trema nitida* C. J. Chen

1994 年科考报告记载。

分布区类型：15 - 2 - a。

异色山黄麻 *Trema orientalis*（Linn.）Blume

《滇东南红河地区种子植物》记载。

分布区类型：5。

山黄麻 *Trema tomentosa*（Roxburgh）H. Hara

照片凭证 DSC_ 0092；架车乡牛威村，1900m。

分布区类型：4。

167. 桑科 Moraceae

野波罗蜜 *Artocarpus lakoocha* Roxburgh

Yin Z. J. *et al.* 0870；梭罗村塔马山，2000m。

分布区类型：7。

构树 *Broussonetia papyrifera*（Linn.）L' Heritier ex Ventenat

《滇东南红河地区种子植物》记载。

分布区类型：5。

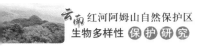

大果榕 *Ficus auriculata* Loureiro
Yin Z. J. *et al.* 1192；腊哈村栗北大梁子沟谷，1700m。
分布区类型：7 – 4。

沙坝榕 *Ficus chapaensis* Gagnepain
YZHG0099；宝华乡打依村路口至天生桥管护站，2050m。
分布区类型：15 – 2 – a。

纸叶榕 *Ficus chartacea* Wallich ex King
《滇东南红河地区种子植物》记载。
分布区类型：7 – 1。

尖叶榕 *Ficus henryi* Warburg ex Diels
Yin Z. J. *et al.* 0875；阿姆山管护站后山至红星水库，1900m。
分布区类型：15 – 2 – c。

粗叶榕 *Ficus hirta* Vahl
《滇东南红河地区种子植物》记载。
分布区类型：7 – 1。

榕树 *Ficus microcarpa* L. f.
照片凭证 IMG_ 4093。
分布区类型：5。

苹果榕 *Ficus oligodon* Miquel
《滇东南红河地区种子植物》记载。
分布区类型：7 – 4。

匍茎榕 *Ficus sarmentosa* Buchanan-Hamilton ex Smith
《滇东南红河地区种子植物》记载。
分布区类型：14。

鸡嗉子榕 *Ficus semicordata* Buchanan-Hamilton ex Smith
YZHG0003；宝华乡打依村路口至天生桥管护站，2050m。
分布区类型：7。

棒果榕 *Ficus subincisa* Buchanan-Hamilton ex Smith
YZHG0458；车古乡阿期村，2200m。
分布区类型：7 – 4。

地果 *Ficus tikoua* Bureau
照片凭证 DSC00326。
分布区类型：7 – 4。

柘藤 *Maclura fruticosa*（Roxburgh）Corner
Yin Z. J. *et al.* 1202；腊哈村栗北大梁子沟谷，1700m。
分布区类型：7 – 2。

假鹊肾树 *Streblus indicus*（Bureau）Corner
《滇东南红河地区种子植物》记载。
分布区类型：7 – 3。

169. 荨麻科 Urticaceae

序叶苎麻 *Boehmeria clidemioides* Miquel var. *diffusa*（Weddell）Handel-Mazzetti
Yin Z. J. *et al.* 0782；普咪林场，2000m。
分布区类型：14 – SH。

阴地苎麻 *Boehmeria umbrosa*（Handell-Mazzetti）W. T. Wang
1994 年科考报告记载。
分布区类型：15 – 2 – a。

微柱麻 *Chamabainia cuspidata* Wight
Yin Z. J. *et al.* 0877；阿姆山管护站后山至红星水库，1900m。
分布区类型：7 – 1。

长叶水麻 *Debregeasia longifolia*（N. L. Burman）Weddell
Yin Z. J. *et al.* 0705；天生桥管护站至俄垤公路边，2070m。
分布区类型：7。

水麻 *Debregeasia orientalis* C. J. Chen
YZHG0043；宝华乡打依村路口至天生桥管护站，2050m。
分布区类型：14。

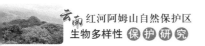

锐齿楼梯草 *Elatostema cyrtandrifolium* (Zollinger et Moritzi) Miquel

YZHG0280；甲寅乡阿撒上寨至洛恩乡哈龙村后山，2100m。

分布区类型：7－1。

异叶楼梯草 *Elatostema monandrum* (D. Don) H. Hara

Yin Z. J. *et al.* 1215；红星水库后山，2050m。

分布区类型：7－2。

小叶楼梯草 *Elatostema parvum* (Blume) Miquel

《滇东南红河地区种子植物》记载。

分布区类型：7－1。

细尾楼梯草 *Elatostema tenuicaudatum* W. T. Wang

YZHG0330；甲寅乡阿撒上寨至洛恩乡哈龙村后山，2100m。

分布区类型：15－2－a。

大蝎子草 *Girardinia diversifolia* (Link) Friis

照片凭证 DSC0745。

分布区类型：6。

糯米团 *Gonostegia hirta* (Blume ex Hasskarl) Miquel

YZHG0088；宝华乡打依村路口至天生桥管护站，2050m。

分布区类型：5。

珠芽艾麻 *Laportea bulbifera* (Siebold et Zuccarini) Weddell

照片凭证 DSC00641；此孔上寨至阿姆山山顶，2000m。

分布区类型：14。

假楼梯草 *Lecanthus peduncularis* (Wallich ex Royle) Weddell

Yin Z. J. *et al.* 0713；天生桥管护站至俄垤公路边，2070m。

分布区类型：6。

紫麻 *Oreocnide frutescens* (Thunberg) Miquel

Yin Z. J. *et al.* 0840；宝华乡期垤龙普村，1800m。

分布区类型：7－4。

红紫麻 *Oreocnide rubescens*（Blume）Miquel
《滇东南红河地区种子植物》记载。
分布区类型：7。

赤车 *Pellionia radicans*（Siebold et Zuccarini）Weddell
《滇东南红河地区种子植物》记载。
分布区类型：14 – SJ。

圆瓣冷水花 *Pilea angulata*（Blume）Blume
Yin Z. J. *et al.* 1234；阿姆山管护站至雷区，2050m。
分布区类型：7。

大叶冷水花 *Pilea martini*（H. Leveille）Handel-Mazzetti
Yin Z. J. *et al.* 1144；腊哈村栗北大梁子沟谷，1700m。
分布区类型：14 – SH。

长序冷水花 *Pilea melastomoides*（Poiret）Weddell
Yin Z. J. *et al.* 0754；天生桥管护站至俄垤公路边，2070m。
分布区类型：7。

粗齿冷水花 *Pilea sinofasciata* C. J. Chen
《滇东南红河地区种子植物》记载。
分布区类型：14 – SH。

红雾水葛 *Pouzolzia sanguinea*（Blume）Merrill
YZHG0004、0025；宝华乡打依村路口至天生桥管护站，2050m。
分布区类型：7 – 1。

雅致雾水葛 *Pouzolzia sanguinea*（Blume）Merrill var. *elegans*（Weddell）Friis
YZHG0495；车古乡阿期村，2200m。
分布区类型：15 – 2 – a。

藤麻 *Procris crenata* C. B. Robinson
Yin Z. J. *et al.* 1171；腊哈村栗北大梁子沟谷，1700m。
分布区类型：6。

小果荨麻 *Urtica atrichocaulis*（Handel – Mazzetti）C. J. Chen
YZHG0385；洛恩乡普咪村至宝华乡俄垤村规垤海，1800m。
分布区类型：15 – 2 – a。

滇藏荨麻 *Urtica mairei* H. Léveillé
YZHG0285；甲寅乡阿撒上寨至洛恩乡哈龙村后山，2100m。
分布区类型：14 – SH。

171. 冬青科 Aquifoliaceae

珊瑚冬青 *Ilex corallina* Franchet
《滇东南红河地区种子植物》记载。
分布区类型：15 – 2 – c。

楠叶冬青 *Ilex machilifolia* H. W. Li ex Y. R. Li
《滇东南红河地区种子植物》记载。
分布区类型：15 – 1 – e。

小果冬青 *Ilex micrococca* Maximowicz
YZHG0537；么垤茶场至瞭望塔，2000m。
分布区类型：14 – SJ。

铁冬青 *Ilex rotunda* Thunberg
YZHG0586；洛恩乡哈龙村，1900m。
分布区类型：14 – SJ。

173. 卫矛科 Celastraceae

苦皮藤 *Celastrus angulatus* Maximowicz
YZHG0322；甲寅乡阿撒上寨至洛恩乡哈龙村后山，2100m。
分布区类型：15 – 2 – c。

长序南蛇藤 *Celastrus vaniotii*（H. Leveille）Rehder
《滇东南红河地区种子植物》记载。
分布区类型：15 – 2 – c。

扶芳藤 *Euonymus fortunei*（Turczaninow）Handel – Mazzetti
《滇东南红河地区种子植物》记载。
分布区类型：7。

疏花卫矛 *Euonymus laxiflorus* Champion ex Bentham
YZHG0278；甲寅乡阿撒上寨至洛恩乡哈龙村后山，2100m。
分布区类型：7－4。

六蕊假卫矛 *Microtropis hexandra* Merrill et F. L. Freeman
YZHG0389；洛恩乡普咪村至宝华乡俄垤村规垤海，1800m。
分布区类型：15－1－e。

三花假卫矛 *Microtropis triflora* Merrill et F. L. Freeman
《滇东南红河地区种子植物》记载。
分布区类型：15－2－a。

雷公藤 *Tripterygium wilfordii* J. D. Hooker
YZHG0156；甲寅乡阿撒上寨至宝华乡打依村路口，2100m。
分布区类型：14－SJ。

173a. 十齿花科 Dipentodontaceae

十齿花 *Dipentodon sinicus* Dunn
YZHG0067；宝华乡打依村路口至天生桥管护站，2050m。
分布区类型：15－2－a。

179. 茶茱萸科 Icacinaceae

微花藤 *Iodes cirrhosa* Turczaninow
《滇东南红河地区种子植物》记载。
分布区类型：7－1。

定心藤 *Mappianthus iodoides* Handel－Mazzetti
《滇东南红河地区种子植物》记载。
分布区类型：15－2－b。

182. 铁青树科 Olacaceae

香芙木 *Schoepfia fragrans* Wallich
YZHG0248；甲寅乡阿撒上寨至宝华乡打依村路口，2100m。
分布区类型：7。

185. 桑寄生科 Loranthaceae

椆寄生 *Loranthus delavayi* Tieghem
Yin Z. J. *et al.* 1068；阿姆山山顶至瞭望塔，2000m。
分布区类型：7－4。

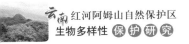

双花鞘花 *Macrosolen bibracteolatus*（Hance）Danser
《滇东南红河地区种子植物》记载。
分布区类型：7－4。

鞘花 *Macrosolen cochinchinensis*（Loureiro）Tieghem
照片凭证 IMG_ 4611；洛恩乡哈龙村，1950m。
分布区类型：7－1。

梨果寄生 *Scurrula atropurpurea*（Blume）Danser
Yin Z. J. *et al.* 0874；阿姆山管护站后山至红星水库，1900m。
分布区类型：7－1。

柳树寄生 *Taxillus delavayi*（Tieghem）Danser
YZHG0523；么垤茶场至瞭望塔，2000m。
分布区类型：7－4。

枫香寄生 *Viscum liquidambaricola* Hayata
Yin Z. J. *et al.* 1063；阿姆山山顶至瞭望塔，2000m。
分布区类型：7－1。

186. 檀香科 Santalaceae

檀梨 *Pyrularia edulis*（Wallich）A. Candolle
《滇东南红河地区种子植物》记载。
分布区类型：14－SH。

189. 蛇菰科 Balanophoraceae

葛菌 *Balanophora harlandii* J. D. Hooker
Yin Z. J. *et al.* 0922；阿姆山管护站后山至红星水库，1900m。
分布区类型：7－2。

盾片蛇菰 *Rhopalocnemis phalloides* Junghuhn
《滇东南红河地区种子植物》记载。
分布区类型：7。

190. 鼠李科 Rhamnaceae

多花勾儿茶 *Berchemia floribunda*（Wallich）Brongniart
Yin Z. J. *et al.* 0919；阿姆山管护站后山至红星水库，1900m。
分布区类型：14。

俅江枳椇 *Hovenia acerba* Lindley var. *kiukiangensis*（Hu et Cheng）C. Y. Wu
ex Y. L. Chen et P. K. Chou
照片凭证 IMG_ 4688；洛恩乡哈龙村，1950m。
分布区类型：15 - 2 - a。

191. 胡颓子科 Elaeagnaceae

密花胡颓子 *Elaeagnus conferta* Roxburgh
照片凭证 DSC00437；普咪林场，2003m。
分布区类型：7 - 1。

193. 葡萄科 Vitaceae

蓝果蛇葡萄 *Ampelopsis bodinieri*（H. Leveille et Vaniot）Rehder
《滇东南红河地区种子植物》记载。
分布区类型：15 - 2 - c。

乌蔹莓 *Cayratia japonica*（Thunberg）Gagnepain
YZHG0105；宝华乡打依村路口至天生桥管护站，2050m。
分布区类型：5。

毛乌蔹莓 *Cayratia japonica*（Thunberg）Gagnepain var. *mollis*
（Wallich ex M. A. Lawson）Momiyama
《滇东南红河地区种子植物》记载。
分布区类型：14 - SH。

鸟足乌蔹莓 *Cayratia pedata*（Lamarck）Jussieu ex Gagnepain
YZHG0343；甲寅乡阿撒上寨至洛恩乡哈龙村后山，2100m。
分布区类型：7。

蒙自崖爬藤 *Tetrastigma henryi* Gagnepain
YZHG0497；车古乡阿期村，2200m。
分布区类型：15 - 2 - a。

锈毛喜马拉雅崖爬藤 *Tetrastigma rumicispermum*（M. A. Lawson）Planchon
var. *lasiogynum*
（W. T. Wang）C. L. Li。
Yin Z. J. *et al.* 1040；此孔上寨至阿姆山山顶，2200m。
分布区类型：15 - 1。

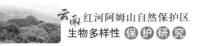
狭叶崖爬藤 *Tetrastigma serrulatum*（Roxburgh）Planchon

Yin Z. J. *et al*. 1163；腊哈村栗北大梁子沟谷，1700m。

分布区类型：7 - 3。

刺葡萄 *Vitis davidii*（Romanet du Caillaud）Foex

照片凭证 DSC00429；梭罗村塔马山，2000m。

分布区类型：15 - 2 - c。

毛葡萄 *Vitis heyneana* Roemer et Schultes

Yin Z. J. *et al*. 1124；腊哈村栗北大梁子沟谷，1700m。

分布区类型：14 - SH。

194. 芸香科 Rutaceae

臭节草 *Boenninghausenia albiflora*（Hooker）Reichenbach ex Meisner

照片凭证 DSC_ 0101；天生桥管护站至俄垤公路边，2050m。

分布区类型：7 - 1。

宜昌橙 *Citrus cavaleriei* H. Leveille ex Cavalerie

照片凭证 DSC_ 0250；腊哈村栗北大梁子沟谷，1700m。

分布区类型：15 - 2 - c。

三桠苦 *Melicope pteleifolia*（Champion ex Bentham）T. G. Hartley

YZHG0573；洛恩乡哈龙村，1900m。

分布区类型：7 - 4。

乔木茵芋 *Skimmia arborescens* T. Anderson ex Gamble

照片凭证 IMG_ 4095；甲寅乡阿撒村，1800m。

分布区类型：14 - SH。

牛科吴萸 *Tetradium trichotomum* Loureiro

《滇东南红河地区种子植物》记载。

分布区类型：7 - 4。

飞龙掌血 *Toddalia asiatica*（Linn.）Lamarck

照片凭证 DSC_ 0096；梭罗村塔马山，2000m。

分布区类型：6。

刺花椒 *Zanthoxylum acanthopodium* Candolle

YZHG0487；车古乡阿期村，2200m。

分布区类型：7 – 1。

竹叶花椒 *Zanthoxylum armatum* Candolle

《滇东南红河地区种子植物》记载。

分布区类型：7 – 1。

195. 苦木科 Simaroubaceae

苦树 *Picrasma quassioides*（D. Don）Bennett

YZHG0600；洛恩乡哈龙村，1900m。

分布区类型：14。

197. 楝科 Meliaceae

浆果楝 *Cipadessa baccifera*（Roth）Miquel

Yin Z. J. *et al.* 1143；腊哈村栗北大梁子沟谷，1700m。

分布区类型：7。

鹧鸪花 *Heynea trijuga* Roxburgh

Yin Z. J. *et al.* 0832；宝华乡期垄龙普村，1800m。

分布区类型：7 – 1。

楝 *Melia azedarach* Linn.

照片凭证 IMG_ 4076；甲寅乡阿撒村，1800m。

分布区类型：5。

红椿 *Toona ciliata* M. Roemer

《滇东南红河地区种子植物》记载。

分布区类型：5。

香椿 *Toona sinensis*（A. Jussieu）M. Roemer

照片凭证 IMG_ 4603；洛恩乡哈龙村，1950m。

分布区类型：7 – 1。

198b. 伯乐树科 Bretschneideraceae

伯乐树 *Bretschneidera sinensis* Hemsley

Yin Z. J. *et al.* 0868；梭罗村塔马山，2000m。

分布区类型：15 – 2 – b。

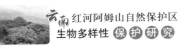

198. 无患子科 Sapindaceae

褐叶柄果木 *Mischocarpus pentapetalus*（Roxburgh）Radlkofer

《滇东南红河地区种子植物》记载。

分布区类型：7。

200. 槭树科 Aceraceae

重齿藏南枫 *Acer campbellii* J. D. Hooker et Thomson ex Hiern var. *serratifolium* Banerji

《滇东南红河地区种子植物》记载。

分布区类型：14 – SH。

小叶青皮枫 *Acer cappadocicum* Gleditsch subsp. *sinicum*（Rehder）Handel-Mazzetti

1994 年科考报告记载。

分布区类型：15 – 2 – c。

黄毛枫 *Acer fulvescens* Rehder

《滇东南红河地区种子植物》记载。

分布区类型：15 – 2 – a。

国楣枫（密果槭）*Acer kuomeii* W. P. Fang et M. Y. Fang

YZHG0210；甲寅乡阿撒上寨至宝华乡打依村路口，2100m。

分布区类型：15 – 2 – a。

毛柄枫 *Acer pubipetiolatum* Hu et W. C. Cheng

1994 年科考报告记载。

分布区类型：15 – 2 – a。

屏边毛柄枫 *Acer pubipetiolatum* Hu et W. C. Cheng var. *pingpienense* W. P. Fang et W. K. Hu

《滇东南红河地区种子植物》记载。

分布区类型：15 – 2 – a。

中华枫（中华槭）*Acer sinense* Pax

Yin Z. J. *et al.* 1116；规普至牛红村，1700m。

分布区类型：15 – 2 – c。

三峡枫（三峡槭）*Acer wilsonii* Rehder

YZHG0473；车古乡阿期村，2200m。

分布区类型：7–4。

201. 清风藤科 Sabiaceae

南亚泡花树 *Meliosma arnottiana*（Wight）Walpers

《滇东南红河地区种子植物》记载。

分布区类型：7。

笔罗子 *Meliosma rigida* Siebold et Zuccarini

YZHG0163；甲寅乡阿撒上寨至宝华乡打依村路口，2100m。

分布区类型：7–4。

樟叶泡花树 *Meliosma squamulata* Hance

《滇东南红河地区种子植物》记载。

分布区类型：14–SJ。

西南泡花树 *Meliosma thomsonii* King ex Brandis

《滇东南红河地区种子植物》记载。

分布区类型：14–SH。

平伐清风藤 *Sabia dielsii* H. Leveille

《滇东南红河地区种子植物》记载。

分布区类型：15–2–a。

小花清风藤 *Sabia parviflora* Wallich

1994年科考报告记载。

分布区类型：7。

204. 省沽油科 Staphyleaceae

云南瘿椒树 *Tapiscia yunnanensis* W. C. Cheng et C. D. Chu

《滇东南红河地区种子植物》记载。

分布区类型：15–2–c。

硬毛山香圆 *Turpinia affinis* Merrill et L. M. Perry

《滇东南红河地区种子植物》记载。

分布区类型：15–2–a。

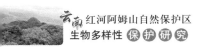
越南山香圆 *Turpinia cochinchinensis*（Loureiro）Merrill

Yin Z. J. *et al.* 1156；腊哈村栗北大梁子沟谷，1700m。

分布区类型：7 – 4。

山香圆 *Turpinia montana*（Blume）Kurz

YZHG0584；洛恩乡哈龙村，1900m。

分布区类型：7。

大果山香圆 *Turpinia pomifera*（Roxburgh）Candolle

YZHG0574；洛恩乡哈龙村，1900m。

分布区类型：7 – 4。

山麻风树 *Turpinia pomifera*（Roxburgh）Candolle var. *minor* C. C. Huang

YZHG0342；甲寅乡阿撒上寨至洛恩乡哈龙村后山，2100m。

分布区类型：15 – 2 – a。

205. 漆树科 Anacardiaceae

南酸枣 *Choerospondias axillaris*（Roxburgh）B. L. Burtt A. W. Hill

《滇东南红河地区种子植物》记载。

分布区类型：7 – 4。

盐麸木 *Rhus chinensis* Miller

《滇东南红河地区种子植物》记载。

分布区类型：7 – 1。

野漆 *Toxicodendron succedaneum*（Linn.）Kuntze

《滇东南红河地区种子植物》记载。

分布区类型：7 – 4。

206. 牛拴藤科 Connaraceae

长尾红叶藤 *Rourea caudata* Planchon

《滇东南红河地区种子植物》记载。

分布区类型：7 – 2。

红叶藤 *Rourea minor*（Gaertner）Leenhouts

1994 年科考报告记载。

分布区类型：5。

207. 胡桃科 Juglandaceae

齿叶黄杞 *Engelhardtia serrata* var. *cambodica* W. E. Manning

1994 年科考报告记载。

分布区类型：7 – 4。

化香树 *Platycarya strobilacea* Siebold et Zuccarini

《滇东南红河地区种子植物》记载。

分布区类型：14 – SJ。

209. 山茱萸科 Cornaceae

细齿桃叶珊瑚 *Aucuba chlorascens* F. T. Wang

YZHG0604；甲寅乡阿撒村，1800m。

分布区类型：15 – 1 – c。

琵琶叶珊瑚 *Aucuba eriobotryifolia* F. T. Wang

《滇东南红河地区种子植物》记载。

分布区类型：15 – 1 – a – 1。

灯台树 *Cornus controversa* Hemsley

《滇东南红河地区种子植物》记载。

分布区类型：14。

黑毛四照花 *Cornus hongkongensis* Hemsley subsp. *melanotricha*（Pojarkova）Q. Y. Xiang

《滇东南红河地区种子植物》记载。

分布区类型：15 – 2 – b。

中华青荚叶 *Helwingia chinensis* Batalin

《滇东南红河地区种子植物》记载。

分布区类型：7 – 3。

西域青荚叶 *Helwingia himalaica* J. D. Hooker et Thomson ex C. B. Clarke

YZHG0310；甲寅乡阿撒上寨至洛恩乡哈龙村后山，2100m。

分布区类型：14 – SH。

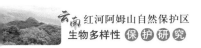

云南单室茱萸 *Mastixia pentandra* Blume subsp. *chinensis*（Merrill）K. M. Mat-
thew

《滇东南红河地区种子植物》记载。

分布区类型：7－1。

209a. 叨里木科 Toricelliaceae

角叶鞘柄木 *Toricellia angulata* Oliver

《滇东南红河地区种子植物》记载。

分布区类型：15－2－c。

210. 八角枫科 Alangiaceae

八角枫 *Alangium chinense*（Loureiro）Harms

《滇东南红河地区种子植物》记载。

分布区类型：6－2。

毛八角枫 *Alangium kurzii* Craib。

《滇东南红河地区种子植物》记载。

分布区类型：7－1。

211. 紫树科 Nyssaceae

喜树 *Camptotheca acuminata* Decaisne

《滇东南红河地区种子植物》记载。

分布区类型：15－2－b。

华南蓝果树 *Nyssa javanica*（Blume）Wangerin

《滇东南红河地区种子植物》记载。

分布区类型：7－1。

瑞丽蓝果树(滇西紫树) *Nyssa shweliensis*（W. W. Smith）Airy-Shaw

YZHG0130；宝华乡打依村路口至天生桥管护站，2050m。

分布区类型：15－1－b。

212. 五加科 Araliaceae

野楤头 *Aralia armata*（Wallich ex G. Don）Seemann

照片凭证 DSC00306；天生桥管护站至俄垤公路边，2052m。

分布区类型：7。

314

黄毛楤木 *Aralia chinensis* Linn.
YZHG0054；宝华乡打依村路口至天生桥管护站，2050m。
分布区类型：15 – 2 – b。

粗毛楤木 *Aralia searelliana* Dunn
YZHG0324；甲寅乡阿撒上寨至洛恩乡哈龙村后山，2100m。
分布区类型：7 – 4。

云南楤木 *Aralia thomsonii* Seemann ex C. B. Clarke
Yin Z. J. *et al.* 0839；宝华乡期垤龙普村，1800m。
分布区类型：7。

狭叶罗伞（狭叶柏那参）*Brassaiopsis angustifolia* K. M. Feng
Yin Z. J. *et al.* 1249；阿姆山管护站至雷区，2100m。
分布区类型：15 – 1 – d。

锈毛罗伞（锈毛柏那参）*Brassaiopsis ferruginea*（H. L. Li）G. Hoo
照片凭证 DSC_ 0551；规普至牛红村，1650m。
分布区类型：15 – 2 – b。

树参 *Dendropanax dentiger*（Harms）Merrill
《滇东南红河地区种子植物》记载。
分布区类型：7 – 4。

白簕 *Eleutherococcus trifoliatus*（Linn.）S. Y. Hu
YZHG0472；车古乡阿期村，2200m。
分布区类型：7 – 2。

常春藤 *Hedera nepalensis* K. Koch var. *sinensis*（Tobler）Rehder
照片凭证 DSC01104；红星水库后山，2050m。
分布区类型：7 – 4。

异叶梁王茶 *Metapanax davidii*（Franchet）J. Wen et Frodin
Yin Z. J. *et al.* 1056；阿姆山山顶至瞭望塔，2000m。
分布区类型：15 – 2 – b。

屏边三七 *Panax stipuleanatus* C. T. Tsai et K. M. Feng
Yin Z. J. *et al.* 0856；哈龙岔路口后山，2050m。
分布区类型：15 - 1 - d。

羽叶参 *Pentapanax fragrans*（D. Don）T. D. Ha
1994 年科考报告记载。
分布区类型：7 - 2。

长梗羽叶参 *Pentapanax longipedunculatus* N. S. Bui
《滇东南红河地区种子植物》记载。
分布区类型：15 - 1 - d。

多核鹅掌柴 *Schefflera brevipedicellata* Harms
照片凭证 IMG_ 4172；么垤茶场至瞭望塔，2100m。
分布区类型：15 - 2 - a。

异叶鹅掌柴 *Schefflera chapana* Harms
Yin Z. J. *et al.* 0931；阿姆山管护站后山至红星水库，1900m。
分布区类型：15 - 1 - d。

中华鹅掌柴 *Schefflera chinensis*（Dunn）H. L. Li
Yin Z. J. *et al.* 0815；宝华乡期垤龙普村，1800m。
分布区类型：15 - 2 - b。

穗序鹅掌柴 *Schefflera delavayi*（Franchet）Harms
照片凭证 IMG_ 3698；宝华乡打依村路口至天生桥管护站，2050m。
分布区类型：15 - 2 - b。

文山鹅掌柴 *Schefflera fengii* C. J. Tseng et G. Hoo
《滇东南红河地区种子植物》记载。
分布区类型：15 - 1 - c。

鹅掌柴 *Schefflera heptaphylla*（Linn.）Frodin
照片凭证 DSC_ 0141；此孔上寨至阿姆山山顶，2200m。
分布区类型：7 - 2。

红河鹅掌柴 *Schefflera hoi*（Dunn）R. Viguier
《滇东南红河地区种子植物》记载。
分布区类型：15 – 2 – a。

离柱鹅掌柴 *Schefflera hypoleucoides* Harms
《滇东南红河地区种子植物》记载。
分布区类型：7 – 4。

大叶鹅掌柴 *Schefflera macrophylla*（Dunn）R. Viguier
Yin Z. J. *et al.* 0994；此孔上寨至阿姆山山顶，2100m。
分布区类型：15 – 1 – d。

213. 伞形花科 Apiaceae

隆萼当归 *Angelica oncosepala* Handel-Mazzetti
YZHG0027；宝华乡打依村路口至天生桥管护站，2050m。
分布区类型：15 – 1 – b。

矮小柴胡 *Bupleurum hamiltonii* N. P. Balakrishnan var. *humile*（Franchet）
R. H. Shan et M. L. Sheh
Yin Z. J. *et al.* 0920；阿姆山管护站后山至红星水库，1900m。
分布区类型：15 – 2 – a。

竹叶柴胡 *Bupleurum marginatum* Wallich ex de Candolle
《滇东南红河地区种子植物》记载。
分布区类型：14 – SH。

积雪草 *Centella asiatica*（Linn.）Urban
YZHG0508；车古乡阿期村，2200m。
分布区类型：7 – 1。

二管独活 *Heracleum bivittatum* H. de Boissieu
Yin Z. J. *et al.* 1185；腊哈村栗北大梁子沟谷，1700m。
分布区类型：7 – 4。

贡山独活 *Heracleum kingdonii* H. Wolff
Yin Z. J. *et al.* 0761；天生桥管护站至俄垤公路边，2070m。
分布区类型：15 – 2 – a。

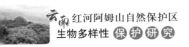
喜马拉雅天胡荽（柄花天胡荽）*Hydrocotyle himalaica* P. K. Mukherjee
照片凭证 IMG_ 4483。
分布区类型：14 – SH。

中华天胡荽 *Hydrocotyle hookeri*（C. B. Clarke）Craib subsp. *chinensis*
（Dunn ex R. H. Shan et S. L. Liou）M. F. Watson et M. L. Sheh
YZHG0220；甲寅乡阿撒上寨至宝华乡打依村路口，2100m。
分布区类型：15 – 2 – b。

红马蹄草 *Hydrocotyle nepalensis* Hooker
YZHG0005；甲寅乡阿撒上寨至洛恩乡哈龙村后山，2100m。
分布区类型：14 – SH。

长梗天胡荽 *Hydrocotyle ramiflora* Maximowicz
1994 年科考报告记载。
分布区类型：14 – SJ。

天胡荽 *Hydrocotyle sibthorpioides* Lamarck
《滇东南红河地区种子植物》记载。
分布区类型：6。

破铜钱 *Hydrocotyle sibthorpioides* Lamarck var. *batrachium*（Hance）
Handel – Mazzetti ex R. H. Shan
YZHG0096；宝华乡打依村路口至天生桥管护站，2050m。
分布区类型：7 – 4。

归叶藁本 *Ligusticum angelicifolium* Franchet
Yin Z. J. *et al.* 0735；天生桥管护站至俄垤公路边，2070m。
分布区类型：15 – 2 – c。

短片藁本 *Ligusticum brachylobum* Franchet
Yin Z. J. *et al.* 0997；此孔上寨至阿姆山山顶，2200m。
分布区类型：15 – 2 – c。

短辐水芹 *Oenanthe benghalensis* (Roxburgh) Kurz
YZHG0137；甲寅乡阿撒上寨至宝华乡打依村路口，2100m。
分布区类型：14 – SH。

水芹 *Oenanthe javanica* (Blume) de Candolle
Yin Z. J. *et al.* 0829；宝华乡期垤龙普村，1800m。
分布区类型：7。

卵叶水芹 *Oenanthe javanica* (Blume) de Candolle subsp. *rosthornii* (Diels) F.
T. Pu
Yin Z. J. *et al.* 1238；阿姆山管护站至雷区，2050m。
分布区类型：15 – 2 – b。

蒙自水芹 *Oenanthe linearis* Wallich ex de Candolle subsp. *rivularis* (Dunn) C.
Y. Wu et F. T. Pu
YZHG0306；甲寅乡阿撒上寨至洛恩乡哈龙村后山，2100m。
分布区类型：15 – 2 – a。

重波茴芹 *Pimpinella bisinuata* H. Wolff
Yin Z. J. *et al.* 0770；普咪林场，2000m。
分布区类型：15 – 2 – a。

软雀花 *Sanicula elata* Buchanan – Hamilton ex D. Don
Yin Z. J. *et al.* 1212；红星水库后山，2050m。
分布区类型：6 – 2。

松叶西风芹 *Seseli yunnanense* Franchet
照片凭证 DSC_ 0331；规普至牛红村，1650m。
分布区类型：15 – 2 – a。

小窃衣 *Torilis japonica* (Houttuyn) de Candolle
YZHG0271；甲寅乡阿撒上寨至洛恩乡哈龙村后山，2100m。
分布区类型：10。

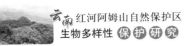

214. 桤叶树科 Clethraceae

云南桤叶树 *Clethra delavayi* Franchet
《滇东南红河地区种子植物》记载。
分布区类型：14 – SH。

华南桤叶树 *Clethra fabri* Hance
YZHG0158；甲寅乡阿撒上寨至宝华乡打依村路口，2100m。
分布区类型：15 – 2 – b。

白背桤叶树 *Clethra petelotii* Dop et Trochain-Marques
YZHG0287；甲寅乡阿撒上寨至洛恩乡哈龙村后山，2100m。
分布区类型：15 – 1 – d。

215. 杜鹃花科 Ericaceae

云南假木荷（克雷木）*Craibiodendron yunnanense* W. W. Smith
YZHG0528；车古乡阿期村，2200m。
分布区类型：15 – 2 – b。

吊钟花 *Enkianthus quinqueflorus* Lour.
YZHG0397；洛恩乡普咪村至宝华乡俄垤村规垤海，1800m。
分布区类型：15 – 2 – b。

齿缘吊钟花 *Enkianthus serrulatus*（E. H. Wilson）C. K. Schneider
Yin Z. J. *et al*. 0882；阿姆山管护站后山至红星水库，1900m。
分布区类型：15 – 2 – b。

芳香白珠 *Gaultheria fragrantissima* Wallich
YZHG0036；宝华乡打依村路口至天生桥管护站，2050m。
分布区类型：7。

毛滇白珠 *Gaultheria leucocarpa* Blume var. *crenulata*（Kurz）T. Z. Hsu
《滇东南红河地区种子植物》记载。
分布区类型：15 – 2 – a。

滇白珠 *Gaultheria leucocarpa* Blume var. *yunnanensis*（Franchet）T. Z. Hsu et R. C. Fang
照片凭证 DSC00324。
分布区类型：7 - 4。

秀丽珍珠花 *Lyonia compta*（W. W. Smith et Jeffrey）Handel-Mazzetti
《滇东南红河地区种子植物》记载。
分布区类型：15 - 2 - a。

圆叶珍珠花 *Lyonia doyonensis*（Handel - Mazzetti）Handel-Mazzetti
YZHG0168；甲寅乡阿撒上寨至宝华乡打依村路口，2100m。
分布区类型：15 - 1 - b。

珍珠花 *Lyonia ovalifolia*（Wallich）Drude
YZHG0084；宝华乡打依村路口至天生桥管护站，2050m。
分布区类型：7 - 4。

毛叶珍珠花 *Lyonia villosa*（Wallich ex C. B. Clarke）Handel-Mazzetti
YZHG0455；车古乡阿期村，2200m。
分布区类型：14 - SH。

大白花杜鹃 *Rhododendron decorum* Franchet
Yin Z. J. *et al.* 0970；此孔上寨至阿姆山山顶，2100m。
分布区类型：15 - 2 - b。

大喇叭杜鹃 *Rhododendron excellens* Hemsley et E. H. Wilson
Yin Z. J. *et al.* 0968；此孔上寨至阿姆山山顶，2450m。
分布区类型：15 - 2 - a。

滇南杜鹃 *Rhododendron hancockii* Hemsley
Yin Z. J. *et al.* 0708；天生桥管护站至俄垤公路边，2070m。
分布区类型：15 - 2 - a。

亮鳞杜鹃 *Rhododendron heliolepis* Franch.
YZHG0258；甲寅乡阿撒上寨至宝华乡打依村路口，2100m。
分布区类型：15 - 2 - b。

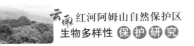

露珠杜鹃 *Rhododendron irroratum* Franchet
《滇东南红河地区种子植物》记载。
分布区类型：15 - 2 - a。

红花露珠杜鹃 *Rhododendron irroratum* Franchet subsp. *pogonostylum*
（I. B. Balfour et W. W. Smith）D. F. Chamberlain
YZHG0400；洛恩乡普咪村至宝华乡俄垤村规垤海，1800m。
分布区类型：15 - 2 - a。

蜡叶杜鹃 *Rhododendron lukiangense* Franchet
《滇东南红河地区种子植物》记载。
分布区类型：15 - 2 - a。

滇隐脉杜鹃 *Rhododendron maddenii* J. D. Hooker subsp. *crassum*（Franchet）
Cullen
Yin Z. J. *et al.* 0974；此孔上寨至阿姆山山顶，2100m。
分布区类型：7 - 3。

亮毛杜鹃 *Rhododendron microphyton* Franchet
Yin Z. J. *et al.* 0998；此孔上寨至阿姆山山顶，2200m。
分布区类型：15 - 2 - a。

云上杜鹃 *Rhododendron pachypodum* I. B. Balfour et W. W. Smith
YZHG0557；瞭望塔至红星水库，2200m。
分布区类型：15 - 1。

锈叶杜鹃 *Rhododendron siderophyllum* Franchet
Yin Z. J. *et al.* 0725；天生桥管护站至俄垤公路边，2070m。
分布区类型：15 - 2 - a。

杜鹃 *Rhododendron simsii* Planchon
Yin Z. J. *et al.* 0787；普咪林场，2000m。
分布区类型：7 - 3。

红花杜鹃 *Rhododendron spanotrichum* I. B. Balfour et W. W. Smith
YZHG0386；洛恩乡普咪村至宝华乡俄垤村规垤海，1800m。
分布区类型：15 – 1 – c。

碎米花 *Rhododendron spiciferum* Franchet
《滇东南红河地区种子植物》记载。
分布区类型：15 – 2 – a。

云南三花杜鹃 *Rhododendron triflorum* J. D. Hooker subsp. *multiflorum* R. C. Fang
1994 年科考报告记载。
分布区类型：15 – 1 – a – 1。

215a. 鹿蹄草科 Pyrolaceae

普通鹿蹄草 *Pyrola decorata* Andres
YZHG0550；瞭望塔至红星水库，2200m。
分布区类型：14 – SH。

216. 越桔科 Vacciniaceae

白花树萝卜 *Agapetes mannii* Hemsley
Yin Z. J. *et al.* 0943；阿姆山管护站后山至红星水库，1900m。
分布区类型：7 – 3。

长圆叶树萝卜 *Agapetes oblonga* Craib
1994 年科考报告记载。
分布区类型：15 – 2 – b。

倒卵叶树萝卜 *Agapetes obovata*（Wight）J. D. Hooker
YZHG0008；宝华乡打依村路口至天生桥管护站，2050m。
分布区类型：14 – SH。

红苞树萝卜 *Agapetes rubrobracteata* R. C. Fang et S. H. Huang
YZHG0189；甲寅乡阿撒上寨至宝华乡打依村路口，2100m。
分布区类型：15 – 2 – a。

短序越桔 *Vaccinium brachybotrys*（Franchet）Handel – Mazzetti
YZHG0200；甲寅乡阿撒上寨至宝华乡打依村路口，2100m。
分布区类型：15 – 2 – a。

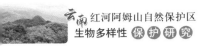

南烛 *Vaccinium bracteatum* Thunberg

《滇东南红河地区种子植物》记载。

分布区类型：7 - 1。

矮越桔 *Vaccinium chamaebuxus* C. Y. Wu

《滇东南红河地区种子植物》记载。

分布区类型：15 - 1 - a - 1。

苍山越桔 *Vaccinium delavayi* Franchet

《滇东南红河地区种子植物》记载。

分布区类型：15 - 2 - b。

云南越桔 *Vaccinium duclouxii*（H. Leveille）Handel-Mazzetti

YZHG0186；甲寅乡阿撒上寨至宝华乡打依村路口，2100m。

分布区类型：15 - 2 - a。

樟叶越桔 *Vaccinium dunalianum* Wight

Yin Z. J. *et al.* 0958；此孔上寨至阿姆山山顶，2450m。

分布区类型：14 - SH。

大樟叶越桔 *Vaccinium dunalianum* Wight var. *megaphyllum* Sleumer

Yin Z. J. *et al.* 0996；此孔上寨至阿姆山山顶，2450m。

分布区类型：15 - 2 - a。

乌鸦果 *Vaccinium fragile* Franchet

《滇东南红河地区种子植物》记载。

分布区类型：15 - 2 - a。

腺萼越桔 *Vaccinium pseudotonkinense* Sleumer

《滇东南红河地区种子植物》记载。

分布区类型：15 - 1 - d。

221. 柿树科 Ebenaceae

岩柿（毛叶柿）*Diospyros dumetorum* W. W. Smith

YZHG0318；甲寅乡阿撒上寨至洛恩乡哈龙村后山，2100m。

分布区类型：15 - 2 - a。

柿 *Diospyros kaki* Thunberg

1994 年科考报告记载。

分布区类型：15 – 2 – c。

罗浮柿 *Diospyros morrisiana* Hance

《滇东南红河地区种子植物》记载。

分布区类型：14 – SJ。

222. 山榄科 Sapotaceae

梭子果 *Eberhardtia tonkinensis* Lecomte

《滇东南红河地区种子植物》记载。

分布区类型：7 – 4。

绒毛肉实树 *Sarcosperma kachinense*（King et Prain）Exell

《滇东南红河地区种子植物》记载。

分布区类型：15 – 2 – b。

223. 紫金牛科 Myrsinaceae

尾叶紫金牛 *Ardisia caudata* Hemsley

YZHG0477；车古乡阿期村，2200m。

分布区类型：15 – 2 – a。

朱砂根 *Ardisia crenata* Sims

Yin Z. J. *et al.* 1208；红星水库后山，2050m。

分布区类型：7。

纽子果 *Ardisia virens* Kurz

YZHG0169；甲寅乡阿撒上寨至宝华乡打依村路口，2100m。

分布区类型：7。

龙骨酸藤子 *Embelia polypodioides* Hemsley et Mez.

《滇东南红河地区种子植物》记载。

分布区类型：15 – 2 – a。

白花酸藤子 *Embelia ribes* Burm. f.

YZHG0317；甲寅乡阿撒上寨至洛恩乡哈龙村后山，2100m。

分布区类型：7。

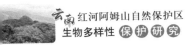

瘤皮孔酸藤子 *Embelia scandens*（Loureiro）Mez
Yin Z. J. *et al.* 0801；宝华乡期垤龙普村，1800m。
分布区类型：7 – 4。

平叶酸藤子 *Embelia undulata*（Wallich）Mez
YZHG0246；甲寅乡阿撒上寨至宝华乡打依村路口，2100m。
分布区类型：7 – 4。

银叶杜茎山 *Maesa argentea*（Wallich）A. de Candolle
Yin Z. J. *et al.* 0883；阿姆山管护站后山至红星水库，1900m。
分布区类型：14 – SH。

包疮叶 *Maesa indica*（Roxburgh）A. de Candolle
《滇东南红河地区种子植物》记载。
分布区类型：7 – 2。

薄叶杜茎山 *Maesa macilentoides* C. Chen
Yin Z. J. *et al.* 0810；宝华乡期垤龙普村，1800m。
分布区类型：15 – 1 – d。

金珠柳 *Maesa montana* A. de Candolle
YZHG0493；车古乡阿期村，2200m。
分布区类型：7 – 2。

鲫鱼胆 *Maesa perlarius*（Loureiro）Merrill
YZHG0583；洛恩乡哈龙村，1900m。
分布区类型：7 – 4。

广西密花树 *Myrsine kwangsiensis*（E. Walker）Pipoly et C. Chen
《滇东南红河地区种子植物》记载。
分布区类型：15 – 2 – a。

密花树 *Myrsine seguinii* H. Leveille
《滇东南红河地区种子植物》记载。
分布区类型：7 – 4。

针齿铁仔 *Myrsine semiserrata* Wallich
《滇东南红河地区种子植物》记载。
分布区类型：14 – SH。

光叶铁仔 *Myrsine stolonifera*（Koidzumi）E. Walker
《滇东南红河地区种子植物》记载。
分布区类型：14 – SJ。

224. 安息香科 Styracaceae

滇赤杨叶 *Alniphyllum eberhardtii* Guillaumin
《滇东南红河地区种子植物》记载。
分布区类型：15 – 2 – a。

赤杨叶 *Alniphyllum fortunei*（Hemsley）Makino
YZHG0155；甲寅乡阿撒上寨至宝华乡打依村路口，2100m。
分布区类型：7 – 2。

西藏山茉莉 *Huodendron tibeticum*（J. Anthony）Rehder
《滇东南红河地区种子植物》记载。
分布区类型：15 – 2 – a。

黄果安息香（毛果野茉莉）*Styrax chrysocarpus* H. L. Li
YZHG0460；车古乡阿期村，2200m。
分布区类型：15 – 1 – e。

大花野茉莉 *Styrax grandiflorus* Griffith
YZHG0412；洛恩乡普咪村至宝华乡俄垤村规垤海，1800m。
分布区类型：14。

野茉莉 *Styrax japonicus* Siebold et Zuccarini
《滇东南红河地区种子植物》记载。
分布区类型：14 – SJ。

禄春安息香（大蕊安息香）*Styrax macranthus* Perkins
YZHG0438；阿姆山管护站至架车乡公路边，1900m。
分布区类型：15 – 2 – a。

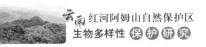

225. 山矾科 Symplocaceae

腺柄山矾 *Symplocos adenopus* Hance
《滇东南红河地区种子植物》记载。
分布区类型：15 - 2 - b。

黄牛奶树 *Symplocos cochinchinensis*（Loureiro）S. Moore var. *laurina*（Retzius）Nooteboom
《滇东南红河地区种子植物》记载。
分布区类型：15 - 2 - b。

坚木山矾 *Symplocos dryophila* C. B. Clarke
《滇东南红河地区种子植物》记载。
分布区类型：7 - 2。

腺缘山矾 *Symplocos glandulifera* Brand
《滇东南红河地区种子植物》记载。
分布区类型：15 - 2 - b。

羊舌树 *Symplocos glauca*（Thunberg）Koidzumi
YZHG0353；甲寅乡阿撒上寨至洛恩乡哈龙村后山，2100m。
分布区类型：7 - 2。

滇南山矾 *Symplocos hookeri* C. B. Clarke
《滇东南红河地区种子植物》记载。
分布区类型：7 - 2。

光亮山矾 *Symplocos lucida*（Thunberg）Siebold et Zuccarini
YZHG0526；么垤茶场至瞭望塔，2000m。
分布区类型：7 - 1。

白檀 *Symplocos paniculata*（Thunberg）Miquel
YZHG0297；甲寅乡阿撒上寨至洛恩乡哈龙村后山，2100m。
分布区类型：14。

南岭山矾 *Symplocos pendula* Wight var. *hirtistylis*（C. B. Clarke）Nooteboom
《滇东南红河地区种子植物》记载。
分布区类型：7 – 1。

柔毛山矾 *Symplocos pilosa* Rehder
《滇东南红河地区种子植物》记载。
分布区类型：15 – 1 – e。

沟槽山矾 *Symplocos sulcata* Kurz
YZHG0159；甲寅乡阿撒上寨至宝华乡打依村路口，2100m。
分布区类型：15 – 2 – a。

山矾 *Symplocos sumuntia* Buchanan – Hamilton ex D. Don
《滇东南红河地区种子植物》记载。
分布区类型：14。

228. 马钱科 Loganiaceae

驳骨丹 *Buddleja asiatica* Loureiro
YZHG0130；宝华乡打依村路口至天生桥管护站，2050m。
分布区类型：7。

大序醉鱼草 *Buddleja macrostachya* Wallich ex Bentham
Yin Z. J. *et al.* 0873；阿姆山管护站后山至红星水库，1900m。
分布区类型：7 – 4。

密蒙花 *Buddleja officinalis* Maximowicz
YZHG0034；宝华乡打依村路口至天生桥管护站，2050m。
分布区类型：7 – 4。

钩吻 *Gelsemium elegans*（Gardner et Champion）Bentham
照片凭证 DSC_ 0072；天生桥管护站至俄垤公路边，2050m。
分布区类型：7。

华马钱 *Strychnos cathayensis* Merrill
《滇东南红河地区种子植物》记载。
分布区类型：15 – 2 – b。

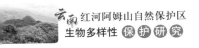

229. 木犀科 Oleaceae

丛林素馨 *Jasminum duclouxii*（H. Leveille）Rehder
YZHG0178；甲寅乡阿撒上寨至宝华乡打依村路口，2100m。
分布区类型：15－2－a。

青藤仔 *Jasminum nervosum* Loureiro
《滇东南红河地区种子植物》记载。
分布区类型：7－4。

小蜡 *Ligustrum sinense* Loureiro
YZHG0430；洛恩乡普咪村至宝华乡俄垤村规垤海，1800m。
分布区类型：15－2－c。

云南木犀榄 *Olea tsoongii*（Merrill）P. S. Green
《滇东南红河地区种子植物》记载。
分布区类型：15－2－b。

蒙自桂花 *Osmanthus henryi* P. S. Green
《滇东南红河地区种子植物》记载。
分布区类型：15－2－b。

230. 夹竹桃科 Apocynaceae

雷打果 *Melodinus yunnanensis* Tsiang et P. T. Li
《滇东南红河地区种子植物》记载。
分布区类型：15－2－a。

紫花络石 *Trachelospermum axillare* J. D. Hooker
YZHG0421；洛恩乡普咪村至宝华乡俄垤村规垤海，1800m。
分布区类型：15－2－b。

贵州络石 *Trachelospermum bodinieri*（H. Leveille）Woodson
《滇东南红河地区种子植物》记载。
分布区类型：15－2－b。

锈毛络石 *Trachelospermum dunnii*（H. Leveille）H. Leveille
1994 年科考报告记载。
分布区类型：15－2－b。

231. 萝摩科 Asclepiadaceae

美翼杯冠藤 *Cynanchum callialatum* Buchanan-Hamilton ex Wight
《滇东南红河地区种子植物》记载。
分布区类型：7 – 2。

昆明杯冠藤 *Cynanchum wallichii* Wight
YZHG0204；甲寅乡阿撒上寨至宝华乡打依村路口，2100m。
分布区类型：7 – 3。

青蛇藤 *Periploca calophylla*（Wight）Falconer
YZHG0323；甲寅乡阿撒上寨至洛恩乡哈龙村后山，2100m。
分布区类型：14 – SH。

232. 茜草科 Rubiaceae

滇短萼齿木 *Brachytome hirtellata* Hu
《滇东南红河地区种子植物》记载。
分布区类型：15 – 2 – a。

猪肚木 *Canthium horridum* Blume
YZHG0549；么垤茶场至瞭望塔，2200m。
分布区类型：7。

云桂虎刺 *Damnacanthus henryi*（H. Leveille）H. S. Lo
《滇东南红河地区种子植物》记载。
分布区类型：15 – 2 – a。

虎刺 *Damnacanthus indicus* C. F. Gaertner
《滇东南红河地区种子植物》记载。
分布区类型：14。

云南狗骨柴 *Diplospora mollissima* Hutchinson
《滇东南红河地区种子植物》记载。
分布区类型：15 – 1 – a – 3。

小红参 *Galium elegans* Wallich
Yin Z. J. *et al.* 0731；天生桥管护站至俄垤公路边，2070m。
分布区类型：7 – 3。

猪殃殃 *Galium spurium* Linn.

YZHG0023；宝华乡打依村路口至天生桥管护站，2050m。

分布区类型：10。

长节耳草 *Hedyotis uncinella* Hooker et Arnott

YZHG0252；甲寅乡阿撒上寨至宝华乡打依村路口，2100m。

分布区类型：7－2。

白花龙船花 *Ixora henryi* H. Leveille

《滇东南红河地区种子植物》记载。

分布区类型：7－4。

罗浮粗叶木 *Lasianthus fordii* Hance

《滇东南红河地区种子植物》记载。

分布区类型：7－1。

云广粗叶木（长尾粗叶木）*Lasianthus japonicus* Miquel subsp. *longicaudus*
(J. D. Hooker) C. Y. Wu et H. Zhu

YZHG0520；么坨茶场至瞭望塔，2000m。

分布区类型：7－4。

无苞粗叶木 *Lasianthus lucidus* Blume

Yin Z. J. *et al.* 0925；阿姆山管护站后山至红星水库，1900m。

分布区类型：7。

小花粗叶木 *Lasianthus micranthus* J. D. Hooker

《滇东南红河地区种子植物》记载。

分布区类型：7－3。

滇丁香 *Luculia pinceana* Hooker

YZHG0315；甲寅乡阿撒上寨至洛恩乡哈龙村后山，2100m。

分布区类型：7－2。

多毛玉叶金花 *Mussaenda mollissima* C. Y. Wu ex H. H. Hsue et H. Wu

YZHG0389；洛恩乡普咪村至宝华乡俄坨村规坨海，1800m。

分布区类型：15－1。

332

密脉木 *Myrioneuron faberi* Hemsley
YZHG0352；甲寅乡阿撒上寨至洛恩乡哈龙村后山，2100m。
分布区类型：15 – 2 – b。

薄叶新耳草 *Neanotis hirsuta*（Linn. f.）W. H. Lewis
YZHG0235；甲寅乡阿撒上寨至宝华乡打依村路口，2100m。
分布区类型：14。

西南新耳草 *Neanotis wightiana*（Wallich ex Wight et Arnott）W. H. Lewis
《滇东南红河地区种子植物》记载。
分布区类型：14 – SH。

蛇根草 *Ophiorrhiza mungos* Linn.
1994 年科考报告记载。
分布区类型：7。

变红蛇根草 *Ophiorrhiza subrubescens* Drake
YZHG0205；甲寅乡阿撒上寨至宝华乡打依村路口，2100m。
分布区类型：15 – 2 – b。

鸡矢藤 *Paederia foetida* Linn.
YZHG0325；甲寅乡阿撒上寨至洛恩乡哈龙村后山，2100m。
分布区类型：7 – 1。

四蕊三角瓣花 *Prismatomeris tetrandra*（Roxburgh）K. Schumann
《滇东南红河地区种子植物》记载。
分布区类型：7 – 4。

滇南九节 *Psychotria henryi* H. Leveille
1994 年科考报告记载。
分布区类型：15 – 1 – d。

云南九节 *Psychotria yunnanensis* Hutchinson
Yin Z. J. *et al.* 0817；宝华乡期垤龙普村，1800m。
分布区类型：15 – 2 – a。

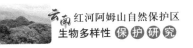

金钱草 *Rubia membranacea* Diels
Yin Z. J. *et al.* 1232；阿姆山管护站至雷区，2050m。
分布区类型：15 – 2 – c。

柄花茜草 *Rubia podantha* Diels
YZHG0432；阿姆山管护站至架车乡公路边，1900m。
分布区类型：15 – 2 – a。

滇南乌口树 *Tarenna pubinervis* Hutchinson
《滇东南红河地区种子植物》记载。
分布区类型：15 – 2 – a。

232a. 四角果科 Carlemanniaceae

蜘蛛花 *Silvianthus bracteatus* J. D. Hooker
《滇东南红河地区种子植物》记载。
分布区类型：14 – SH。

线萼蜘蛛花 *Silvianthus tonkinensis*（Gagnepain）Ridsdale
《滇东南红河地区种子植物》记载。
分布区类型：7 – 4。

233. 忍冬科 Caprifoliaceae

鬼吹箫 *Leycesteria formosa* Wallich
YZHG0514；么垤茶场至瞭望塔，2000m。
分布区类型：14 – SH。

锈毛忍冬 *Lonicera ferruginea* Rehder
《滇东南红河地区种子植物》记载。
分布区类型：7 – 2。

血满草 *Sambucus adnata* Wallich ex Candolle
《滇东南红河地区种子植物》记载。
分布区类型：14 – SH。

接骨草 *Sambucus javanica* Blume
照片凭证 IMG_ 4244；么垤茶场至瞭望塔，2100m。
分布区类型：7。

水红木 *Viburnum cylindricum* Buchanan-Hamilton ex D. Don
YZHG0030；宝华乡打依村路口至天生桥管护站，2050m。
分布区类型：7 – 1。

珍珠荚蒾 *Viburnum foetidum* Wallich var. *ceanothoides*（C. H. Wright）Handel-Mazzetti
YZHG0383；洛恩乡普咪村至宝华乡俄垤村规垤海，1800m。
分布区类型：15 – 2 – a。

厚绒荚蒾 *Viburnum inopinatum* Craib
《滇东南红河地区种子植物》记载。
分布区类型：7 – 4。

235. 败酱科 Valerianaceae

长序缬草 *Valeriana hardwickii* Wallich
Yin Z. J. *et al.* 0726；天生桥管护站至俄垤公路边，2070m。
分布区类型：7 – 1。

236. 川续继科 Dipsacaceae

川续断 *Dipsacus asper* Wallich ex C. B. Clarke
《滇东南红河地区种子植物》记载。
分布区类型：7 – 2。

238. 菊科 Asteraceae

下田菊 *Adenostemma lavenia*（Linn.）Kuntze
照片凭证 DSC00259；普咪林场，2000m。
分布区类型：7 – 2。

破坏草（紫茎泽兰）*Ageratina adenophora*（Sprengel）R. M. King et H. Robinson
照片凭证 DSC00263。
分布区类型：16。

藿香蓟 *Ageratum conyzoides* Linn.
《滇东南红河地区种子植物》记载。
分布区类型：16。

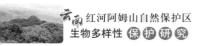
熊耳草 *Ageratum houstonianum* Miller
照片凭证 IMG_ 4777；甲寅乡阿撒村，1800m。
分布区类型：16。

狭翅兔儿风 *Ainsliaea apteroides*（C. C. Chang）Y. C. Tseng
照片凭证 DSC00626；此孔上寨至阿姆山山顶，2000m。
分布区类型：14 – SH。

心叶兔儿风 *Ainsliaea bonatii* Beauverd
《滇东南红河地区种子植物》记载。
分布区类型：15 – 2 – a。

宽叶兔儿风 *Ainsliaea latifolia*（D. Don）Schultz Bipontinus
照片凭证 DSC00628；此孔上寨至阿姆山山顶，2000m。
分布区类型：7 – 1。

长柄兔儿风 *Ainsliaea reflexa* Merrill
YZHG0251；甲寅乡阿撒上寨至宝华乡打依村路口，2100m。
分布区类型：7 – 1。

旋叶香青 *Anaphalis contorta*（D. Don）J. D. Hooker
YZHG0224；甲寅乡阿撒上寨至宝华乡打依村路口，2100m。
分布区类型：14 – SH。

纤枝香青 *Anaphalis gracilis* Handel – Mazzetti
《滇东南红河地区种子植物》记载。
分布区类型：15 – 2 – a。

珠光香青 *Anaphalis margaritacea*（Linn.）Bentham et J. D. Hooker
Yin Z. J. *et al.* 0769；天生桥管护站至俄垤公路边，2070m。
分布区类型：9。

五月艾 *Artemisia indica* Willdenow
照片凭证 IMG_ 4812；乐育乡窝伙垤村，1850m。
分布区类型：2 – 1。

绒毛甘青蒿 *Artemisia tangutica* Pampanini var. *tomentosa* Handel-Mazzetti
《滇东南红河地区种子植物》记载。
分布区类型：15 – 2 – a。

秋分草 *Aster verticillatus*（Reinwardt）Brouillet
YZHG0274；甲寅乡阿撒上寨至洛恩乡哈龙村后山，2100m。
分布区类型：7 – 1。

鬼针草 *Bidens pilosa* Linn.
照片凭证 IMG_ 4811；乐育乡窝伙垤村，1850m。
分布区类型：2。

狼杷草 *Bidens tripartita* Linn.
Yin Z. J. *et al.* 0838；宝华乡期垤龙普村，1800m。
分布区类型：2。

百能葳 *Blainvillea acmella*（Linn.）Philipson
Yin Z. J. *et al.* 1153；腊哈村栗北大梁子沟谷，1700m。
分布区类型：2。

天名精 *Carpesium abrotanoides* Linn.
《滇东南红河地区种子植物》记载。
分布区类型：10。

棉毛尼泊尔天名精 *Carpesium nepalense* Lessing var. *lanatum*
（J. D. Hooker et Thomson ex C. B. Clarke）Kitamura
Yin Z. J. *et al.* 1221；红星水库后山，2050m。
分布区类型：14 – SH。

两面蓟 *Cirsium chlorolepis* Petrak
《滇东南红河地区种子植物》记载。
分布区类型：15 – 2 – a。

牛口蓟 *Cirsium shansiense* Petrak
照片凭证 IMG_ 4389；么垤茶场至瞭望塔，2100m。
分布区类型：7 – 4。

岩穴藤菊 *Cissampelopsis spelaeicola*（Vaniot）C. Jeffrey et Y. L. Chen
《滇东南红河地区种子植物》记载。
分布区类型：15 – 2 – a。

藤菊 *Cissampelopsis volubilis*（Blume）Miquel
《滇东南红河地区种子植物》记载。
分布区类型：7 – 1。

野茼蒿 *Crassocephalum crepidioides*（Bentham）S. Moore
照片凭证 IMG_ 4302；么垤茶场至瞭望塔，2100m。
分布区类型：16。

蓝花野茼蒿 *Crassocephalum rubens*（Jussieu ex Jacquin）S. Moore
YZHG0122；宝华乡打依村路口至天生桥管护站，2050m。
分布区类型：16。

杯菊 *Cyathocline purpurea*（Buchanan-Hamilton ex D. Don）Kuntze
《滇东南红河地区种子植物》记载。
分布区类型：7 – 4。

小鱼眼草 *Dichrocephala benthamii* C. B. Clarke
YZHG0129；宝华乡打依村路口至天生桥管护站，2050m。
分布区类型：7 – 4。

鱼眼草 *Dichrocephala integrifolia*（Linn. f.）Kuntze
YZHG0614；乐育乡窝伙垤村，1850m。
分布区类型：6。

羊耳菊 *Duhaldea cappa*（Buchanan-Hamilton ex D. Don）Pruski et Anderberg
YZHG0121；宝华乡打依村路口至天生桥管护站，2050m。
分布区类型：7 – 4。

显脉旋覆花 *Duhaldea nervosa*（Wallich ex Candolle）Anderberg
Yin Z. J. *et al.* 0785；普咪林场，2000m。
分布区类型：7 – 4。

翼茎羊耳菊 *Duhaldea pterocaula*（Franchet）Anderberg
《滇东南红河地区种子植物》记载。
分布区类型：15 – 2 – a。

小一点红 *Emilia prenanthoidea* Candolle
YZHG0459；车古乡阿期村，2200m。
分布区类型：7。

一点红 *Emilia sonchifolia*（Linn. ）Candolle
《滇东南红河地区种子植物》记载。
分布区类型：2。

短葶飞蓬 *Erigeron breviscapus*（Vaniot）Handel-Mazzetti
《滇东南红河地区种子植物》记载。
分布区类型：15 – 2 – b。

小蓬草（小白酒草）*Erigeron canadensis* Linn.
YZHG0048；宝华乡打依村路口至天生桥管护站，2050m。
分布区类型：16。

苏门白酒草 *Erigeron sumatrensis* Retzius
照片凭证 DSC_ 0071；天生桥管护站至俄垤公路边，2050m。
分布区类型：16。

白酒草 *Eschenbachia japonica*（Thunberg）J. Koster
照片凭证 IMG_ 4731；甲寅乡阿撒村，1800m。
分布区类型：7。

白头婆 *Eupatorium japonicum* Thunberg
照片凭证 DSC_ 0098；腊哈村栗北大梁子沟谷，1700m。
分布区类型：14 – SJ。

牛膝菊 *Galinsoga parviflora* Cavanilles
照片凭证 IMG_ 4769；甲寅乡阿撒村，1800m。
分布区类型：16。

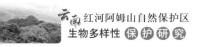

火石花 *Gerbera delavayi* Franchet
1994 年科考报告记载。
分布区类型：15 – 2 – a。

蒙自火石花 *Gerbera delavayi* Franchet var. *henryi*（Dunn）C. Y. Wu et H. Peng
《滇东南红河地区种子植物》记载。
分布区类型：15 – 2 – a。

木耳菜 *Gynura cusimbua*（D. Don）S. Moore
照片凭证 DSC00769；此孔上寨至阿姆山山顶，2200m。
分布区类型：7 – 3。

三角叶须弥菊 *Himalaiella deltoidea*（Candolle）Raab-Straube
照片凭证 IMG_ 4831；乐育乡窝伙垤村，1850m。
分布区类型：14 – SH。

细叶小苦荬 *Ixeridium gracile*（Candolle）Pak et Kawano
YZHG0118；宝华乡打依村路口至天生桥管护站，2050m。
分布区类型：14 – SH。

翼齿六棱菊 *Laggera crispata*（Vahl）Hepper et J. R. I. Wood
《滇东南红河地区种子植物》记载。
分布区类型：6。

毛鳞菊 *Melanoseris beesiana*（Diels）N. Kilian
Yin Z. J. *et al.* 0913；阿姆山管护站后山至红星水库，1900m。
分布区类型：15 – 2 – a。

细莴苣 *Melanoseris graciliflora*（Candolle）N. Kilian
《滇东南红河地区种子植物》记载。
分布区类型：14 – SH。

圆舌粘冠草 *Myriactis nepalensis* Lessing
YZHG0046；宝华乡打依村路口至天生桥管护站，2050m。
分布区类型：7 – 4。

粘冠草 *Myriactis wightii* Candolle
Yin Z. J. *et al.* 1035；此孔上寨至阿姆山山顶，2200m。
分布区类型：7。

云南紫菊 *Notoseris yunnanensis* C. Shih
Yin Z. J. *et al.* 1218；红星水库后山，2050m。
分布区类型：15 – 1 – c。

毛连菜 *Picris hieracioides* Linn.
照片凭证 IMG_ 4857；乐育乡窝伙垤村，1850m。
分布区类型：10。

兔耳一枝箭 *Piloselloides hirsuta*（Forsskal）C. Jeffrey ex Cufodontis
YZHG0556；瞭望塔至红星水库，2200m。
分布区类型：4。

宽叶拟鼠曲草 *Pseudognaphalium adnatum*（Candolle）Y. S. Chen
《滇东南红河地区种子植物》记载。
分布区类型：7 – 4。

拟鼠曲草 *Pseudognaphalium affine*（D. Don）Anderberg
YZHG0071；宝华乡打依村路口至天生桥管护站，2050m。
分布区类型：5。

秋拟鼠曲草 *Pseudognaphalium hypoleucum*（Candolle）Hilliard et B. L. Burtt
Yin Z. J. *et al.* 0796；普咪林场，2000m。
分布区类型：11。

千里光 *Senecio scandens* Buchanan – Hamilton ex D. Don
YZHG0103；宝华乡打依村路口至天生桥管护站，2050m。
分布区类型：7 – 4。

欧洲千里光 *Senecio vulgaris* Linn.
照片凭证 IMG_ 4741；甲寅乡阿撒村，1800m。
分布区类型：10 – 3。

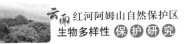

稀莶 *Sigesbeckia orientalis* Linn.
YZHG0387；洛恩乡普咪村至宝华乡俄坒村规坒海，1800m。
分布区类型：2。

双花华蟹甲 *Sinacalia davidii*（Franchet）H. Koyama
《滇东南红河地区种子植物》记载。
分布区类型：15 – 2 – c。

苦苣菜 *Sonchus oleraceus* Linn.
照片凭证 IMG_ 4787；甲寅乡阿撒村，1800m。
分布区类型：16。

密花合耳菊 *Synotis cappa*（Buchanan-Hamilton ex D. Don）C. Jeffrey et Y. L. Chen
《滇东南红河地区种子植物》记载。
分布区类型：14 – SH。

腺毛合耳菊 *Synotis saluenensis*（Diels）C. Jeffrey et Y. L. Chen
YZHG0314；甲寅乡阿撒上寨至洛恩乡哈龙村后山，2100m。
分布区类型：7 – 4。

肿柄菊 *Tithonia diversifolia*（Hemsley）A. Gray
照片凭证 IMG_ 4568；洛恩乡哈龙村，1950m。
分布区类型：16。

斑鸠菊 *Vernonia esculenta* Hemsley
YZHG0489；车古乡阿期村，2200m。
分布区类型：15 – 2 – a。

林生斑鸠菊 *Vernonia sylvatica* Dunn
Yin Z. J. *et al.* 0862；梭罗村塔马山，2000m。
分布区类型：15 – 2 – a。

大叶斑鸠菊 *Vernonia volkameriifolia* Candolle
Yin Z. J. *et al.* 1136；腊哈村栗北大梁子沟谷，1700m。
分布区类型：14 – SH。

苍耳 *Xanthium strumarium* Linn.

《滇东南红河地区种子植物》记载。

分布区类型：2。

鼠冠黄鹌菜 *Youngia cineripappa*（Babcock）Babcock et Stebbins

《滇东南红河地区种子植物》记载。

分布区类型：7 – 4。

黄鹌菜 *Youngia japonica*（Linn.）Candolle

《滇东南红河地区种子植物》记载。

分布区类型：15 – 2 – c。

卵裂黄鹌菜 *Youngia japonica*（Linn.）Candolle subsp. *elstonii*（Hochreutiner）Babcock et Stebbins

YZHG0471；车古乡阿期村，2200m。

分布区类型：15 – 2 – c。

239. 龙胆科 Gentianaceae

滇龙胆草 *Gentiana rigescens* Franchet

《滇东南红河地区种子植物》记载。

分布区类型：15 – 2 – b。

獐牙菜 *Swertia bimaculata*（Siebold et Zuccarini）J. D. Hooker et Thomson ex C. B. Clarke

Yin Z. J. *et al.* 1222；红星水库后山，2050m。

分布区类型：7。

西南獐牙菜（圈纹獐牙菜）*Swertia cincta* Burkill

Yin Z. J. *et al.* 0879；阿姆山管护站后山至红星水库，1900m。

分布区类型：15 – 2 – a。

大籽獐牙菜 *Swertia macrosperma*（C. B. Clarke）C. B. Clarke

照片凭证 DSC00598；梭罗村塔马山，2000m。

分布区类型：14 – SH。

峨眉双蝴蝶 *Tripterospermum cordatum*（C. Marquand）Harry Smith
Yin Z. J. *et al.* 0753；天生桥管护站至俄垤公路边，2070m。
分布区类型：15 – 2 – c。

屏边双蝴蝶 *Tripterospermum pingbianense* C. Y. Wu et C. J. Wu
YZHG0244；甲寅乡阿撒上寨至宝华乡打依村路口，2100m。
分布区类型：15 – 1 – e

240. 报春花科 Primulaceae

过路黄 *Lysimachia christiniae* Hance
YZHG0491；车古乡阿期村，2200m。
分布区类型：15 – 2 – c。

临时救 *Lysimachia congestiflora* Hemsley
YZHG0056；宝华乡打依村路口至天生桥管护站，2050m。
分布区类型：14 – SH。

多枝香草 *Lysimachia laxa* Baudo
YZHG0206；甲寅乡阿撒上寨至宝华乡打依村路口，2100m。
分布区类型：7。

长蕊珍珠菜 *Lysimachia lobelioides* Wallich
YZHG0295；甲寅乡阿撒上寨至洛恩乡哈龙村后山，2100m。
分布区类型：14 – SH。

叶头过路黄 *Lysimachia phyllocephala* Handel-Mazzetti
照片凭证 DSC_ 0063；梭罗村塔马山，2000m。
分布区类型：15 – 2 – b。

滇南报春 *Primula henryi*（Hemsley）Pax
《滇东南红河地区种子植物》记载。
分布区类型：15 – 1 – d。

心叶报春 *Primula partschiana* Pax
YZHG0134；甲寅乡阿撒上寨至宝华乡打依村路口，2100m。
分布区类型：15 – 1 – e。

243. 桔梗科 Campanulaceae

云南沙参 *Adenophora khasiana*（J. D. Hooker et Thomson）Oliver ex Collett et Hemsley
《滇东南红河地区种子植物》记载。
分布区类型：14 – SH。

西南风铃草 *Campanula pallida* Wallich
照片凭证 IMG_ 4721；甲寅乡阿撒村，1800m。
分布区类型：7 – 2。

金钱豹 *Campanumoea javanica* Blume
Yin Z. J. *et al.* 0799；宝华乡期垤龙普村，1800m。
分布区类型：7。

轮钟花 *Cyclocodon lancifolius*（Roxburgh）Kurz
《滇东南红河地区种子植物》记载。
分布区类型：7 – 1。

蓝花参 *Wahlenbergia marginata*（Thunberg）A. Candolle
YZHG0124；宝华乡打依村路口至天生桥管护站，2050m。
分布区类型：7。

244. 半边莲科 Lobeliaceae

密毛山梗菜（大将军）*Lobelia clavata* F. E. Wimmer
照片凭证 IMG_ 4560；洛恩乡哈龙村，1950m。
分布区类型：7 – 4。

江南山梗菜 *Lobelia davidii* Franchet
《滇东南红河地区种子植物》记载。
分布区类型：14 – SH。

铜锤玉带草 *Lobelia nummularia* Lamarck
YZHG0074；宝华乡打依村路口至天生桥管护站，2050m。
分布区类型：7。

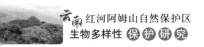

毛萼山梗菜 *Lobelia pleotricha* Diels

Yin Z. J. *et al.* 0760；天生桥管护站至俄垤公路边，2070m。

分布区类型：15 – 2 – a。

西南山梗菜 *Lobelia seguinii* H. Leveille et Vaniot

《滇东南红河地区种子植物》记载。

分布区类型：15 – 2 – b。

山梗菜 *Lobelia sessilifolia* Lambert

Yin Z. J. *et al.* 1023；此孔上寨至阿姆山山顶，2200m。

分布区类型：14 – SJ。

大理山梗菜 *Lobelia taliensis* Diels

Yin Z. J. *et al.* 1021；此孔上寨至阿姆山山顶，2200m。

分布区类型：15 – 2 – b。

249. 紫草科 Boraginaceae

倒提壶 *Cynoglossum amabile* Stapf et J. R. Drummond

YZHG0123；宝华乡打依村路口至天生桥管护站，2050m。

分布区类型：14 – SH。

西南粗糠树 *Ehretia corylifolia* C. H. Wright

YZHG0605；甲寅乡阿撒村，1800m。

分布区类型：15 – 1。

露蕊滇紫草 *Onosma exsertum* Hemsley

《滇东南红河地区种子植物》记载。

分布区类型：15 – 2 – a。

毛脉附地菜 *Trigonotis microcarpa* (de Candolle) Bentham ex C. B. Clarke

YZHG0277；甲寅乡阿撒上寨至洛恩乡哈龙村后山，2100m。

分布区类型：11。

250. 茄科 Solanaceae

红丝线 *Lycianthes biflora* (Loureiro) Bitter

YZHG0265；甲寅乡阿撒上寨至宝华乡打依村路口，2100m。

分布区类型：7。

滇红丝线 *Lycianthes yunnanensis*（Bitter）C. Y. Wu et S. C. Huang
《滇东南红河地区种子植物》记载。
分布区类型：15 – 1 – e。

喀西茄 *Solanum aculeatissimum* Jacquin
照片凭证 DSC01052；红星水库后山，2050m。
分布区类型：16。

假烟叶树 *Solanum erianthum* D. Don
照片凭证 IMG_ 4590；洛恩乡哈龙村，1950m。
分布区类型：16。

龙葵 *Solanum nigrum* Linn.
照片凭证 DSC_ 0260；腊哈村栗北大梁子沟谷，1700m。
分布区类型：10。

251a. 菟丝子科 Cuscutaceae

金灯藤 *Cuscuta japonica* Choisy
YZHG0399；洛恩乡普咪村至宝华乡俄垤村规垤海，1800m。
分布区类型：14 – SJ。

252. 玄参科 Scrophulariaceae

退毛来江藤 *Brandisia glabrescens* Rehder
YZHG0410；洛恩乡普咪村至宝华乡俄垤村规垤海，1800m。
分布区类型：15 – 1 – d。

来江藤 *Brandisia hancei* J. D. Hooker
1994 年科考报告记载。
分布区类型：15 – 2 – c。

鞭打绣球 *Hemiphragma heterophyllum* Wallich
YZHG0098；宝华乡打依村路口至天生桥管护站，2050m。
分布区类型：7 – 1。

长蒴母草 *Lindernia anagallis*（N. L. Burman）Pennell
YZHG0508；车古乡阿期村，2200m。
分布区类型：5。

宽叶母草 *Lindernia nummulariifolia*（D. Don）Wettstein

YZHG0588；洛恩乡哈龙村，1900m。

分布区类型：7－4。

旱田草 *Lindernia ruellioides*（Colsmann）Pennell

YZHG0095；宝华乡打依村路口至天生桥管护站，2050m。

分布区类型：7。

通泉草 *Mazus pumilus*（N. L. Burman）Steenis

YZHG0364；甲寅乡阿撒上寨至洛恩乡哈龙村后山，2100m。

分布区类型：7－1。

滇川山罗花 *Melampyrum klebelsbergianum* Soo

Yin Z. J. *et al.* 0960；此孔上寨至阿姆山山顶，2450m。

分布区类型：15－2－a。

尼泊尔沟酸浆 *Mimulus tenellus* Bunge var. *nepalensis*（Bentham）P. C. Tsoong
ex H. P. Yang

Yin Z. J. *et al.* 1138；腊哈村栗北大梁子沟谷，1700m。

分布区类型：7－2。

川泡桐 *Paulownia fargesii* Franchet

YZHG0516；么垤茶场至瞭望塔，2000m。

分布区类型：15－2－b。

毛泡桐 *Paulownia tomentosa*（Thunberg）Steudel

《滇东南红河地区种子植物》记载。

分布区类型：16。

黑马先蒿 *Pedicularis nigra*（Bonati）Vaniot ex Bonati

Yin Z. J. *et al.* 0786；普咪林场，2000m。

分布区类型：15－2－a。

纤裂马先蒿 *Pedicularis tenuisecta* Franchet ex Maximowicz

Yin Z. J. *et al.* 1219；红星水库后山，2050m。

分布区类型：15－2－a。

细裂叶松蒿 *Phtheirospermum tenuisectum* Bureau et Franchet
照片凭证 IMG_ 4512；瞭望塔至红星水库，2000m。
分布区类型：14 – SH。

长叶蝴蝶草 *Torenia asiatica* Linn.
《滇东南红河地区种子植物》记载。
分布区类型：14 – SJ。

单色蝴蝶草 *Torenia concolor* Lindley
YZHG0292；甲寅乡阿撒上寨至洛恩乡哈龙村后山，2100m。
分布区类型：7 – 4。

256. 苦苣苔科 Gesneriaceae

长尖芒毛苣苔 *Aeschynanthus acuminatissimus* W. T. Wang
YZHG0336；甲寅乡阿撒上寨至洛恩乡哈龙村后山，2100m。
分布区类型：15 – 1 – c。

显苞芒毛苣苔（荷花藤）*Aeschynanthus bracteatus* Wallich ex A. P. de Candolle
照片凭证 IMG_ 3665；宝华乡打依村路口至天生桥管护站，2050m。
分布区类型：14 – SH。

黄杨叶芒毛苣苔（上树蜈蚣）*Aeschynanthus buxifolius* Hemsley
Yin Z. J. *et al.* 0938；阿姆山管护站后山至红星水库，1900m。
分布区类型：15 – 2 – a。

线条芒毛苣苔 *Aeschynanthus lineatus* Craib
Yin Z. J. *et al.* 1081；架车乡牛威村，2000m。
分布区类型：15 – 1 – d。

长茎芒毛苣苔 *Aeschynanthus longicaulis* Wallich ex R. Brown
《滇东南红河地区种子植物》记载。
分布区类型：7 – 4。

钩序唇柱苣苔 *Chirita hamosa* R. Brown
《滇东南红河地区种子植物》记载。
分布区类型：7 – 4。

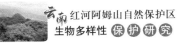

大叶唇柱苣苔 *Chirita macrophylla* Wallich
Yin Z. J. *et al.* 1033；此孔上寨至阿姆山山顶，2200m。
分布区类型：14 – SH。

斑叶唇柱苣苔 *Chirita pumila* D. Don
Yin Z. J. *et al.* 0812；宝华乡期垤龙普村，1800m。
分布区类型：14 – SH。

麻叶唇柱苣苔 *Chirita urticifolia* Buchanan-Hamilton ex D. Don
Yin Z. J. *et al.* 0830；宝华乡期垤龙普村，1800m。
分布区类型：14 – SH。

大苞漏斗苣苔(对蕊苣苔) *Didissandra begoniifolia* H. Leveille
Yin Z. J. *et al.* 1220；红星水库后山，2050m。
分布区类型：15 – 2 – a。

盾座苣苔 *Epithema carnosum* Bentham
《滇东南红河地区种子植物》记载。
分布区类型：14 – SH。

齿叶吊石苣苔 *Lysionotus serratus* D. Don
Yin Z. J. *et al.* 0969；此孔上寨至阿姆山山顶，2100m。
分布区类型：7 – 3。

黄马铃苣苔 *Oreocharis aurea* Dunn
Yin Z. J. *et al.* 1010；此孔上寨至阿姆山山顶，2200m。
分布区类型：15 – 1 – d。

尖舌苣苔 *Rhynchoglossum obliquum* Blume
Yin Z. J. *et al.* 1194；腊哈村栗北大梁子沟谷，1700m。
分布区类型：7。

景东短檐苣苔 *Tremacron begoniifolium* H. W. Li
Yin Z. J. *et al.* 1054；阿姆山山顶至瞭望塔，2000m。
分布区类型：15 – 1 – a – 1。

短檐苣苔 *Tremacron forrestii* Craib
Yin Z. J. *et al.* 1169；腊哈村栗北大梁子沟谷，1700m。
分布区类型：15 – 2 – a。

257. 紫葳科 Bignoniaceae

木蝴蝶 *Oroxylum indicum*（Linn.）Bentham ex Kurz
Yin Z. J. *et al.* 1133；腊哈村栗北大梁子沟谷，1700m。
分布区类型：7 – 1。

259. 爵床科 Acanthaceae

白接骨 *Asystasia neesiana*（Wallich）Nees
Yin Z. J. *et al.* 1184；腊哈村栗北大梁子沟谷，1700m。
分布区类型：7。

假杜鹃 *Barleria cristata* Linn.
1994 年科考报告记载。
分布区类型：7 – 1。

三花枪刀药 *Hypoestes triflora*（Forsskal）Roemer et Schultes
Yin Z. J. *et al.* 1045；此孔上寨至阿姆山山顶，2200m。
分布区类型：6。

爵床 *Justicia procumbens* Linn.
照片凭证 DSC_ 0304；规普至牛红村，1650m。
分布区类型：7。

海南马蓝 *Strobilanthes anamitica* Kuntze
Yin Z. J. *et al.* 1176；腊哈村栗北大梁子沟谷，1700m。
分布区类型：15 – 2 – b。

板蓝 *Strobilanthes cusia*（Nees）Kuntze
照片凭证 DSC01155；红星水库后山，2050m。
分布区类型：7 – 4。

263. 马鞭草科 Verbenaceae

毛叶老鸦糊 *Callicarpa giraldii* Hesse ex Rehder var. *subcanescens* Rehder
《滇东南红河地区种子植物》记载。
分布区类型：15 – 2 – c。

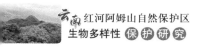

红紫珠 *Callicarpa rubella* Lindley

YZHG0311；甲寅乡阿撒上寨至洛恩乡哈龙村后山，2100m。

分布区类型：7 – 1。

腺毛莸 *Caryopteris siccanea* W. W. Smith

YZHG0601；甲寅乡阿撒村，1800m。

分布区类型：15 – 2 – b。

腺茉莉 *Clerodendrum colebrookianum* Walpers

《滇东南红河地区种子植物》记载。

分布区类型：7 – 1。

西垂茉莉 *Clerodendrum griffithianum* C. B. Clarke

《滇东南红河地区种子植物》记载。

分布区类型：7 – 2。

海通（满大青）*Clerodendrum mandarinorum* Diels

YZHG0609；乐育乡窝伙垤村，1850m。

分布区类型：15 – 2 – b。

长梗大青 *Clerodendrum peii* Moldenke

《滇东南红河地区种子植物》记载。

分布区类型：15 – 1 – e。

马鞭草 *Verbena officinalis* Linn.

照片凭证 IMG_ 4742；甲寅乡阿撒村，1800m。

分布区类型：1。

长叶荆 *Vitex burmensis* Moldenke

YZHG0337；甲寅乡阿撒上寨至洛恩乡哈龙村后山，2100m。

分布区类型：15 – 2 – b。

264. 唇形科 Lamiaceae

灯笼草 *Clinopodium polycephalum*（Vaniot）C. Y. Wu et Hsuan ex P. S. Hsu

YZHG0092；宝华乡打依村路口至天生桥管护站，2050m。

分布区类型：15 – 2 – c。

匍匐风轮菜 *Clinopodium repens*（Buchanan – Hamilton ex D. Don）Bentham
YZHG0012；宝华乡打依村路口至天生桥管护站，2050m。
分布区类型：7 – 1。

簇序草 *Craniotome furcata*（Link）Kuntze
Yin Z. J. *et al.* 0880；阿姆山管护站后山至红星水库，1900m。
分布区类型：7 – 3。

四方蒿 *Elsholtzia blanda*（Bentham）Bentham
Yin Z. J. *et al.* 0728；天生桥管护站至俄垤公路边，2070m。
分布区类型：7 – 1。

东紫苏 *Elsholtzia bodinieri* Vaniot
YZHG0420；洛恩乡普咪村至宝华乡俄垤村规垤海，1800m。
分布区类型：15 – 2 – a。

香薷 *Elsholtzia ciliata*（Thunberg）Hylander
《滇东南红河地区种子植物》记载。
分布区类型：11。

野香草 *Elsholtzia cyprianii*（Pavolini）S. Chow ex P. S. Hsu
《滇东南红河地区种子植物》记载。
分布区类型：15 – 2 – c。

黄花香薷（野苏子）*Elsholtzia flava*（Bentham）Bentham
Yin Z. J. *et al.* 0886；阿姆山管护站后山至红星水库，1900m。
分布区类型：14 – SH。

鸡骨柴 *Elsholtzia fruticosa*（D. Don）Rehder
照片凭证 IMG_ 4462；瞭望塔至红星水库，2000m。
分布区类型：14 – SH。

长毛香薷 *Elsholtzia pilosa*（Bentham）Bentham
《滇东南红河地区种子植物》记载。
分布区类型：7 – 2。

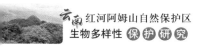

野拔子 *Elsholtzia rugulosa* Hemsley
照片凭证 IMG_ 4152；么垤茶场至瞭望塔，2100m。
分布区类型：15 - 2 - a。

木锥花 *Gomphostemma arbusculum* C. Y. Wu
《滇东南红河地区种子植物》记载。
分布区类型：15 - 1 - a - 3。

腺花香茶菜 *Isodon adenanthus*（Diels）Kudo
YZHG0536；么垤茶场至瞭望塔，2000m。
分布区类型：15 - 2 - a。

细锥香茶菜 *Isodon coetsa*（Buchanan-Hamilton ex D. Don）Kudo
《滇东南红河地区种子植物》记载。
分布区类型：7 - 2。

线纹香茶菜 *Isodon lophanthoides*（Buchanan-Hamilton ex D. Don）H. Hara
Yin Z. J. *et al.* 0720；天生桥管护站至俄垤公路边，2070m。
分布区类型：7 - 4。

狭基线纹香茶菜 *Isodon lophanthoides*（Buchanan-Hamilton ex D. Don）
H. Hara var. *gerardianus*（Bentham）H. Hara
《滇东南红河地区种子植物》记载。
分布区类型：7 - 4。

绣球防风 *Leucas ciliata* Bentham
照片凭证 DSC_ 0057；此孔上寨至阿姆山山顶，2200m。
分布区类型：7 - 3。

米团花 *Leucosceptrum canum* Smith
YZHG0475；车古乡阿期村，2200m。
分布区类型：7 - 3。

蜜蜂花 *Melissa axillaris*（Bentham）Bakhuizen f.
YZHG0033；宝华乡打依村路口至天生桥管护站，2050m。
分布区类型：7 - 1。

薄荷 *Mentha canadensis* Linn.
Yin Z. J. *et al.* 1257；阿姆山管护站至雷区，2100m。
分布区类型：9。

云南冠唇花 *Microtoena delavayi* Prain
Yin Z. J. *et al.* 0932；阿姆山管护站后山至红星水库，1900m。
分布区类型：15 – 2 – a。

小花荠苎 *Mosla cavaleriei* H. Leveille
Yin Z. J. *et al.* 1082；架车乡牛威村，2000m。
分布区类型：15 – 2 – b。

假糙苏 *Paraphlomis javanica*（Blume）Prain
Yin Z. J. *et al.* 1253；阿姆山管护站至雷区，2100m。
分布区类型：7。

紫苏 *Perilla frutescens*（Linn.）Britton
照片凭证 IMG_ 4176；么垤茶场至瞭望塔，2100m。
分布区类型：7 – 1。

黑刺蕊草 *Pogostemon nigrescens* Dunn
Yin Z. J. *et al.* 1046；此孔上寨至阿姆山山顶，2200m。
分布区类型：15 – 1 – a – 3。

硬毛夏枯草 *Prunella hispida* Bentham
照片凭证 IMG_ 3886；宝华乡打依村路口至天生桥管护站，2050m。
分布区类型：7 – 2。

地盆草 *Scutellaria discolor* Wallich ex Bentham var. *hirta* Handel-Mazzetti
《滇东南红河地区种子植物》记载。
分布区类型：15 – 2 – a。

韩信草 *Scutellaria indica* Linn.
YZHG0360；甲寅乡阿撒上寨至洛恩乡哈龙村后山，2100m。
分布区类型：7。

长管黄芩 *Scutellaria macrosiphon* C. Y. Wu

Yin Z. J. *et al.* 0704；天生桥管护站至俄垤公路边，2070m。

分布区类型：15 – 1 – e。

紫苏叶黄芩 *Scutellaria violacea* B. Heyne ex Wall. var. *sikkimensis* J. D. Hooker

《滇东南红河地区种子植物》记载。

分布区类型：7 – 2。

筒冠花 *Siphocranion macranthum*（J. D. Hooker）C. Y. Wu

Yin Z. J. *et al.* 0944；阿姆山管护站后山至红星水库，1900m。

分布区类型：7 – 2。

西南水苏 *Stachys kouyangensis*（Vaniot）Dunn

YZHG0540；么垤茶场至瞭望塔，2000m。

分布区类型：15 – 2 – a。

铁轴草 *Teucrium quadrifarium* Buchanan – Hamilton ex D. Don

Yin Z. J. *et al.* 1086；架车乡牛威村，2000m。

分布区类型：7。

267. 泽泻科 Alismataceae

野慈姑 *Sagittaria trifolia* Linn.

YZHG0335；甲寅乡阿撒上寨至洛恩乡哈龙村后山，2100m。

分布区类型：10。

269. 无叶莲科 Petrosaviaceae

无叶莲 *Petrosavia sinii*（K. Krause）Gagnepain

Yin Z. J. *et al.* 0965；此孔上寨至阿姆山山顶，2000m。

分布区类型：15 – 2 – a。

280. 鸭跖草科 Commelinaceae

节节草 *Commelina diffusa* N. L. Burman

照片凭证 DSC_ 0794；规普至牛红村，1650m。

分布区类型：2。

大苞鸭跖草 *Commelina paludosa* Blume

YZHG0060；宝华乡打依村路口至天生桥管护站，2050m。

分布区类型：7 – 1。

蛛丝毛蓝耳草（露水草）*Cyanotis arachnoidea* C. B. Clarke
YZHG0181；甲寅乡阿撒上寨至宝华乡打依村路口，2100m。
分布区类型：7 – 2。

大果水竹叶 *Murdannia macrocarpa* D. Y. Hong
《滇东南红河地区种子植物》记载。
分布区类型：15 – 2 – b。

裸花水竹叶 *Murdannia nudiflora*（Linn.）Brenan
Yin Z. J. *et al.* 0865；梭罗村塔马山，2000m。
分布区类型：5。

树头花 *Murdannia stenothyrsa*（Diels）Handel-Mazzetti
Yin Z. J. *et al.* 0954；阿姆山管护站后山至红星水库，1900m。
分布区类型：15 – 2 – a。

孔药花 *Porandra ramosa* D. Y. Hong
Yin Z. J. *et al.* 1149；腊哈村栗北大梁子沟谷，1700m。
分布区类型：15 – 2 – a。

钩毛子草 *Rhopalephora scaberrima*（Blume）Faden
Yin Z. J. *et al.* 1158；腊哈村栗北大梁子沟谷，1700m。
分布区类型：7。

竹叶吉祥草 *Spatholirion longifolium*（Gagnepain）Dunn
YZHG0447；阿姆山管护站至架车乡公路边，1900m。
分布区类型：15 – 2 – b。

竹叶子 *Streptolirion volubile* Edgeworth
Yin Z. J. *et al.* 0951；阿姆山管护站后山至红星水库，1900m。
分布区类型：14。

红毛竹叶子 *Streptolirion volubile* Edgeworth subsp. *khasianum*（C. B. Clarke）
D. Y. Hong
《滇东南红河地区种子植物》记载。
分布区类型：7 – 2。

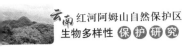

285. 谷精草科 Eriocaulaceae

谷精草 *Eriocaulon buergerianum* Kornicke
《滇东南红河地区种子植物》记载。
分布区类型：14 – SJ。

云贵谷精草 *Eriocaulon schochianum* Handel-Mazzetti
Yin Z. J. *et al.* 0861；梭罗村塔马山，2000m。
分布区类型：15 – 2 – a。

287. 芭蕉科 Musaceae

象头蕉 *Ensete wilsonii*（Tutcher）Cheesman
1994 年科考报告记载。
分布区类型：15 – 1。

290. 姜科 Zingiberaceae

云南草蔻 *Alpinia blepharocalyx* K. Schumann
YZHG0176；甲寅乡阿撒上寨至宝华乡打依村路口，2100m。
分布区类型：7 – 4。

距药姜 *Cautleya gracilis*（Smith）Dandy
YZHG0070；宝华乡打依村路口至天生桥管护站，2050m。
分布区类型：14 – SH。

闭鞘姜 *Costus speciosus*（J. Konig）Smith
《滇东南红河地区种子植物》记载。
分布区类型：5。

舞花姜 *Globba racemosa* Smith
Yin Z. J. *et al.* 1150；腊哈村栗北大梁子沟谷，1700m。
分布区类型：14 – SH。

草果药 *Hedychium spicatum* Smith
照片凭证 DSC_ 0814；天生桥管护站至俄垤公路边，2050m。
分布区类型：14 – SH。

先花象牙参 *Roscoea praecox* K. Schumann
YZHG0551；瞭望塔至红星水库，2200m。
分布区类型：15 – 1。

293. 百合科 Liliaceae

灰鞘粉条儿菜 *Aletris cinerascens* F. T. Wang et Tang
《滇东南红河地区种子植物》记载。
分布区类型：15 – 2 – a。

无毛粉条儿菜 *Aletris glabra* Bureau et Franchet
Yin Z. J. *et al.* 0961；此孔上寨至阿姆山山顶，2450m。
分布区类型：14 – SH。

粉条儿菜 *Aletris spicata*（Thunberg）Franchet
YZHG0560；瞭望塔至红星水库，2200m。
分布区类型：14 – SJ。

蜘蛛抱蛋 *Aspidistra elatior* Blume
照片凭证 DSC00898；此孔上寨至阿姆山山顶，2200m。
分布区类型：14 – SJ。

橙花开口箭 *Campylandra aurantiaca* Baker
Yin Z. J. *et al.* 1168；腊哈村栗北大梁子沟谷，1700m。
分布区类型：14 – SH。

开口箭 *Campylandra chinensis*（Baker）M. N. Tamura *et al.*
《滇东南红河地区种子植物》记载。
分布区类型：15 – 2 – c。

弯蕊开口箭 *Campylandra wattii* C. B. Clarke
Yin Z. J. *et al.* 0902；阿姆山管护站后山至红星水库，1900m。
分布区类型：14 – SH。

山菅 *Dianella ensifolia*（Linn.）Redoute
照片凭证 DSC00512；梭罗村塔马山，2000m。
分布区类型：4。

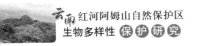

长叶竹根七 *Disporopsis longifolia* Craib
Yin Z. J. *et al.* 1132；腊哈村栗北大梁子沟谷，1700m。
分布区类型：7 - 4。

距花万寿竹 *Disporum calcaratum* D. Don
照片凭证 IMG_ 4085；车古乡阿期村，2200m。
分布区类型：14 - SH。

万寿竹 *Disporum cantoniense*（Loureiro）Merrill
YZHG0180；甲寅乡阿撒上寨至宝华乡打依村路口，2100m。
分布区类型：14 - SH。

横脉万寿竹 *Disporum trabeculatum* Gagnepain
YZHG0182；甲寅乡阿撒上寨至宝华乡打依村路口，2100m。
分布区类型：15 - 2 - b。

紫斑百合 *Lilium nepalense* D. Don
Yin Z. J. *et al.* 0732；天生桥管护站至俄垤公路边，2070m。
分布区类型：14 - SH。

沿阶草 *Ophiopogon bodinieri* H. Leveille
YZHG0509；车古乡阿期村，2200m。
分布区类型：15 - 2 - c。

褐鞘沿阶草 *Ophiopogon dracaenoides*（Baker）J. D. Hooker
《滇东南红河地区种子植物》记载。
分布区类型：7 - 4。

间型沿阶草 *Ophiopogon intermedius* D. Don
YZHG0568；瞭望塔至红星水库，2200m。
分布区类型：7 - 2。

滇黄精 *Polygonatum kingianum* Collett et Hemsley
《滇东南红河地区种子植物》记载。
分布区类型：7 - 4。

康定玉竹 *Polygonatum prattii* Baker
Yin Z. J. *et al.* 0893；阿姆山管护站后山至红星水库，1900m。
分布区类型：15 – 2 – a。

点花黄精 *Polygonatum punctatum* Royle ex Kunth
Yin Z. J. *et al.* 0941；阿姆山管护站后山至红星水库，1900m。
分布区类型：14 – SH。

294. 假叶树科 **Ruscaceae**

羊齿天门冬 *Asparagus filicinus* D. Don
《滇东南红河地区种子植物》记载。
分布区类型：7 – 3。

短梗天门冬 *Asparagus lycopodineus*（Baker）F. T. Wang et T. Tang
Yin Z. J. *et al.* 1036；此孔上寨至阿姆山山顶，2200m。
分布区类型：14 – SH。

295. 延龄草科 **Trilliaceae**

具柄重楼 *Paris fargesii* Franchet var. *petiolata*（Baker ex C. H. Wright）F. T. Wang et Tang
《滇东南红河地区种子植物》记载。
分布区类型：15 – 2 – b。

296. 雨久花科 **Pontederiaceae**

鸭舌草 *Monochoria vaginalis*（N. L. Burman）C. Presl ex Kunth
照片凭证 DSC0373。
分布区类型：4 – 1。

297. 菝葜科 **Smilacaceae**

肖菝葜 *Heterosmilax japonica* Kunth
《滇东南红河地区种子植物》记载。
分布区类型：14。

疣枝菝葜 *Smilax aspericaulis* Wallich ex A. de Candolle
Yin Z. J. *et al.* 0910；阿姆山管护站后山至红星水库，1900m。
分布区类型：7 – 2。

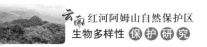

菝葜 *Smilax china* Linn.

《滇东南红河地区种子植物》记载。

分布区类型：7 – 4。

筐条菝葜 *Smilax corbularia* Kunth

《滇东南红河地区种子植物》记载。

分布区类型：7 – 1。

托柄菝葜 *Smilax discotis* Warburg

YZHG0300；甲寅乡阿撒上寨至洛恩乡哈龙村后山，2100m。

分布区类型：15 – 2 – c。

土茯苓 *Smilax glabra* Roxburgh

Yin Z. J. *et al.* 1099；架车乡牛威村，2000m。

分布区类型：7 – 2。

马甲菝葜 *Smilax lanceifolia* Roxburgh

《滇东南红河地区种子植物》记载。

分布区类型：7 – 1。

大果菝葜 *Smilax megacarpa* A. de Candolle

《滇东南红河地区种子植物》记载。

分布区类型：7 – 4。

小叶菝葜 *Smilax microphylla* C. H. Wright

《滇东南红河地区种子植物》记载。

分布区类型：15 – 2 – c。

纤柄菝葜 *Smilax pottingeri* Prain

YZHG0571；洛恩乡哈龙村，1900m。

分布区类型：7 – 3。

302. 天南星科 Araceae

滇磨芋 *Amorphophallus yunnanensis* Engler

《滇东南红河地区种子植物》记载。

分布区类型：7 – 4。

雷公连 *Amydrium sinense*（Engler）H. Li
Yin Z. J. *et al.* 0813；宝华乡期垤龙普村，1800m。
分布区类型：15 – 2 – b。

一把伞南星 *Arisaema erubescens*（Wallich）Schott
照片凭证 IMG_ 3537；宝华乡打依村路口至天生桥管护站，2050m。
分布区类型：14 – SH。

山珠南星 *Arisaema yunnanense* Buchet
YZHG0266；甲寅乡阿撒上寨至宝华乡打依村路口，2100m。
分布区类型：15 – 2 – a。

半夏 *Pinellia ternata*（Thunberg）Tenore ex Breitenbach
1994 年科考报告记载。
分布区类型：14 – SJ。

石柑子 *Pothos chinensis*（Rafinesque）Merrill
1994 年科考报告记载。
分布区类型：7 – 4。

早花岩芋 *Remusatia hookeriana* Schott
YZHG0062；宝华乡打依村路口至天生桥管护站，2050m。
分布区类型：14 – SH。

爬树龙 *Raphidophora decursiva*（Roxburgh）Schott
《滇东南红河地区种子植物》记载。
分布区类型：7 – 2。

大叶南苏 *Raphidophora peepla*（Roxb.）Schott
YZHG0344；甲寅乡阿撒上寨至洛恩乡哈龙村后山，2100m。
分布区类型：7 – 2。

311. 薯蓣科 Dioscoreaceae

丽叶薯蓣（梨果薯蓣）*Dioscorea aspersa* Prain et Burkill
Yin Z. J. *et al.* 1127；腊哈村栗北大梁子沟谷，1700m。
分布区类型：15 – 2 – a。

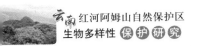

薯莨 *Dioscorea cirrhosa* Loureiro

YZHG0091；宝华乡打依村路口至天生桥管护站，2050m。

分布区类型：7－4。

光叶薯蓣 *Dioscorea glabra* Roxburgh

照片凭证 DSC00563；此孔上寨至阿姆山山顶，2000m。

分布区类型：7－1。

粘山药 *Dioscorea hemsleyi* Prain et Burkill

YZHG0183；甲寅乡阿撒上寨至宝华乡打依村路口，2100m。

分布区类型：7－4。

毛芋头薯蓣（高山薯蓣）*Dioscorea kamoonensis* Kunth

Yin Z. J. *et al.* 0722；天生桥管护站至俄垤公路边，2070m。

分布区类型：14－SH。

光亮薯蓣 *Dioscorea nitens* Prain et Burkill

Yin Z. J. *et al.* 0721；天生桥管护站至俄垤公路边，2070m。

分布区类型：15－1。

314. 棕榈科 Arecaceae

云南省藤 *Calamus acanthospathus* Griffith

1994 年科考报告记载。

分布区类型：7－4。

鱼尾葵 *Caryota maxima* Blume ex Martius

《滇东南红河地区种子植物》记载。

分布区类型：7－1。

董棕 *Caryota obtusa* Griffith

《滇东南红河地区种子植物》记载。

分布区类型：7－2。

棕榈 *Trachycarpus fortunei*（Hooker）H. Wendland

1994 年科考报告记载。

分布区类型：14－SH。

瓦理棕 *Wallichia gracilis* Beccari

《滇东南红河地区种子植物》记载。

分布区类型：15 – 2 – a。

315. 露兜树科 Pandanaceae

露兜树 *Pandanus tectorius* Parkinson

《滇东南红河地区种子植物》记载。

分布区类型：5。

318. 仙茅科 Hypoxidaceae

大叶仙茅 *Curculigo capitulata*（Lour.）Kuntze

YZHG0145；甲寅乡阿撒上寨至宝华乡打依村路口，2100m。

分布区类型：7。

绒叶仙茅 *Curculigo crassifolia*（Baker）J. D. Hooker

YZHG0149；甲寅乡阿撒上寨至宝华乡打依村路口，2100m。

分布区类型：14 – SH。

小金梅草 *Hypoxis aurea* Loureiro

YZHG0072；宝华乡打依村路口至天生桥管护站，2050m。

分布区类型：7 – 1。

323. 水玉簪科 Burmanniaceae

水玉簪 *Burmannia disticha* Linn.

Yin Z. J. *et al.* 0774；普咪林场，2000m。

分布区类型：5。

326. 兰科 Orchidaceae

金线兰 *Anoectochilus roxburghii*（Wallich）Lindley

Yin Z. J. *et al.* 0854；宝华乡期垤龙普村，1800m。

分布区类型：7 – 4。

筒瓣兰 *Anthogonium gracile* Lindley

Yin Z. J. *et al.* 0777；普咪林场，2000m。

分布区类型：7 – 2。

藓叶卷瓣兰 *Bulbophyllum retusiusculum* H. G. Reichenbach
Yin Z. J. *et al.* 1073；阿姆山山顶至瞭望塔，2000m。
分布区类型：7-1。

密花石豆兰 *Bulbophyllum odoratissimum*（Smith）Lindley
Yin Z. J. *et al.* 1174；腊哈村栗北大梁子沟谷，1700m。
分布区类型：14-SH。

密花虾脊兰 *Calanthe densiflora* Lindley
《滇东南红河地区种子植物》记载。
分布区类型：14-SH。

香花虾脊兰 *Calanthe odora* Griffith
《滇东南红河地区种子植物》记载。
分布区类型：7-2。

镰萼虾脊兰 *Calanthe puberula* Lindley
照片凭证 DSC_ 0170。
分布区类型：14。

羽唇叉柱兰 *Cheirostylis octodactyla* Ames
Yin Z. J. *et al.* 0962；此孔上寨至阿姆山山顶，2450m。
分布区类型：7-4。

眼斑贝母兰 *Coelogyne corymbosa* Lindley
YZHG0111；宝华乡打依村路口至天生桥管护站，2050m。
分布区类型：14-SH。

白花贝母兰 *Coelogyne leucantha* W. W. Smith
YZHG0184；甲寅乡阿撒上寨至宝华乡打依村路口，2100m。
分布区类型：15-2-a。

浅裂沼兰 *Crepidium acuminatum*（D. Don）Szlachetko
Yin Z. J. *et al.* 0773；普咪林场，2000m。
分布区类型：5。

建兰 *Cymbidium ensifolium*（Linn.）Swartz

照片凭证 DSC0194。

分布区类型：7。

长叶兰 *Cymbidium erythraeum* Lindley

Yin Z. J. *et al.* 0956；此孔上寨至阿姆山山顶，2000m。

分布区类型：14 – SH。

多花兰 *Cymbidium floribundum* Lindley

Yin Z. J. *et al.* 1197；腊哈村栗北大梁子沟谷，1700m。

分布区类型：15 – 2 – b。

虎头兰 *Cymbidium hookerianum* H. G. Reichenbach

YZHG0144；甲寅乡阿撒上寨至宝华乡打依村路口，2100m。

分布区类型：14 – SH。

寒兰 *Cymbidium kanran* Makino

《滇东南红河地区种子植物》记载。

分布区类型：14 – SJ。

兔耳兰 *Cymbidium lancifolium* Hooker

《滇东南红河地区种子植物》记载。

分布区类型：7 – 1。

墨兰 *Cymbidium sinense*（Jackson ex Andrews）Willdenow

《滇东南红河地区种子植物》记载。

分布区类型：7 – 2。

叠鞘石斛 *Dendrobium denneanum* Kerr

Yin Z. J. *et al.* 0953；阿姆山管护站后山至红星水库，1900m。

分布区类型：7 – 4。

梳唇石斛 *Dendrobium strongylanthum* H. G. Reichenbach

Yin Z. J. *et al.* 1165；腊哈村栗北大梁子沟谷，1700m。

分布区类型：7 – 4。

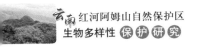
紫花美冠兰 *Eulophia spectabilis*（Dennstedt）Suresh
Yin Z. J. *et al.* 1230；阿姆山管护站至雷区，2050m。
分布区类型：5。

多叶斑叶兰 *Goodyera foliosa*（Lindley）Bentham ex C. B. Clarke
Yin Z. J. *et al.* 0949；阿姆山管护站后山至红星水库，1900m。
分布区类型：14。

坡参 *Habenaria linguella* Lindley
《滇东南红河地区种子植物》记载。
分布区类型：15 – 2 – b。

滇兰 *Hancockia uniflora* Rolfe
《滇东南红河地区种子植物》记载。
分布区类型：14 – SJ。

叉唇角盘兰 *Herminium lanceum*（Thunberg ex Swartz）Vuijk
Yin Z. J. *et al.* 0982；此孔上寨至阿姆山山顶，2100m。
分布区类型：7。

大花羊耳蒜 *Liparis distans* C. B. Clarke
《滇东南红河地区种子植物》记载。
分布区类型：7 – 2。

见血青 *Liparis nervosa*（Thunberg）Lindley
照片凭证 DSC09984。
分布区类型：2。

云南对叶兰 *Neottia yunnanensis*（S. C. Chen）Szlachetko
Yin Z. J. *et al.* 0964；此孔上寨至阿姆山山顶，2450m。
分布区类型：15 – 1 – c。

狭叶鸢尾兰 *Oberonia caulescens* Lindley
《滇东南红河地区种子植物》记载。
分布区类型：14 – SH。

齿唇兰 *Odontochilus lanceolatus*（Lindley）Blume
Yin Z. J. *et al.* 0803；宝华乡期垤龙普村，1800m。
分布区类型：14 – SH。

狭穗阔蕊兰 *Peristylus densus*（Lindley）Santapau & Kapadia
Yin Z. J. *et al.* 0772；普咪林场，2000m。
分布区类型：7 – 4。

滇桂阔蕊兰 *Peristylus parishii* H. G. Reichenbach
Yin Z. J. *et al.* 0752；天生桥管护站至俄垤公路边，2070m。
分布区类型：7 – 2。

Platanthera biermanniana（King & Pantl.）Kraenzl.
Yin Z. J. *et al.* 0986；此孔上寨至阿姆山山顶，2100m。
分布区类型：14 – SH。

云南独蒜兰 *Pleione yunnanensis*（Rolfe）Rolfe
Yin Z. J. *et al.* 1037；此孔上寨至阿姆山山顶，2200m。
分布区类型：15 – 2 – a。

艳丽菱兰 *Rhomboda moulmeinensis*（E. C. Parish & H. G. Reichenbach）Ormerod
Yin Z. J. *et al.* 0802；宝华乡期垤龙普村，1800m。
分布区类型：15 – 2 – b。

鸟足兰 *Satyrium nepalense* D. Don
《滇东南红河地区种子植物》记载。
分布区类型：7 – 2。

匙唇兰 *Schoenorchis gemmata*（Lindley）J. J. Smith
YZHG0140；甲寅乡阿撒上寨至宝华乡打依村路口，2100m。
分布区类型：7 – 4。

绶草 *Spiranthes sinensis*（Persoon）Ames
《滇东南红河地区种子植物》记载。
分布区类型：5。

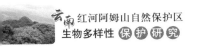
长喙兰 *Tsaiorchis neottianthoides* Tang et F. T. Wang
《滇东南红河地区种子植物》记载。

分布区类型：15 - 2 - a。

白肋线柱兰 *Zeuxine goodyeroides* Lindley

Yin Z. J. *et al.* 0855；宝华乡期垤龙普村，1800m。

分布区类型：14 - SH。

327. 灯心草科 Juncaceae

星花灯心草 *Juncus diastrophanthus* Buchenau

Yin Z. J. *et al.* 1105；架车乡牛威村，2000m。

分布区类型：14。

灯心草 *Juncus effusus* Linn.

YZHG0232；甲寅乡阿撒上寨至宝华乡打依村路口，2100m。

分布区类型：7。

笄石菖 *Juncus prismatocarpus* R. Brown

YZHG0535；么垤茶场至瞭望塔，2000m。

分布区类型：5。

野灯心草 *Juncus setchuensis* Buchenau ex Diels
《滇东南红河地区种子植物》记载。

分布区类型：14 - SJ。

331. 莎草科 Cyperaceae

浆果薹草 *Carex baccans* Nees

Yin Z. J. *et al.* 0776；普咪林场，2000m。

分布区类型：7。

复序薹草 *Carex composita* Boott

YZHG0242；甲寅乡阿撒上寨至宝华乡打依村路口，2100m。

分布区类型：14 - SH。

十字薹草 *Carex cruciata* Wahlenberg

YZHG0346；甲寅乡阿撒上寨至洛恩乡哈龙村后山，2100m。

分布区类型：6 - 2。

蕨状薹草 *Carex filicina* Nees
YZHG0443；阿姆山管护站至架车乡公路边，1900m。
分布区类型：7。

溪生薹草 *Carex fluviatilis* Boott
YZHG0393；洛恩乡普咪村至宝华乡俄垤村规垤海，1800m。
分布区类型：7 – 2。

糙毛薹草 *Carex hirtiutriculata* L. K. Dai
Yin Z. J. *et al.* 1242；阿姆山管护站至雷区，2050m。
分布区类型：15 – 1 – a – 1。

卵穗薹草 *Carex ovatispiculata* F. T. Wang et Y. L. Chang ex S. Yun Liang
Yin Z. J. *et al.* 0878；阿姆山管护站后山至红星水库，1900m。
分布区类型：15 – 2 – c。

丝引薹草 *Carex remotiuscula* Wahlenberg
YZHG0602；甲寅乡阿撒村，1800m。
分布区类型：14 – SJ。

花葶薹草 *Carex scaposa* C. B. Clarke
《滇东南红河地区种子植物》记载。
分布区类型：15 – 2 – b。

砖子苗 *Cyperus cyperoides*（Linn.）Kuntze
YZHG0133；甲寅乡阿撒上寨至宝华乡打依村路口，2100m。
分布区类型：4。

云南莎草 *Cyperus duclouxii* E. G. Camus
YZHG0354；甲寅乡阿撒上寨至洛恩乡哈龙村后山，2100m。
分布区类型：15 – 2 – a。

毛轴莎草 *Cyperus pilosus* Vahl
Yin Z. J. *et al.* 0848；宝华乡期垤龙普村，1800m。
分布区类型：5。

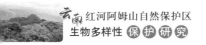

香附子 *Cyperus rotundus* Linn.

《滇东南红河地区种子植物》记载。

分布区类型：1。

透明鳞荸荠 *Eleocharis pellucida* J. Presl et C. Presl

YZHG0333；甲寅乡阿撒上寨至洛恩乡哈龙村后山，2100m。

分布区类型：7。

云南荸荠 *Eleocharis yunnanensis* Svenson

Yin Z. J. *et al.* 1084；架车乡牛威村，2000m。

分布区类型：15 – 1 – b。

复序飘拂草 *Fimbristylis bisumbellata*（Forsskal）Bubani

YZHG0502；车古乡阿期村，2200m。

分布区类型：4。

扁鞘飘拂草 *Fimbristylis complanata*（Retzius）Link

Yin Z. J. *et al.* 1226；阿姆山管护站至雷区，2050m。

分布区类型：2。

两歧飘拂草 *Fimbristylis dichotoma*（Linn.）Vahl

Yin Z. J. *et al.* 0765；天生桥管护站至俄垤公路边，2070m。

分布区类型：1。

印度灯心草 *Juncus clarkei* Buchenau

Yin Z. J. *et al.* 1005；此孔上寨至阿姆山山顶，2200m。

分布区类型：14 – SH。

短叶水蜈蚣 *Kyllinga brevifolia* Rottboll

YZHG0076；宝华乡打依村路口至天生桥管护站，2050m。

分布区类型：1。

湖瓜草 *Lipocarpha microcephala*（R. Brown）Kunth

Yin Z. J. *et al.* 1118；规普至牛红村，1700m。

分布区类型：5。

球穗扁莎 *Pycreus flavidus*（Retzius）T. Koyama
Yin Z. J. *et al.* 0767；天生桥管护站至俄垤公路边，2070m。
分布区类型：4。

红鳞扁莎 *Pycreus sanguinolentus*（Vahl）Nees ex C. B. Clarke
Yin Z. J. *et al.* 0849；宝华乡期垤龙普村，1800m。
分布区类型：4。

水毛花 *Schoenoplectus mucronatus*（Linn.）Palla subsp. *robustus*（Miquel）T. Koyama
Yin Z. J. *et al.* 1095；架车乡牛威村，2000m。
分布区类型：4。

水葱 *Schoenoplectus tabernaemontani*（C. C. Gmelin）Palla
Yin Z. J. *et al.* 1093；架车乡牛威村，2000m。
分布区类型：1。

332. 禾本科 Poaceae

华北剪股颖 *Agrostis clavata* Trinius
YZHG0011；宝华乡打依村路口至天生桥管护站，2050m。
分布区类型：8。

巨序剪股颖 *Agrostis gigantea* Roth
《滇东南红河地区种子植物》记载。
分布区类型：10。

看麦娘 *Alopecurus aequalis* Sobolewski
照片凭证 IMG_ 4749；甲寅乡阿撒村，1800m。
分布区类型：8。

藏黄花茅（西南黄花茅）*Anthoxanthum hookeri*（Grisebach）Rendle
Yin Z. J. *et al.* 0918；阿姆山管护站后山至红星水库，1900m。
分布区类型：14 – SH。

荩草 *Arthraxon hispidus*（Thunberg）Makino
YZHG0623；乐育乡窝伙垤村，1850m。
分布区类型：4。

373

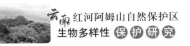
小叶荩草 *Arthraxon lancifolius*（Trinius）Hochstetter
《滇东南红河地区种子植物》记载。
分布区类型：6 - 2。

茅叶荩草 *Arthraxon prionodes*（Steudel）Dandy
《滇东南红河地区种子植物》记载。
分布区类型：6 - 2。

石芒草 *Arundinella nepalensis* Trinius
Yin Z. J. *et al.* 0844；宝华乡期垤龙普村，1800m。
分布区类型：4 - 1。

刺芒野古草 *Arundinella setosa* Trinius
Yin Z. J. *et al.* 0740；天生桥管护站至俄垤公路边，2070m。
分布区类型：5。

芦竹 *Arundo donax* Linn.
Yin Z. J. *et al.* 0828；宝华乡期垤龙普村，1800m。
分布区类型：4。

硬秆子草 *Capillipedium assimile*（Steudel）A. Camus
YZHG0132；甲寅乡阿撒上寨至宝华乡打依村路口，2100m。
分布区类型：7 - 1。

细柄草 *Capillipedium parviflorum*（R. Brown）Stapf
照片凭证 IMG_ 4776；甲寅乡阿撒村，1800m。
分布区类型：4。

小花方竹 *Chimonobambusa microfloscula* McClure
Z s. n.
分布区类型：15 - 1 - d。

宁南方竹 *Chimonobambusa ningnanica* Hsueh et L. Z. Gao
1994 年科考报告记载。
分布区类型：15 - 2 - a。

灰香竹 *Chimonocalamus pallens* Hsueh et T. P. Yi

Z s. n.

分布区类型：15 – 1 – e。

小丽草 *Coelachne simpliciuscula*（Wight et Arnott ex Steudel）Munro ex Bentham

Yin Z. J. *et al.* 1112；架车乡牛威村，2000m。

分布区类型：7 – 4。

狗牙根 *Cynodon dactylon*（Linn.）Persoon

YZHG0413；洛恩乡普咪村至宝华乡俄垤村规垤海，1800m。

分布区类型：2。

弓果黍 *Cyrtococcum patens*（Linn.）A. Camus

YZHG0587；洛恩乡哈龙村，1900m。

分布区类型：5。

小叶龙竹 *Dendrocalamus barbatus* Hsueh et D. Z. Li

Z s. n.

分布区类型：15 – 1 – a – 3。

龙竹 *Dendrocalamus giganteus* Munro

Z s. n.

分布区类型：15 – 1 – d。

建水龙竹 *Dendrocalamus jianshuiensis* Hsueh et D. Z. Li

Z s. n.

分布区类型：15 – 1 – a – 2。

野龙竹 *Dendrocalamus semiscandens* Hsueh et D. Z. Li

Z s. n.

分布区类型：15 – 1 – a – 3。

锡金龙竹 *Dendrocalamus sikkimensis* Gamble ex Oliv.

Z s. n.

分布区类型：14 – SH。

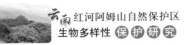

云南龙竹 *Dendrocalamus yunnanicus* Hsueh et D. Z. Li
Z s. n.
分布区类型：15 - 1 - d。

纤毛马唐 *Digitaria ciliaris*（Retzius）Koeler
Yin Z. J. *et al.* 0733；天生桥管护站至俄垤公路边，2070m。
分布区类型：2。

十字马唐 *Digitaria cruciata*（Nees ex Steudel）A. Camus
Yin Z. J. *et al.* 0751；天生桥管护站至俄垤公路边，2070m。
分布区类型：14 - SH。

红尾翎 *Digitaria radicosa*（J. Presl）Miquel
YZHG0525；么垤茶场至瞭望塔，2000m。
分布区类型：5。

海南马唐 *Digitaria setigera* Roth ex Roemer et Schultes
YZHG0507；车古乡阿期村，2200m。
分布区类型：4。

光头稗 *Echinochloa colona*（Linn.）Link
YZHG0501；车古乡阿期村，2200m。
分布区类型：1。

西来稗 *Echinochloa crusgalli*（Linn.）P. Beauvois var. *zelayensis*
（Kunth）Hitchcock
Yin Z. J. *et al.* 0745；天生桥管护站至俄垤公路边，2070m。
分布区类型：3。

牛筋草 *Eleusine indica*（Linn.）Gaertner
照片凭证 IMG_ 3996；宝华乡打依村路口至天生桥管护站，2050m。
分布区类型：2。

柯孟披碱草 *Elymus kamoji*（Ohwi）S. L. Chen
YZHG0562；瞭望塔至红星水库，2200m。
分布区类型：14 - SJ。

知风草 *Eragrostis ferruginea* (Thunberg) P. Beauvois
照片凭证 IMG_ 4393；么垤茶场至瞭望塔，2100m。
分布区类型：14。

黑穗画眉草 *Eragrostis nigra* Nees ex Steudel
YZHG0086；宝华乡打依村路口至天生桥管护站，2050m。
分布区类型：7－2。

细叶画眉草(鼠妇草) *Eragrostis nutans* (Retzius) Nees ex Steudel
YZHG0135；甲寅乡阿撒上寨至宝华乡打依村路口，2100m。
分布区类型：7。

四脉金茅 *Eulalia quadrinervis* (Hackel) Kuntze
Yin Z. J. *et al.* 0738；天生桥管护站至俄垤公路边，2070m。
分布区类型：7－4。

二色金茅 *Eulalia siamensis* Bor
Yin Z. J. *et al.* 1076；架车乡牛威村，2000m。
分布区类型：7－3。

金茅 *Eulalia speciosa* (Debeaux) Kuntze
YZHG0621；乐育乡窝伙垤村，1850m。
分布区类型：7。

冬竹 *Fargesia hsuehiana* T. P. Yi
Yin Z. J. *et al.* 1008；此孔上寨至阿姆山山顶，2450m。
分布区类型：15－1－e。

华西箭竹 *Fargesia nitida* (Mitford) P. C. Keng ex T. P. Yi
1994 年科考报告记载。
分布区类型：15－2－c。

弱序羊茅 *Festuca leptopogon* Stapf
YZHG0624；乐育乡窝伙垤村，1850m。
分布区类型：7－1。

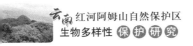

黄茅 *Heteropogon contortus*（Linn.）P. Beauvois ex Roemer et Schultes
《滇东南红河地区种子植物》记载。
分布区类型：2。

大白茅 *Imperata cylindrica*（Linn.）Raeuschel var. *major*（Nees）C. E. Hubbard
YZHG0381；洛恩乡普咪村至宝华乡俄埕村规埕海，1800m。
分布区类型：5。

中华大节竹 *Indosasa sinica* C. D. Chu et C. S. Chao
张国学 s. n.
分布区类型：15－2－a。

白花柳叶箬 *Isachne albens* Trinius
YZHG0243；甲寅乡阿撒上寨至宝华乡打依村路口，2100m。
分布区类型：7－1。

小柳叶箬 *Isachne clarkei* J. D. Hooker
Yin Z. J. *et al.* 1066；阿姆山山顶至瞭望塔，2000m。
分布区类型：7－1。

柳叶箬 *Isachne globosa*（Thunberg）Kuntze
《滇东南红河地区种子植物》记载。
分布区类型：5。

李氏禾 *Leersia hexandra* Swartz
Yin Z. J. *et al.* 1091；架车乡牛威村，2000m。
分布区类型：2。

刚莠竹 *Microstegium ciliatum*（Trinius）A. Camus
YZHG0603；甲寅乡阿撒村，1800m。
分布区类型：7。

竹叶茅 *Microstegium nudum*（Trinius）A. Camus
YZHG0349；甲寅乡阿撒上寨至洛恩乡哈龙村后山，2100m。
分布区类型：4。

柄莠竹 *Microstegium petiolare*（Trinius）Bor
Yin Z. J. *et al.* 0701；天生桥管护站至俄垤公路边，2070m。
分布区类型：14 – SH。

柔枝莠竹 *Microstegium vimineum*（Trinius）A. Camus
Yin Z. J. *et al.* 0823；宝华乡期垤龙普村，1800m。
分布区类型：11。

五节芒 *Miscanthus floridulus*（Labillardière）Warburg ex K. Schumann et Lauterbach
YZHG0591；洛恩乡哈龙村，1900m。
分布区类型：7 – 4。

芒 *Miscanthus sinensis* Andersson
《滇东南红河地区种子植物》记载。
分布区类型：14 – SJ。

乱子草 *Muhlenbergia huegelii* Trinius
照片凭证 DSC00377；普咪林场，2001m。
分布区类型：11。

类芦 *Neyraudia reynaudiana*（Kunth）Keng ex Hitchcock
《滇东南红河地区种子植物》记载。
分布区类型：7 – 1。

竹叶草 *Oplismenus compositus*（Linn.）P. Beauvois
Yin Z. J. *et al.* 0757；天生桥管护站至俄垤公路边，2070m。
分布区类型：4。

大叶竹叶草 *Oplismenus compositus*（Linn.）P. Beauvois var. *owatarii*（Honda）J. Ohwi
《滇东南红河地区种子植物》记载。
分布区类型：14 – SJ。

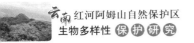

滇西黍 *Panicum khasianum* Munro ex J. D. Hooker
Yin Z. J. *et al.* 0742；天生桥管护站至俄垤公路边，2070m。
分布区类型：14 – SH。

双穗雀稗 *Paspalum distichum* Linn.
Yin Z. J. *et al.* 0718；天生桥管护站至俄垤公路边，2070m。
分布区类型：2。

鸭跎草 *Paspalum scrobiculatum* Linn.
YZHG0418；洛恩乡普咪村至宝华乡俄垤村规垤海，1800m。
分布区类型：4。

雀稗 *Paspalum thunbergii* Kunth ex Steudel
Yin Z. J. *et al.* 1092；架车乡牛威村，2000m。
分布区类型：14。

白草 *Pennisetum flaccidum* Grisebach
1994 年科考报告记载。
分布区类型：12。

早熟禾 *Poa annua* Linn.
YZHG0106；宝华乡打依村路口至天生桥管护站，2050m。
分布区类型：1。

金丝草 *Pogonatherum crinitum*（Thunberg）Kunth
YZHG0079；宝华乡打依村路口至天生桥管护站，2050m。
分布区类型：5。

金发草 *Pogonatherum paniceum*（Lamarck）Hackel
YZHG0598；洛恩乡哈龙村，1900m。
分布区类型：5。

棒头草 *Polypogon fugax* Nees ex Steudel
YZHG0104；宝华乡打依村路口至天生桥管护站，2050m。
分布区类型：11。

长齿蔗茅 *Saccharum longesetosum* (Andersson) V. Narayanaswami
Yin Z. J. *et al.* 0837；宝华乡期垤龙普村，1800m。
分布区类型：7-3。

蔗茅 *Saccharum rufipilum* Steudel
照片凭证 DSC_ 0109；天生桥管护站至俄垤公路边，2050m。
分布区类型：14-SH。

囊颖草 *Sacciolepis indica* (Linn.) Chase
YZHG0230；甲寅乡阿撒上寨至宝华乡打依村路口，2100m。
分布区类型：4。

旱茅 *Schizachyrium delavayi* (Hackel) Bor
Yin Z. J. *et al.* 0820；宝华乡期垤龙普村，1800m。
分布区类型：14-SH。

棕叶狗尾草 *Setaria palmifolia* (J. Konig) Stapf
YZHG0289；甲寅乡阿撒上寨至洛恩乡哈龙村后山，2100m。
分布区类型：6。

皱叶狗尾草 *Setaria plicata* (Lamarck) T. Cooke
YZHG0237；甲寅乡阿撒上寨至宝华乡打依村路口，2100m。
分布区类型：7。

金色狗尾草 *Setaria pumila* (Poiret) Roemer et Schultes
YZHG0606；甲寅乡阿撒村，1800m。
分布区类型：16。

鼠尾粟 *Sporobolus fertilis* (Steudel) Clayton
YZHG0116；宝华乡打依村路口至天生桥管护站，2050m。
分布区类型：7。

苞子菅 *Themeda caudata* (Nees) A. Camus
Yin Z. J. *et al.* 0790；普咪林场，2000m。
分布区类型：7。

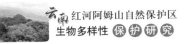

黄背草 *Themeda triandra* Forsskål
《滇东南红河地区种子植物》记载。
分布区类型：4。

粽叶芦 *Thysanolaena latifolia*（Roxburgh ex Hornemann）Honda
YZHG0356；甲寅乡阿撒上寨至洛恩乡哈龙村后山，2100m。
分布区类型：7。

三毛草 *Trisetum bifidum*（Thunberg）Ohwi
YZHG0552；瞭望塔至红星水库，2200m。
分布区类型：14 – SJ。

金平玉山竹 *Yushania bojieiana* T. P. Yi
Yin Z. J. *et al.* 0938；阿姆山管护站后山至红星水库，1900m。
分布区类型：15 – 1 – e。

绿春玉山竹 *Yushania brevis* T. P. Yi
Yin Z. J. *et al.* 0867；梭罗村塔马山，2000m。
分布区类型：15 – 1 – d。

阿姆山自然保护区陆栖脊椎动物名录

一、两栖、爬行动物名录

物种	区系	垂直分布（m）	保护级别	IUCN–RL	China–RL	资料来源
两栖纲						
Ⅰ. 有尾目 CAUDATA						
一、蝾螈科 Salamandridae						
1. 红瘰疣螈 *Tylototriton verrucosus*	西南—华南	1000 ~ 2700	Ⅱ	LC	NT	O
Ⅱ. 无尾目 ANURA						
二、角蟾科 Megophryidae						
2. 费氏短腿蟾 *Brachytarsophrys feae*	西南—华南	650 ~ 2200		LC		O
3. 小角蟾 *Megophrys minor*	南中国广布	550 ~ 2400		LC	LC	O
4. 景东角蟾 *Megophrys Jingdongensis*	西南—华南	1650 ~ 2400	云南	LC	O	
5. 掌突蟾 *Leptolalax pelodytoides*	西南—华南	800 ~ 1600		LC	VU	O
6. 沙巴拟髭蟾 *Leptobrachium chapaensis*	华南	1000 ~ 1900		LC		O
7. 哀牢髭蟾 *Leptobrachium ailaonicum*	西南—华南	800 ~ 2600		NT		O
三、蟾蜍科 Bufonidae						
8. 华西蟾蜍 *Bufo bufo*	广布	750 ~ 2700		LC		L

（续）

物种	区系	垂直分布（m）	保护级别	IUCN-RL	China-RL	资料来源
9. 黑眶蟾蜍 *Bufo melanostictus*	南中国广布	1700		LC	LC	O
10. 无棘溪蟾 *Torrentophryne aspinia*	西南	1400~2200		NE		O
Ⅱ. 蛙科 Ranidae						
11. 安氏臭蛙 *Odorrana andersonii*	西南—华南	200~2100		LC	VU	O
12. 滇蛙 *Rana pleuraden*	西南—华南	1800~3000		LC		O
13. 棘肛蛙 *Rana unculuanus*	华南	1650~2200		NE		O
14. 双团棘胸蛙 *Rana yunnanensis*	南中国广布	1500~2400		EN	VU	O
五、树蛙科 Rhacophoridae						
15. 白颊小树蛙 *Philautus palpebralis*	华南	1000~1900		NT		O
16. 斑腿泛树蛙 *Polypedates leucomystax*	南中国广布	800~1600		LC	LC	O
17. 红蹼树蛙 *Rhacophorus rhodopus*	华南	80~2100		LC	LC	L
六、姬蛙科 Microhylidae						
18. 粗皮姬蛙 *Microhyla butleri*	南中国广布	220~1500		LC		O
19. 小弧斑姬蛙 *Microhyla heymonsi*	南中国广布	70~1515		LC	LC	O
爬行纲						
有鳞目 SQUAMATA						
一、鬣蜥科 Agamidae						
1. 蚌西树蜥 *Calotes kakhienensis*	华南	1800~2400		NE	LC	O
2. 云南攀蜥 *Japalura yunnanensis*	西南—华南	2100		LC		L
二、石龙子科 Scincidae						
3. 长肢滑蜥 *Scincella doriae*	西南—华南	640~2150		NE		O

（续）

物种	区系	垂直分布（m）	保护级别	IUCN-RL	China-RL	资料来源
三、游蛇科 Colubridae						
4. 三索锦蛇 *Elaphe radiate*	华南	800～1800			VU	L
5. 黑眉锦蛇 *Elaphe taeniura*	广布	1000～2000			VU	O
6. 绿锦蛇 *Elaphe prasina*	西南—华南	60～1620		NE		L
7. 棕网腹链蛇 *Amphiesma johannis*	西南—华南	2300～2600		NE		O
8. 八线腹链蛇 *Amphiesma octolineata*	西南—华南	1000～2000			LC	L
9. 斜鳞蛇 *Pseudoxenodon macrops*	南中国广布	1600～2600		LC	LC	O
10. 灰鼠蛇 *Ptyas korros*	南中国广布	210～1650			VU	L
11. 绿瘦蛇 *Ahaetulla prasina*	华南	90～1620		LC	LC	L
四、眼镜蛇科 Elapidae						
12. 银环蛇 *Bungarus muliticinctus*	南中国广布	800～1500		NE	VU	O
五、蝰科 Viperidae						
13. 云南竹叶青 *Trimeresurus yunnanensis*	西南—华南	1500～2200		DD		O

注：NE：未做评估；LC：无危；DD：数据缺乏；NT：近危；VU：易危；EN：濒危；CR：极危；NA：不宜评估。

二、鸟 类

物 种	栖息生境	区系从属	居留类型	保护级别	资料来源	数量等级
I . 鹳形目 CICONIIFORMES						
一、鹭科 Ardeidae						
1. 白鹭 *Egretta garzetta*	W，A	O	R		O	S
2. 绿鹭 *Butorides striatus*	W，A	OP	R		O	S
3. 池鹭 *Ardeola bacchus*	W，A	O	R		O	S
4. 栗苇鳽 *Ixobrychus cinnamomeus*	W，A	O	S		O	S

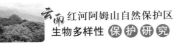

（续）

物　种	栖息生境	区系从属	居留类型	保护级别	资料来源	数量等级
Ⅱ. 雁形目 ANSERIFORMES						
二、鸭科 Anatidae						
5. 鸳鸯 *Aix galericulata*	W	P	R	Ⅱ, NT	O	S
Ⅲ. 隼形目 FALCONIFORMES						
三、鹰科 Accipitridae						
6. 凤头蜂鹰 *Pernis ptilorhynchus*	BF, NF	OP	W	Ⅱ, CⅡ	O	C
7. 松雀鹰 *Accipiter virgatus*	BF, NF	O	R	Ⅱ, CⅡ	L	
8. 普通𫛭 *Buteo buteo*	A, BF, NF	P	W	Ⅱ, CⅡ	L	
四、隼科 Falconidae						
9. 游隼 *Falco subbuteo*	A, BF, NF	OP	R	Ⅱ, CⅡ	O	S
10. 红脚隼 *Falco vespertinus*	A, BF, NF	OP	R	Ⅱ, CⅡ	O	S
Ⅳ. 鸡形目 GALLIFORMES						
五、雉科 nleasianidae						
11. 蓝胸鹑 *Coturnix chinensis*	A, B	O	R		L	
12. 鹌鹑 *Coturnix japonica*	B, G	P	W		L	
13. 棕胸竹鸡 *Bambusicola fytchii*	BF, B	O	R		O	C
14. 红喉山鹧鸪 *Arborophila rugogularis*	BF	O	R		O	S
15. 褐胸山鹧鸪 *Arborophila brunneopectus*	BF	O	R		O	S
16. 鹧鸪 *Francolinus pintadeanus*	A, B	O	R		L	
17. 原鸡 *Gallus gallus*	B, BF	O	R	Ⅱ	O, V	S
18. 白鹇 *Lophura nycthemera*	BF	O	R	Ⅱ	O, V	S
19. 雉鸡 *Phasianus colchicus*	A, B, G	OP	R		L	
20. 白腹锦鸡 *Chrysolophus amherstiae*	BF, NF	O	R	Ⅱ	O, V	S
Ⅴ. 鹤形目 GRUIFORMES						
六、秧鸡科 Railidae						
21. 白胸苦恶鸟 *Amaurornis phoenicurus*	W	O	R		O	S
七、三趾鹑科 Turnicidae						
22. 棕三趾鹑 *Turnix suscitator*	B	O	R		O	S
Ⅵ. 鸽形目 COLUMBIFORMES						
八、鸠鸽科 Columbidae						
23. 楔尾绿鸠 *Treron sphenurus*	BF, MF	O	R	Ⅱ	O	S

386

（续）

物　　　种	栖息生境	区系从属	居留类型	保护级别	资料来源	数量等级
24. 山斑鸠 *Streptopelia orientalis*	A, BF, MF	OP	R		O	S
25. 珠颈斑鸠 *Streptopelia chinensis*	A, BF	O	R		O	S
26. 火斑鸠 *Streptopelia tranquebarica*	A, B	OP	R		L	
Ⅶ. 鹃形目 CUCULIFORMES						
九、杜鹃科 Cuculidae						
27. 四声杜鹃 *Cuculus micropterus*	BF, MF, NF	OP	S		L	
28. 小杜鹃 *Cuculus poliocephalus*	BF, MF, NF	O	S		L	
29. 褐翅鸦鹃 *Centropus sinensis*	B, BF	O	R	II, NT	O	S
30. 小鸦鹃 *Centropus bengalensis*	BF, MF, NF	O	R	II, NT	L	
31. 噪鹃 *Eudynamys scolopacea*	MF	O	S		L	
Ⅷ. 鸮形目 STRIFORMES						
十、鸱鸮科 Strigidae						
32. 领鸺鹠 *Glaucidium brodiei*	BF, MF, NF	O	R	II, CⅡ	O	S
33. 斑头鸺鹠 *Glaucidium cuculoides*	BF, MF, NF	O	R	II, CⅡ	O	S
34. 领角鸮 *Otus bakkamoena*	BF, MF, NF	O	R	II, CⅡ	L	
35. 雕鸮 *Bubo bubo*	BF, MF, NF	OP	R	II, CⅡ	L	
Ⅸ. 夜鹰目 CAPRMULGIFORMES						
十一、夜鹰科 Caprimulgidae						
36. 普通夜鹰 *Caprimulgus indicus*	BF, MF, NF	OP	S		O	S
Ⅹ. 雨燕目 APODIFORMES						
十二、雨燕科 Apodidae						
37. 小白腰雨燕 *Apus affinis*	BF, MF, NF	O	S		O	C
38. 白腰雨燕 *Apus pacificus*	BF, MF, NF	OP	S		L	
Ⅺ. 佛法僧目 CORACIIFORMES						
十三、翠鸟科 Alcedinidae						
39. 普通翠鸟 *Alcedo atthis*	W	OP	R		O	S
40. 白胸翡翠 *Halcyon smyrnensis*	W	O	R		L	
Ⅻ. 咬鹃目 TROGONIFORMES						
十四、咬鹃科 Trogonidae						
41. 红头咬鹃 *Harpactes erythrocephalus*	BF, MF	O	R		L	
ⅩⅢ. 鴷形目 PICIFORIMES						

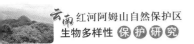

（续）

物　　种	栖息 生境	区系 从属	居留 类型	保护 级别	资料 来源	数量 等级
十五、须䴕科 Capitonidae						
42. 大拟啄木鸟 *Megalaima virens*	BF，MF	O	R		O	S
43. 蓝喉拟啄木鸟 *Megalaima asiatica*	BF，MF	O	R		O	C
44. 金喉拟啄木鸟 *Megalaima franklinii*	BF，MF	O	R		L	
十六、啄木鸟科 Picidae						
45. 斑姬啄木鸟 *Picumnus innominatus*	BF，MF	O	R		O	S
46. 大斑啄木鸟 *Picoides major*	BF，MF，NF	OP	R		O	S
47. 灰头绿啄木鸟 *Picus canus*	BF，MF，NF	OP	R		O	S
48. 星头啄木鸟 *Picoides canicapillus*	BF，MF，NF	OP	R		O	S
49. 黄嘴噪啄木鸟 *Blythipicus pyrrhotis*	BF，MF，NF	O	R		L	
50. 赤胸啄木鸟 *Picoides cathpharius*	BF	O	R		L	
51. 纹胸啄木鸟 *Picoides atratus*	BF	O	R		L	
52. 棕腹啄木鸟 *Picoides hyperythrus*	BF	OP	W		L	
53. 蚁䴕 *Jynx torquilla*	B，F	OP	W		L	
ⅩⅣ. 雀形目 PASSERIFORMES						
十七、百灵科 Alaudidae						
54. 小云雀 *Alauda gulgula*	A，G	O	R		O	S
十八、燕科 Himndinidae						
55. 家燕 *Hirundo rustica*	A，G，F	OP	S		O	C
56. 黑喉毛脚燕 *Delichon nipalensis*	F	O	R		O	S
57. 金腰燕 *Hirundo daurica*	A，F	OP	S		O	S
十九、鹡鸰科 Motacillidae						
58. 白鹡鸰 *Motacilla alba*	A，G，F	OP	R		O	C
59. 灰鹡鸰 *Motacilla cinerea*	A，G，F	P	R		O	S
60. 树鹨 *Anthus hodgsoni*	A，G，F	OP	W		L	
61. 山鹨 *Anthus sylvanus*	A，G，F	O	R		L	
二十、山椒鸟科 Campephagidae						
62. 粉红山椒鸟 *Pericrocotus roseus*	BF，MF，NF	O	R		L	
63. 长尾山椒鸟 *Pericrocotus ethologus*	BF，MF，NF	O	R		O	S
64. 短嘴山椒鸟 *Pericrocotus brevirostris*	BF，MF，NF	O	R		O	C
65. 赤红山椒鸟 *Pericrocotus brevirostrii*	BF，MF，NF	O	R		O	S

（续）

物　种	栖息生境	区系从属	居留类型	保护级别	资料来源	数量等级
二十一、鹎科 Pycnontidae						
66. 白喉红臀鹎 *Pycnonotus aurigaster*	B,BF	O	R		O	C
67. 黄臀鹎 *Pycnonotus xanthorrhous*	B,BF,MF	O	R		O	C
68. 黑鹎 *Hypsipetes madagascariensis*	MF	O	R		O	S
69. 凤头雀嘴鹎 *Spizixos canifrons*	B,BF,MF	O	R		O	C
70. 绿短脚鹎 *Hypsipetes mcclellandii*	B,BF,MF	O	R		O	C
71. 纵纹绿鹎 *Pycnonotus striatus*	BF	O	R		L	
二十二、和平鸟科 Irenidae						
72. 橙腹叶鹎 *Chloropsis hardwickei*	BF,MF	O	R		L	
二十三、伯劳科 Lanidae						
73. 红尾伯劳 *Lanius cristatus*	B,F	P	W		O	S
74. 棕背伯劳 *Lanius schach*	A,B,F	O	R		O	S
二十四、黄鹂科 Oriolidae						
75. 黑枕黄鹂 *Oriolus chinensis*	BF,MF	OP	R		O	S
二十五、卷尾科 Dicmridae						
76. 黑卷尾 *Dicrurus macrocercus*	A,G	OP	R		O	S
77. 灰卷尾 *Dicrurus leucophaeus*	BF,MF	OP	R		O	S
二十六、鸦科 Corvidae						
78. 红嘴蓝鹊 *Urocissa erythrorhyncha*	BF,MF,NF	OP	R		O	C
79. 大嘴乌鸦 *Corvus macrorhynchos*	A,G,F	OP	R		L	
80. 灰树鹊 *Dendrocitta formosae*	BF,MF,NF	O	R		O	S
二十七、鹪鹩科 Troglodytidae						
81. 鹪鹩 *Troglodytes troglodytes*	BF,MF	OP	R		O	S
二十八、鸫科 Turdidae						
82. 鹊鸲 *Copsychus saularis*	A,B,	O	R		O	S
83. 红尾水鸲 *Rhyacornis fuliginosus*	FW	OP	R		O	S
84. 白尾斑蓝地鸲 *Cinclidium leucurum*	BF,MF,NF	O	R		O	S
85. 斑背燕尾 *Enicurus maculatus*	FW	O	R		O	S
86. 黑背燕尾 *Enicurus leschenaulti*	FW	O	R		O	S
87. 灰林鸲 *Saxicola ferrea*	B,BF,MF,NF	O	R		O	C
88. 黑喉石鸲 *Saxicola torquata*	A,B,G	OP	R		O	S

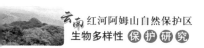
（续）

物 种	栖息生境	区系从属	居留类型	保护级别	资料来源	数量等级
89. 蓝矶鸫 *Monticola solitarius*	BF,MF	OP	R		O	S
90. 栗腹矶鸫 *Monticola rufiventris*	BF,MF	O	R		O	S
91. 灰翅鸫 *Turdus boulboul*	BF,MF,NF	O	R		O	S
92. 光背地鸫 *Zoothera mollissima*	BF,MF	O	W		O	S
93. 虎斑地鸫 *Zoothera dauma*	BF,MF,NF	OP	R		O	S
94. 紫啸鸫 *Myiophoneus caerulelus*	F,BF,MF,FW	O	R		O	S
95. 黑胸鸫 *Turdus dissimilis*	BF,MF,NF	O	R		L	
二十九、画鹛科 Timaliinae						
96. 画眉 *Garrulax canorus*	B,BF,MF,NF	O	R		L	
97. 棕颈钩嘴鹛 *Pomatorhinus ruficollis*	BF,MF,NF	O	R		O	C
98. 锈脸钩嘴鹛 *Pomatorhinus erythrocnemis*	BF,MF,NF	O	R		O	C
99. 红嘴钩嘴鹛 *Pomatorhinus ferruginosus*	BF	O	R		O	S
100. 小鳞胸鹪鹛 *Pnoepyga pusilla*	BF,MF,NF	O	R		L	
101. 红头穗鹛 *Stachyris fuficeps*	BF,MF,NF	O	R		O	C
102. 矛纹草鹛 *Babax lanceolatus*	B,G,F	O	R		O	C
103. 灰翅噪鹛 *Garrulax cineraceus*	BF,MF,NF	O	R		O	S
104. 白颊噪鹛 *Garrulax sannio*	B,BF,MF,NF	O	R		O	
105. 斑胸噪鹛 *Garrulax merulinus*	BF,MF,NF	O	R		O	S
106. 红头噪鹛 *Garrulax erythrocephalus*	BF,MF	O	R		L	
107. 黑喉噪鹛 *Garrulax chinensis*	B,BF,MF,NF	O	R	NT	L	
108. 赤尾噪鹛 *Garrulax milnei*	BF,MF	O	R		L	
109. 蓝翅希鹛 *Minla cyanouroptera*	BF,MF	O	R		O	Y
110. 斑喉希鹛 *Minla strigula*	BF,MF	O	R		O	S
111. 火尾希鹛 *Minla ignotincta*	BF,MF	O	R		O	C
112. 金胸雀鹛 *Alcippe chrysottis*	BF,MF	O	R		O	S
113. 栗头雀鹛 *Alcippe castaneceps*	BF,MF	O	R		L	
114. 褐头雀鹛 *Alcippe cinereiceps*	BF,MF,NF	OP	R		O	S
115. 褐胁雀鹛 *Alcippe dubia*	BF,MF,NF	O	R		O	C
116. 灰眶雀鹛 *Alcippe morrisonia*	BF,MF,NF	O	R		O	Y
117. 白腹凤鹛 *Yuhina zantholeuca*	BF,MF,NF	O	R		O	S
118. 白领凤鹛 *Yuhina bakeri*	BF,MF,NF	O	R		O	C

（续）

物　　种	栖息 生境	区系 从属	居留 类型	保护 级别	资料 来源	数量 等级
119. 黄颈凤鹛 *Yuhina flavicollis*	BF,MF,NF	O	R		O	Y
120. 纹喉凤鹛 *Yuhina gularis*	BF,MF,NF	O	R		O	C
121. 黑头奇鹛 *Heterophasia melanoleuca*	BF,MF,NF	O	R		O	C
122. 红翅薮鹛 *Liocichla phoenisea*	BF,MF,NF	O	R		O	S
123. 银耳相思鸟 *Leiothrix argentauris*	BF,MF	O	R	NT C II	O	S
124. 红嘴相思鸟 *Leiothrix lutea*	BF,MF	O	R	NT C II	O	C
125. 点胸鸦雀 *Paradoxornis guttaticollis*	B,BF	O	R		O	S
126. 褐翅鸦雀 *Paradoxornis brunneus*	B,BF	O	R		O	S
127. 白眶斑翅鹛 *Actinodura ramsayi*	BF,MF	O	R		O	S
128. 灰头斑翅鹛 *Actinodura souliei*	BF,MF	O	R		L	
129. 栗额鹎鹛 *Pteruthius aenobarbus*	BF,MF	O	R		O	S
130. 栗喉鹎鹛 *Pteruthius melanotis*	BF,MF	O	R		O	S
131. 红翅鹎鹛 *Pteruthius flaviscapis*	BF,MF,NF	O	R		O	C
三十、莺科 Sylviinae						
132. 强脚树莺 *Cettia fortipes*	B,BF	O	R		O	S
133. 黄腹树莺 *Cettia acanthizoides*	BF,MF,NF	O	R		O	S
134. 黄胸柳莺 *Phylloscopus cantator*	BF,MF,NF	O	R		O	S
135. 栗头地莺 *Tesia castaneocoronata*	BF,MF,NF	O	R		O	S
136. 灰腹地莺 *Tesia cyaniventer*	BF	O	R		O	S
137. 山鹪莺 *Prinia criniger*	B,BF	O	R		O	S
138. 灰胸鹪莺 *Prinia hodgsonii*	B,BF	O	R		O	S
139. 褐头鹪莺 *Prinia inornata*	B,BF,MF	O	R		O	S
140. 黑喉山鹪莺 *Prinia atrogularis*	B,BF,MF	O	R		O	C
141. 金头缝叶莺 *Orthotomus cucullatus*	B,BF,MF	O	R		O	S
142. 棕腹柳莺 *Phylloscopus subaffinis*	B,BF,MF	O	R		L	
143. 褐柳莺 *Phylloscopus fuscatus*	B,MF,NF	OP	W		O	S
144. 黄腹柳莺 *Phylloscopus affinis*	B,BF,MF	OP	S		O	C
145. 橙斑翅柳莺 *Phylloscopus pulcher*	BF,MF,NF	O	R		O	S
146. 灰喉柳莺 *Phylloscopus maculipennis*	BF,MF,NF	P	W		O	S
147. 黄腰柳莺 *Phylloscopus proregulus*	BF,MF,NF	P	W		O	S
148. 黄眉柳莺 *Phylloscopus inornatus*	BF,MF,NF	P	W		O	S

（续）

物　　种	栖息生境	区系从属	居留类型	保护级别	资料来源	数量等级
149. 冠纹柳莺 *Phylloscopus reguloides*	BF, MF, NF	OP	W		O	C
150. 白斑尾柳莺 *Phylloscopus davisoni*	BF, MF, NF	O	W		O	C
151. 黑脸鹟莺 *Abroscopus schisticeps*	BF, MF	O	R		O	S
152. 灰脸鹟莺 *Seicercus poliogenys*	BF, MF	O	R		O	S
153. 栗头鹟莺 *Seicercus castaneiceps*	BF, MF	O	S		O	C
154. 金眶鹟莺 *Seicercus burkii*	BF, MF, NF	OP	S		O	C
三十一、鹟科 Muscicapinae						
155. 红喉姬鹟 *Ficedula parva*	B, BF, MF, NF	P	W		O	S
156. 小斑姬鹟 *Ficedula westermanni*	B, BF, MF, NF	O	R		O	S
157. 棕腹仙鹟 *Niltava sundara*	BF, MF, NF	O	R			S
158. 大仙鹟 *Niltava grandis*	B, BF, MF, NF	O	R		O	S
159. 小仙鹟 *Niltava macgregoriae*	B, BF, MF, NF	O	R		O	S
160. 山蓝仙鹟 *Niltava banyumas*	BF, MF, NF	O	R		O	S
161. 棕腹蓝仙鹟 *Niltava vivida*	BF, MF, NF	O	R		O	S
162. 纯蓝仙鹟 *Cyornis unicolor*	BF, MF	O	R		O	S
163. 铜蓝鹟 *Muscicapa thalassina*	BF, MF, NF	O	R		O	S
164. 方尾鹟 *Culicicapa ceylonensis*	BF, MF, NF	O	S		O	C
165. 白喉扇尾鹟 *Rhipidura hypoxantha*	BF, MF, NF	O	S		O	S
166. 黄腹扇尾鹟 *Rhipidura hypoxantha*	BF, MF, NF	O	S		O	S
167. 乌鹟 *Muscicapa sibirica*	B, BF, MF, NF	P	W		O	S
168. 灰纹鹟 *Muscicapa griseisticta*	B, BF, MF, NF	P	W		O	S
三十二、山雀科 Paridae						
169. 大山雀 *Parus major*	BF, MF, NF	OP	R		O	C
170. 绿背山雀 *Parus monticolus*	BF, MF, NF	OP	R		O	C
171. 黄颊山雀 *Parus spilonotus*	BF, MF	OP	R		O	C
三十三、长尾山雀科 Aegithalidae						
172. 红头长尾山雀 *Aegithalos concinnus*	BF, MF, NF	O	R		O	Y
三十四、鸭科 Sittidae						
173. 栗臀䴓 *Sitta europaea*	BF, MF, NF	OP	R		O	C
174. 白尾䴓 *Sitta himalayensis*	BF, MF	O	R		L	
三十五、旋木雀科 Ccdliidae						

392

（续）

物　　种	栖息生境	区系从属	居留类型	保护级别	资料来源	数量等级
175. 普通旋木雀 *Certhia familiaris*	MF,NF	OP	R		O	S
三十六、啄花鸟科 Dicaeidae						
176. 红胸啄花鸟 *Dicaeum ignipectus*	BF,MF,NF	O	R		O	S
177. 纯色啄花鸟 *Dicaeum concolor*	BF,MF,NF	O	R		O	S
三十七、太阳鸟科 Nectariniidae						
178. 蓝喉太阳鸟 *Aethopyga gouldiae*	BF,MF,NF	O	R		O	S
179. 黄腰太阳鸟 *Aethopyga siparaja*	BF,MF,NF	OP	R		O	S
180. 绿喉太阳鸟 *Aethopyga nipalensis*	BF,MF,NF	O	R		O	S
三十八、绣眼科 Zosteropidae						
181. 暗绿绣眼鸟 *Zosterops palpebrosa*	BF,MF	O	R		O	C
182. 灰腹绣眼鸟 *Zosterops palpebrosa*	BF,MF	O	R		O	C
三十九、文鸟科 Ploceidae						
183. 树麻雀 *Passer montanus*	A,F,G	OP	R	NT	O	C
184. 山麻雀 *Passer rutilans*	A,F,G	OP	R		O	S
185. 斑文鸟 *Lonchura punctulata*	A,F,G	OP	R		O	C
186. 白腰文鸟 *Lonchura striata*	A,F,G	O	R		O	C
四十、雀科 Fringillidae						
187. 黑头金翅雀 *Carduelis ambigua*	A,BF,MF,NF	O	R		O	C
188. 凤头鹀 *Melophus lathami*	A,B,G	O	R		O	S

注:生境代码——A 为农田耕地;B 为灌丛;G 为草地; F 为森林;BF 为阔叶林;MF 为混交林;NF 为针叶林;W 为水域;FW 为森林溪流。

居留类型代码——W 为冬候鸟;S 为夏候鸟;R 为留鸟。

区系成分代码——O 为东洋种;P 为古北种;OP 为广布种。

保护级别——Ⅱ为国家Ⅱ级重点保护野生物种;CⅡ 为 CITES 附录Ⅱ收录物种;NT 为《中国物种红色名录》近危物种。

资料来源代码——O 为直接观察;L 为历史调查资料;V 为访问资料。

数量等级代码——Y 为优势种,指相应物种个体数占所有物种个体总数的百分比大于或等于 5.0% 的物种;C 为常见种,指相应物种个体数占所有物种个体总数的百分比大于或等于 0.5% 且小于 5.0% 的物种;S 为少见种,指相应物种个体数占所有物种个体总数的百分比小于 0.5% 的物种。只对本次调查期间观察记录到的物种计算数量等级。

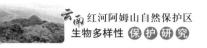

三、哺乳动物名录

中文名	拉丁名	保护级别	IUCN－RL	China－RL	CITES	资料来源
Ⅰ. 猬形目	ERINACEOMORPHA					
一、猬科	Erinaceidae					
1. 鼩猬	*Neotetracus sinensis*	LR		LC		O
Ⅱ. 鼩形目	SORICOMORPHA					
二、鼩鼱科	Soricidae					
2. 灰黑齿鼩鼱	*Blarinella griselda*			LC		O
3. 短尾鼩	*Anourosorex squamipes*			LC		O
4. 印支小麝鼩	*Crocidura indochinensis*			VU		O
5. 灰麝鼩	*Crocidura attenuata*			LC		O
6. 长尾大麝鼩	*Crocidura fuliginosa*			LC		L
7. 喜马拉雅水鼩	*Chimarrogale himalayica*			LC		L
三、鼹科	Talpidae					
8. 白尾鼹	*Parascaptor leucura*			LC		L
Ⅲ. 攀鼩目	SCANDENTIA					
四、树鼩科	Tupaiidae					
9. 北树鼩	*Tupaia belangeri*			LC	Ⅱ	O
Ⅳ. 翼手目	CHIROPTERA					
10. 皮氏菊头蝠	*Rhinolophus pearsonii*			LC		O
11. 菲菊头蝠	*Rhinolophus pusillus*			NT		O
12. 南洋鼠耳蝠	*Myotis muricola*			VU		L
六、蹄蝠科	Hipposideridae					
13. 大蹄蝠	*Hipposideros armiger*			LC		L
14. 三叶蹄蝠	*Aselliscus stoliczkanus*			NT		L
七、蝙蝠科	Vespertilionidae					
15. 大黄蝠	*Scotophilus heathii*			LC		L
16. 小黄蝠	*Scotophilus kuhlii*			LC		L
17. 东亚伏翼	*Pipistrellus abramus*			LC		L
Ⅴ. 灵长目	PRIMATES					
八、长臂猿科	Hylobatidae					
18. 西黑冠长臂猿	*Nomascus concolor*	I	EN	EN	I	O

（续）

中文名	拉丁名	保护级别	IUCN－RL	China－RL	CITES	资料来源
九、猴科	Cercopithecidae					
19. 猕猴	*Macaca mulatta*	II	LR	VU	II	O
20. 短尾猴	*Macaca arctoides*	II	VU	VU	II	O
21. 印支灰叶猴	*Trachypithecus crepusculus*	I		EN	II	O
十、懒猴科	Lorisidae					
22. 蜂猴	*Nycticebus bengalensis*	I	DD	EN	II	O
VI. 鳞甲目	PHOLIDOTA					
十一、鲮鲤科	Manidae					
23. 中国穿山甲	*Manis pentadactyla*	II	LR	EN		O
VII. 食肉目	CARNIVORA					
十二、猫科	Felidae					
24. 豹猫	*Prionailurus bengalensis*		LC	VU	II	O
25. 云豹	*Neofelis nebulosa*	I	VU	EN	I	O
十三、熊科	Ursidae					
26. 黑熊	*Ursus thibetanus*	II	VU	VU	I	O
十四、犬科	Canidae					
27. 赤狐	*Vulpes vulpes*			NT		O
十五、灵猫科	Viverridae					
28. 大灵猫	*Viverra zibetha*	II		EN		O
29. 斑灵狸	*Prionodon pardicolor*	II		VU	I	O
30. 花面狸	*Paguma larvata*			NT		O
31. 椰子狸	*Paradoxurus hermaphroditus*			NT		O
32. 长颌带狸	*Chrotogale owstoni*	省级	VU	EN		L
十六、獴科	Herpestidae					
33. 食蟹獴	*Herpestes urva*			NT		O
十七、鼬科	Mustelidae					
34. 黄鼬	*Mustela sibirica*			NT		O
35. 纹鼬	*Mustela strigidorsa*		VU	EN		L
36. 黄腹鼬	*Mustela kathiah*			NT	III	L
37. 黄喉貂	*Martes flavigula*	II		NT	III	O
38. 鼬獾	*Melogale moschata*			NT		O

（续）

中文名	拉丁名	保护级别	IUCN－RL	China－RL	CITES	资料来源
Ⅷ. 偶蹄目	ARTIODACTYLA					
十八、鹿科	Cervidae					
39. 赤麂	*Muntiacus muntjak*			VU		O
40. 小麂	*Muntiacus reevesi*			VU		O
41. 毛冠鹿	*Elaphodus cephalophus*	省级	DD	VU		
十九、牛科	Bovidae					
42. 中华鬣羚	*Capricornis milneedwardsii*	Ⅱ	VU	VU		O
二十、猪科	Suidae					
43. 野猪	*Sus scrofa*			LC		O
Ⅸ. 啮齿目	RODENTIA					
二十一、仓鼠科	Cricetidae					
44. 黑腹绒鼠	*Eothenomys melanogaster*			LC		L
二十二、鼠科	Muridae					
45. 刺毛鼠	*Niviventer fulvescens*			LC		O
46. 社鼠	*Niviventer confucianus*			LC		O
47. 安氏白腹鼠	*Niviventer andersoni*			LC		L
48. 锡金小鼠	*Mus pahari*			LC		L
49. 黄胸鼠	*Rattus tanezumi*			LC		O
50. 大足鼠	*Rattus nitidus*			LC		L
二十三、鼹形鼠科	Spalacidae					
51. 银星竹鼠	*Rhizomys pruinosus*			LC		O
二十四、松鼠科	Sciuridae					
52. 赤腹松鼠	*Callosciurus erythraeus*			LC		O
53. 印支松鼠	*Callosciurus imitatoe*			VU		L
54. 明纹花松鼠	*Tamiops mcclellandii*			LC		O
55. 隐纹松鼠	*Tamiops swinhoei*			LC		O
56. 倭松鼠	*Tamiops maritimus*			LC		L
57. 珀氏长吻松鼠	*Dremomys pernyi*			LC		O
58. 红喉长吻松鼠	*Dremomys gularis*			NT		L
59. 红颊长吻松鼠	*Dremomys rufigenis*			NT		L
60. 巨松鼠	*Ratufa bicolor*	Ⅱ	NT	VU	Ⅱ	O

396

（续）

中文名	拉丁名	保护级别	IUCN–RL	China–RL	CITES	资料来源
61. 白斑小鼯鼠	*Petaurista elegans*			LC		O
62. 红背鼯鼠	*Petaurista petaurista*			VU		O
63. 霜背大鼯鼠	*Petaurista philippensis*			LC		O
二十五、豪猪科	Hystricidae					
64. 帚尾豪猪	*Atherurus macrourus*			VU		O
65. 豪猪	*Hystrix brachyura*	VU		VU		O
X. 兔形目	LAGOMORPHA					
二十六、兔科	Leporidae					
66. 云南兔	*Lepus comus*			NT		O

注:NE 为未做评估;LC 为无危; LR 为低危;DD 为数据缺乏; NT 为近危; VU 为易危; EN 为濒危; CR 为极危; NA 为不宜评估。

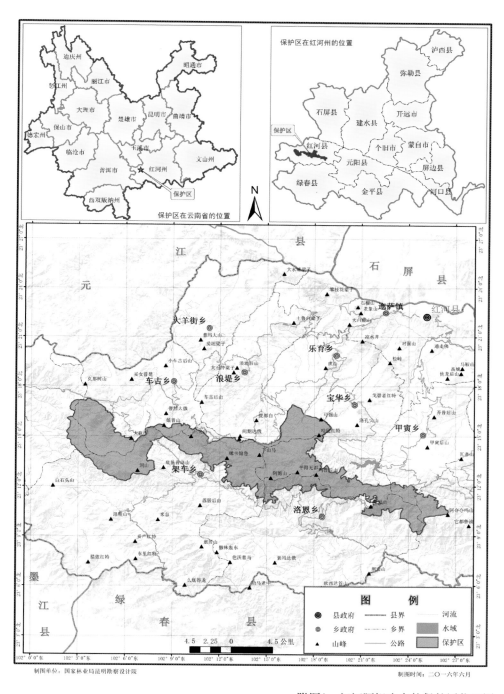

制图单位：国家林业局昆明勘察设计院　　　　　　　　　　制图时间：二〇一六年六月

附图1　红河阿姆山自然保护区位置图

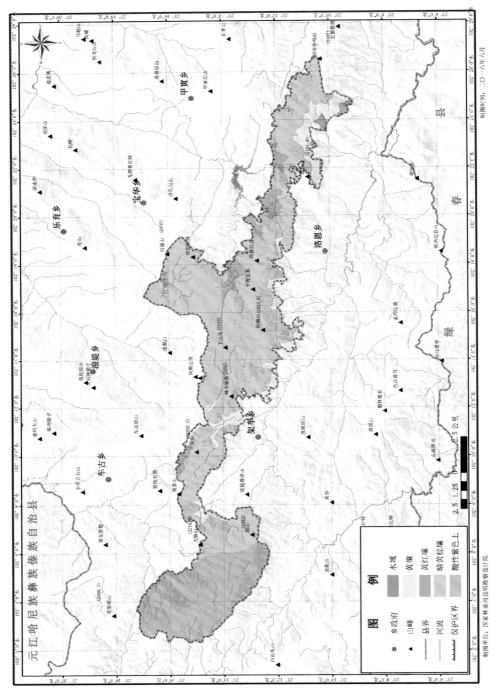

图例

● 乡政府
▲ 山峰
— 县界
— 河流
 保护区界

水域
黄壤
黄红壤
暗黄棕壤
酸性紫色土

制图单位：国家林业局昆明勘察设计院

制图时间：二〇一六年六月

附图2 红河阿姆山自然保护区土壤分布图

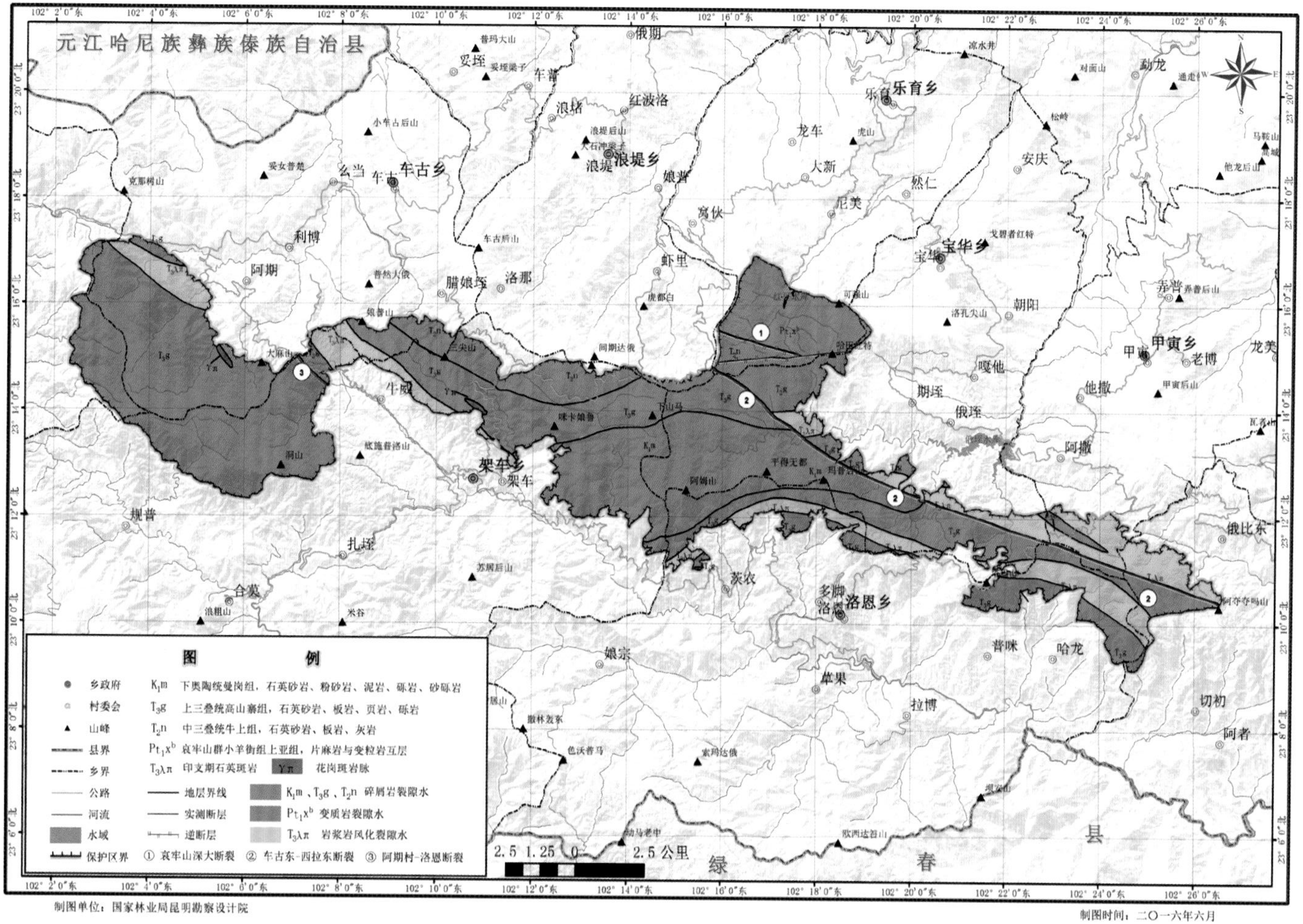

附图3　红河阿姆山自然保护区水文地质图

401

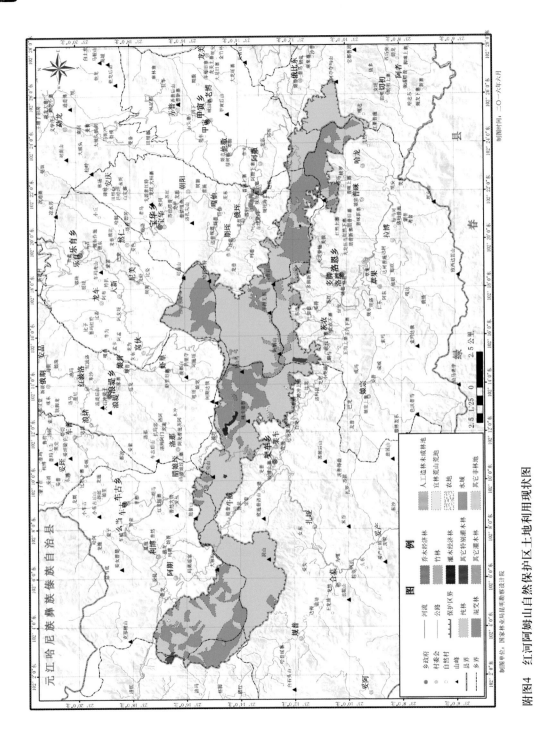

附图4 红河阿姆山自然保护区土地利用现状图

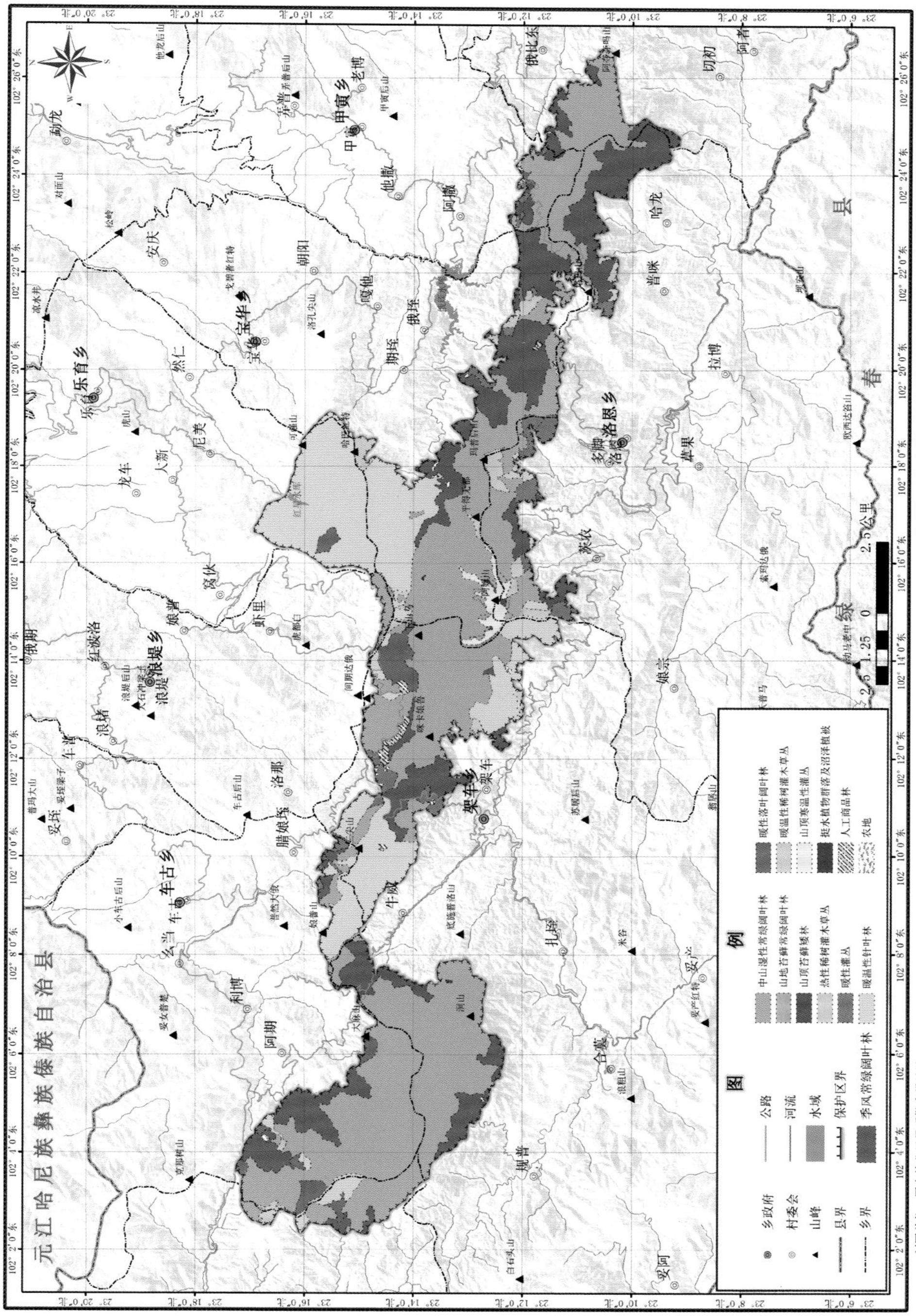

附图5 红河阿姆山自然保护区植被分布图

403

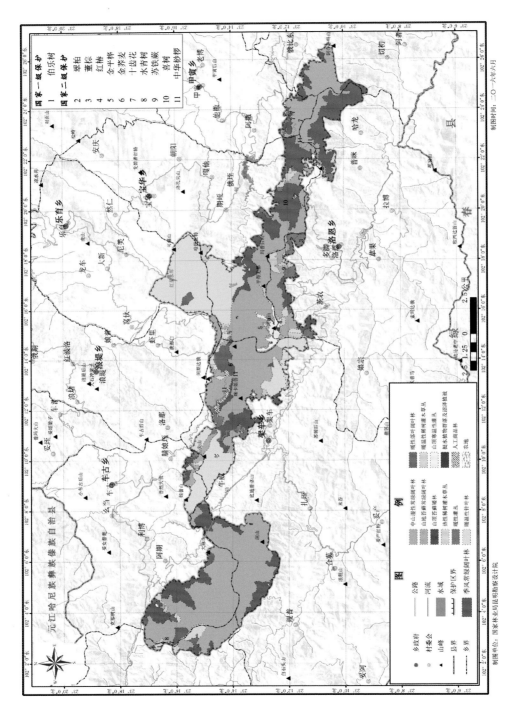

附图6 红河阿姆山自然保护区重点保护野生植物分布图

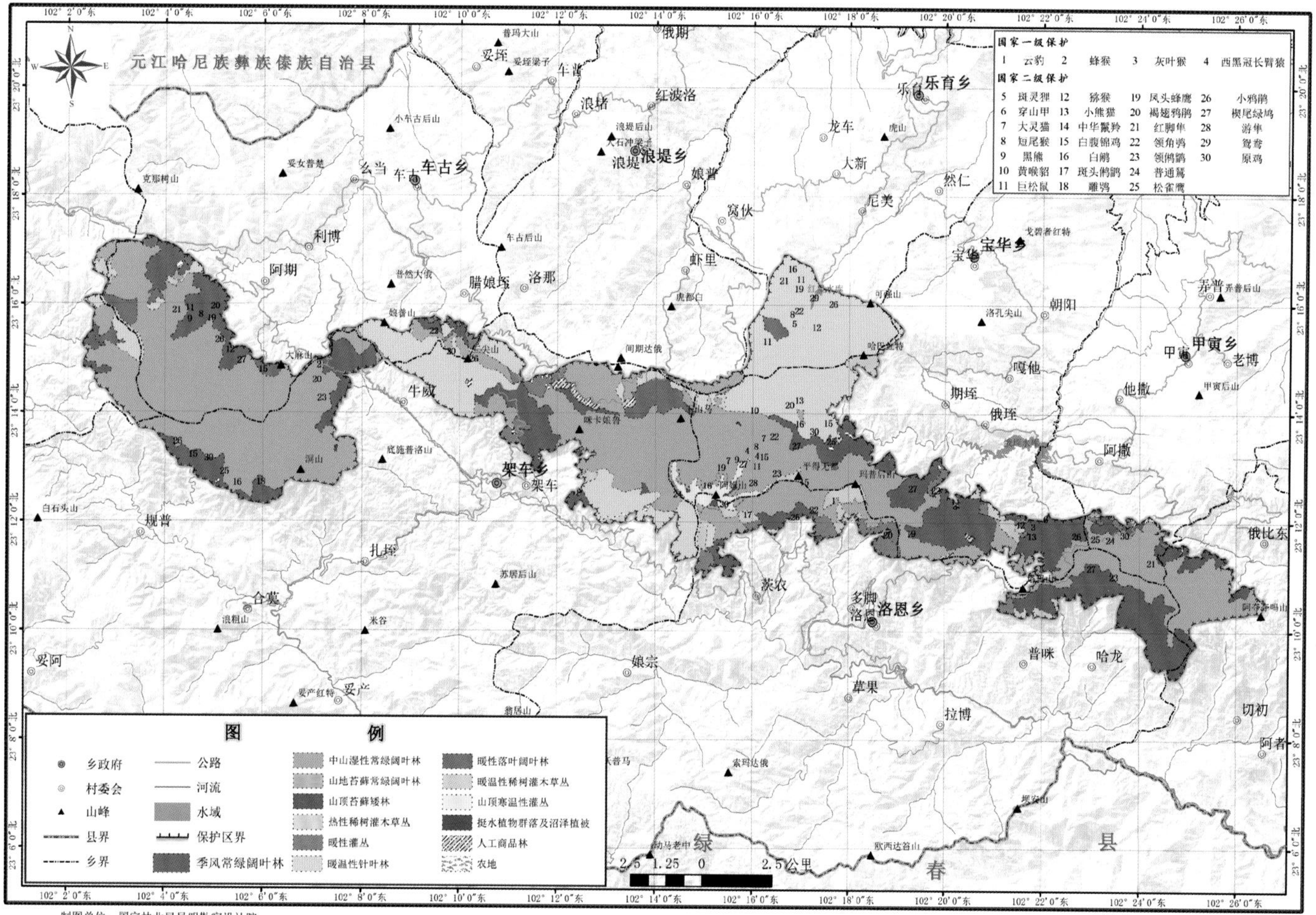

制图单位：国家林业局昆明勘察设计院

制图时间：二〇一六年六月

附图7 红河阿姆山自然保护区重点保护野生动物分布图

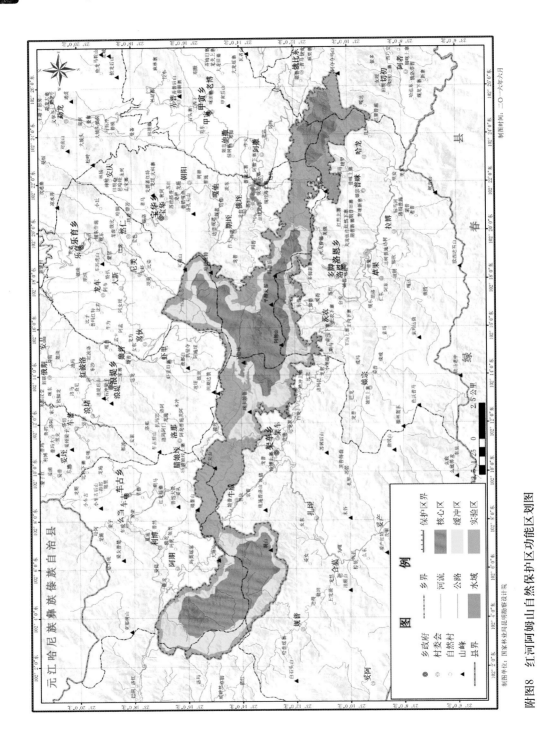

附图8 红河阿姆山自然保护区功能区划图